名师名著 教育中国·规划精品系列

石油和化工行业“十四五”规划教材

普通高等教育“十五”国家级规划教材

BIOSEPARATION ENGINEERING

生物分离工程

第4版

孙彦 著

化学工业出版社

·北京·

内容简介

本书以生物大分子分离纯化技术为核心，系统介绍生物分离技术的基础理论、基本原理、技术特征、分离操作和应用。全书分 12 章，即绪论、细胞分离与破碎、初级分离、膜分离、萃取、吸附分离技术和理论、色谱、亲和色谱、电泳和电色谱、蛋白质折叠复性、结晶和干燥等。第 1 章介绍生物分离在生物制造中的重要地位、主要生物分离方法和基本原理、分子间相互作用与生物分离的关系等生物分离工程基础；第 2 章和第 3 章讲述生物分离过程的前处理以及沉淀分级和泡沫分离等初级分离技术；第 4 章阐述各种膜分离方法、特点及其应用；第 5 章介绍液液分配理论和各种萃取方法的原理和应用；第 6 ~ 10 章阐述吸附（包括离子交换）、色谱、亲和色谱、电泳和电色谱及蛋白质折叠复性等关键生物分离技术的基本原理、特点、基础理论和应用，是本书的核心部分；最后两章介绍结晶和干燥的基础理论及应用。

本书主要用于高等院校生物工程、生物技术、合成生物学、制药工程和生物制造等相关专业本科生的教材，也可供相关专业研究生以及生物技术、生物化工和生物制药领域的科研、技术和管理人员使用和参考。

图书在版编目（CIP）数据

生物分离工程 / 孙彦著. -- 4版. -- 北京 : 化学工业出版社, 2026. 2. --（普通高等教育“十五”国家级规划教材）（石油和化工行业“十四五”规划教材）.
ISBN 978-7-122-49903-5

Ⅰ. Q81

中国国家版本馆CIP数据核字第2026EF9814号

责任编辑：赵玉清
文字编辑：周　倜
责任校对：边　涛
装帧设计：刘丽华

出版发行：化学工业出版社
(北京市东城区青年湖南街13号 邮政编码100011)
印　　装：河北鑫兆源印刷有限公司
880mm×1230mm　1/16　印张 17¾　字数 493 千字
2026年2月北京第 4 版第 1 次印刷

购书咨询：010－64518888
售后服务：010－64518899
网　　址：http://www.cip.com.cn
凡购买本书，如有缺损质量问题，本社销售中心负责调换。

定　价：52.80元

第四版前言

生物制造以合成生物学和现代生物工程技术为基础，利用生物体或酶等生物催化剂进行大规模物质加工与物质转化。我国高度重视生物制造产业发展。党的二十大报告将生物技术作为推动战略性新兴产业融合集群发展的增长引擎之一；2024 年《政府工作报告》明确提出“积极打造生物制造、商业航天、低空经济等新增长引擎”，2025 年《政府工作报告》进一步将生物制造列入培育的未来产业之一。生物制造具有高效、绿色、可持续特征，是新质生产力的典型代表。生物分离技术是生物制造过程的核心要素。随着生物制造产业的蓬勃发展，生物工程、生物技术和合成生物学等相关学科的人才培养体系持续优化，对教育教学质量提出了更高要求，其中教材建设尤为关键。为适应新时期生物工程、生物技术和合成生物学等专业的发展需求，作者历时半年完成《生物分离工程》的系统性修订。此次修订以第 3 版为基础，除了整体性全面修订外，重点修订内容如下：

（1）“分子间相互作用”是生物分离方法和操作的理论基础，学习掌握各种分子间相互作用及其影响因素，对掌握生物分离技术的原理和操作过程至关重要。因此，第 1 章增补一节讲述分子间相互作用。

（2）重点增补了色谱方法基础知识和研究发展的阐述。第 7 章增补了“聚合物接枝型离子交换色谱”和“混合模式色谱”，第 8 章对“亲和配基”进行了较系统的概括。

（3）为完善生物分离过程体系，恢复了第二版中的“电泳和电色谱”一章并作了必要修订。电泳和电色谱虽然未像色谱那样广泛应用于生物制造过程，但在生物技术和生物制造过程研发领域发挥着不可替代的作用。因此，学习掌握电泳和电色谱的理论和方法有利于完善生物分离工程教育和人才培养。

（4）在“蛋白质折叠复性”一章中，增补了蛋白质折叠基础知识，使蛋白质折叠和复性的知识体系更完善，有利于学习掌握蛋白质复性的理论和方法。

（5）在一些章节的开始或相应部分增加了生物分离科普知识的介绍，特别是增补了对我国科技典籍（如《天工开物》和《本草纲目》）中记述的生物分离知识的简要介绍。

（6）每章前设置兴趣或问题引导，总结提炼相关主题，并增补学习要点，使学生的注意力集中到核心专业知识上；大幅度增加了每章的习题和思考题数量，便于加深对分离过程技术和原理的理解，在生产和科研实践中灵活运用有关知识。

（7）重点删减了第5章（萃取）、第11章（结晶）和第12章（干燥），对萃取设备、液膜萃取设备、双水相萃取、反胶团萃取、结晶器设计和干燥设备等部分的内容进行了删减和修订。

在第4版即将付梓之际，作者再次感谢全国生物化工和化学工程界的前辈学者和同仁长期以来给予本人的支持和教诲！同时，特别感谢作者在东京大学攻读博士学位期间的导师古崎新太郎教授。作者于1991年回国工作以来，古崎教授多次应邀到天津大学等中国高校讲学，并一直鼓励作者积极投入基础研究。特别值得一提的是，古崎教授荣休之后，积极开展科普教育，撰写科普读物，最近的一本于2024年先生86岁高龄时出版并亲笔签名赠送作者留念和学习，这也成为作者认真修订本书第4版的动力。此外，作者感谢过去34年在天津大学“界面分子生物工程实验室”学习和工作的博士后、研究生和本科生为生物分离工程研究所做的贡献。在此次修订过程中，史清洪、余林玲和张麟等老师以及博士生郭泽辉和张思瑶等同学协助了部分绘图和文献调研工作，在此一并感谢。最后需要重复的是，特别感谢我的家人多年来对我的关怀和支持！

孙　彦

2025年夏至于天津大学北洋园

第 9 章 电泳和电色谱 212

第 10 章 蛋白质折叠复性 226

第 11 章 结晶 243

第12章 干燥 257

附录 268

第 1 章　绪论

为什么学习生物分离工程？

现代生物技术经过近 50 年的发展已取得巨大成就，尤其是在以抗体为代表的蛋白质药物、疫苗、基因治疗载体生产技术方面。例如，早期的重组细胞培养生产单克隆抗体的生产水平不足 1g/L 培养液，但随着蛋白质表达系统和细胞培养技术的进步，单抗的生产水平可达到 25g/L 以上，工业规模的单抗表达水平稳定在 10 ~ 15g/L 之间。可以预料，随着合成生物技术的发展，各种生物大分子药物、疫苗和药物载体的生产水平和质量将不断提高。在这种情况下，生物下游加工过程将愈显重要，若不能很好解决，往往会成为生产过程的瓶颈。因此，生物分离纯化技术是国际生物技术产学界持续关注的重点领域，近 50 年来这一特征从未改变。

本书系统介绍生物下游加工过程中所涉及的主要分离纯化技术的原理、特点、操作过程和应用，其中大部分列于表 1.1 之中。同时，蛋白质复性是许多以包涵体形式表达的基因重组蛋白质药物生产过程的重要单元操作，本书也将其作为主要内容做系统阐述。干燥操作往往是生物分离过程的最后一步，因此本书将“干燥”放在最后一章。为方便本书的学习，本章重点介绍了生物分离过程特性、原理和生物过程的分子基础——分子间相互作用。深入理解这些基础知识，对学习掌握各分离技术原理、特点和操作特性，并灵活应用于科学研究和生产实践至关重要。

学习目标

- 理解生物分离在生物制造中的重要地位。
- 掌握生物分离的特点及生物分离过程的一般流程。
- 掌握平衡分离与差速分离的基本原理和本质区别，初步了解主要生物分离方法，为系统学习奠定基础。
- 熟悉各分子间相互作用和影响因素，重点掌握静电相互作用、氢键和疏水性相互作用等。

基于辨识进行“分离”是自然界生物赖以生存的基本本能。作为地球上最具智慧的物种，人类在漫长的进化与生产实践中，通过持续观察、学习和思考，逐步创造并发展了多样化的分离技术。这些技术在农业生产、谷物加工、油脂提炼、酒醋酿造、药物提取、制盐炼糖、造纸制陶及冶金等领域得到广泛应用。中国古代科技典籍如《天工开物》[1]与《本草纲目》[2]中，详细记载了风选、重选（淘洗）、浮选、筛分、过滤、压榨、浸取、吸附、蒸发、结晶、沉淀、干燥等传统分离工艺。这些技术原理不仅沿用至今，更在现代科技的推动下不断创新，展现出持久的生命力与适应力。

“生物分离”是指“生物物质”的分离或“生物制造的物质”的分离，也可以是利用生物物质进行的分离过程，但一般多指前者。“生物物质”是指构成生物自身的各种有机成分；“生物制造的物质”则包括生物生长过程产生的各种物质（如蛋白质、核酸、多糖和其他各种代谢产物）以及体外生物反应过程（如酶催化）产生的各种物质。生物小分子的分离纯化过程与一般的化学品分离纯化过程类似，但生物大分子（biomacromolecules）和生物颗粒（bioparticles）等生物活性分子因为在分子或颗粒大小、结构、性质和用途等方面特征明显，它们的分离过程也具有鲜明的特色，是本书重点介绍的内容。

1.1 生物制造和生物分离

浩瀚宇宙赋予了地球独特的生态环境，使其成为孕育生命的摇篮。作为地球上最具智慧的生物，人类为了生存与发展，必须有效利用生命现象。因此，生物制造（biomanufacturing）成为人类社会不可或缺的基本活动。自远古时代起，人类的祖先便通过动植物获取食物、药物、衣物和燃料，或将其加工成器具、车船和居所等。然而，真正奠定现代生物制造基础的是对微生物“发酵”的利用。考古研究表明，早在人类掌握用火技术的 50 万年前甚至更早，原始人类可能就已开始食用发酵食品；约公元前 1 万年，发酵乳制品出现；公元前 7000 年左右，中国古代开始利用大麦和水果酿造酒精饮料。此后，面包、泡菜、醋、茶等发酵食品和饮品相继诞生，发酵产品的种类日益丰富。19 ～ 20 世纪，随着微生物学和酶学的迅速发展，发酵技术日趋成熟，其生产模式也从家庭或作坊式制作逐步转向工业化，并在生物工程科学与技术的推动下不断发展。

现代生物工程（bioengineering）或生物化学工程（biochemical engineering）学科在很大程度上是从 20 世纪 50 年代到 60 年代发酵技术研究发展起来的[3]，当时发酵已经成为可满足多种工业需求的核心技术，主要产品包括医药（如抗生素）、食品（如单细胞蛋白质、氨基酸、有机酸和维生素）、燃料和化学品（如乙醇和乙酸）、工业酶（如淀粉酶、纤维素酶、脂肪酶）的工业生产。1953 年，Watson 和 Crick 提出了脱氧核糖核酸（DNA）的双螺旋结构模型，阐明了 DNA 是生物遗传信息（基因）的携带者，开辟了现代分子生物学的新纪元，为生物技术及其产业的发展开辟了广阔的空间。20 世纪 70 年代，重组 DNA（recombinant DNA，rDNA）技术[4]和细胞融合技术[5]相继建立，现代生物技术（biotechnology）步入了崭新的发展时期。1980 年前后，世界主要发达国家先后开始实施生物技术发展计划，生物技术迎来了日新月异的高速发展阶段。进入 21 世纪，人类基因组研究取得巨大成就，各种生物的染色体测序工作逐步完成[6,7]，迎来了生物技术的后基因组时代，以合成生物学（synthetic biology）为核心的生物制造蓬勃兴起。合成生物学的主要目标是通过人工设计与合成来改造生物系统，使之发挥更高效能，或者构建全新的人工生物系统，实现特定的、符合社会伦理与法规要求的目标。生物制造则以合成生物学和现代生物工程技术为支撑，通过生物体或酶等生物催化剂实现大规模物质加工与转化，具有绿色、可持续和近零排放的特点。我国高度重视生物制造产业发展。党的二十大报告将生物技术列为战略性新兴产业融合集群发展的增长引擎之一；2024 年《政府工作报告》明确提出打造生物制造等新增长引擎；2025 年《政府工作报告》进一步将其纳入未来产业培育计划。作为新质生产力的典型代表，生物制造以其高效、绿色、可持续的特征展现出巨大潜力。

各种生物制造产品的原料都是混合物，其中的目标产物或有用产物需要加以适当的分离纯化后才能使用。特别是医药产品对纯度的要求极高，对某些特定杂质含量的要求极为严格。因此，生物分离是生物技术和生物制造过程的核心构件，是生物技术和生物制造的重要组成部分[8]。自 20 世纪 80 年代现代生物技术兴起以来，掀起了以基因重组蛋白质药物（如胰岛素、细胞因子、抗体、DNA、病毒和细胞等）为核心的生物分离工程（bioseparation engineering）研究热潮。随着现代生物制造的兴起，对生物分离工程的发展也提出了更高的要求。

生物分离过程特性主要体现在生物产物的特殊性、复杂性和对生物产品要求的严格性上，其结果导致分离过程成本往往占整个生产过程成本的大部分[9]。这是因为，生物产品的下游加工过程（downstream process），即分离纯化过程，具有操作步骤多，需要应用的分离技术（如离心、细胞破碎、膜分离和色谱等）多且复杂等特点，比微生物发酵或细胞培养等上游过程的成本更高，占整个生产过程的大部分乃至绝大部分。例如，大多数工业酶的分离过程成本约占生产过程的 70%，而对纯度要求更高的医用酶如天冬酰胺酶（asparaginase），分离过程成本高达生产过程的 85%；基因重组蛋白质药物的分离过程成本一般占 85% ～ 90% 以上。与此相比，小分子生物产物的分离过程成本相对较低，如青霉素的分离过程成本约占 50%。此外，医用蛋白质的异源表达往往导致包涵体（inclusion bodies）的形成，这些包涵体需要在体外复性才能恢复天然折叠的活性蛋白质，也是造成医用蛋白质生产成本高昂的重要原因。从 20 世纪 80 年代到 21 世纪初，以恢复包涵体活性的蛋白质复性（protein refolding）成为生物分离领域的研究重点之一。因此，在生物大分子药物的生产过程中，分离过程的质量往往决定整个生物制造过程的成败。开发高效的生物分离技术、设计合理的生物分离过程可大幅度降低生物制造成本，提高产品的市场竞争力，促进人类健康水平和生活质量的提高以及社会经济的可持续发展。

1.2 生物物质及其特性

生物物质种类繁多，包括小分子化合物、生物大分子、超大分子、细胞和具有复杂结构与构成成分的生物体组织，在大小、形态和性质上具有广泛的分布。生物物质的来源包括自然界存在的各种生物资源，但现代生物技术主要通过生物反应过程生产各种有用生物物质，如生物医药、疫苗、诊断试剂、精细生物化学品、大宗生物化学品、生物材料、生物能源（生物制氢、生物乙醇、生物柴油）、人工器官、药物输送载体、功能食品和添加剂、饲料、化妆品等。常见的生物制品有抗生素、有机酸、氨基酸、多肽、蛋白质（包括酶、抗体）、核苷酸、聚核苷酸、核酸、病毒、糖类、脂类、生物碱、糖苷等，其中与人类健康直接相关的生物大分子类治疗药物（蛋白质、核酸）、疫苗（灭活或减毒病毒、病毒样颗粒、mRNA）和基因治疗载体（病毒、核酸）是生物分离工程研究的主要内容。

20 世纪 80 年代兴起的生物技术产品的主体是蛋白质药物[10-12]，包括细胞因子（如干扰素、生长因子、红细胞生成素）、激素（如胰岛素、生长激素）、抗体药物（单克隆抗体、抗体片段、基因工程抗体）、酶类药物、溶血栓药物（如尿激酶、组织纤溶酶原激活剂）和重组蛋白质疫苗等。在各种蛋白质药物中，单克隆抗体药物因种类繁多，社会需求和市场规模巨大，近 20 年来其分离纯化技术得到了长足发展[11]。近 20 年来，反义核酸药物和核酸疫苗研究进展迅速[13,14]，为治疗和预防各种疑难疾病开辟了新的发展空间。2023 年诺贝尔生理学或医学奖授予了卡里科（Katalin Karikó）和魏斯曼（Drew Weissman），以表彰他们在核苷碱基修饰方面的发现，促进了 COVID-19 的 mRNA 疫苗开发。随着 2004 年初第一个基因治疗药物获得生产批文 [15]，基因治疗进入了新的发展时期，为肿瘤、罕见病、慢性疾病及其他难治性疾病提供了全新的治疗理念和手段。截至 2023 年底，我国药品监督管理局已批准超过 200 项基因治疗药物的临床研究，同时有超过 1000 项探索性临床试验在全国数百家医院开展。基因治疗药物的主体是目的基因的载体（vector）。基因治疗载体包括病毒载体（如腺病毒、逆转录病毒）和非病毒载体（如质粒 DNA），其分子量（或颗粒尺寸）均远大于蛋白质（分子量 10^6 ～ 10^7 数量级，尺寸 30 ～ 1000nm），可称作超大生物分子，其大规模分离纯化为生物分离工程的发展带来了新的机遇和挑战 [16-18]。

1.3 生物分离过程及其特点

1.3.1 生物分离过程

生物分离的原料主要来源于生物反应过程。生物反应的产物一般是由细胞、游离的细胞外代谢产物、细胞内代谢产物、残存底物及惰性组分组成的混合液。图 1.1 是通过细胞（包括微生物和动植物细胞）培养生产生物物质的分离过程的一般流程。首先，将细胞与培养液分离开来。若目标产物为胞外产物，即在细胞培养过程中已分泌到培养液中，则可在除去细胞后直接对上清液进行浓缩、分离和纯化处理，得到一定纯度的目标产物溶液（路线 1）。若目标产物存在于细胞内（胞内产物），需首先利用细胞破碎等方法将目标产物释放到液相中，除去细胞碎片后进行一系列粗分离和纯化操作（路线 2a）；若胞内目标产物是以包涵体形式存在的蛋白质，则需利用盐酸胍等变性剂溶解包涵体，然后进行蛋白质的体外折叠复性，获得具有活性的目标蛋白质（路线 2b），再进行后续的分离纯化操作。最后经过脱盐、浓缩、结晶和干燥处理，得到最终产品。

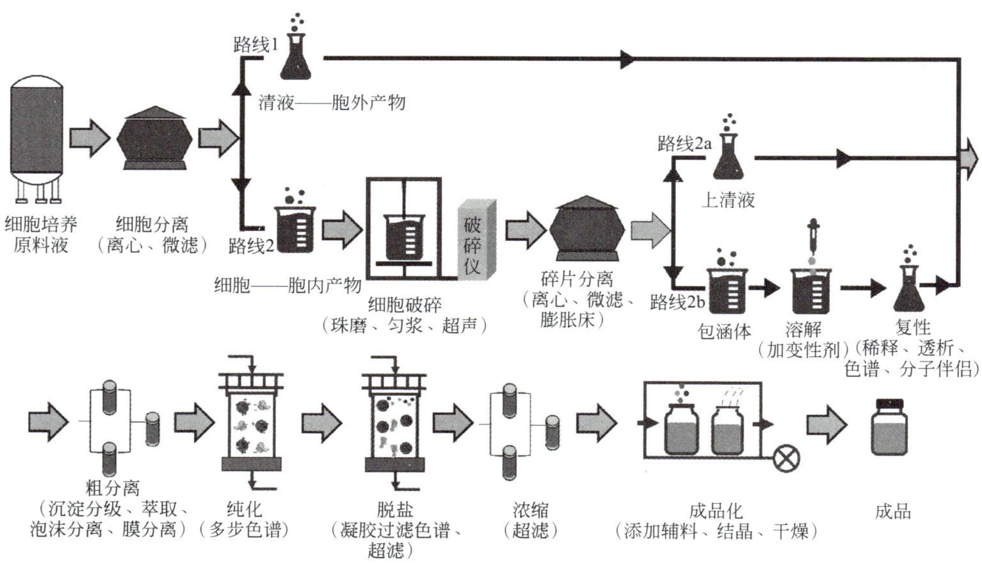

图 1.1 生物分离过程的一般流程（括号内为各步骤的主要分离纯化方法）

从图 1.1 可以看出，生物分离过程的设计应首先考虑目标产物存在的位置（胞外或胞内）和存在形式（活性表达产物或包涵体），应用的分离纯化技术则取决于产物分子的大小、疏水性、电荷形式、溶解度和稳定性等。此外，生物加工过程的规模、目标产物的商业价值和对纯度的要求也是选择分离纯化技术的重要因素。例如，色谱技术分离精度很高，多应用于价格较昂贵的生物技术药物和生理活性物质（如激素、抗体、细胞因子等蛋白质药物，疫苗，质粒 DNA 和病毒等基因治疗载体）的分离纯化，但因其生产规模较小，不适用于低价格产物的大规模分离过程。由于生物技术药物是生物技术产品的核心部分，因此，色谱是生物分离过程的核心技术 [11,12,16-18]。

1.3.2　生物分离过程的特点

生物物质，尤其是生物大分子（蛋白质、核酸和病毒类基因治疗载体等）具有生理活性及药理作用，在分离纯化过程中必须根据目标产物的特点，在保持其生物活性和功能的前提下进行分离纯化操作。因此，生物分离具有不同于一般分离过程的显著特点：

① 生物物质的生物活性大多是在生物体内的温和条件下维持并发挥作用的，当遇到高温、pH 值的改变以及某些化学药物存在等周围环境的急剧变化时极不稳定，容易发生活性降低甚至丧失（变性失活）。同时，原料液中常存在降解目标产物的杂质（例如，可水解蛋白质的蛋白酶）。因此，必须设计合理的分离过程和操作条件，实现目标产物的快速分离纯化，获得高活性目标产品。

② 用作医药、食品和化妆品的生物产物与人类生命息息相关。因此，要求分离纯化过程必须除去原料液中含有的热原（pyrogen）及具有免疫原性的异体蛋白质等有害人类健康的物质，并且防止这些物质在分离操作过程中从外界混入。

③ 原料液中常存在与目标分子在结构、构成成分等理化性质上极其相似的分子及异构体，形成用常法难于分离的混合物，因此，一般需要利用具有高度选择性的分子识别技术或高效液相色谱技术纯化目标产物。同时，生物产物的原料构成成分复杂，需要采用多种分离技术和多个分离步骤完成一个目标产物的分离纯化任务，如图 1.1 所示。每一步分离操作的回收率都不能达到 100%（一般为 70% ～ 90%），整个分离过程的总回收率为

$$Y_{\mathrm{T}}=\prod_i Y_i \tag{1.1}$$

式中，Y_i 为第 i 步操作的回收率；Y_{T} 为总回收率。

所以，多步操作使产品的最终回收率很低，过程成本显著增大。从式（1.1）可以看出，为了提高最终产品的回收率，一是要提高每步操作的回收率，二是要减少操作步骤。为实现这些目的，必须优化设计分离过程和各个分离操作，并努力开发和应用新型高效的分离纯化技术。

④ 原料液中目标产物的浓度一般很低，有时甚至是极微量的，因此，往往需要从庞大体积的原料液中分离纯化目标产物，即需要对原料液进行高度浓缩。这也是造成生物分离成本高的原因之一。根据热力学第二定律，混合过程熵增大，是自发过程。所以，两种互溶的物质相互混合时，不需要外界能量。但是，要使混合的物质得到分离，必须补充使熵减所需的能量。在恒温条件下使混合物中的各组分分离为纯物质所需的最小功 $W_{\min}$ 与吉布斯自由能变化 ΔG 相等，即

$$W_{\min}=\Delta G=-\sum_i x_i RT\ln\gamma_i x_i \tag{1.2}$$

式中，i 为组分数；x 为摩尔分数；γ 为活度系数；R 为气体常数；T 为热力学温度。

在稀溶液中，溶剂的摩尔分数近似为 1，故 $\gamma_i=1$。所以，得到纯组分 i 所需最小功为

$$W_{\min,i}=-x_i RT\ln x_i \tag{1.3}$$

从式（1.3）可以看出，纯化 1mol 组分 i 需要 $-RT\ln x_i$ 的功，即得到单位质量物质 i 需要的能耗与 $\ln(1/x_i)$ 成正比。所以，原料中目标产物浓度越低，所需能耗越高，分离过程成本越大。图 1.2[19] 为每千

克生物产品售价（P）与原料液中目标产物质量浓度（c）的双对数坐标图，从图可知，P 和 c 的关系可近似表示为

$$P = \frac{k}{c} \tag{1.4}$$

即产品的售价与其在原料液中的质量浓度成反比，反映了原料质量浓度对生产过程成本的显著影响。

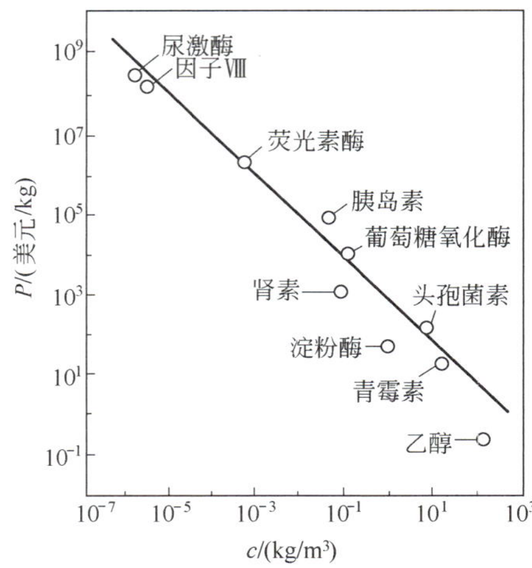

图 1.2 原料液中目标产物质量浓度与产品售价的关系

1.4 分离原理

1.4.1 物性

物质分离是通过识别不同物质（包括原子、离子、分子、分子复合物、分子聚集体和颗粒，本书中一般统称溶质）之间性质的差别来实现的。混合物中不同溶质的物理、化学和生物学性质不同，分离技术通过能够识别这些差别的分离介质（medium）和（或）扩大这些差别的分离设备实现溶质间的有效分离或目标组分的纯化。性质不同的溶质在分离操作中具有不同的存在形态、传质速率和（或）平衡状态。这些性质包括以下几个方面。

1.4.1.1 物理性质

（1）力学性质　包括溶质密度、尺寸和形状。利用这些力学性质的差别，可进行颗粒（如细胞）的重力沉降、分子或颗粒的离心分离和膜分离（筛分）。

（2）热力学性质　即溶质的溶解度（液固相平衡）、挥发度（气液相平衡）、表面活性及相间分配平衡行为等性质。利用这些性质的分离方法种类最多，如蒸馏、蒸发、吸收、萃取、结晶（沉淀）、泡沫分离、吸附和离子交换等。

（3）传质性质　包括黏度、分子扩散系数和热扩散现象等。利用传质速度的差别也可进行分离，但直接应用较少，而传质现象在分离过程中发挥重要作用。因此，除热力学外，传递过程理论也是生物分离工程的基础。

（4）电磁性质　即溶质的荷电特性、电荷分布、等电点和磁性等。电泳、电色谱、电渗析、离子交换、磁性分离等方法利用溶质（或分离介质）的这类性质。

1.4.1.2 化学性质

化学性质包括化学热力学（化学平衡）、反应动力学（反应速率）和光化学特性（激光激发作用）等。化学吸附和化学吸收是利用化学反应进行分离的典型例证；利用激光激发的离子化作用可进行同位素分离。

1.4.1.3 生物学性质

生物学性质的应用是生物分离所独有的。利用生物分子（或生物分子的聚集体、细胞）间的分子识别作用，可进行生物分子（如细胞、病毒、蛋白质、核酸、寡聚核苷酸）的亲和分离，亲和色谱是亲和分离的典型代表。另外，利用酶反应（包括微生物反应）的立体选择性，可对手性分子进行选择性修饰（如酯化、水解、氨解等），增大手性分子间理化性质的差别，为利用常规方法（如色谱）分离手性分子创造条件。

1.4.2 平衡分离和差速分离

利用目标产物与其它杂质之间的性质差异所进行的分离过程，可以是单一因素单独作用的结果，但更多的情况是两种以上因素共同发挥作用。在生物分离过程中，为达到要求的产品纯度，往往需要利用基于不同分离机理的多种分离技术，实施多步分离操作的串联（图 1.1）。

表 1.1 列出了生物分离过程中常用的分离技术及其分离原理和分离对象。从分离操作的角度，一般可将分离技术分为两大类，一是基于相间分配平衡差异的平衡分离法，二是外力作用下产生的溶质移动速度差别的差速分离法。

表 1.1 主要生物分离技术和分离机理

分离技术		分离原理	生物分离产物举例
离心	离心过滤	离心力、筛分	菌体、细胞碎片
	离心沉降	离心力	菌体、细胞、血细胞、细胞碎片
	超离心	离心力	蛋白质、核酸、病毒、糖类
泡沫分离		气液平衡、表面活性	蛋白质、细胞、细胞碎片
膜分离	微滤	压差、筛分	菌体、细胞
	超滤	压差、筛分	蛋白质、病毒、多糖、抗生素
	反渗透	压差、筛分	水、盐、糖、氨基酸
	透析	浓差、筛分	尿素、盐、蛋白质
	电渗析	电荷、筛分	氨基酸、有机酸、盐、水
	渗透汽化	气液相平衡、筛分	乙醇
萃取	有机溶剂萃取	液液平衡	有机酸、抗生素、氨基酸
	双水相萃取	液液平衡	蛋白质、病毒、核酸、抗生素
	液膜萃取	液液平衡、载体输送、化学反应	氨基酸、有机酸、抗生素
	反胶团萃取	液液平衡	氨基酸、蛋白质、核酸
	超临界流体萃取	相平衡	香料、脂质、生物碱
色谱	凝胶过滤色谱	浓差、筛分	脱盐、分子分级
	反相色谱	分配平衡	甾醇类、维生素、脂质、蛋白质
	离子交换色谱	静电作用、浓差（pH 值、离子强度）	蛋白质、核酸、病毒、疫苗、氨基酸、抗生素、有机酸
	亲和色谱	生物亲和作用	蛋白质、核酸、病毒、疫苗
	疏水性相互作用色谱	疏水作用、浓差（离子强度）	蛋白质、核酸
	色谱聚焦	静电作用、浓差（pH 值）	蛋白质、氨基酸
电泳 / 电色谱	凝胶电泳	筛分、电荷	蛋白质、核酸
	等电点聚焦	筛分、电荷、浓差（pH 值）	蛋白质、氨基酸
	等速电泳	筛分、电荷、浓差（pH 值）	蛋白质、氨基酸
	二维电泳	筛分、电荷、浓差（pH 值）	蛋白质
	电色谱 / 色谱电泳	电泳、电渗、色谱	蛋白质、核酸、糖、手性拆分
结晶 / 沉淀	溶液结晶	液固平衡（溶解度）	氨基酸、有机酸、抗生素、蛋白质
	盐析沉淀	液固平衡、疏水作用	蛋白质、核酸
	等电点沉淀	液固平衡、静电作用、疏水作用	氨基酸、蛋白质
	有机溶剂沉淀	液固平衡、静电作用	蛋白质、核酸

1.4.2.1 平衡分离

平衡分离法根据溶质在两相（如气液、气固、液液、液固、气固）间分配平衡的差异实现分离。溶质达到分配平衡的推动力取决于系统的热力学性质，即溶质偏离平衡态的浓度差（化学位差）。显然，溶质达到相间分配平衡的过程为扩散传质过程，因此，平衡分离又称扩散分离。蒸馏、蒸发、透析、吸收、萃取、结晶（沉淀）、泡沫分离、吸附和离子交换（色谱）等均为典型的平衡分离过程。

在较低的溶质浓度下，两相分配平衡通常为线性关系，分配系数为常数，即

$$K = \frac{c_A}{c_B} \tag{1.5}$$

式中，K 为分配系数；c_A 和 c_B 分别为相 A 和相 B 中溶质的浓度。

若 $c_A>c_B$，则 $K>1$，溶质在相 A 中相对被富集。若两种溶质的分配系数不同，它们就得到了一定程度的分离。两种溶质的分配系数差别越大，则分离程度越大。因此，溶质间的热力学性质差别决定了溶质的分配系数，即分离程度。

基于动力学理论，速度是推动力和阻力的比值，即

$$速度 = \frac{推动力}{阻力} \tag{1.6}$$

在相间分配过程中，推动力即两相间溶质的化学位差。化学位是溶质的热力学性质决定的，故在温度、压力和两相体系一定的情况下，两种溶质的分离度是确定的。但达到分配平衡需要经过溶质在两相中和相间的扩散传质（difusive mass transfer），传质速度决定了相间分配速度，即达到相平衡所需的时间。因此，深入研究、理解和促进传质是发展平衡分离过程的关键。

1.4.2.2 差速分离

差速分离是利用外力（如重力、离心力、压力、电场力、磁力）驱动溶质迁移产生的速度差进行分离的方法。差速分离主要用于非均相体系的分离，包括气液、气固、液液、液固、固固等，根据溶质大小、形状和密度差进行分离。

传统的风选、重选、淘洗、浮选、筛分、过滤等都是以重力为主，有些需要借助其他外力或介质，如风选还需要切向风力，筛分和过滤分别需要筛子和滤布。因为重力有限（重力加速度 g=9.81m/s^2），为了提高分离速度，离心分离在生物分离过程中应用更为普遍。超速离心机的离心力可达到 6×10^5g 以上，故离心分离可以实现病毒乃至蛋白质分子间的快速分离。

压力驱动的差速分离法主要包括超滤、微滤和反渗透等膜分离法，过滤或膜分离过程中压力驱动溶剂及透膜溶质（或颗粒）透过膜介质，实现分离或浓缩。

电泳是荷电溶质或颗粒在电场中发生泳动的现象，故利用电泳原理可基于电荷数即溶质大小分离荷电溶质或颗粒。与电泳类似，利用磁场中磁性粒子的磁泳现象可分离磁性粒子。

多种现象或分离原理相耦合，可产生更高效的分离技术。例如电场中荷电表面可发生电渗流，将电渗现象与色谱分离相结合，则构成电色谱（electrochromatography）。荷电溶质的电泳可促进传递过程，降低传质阻力，提高分离操作速度［式（1.6）］。因此，色谱和电泳相结合的色谱电泳（chromatographic electrophoresis）过程既利用色谱的平衡分离原理，又利用电泳或（和）电渗的电场驱动作用强化传质，有利于提高分离度或分离速度。

分离技术丰富多彩，并不局限于上述简单的分类。不同分离原理的组合可派生新型高效的分离方法，是生物分离工程研究的重要内容。

大多数分离物系中溶质间性质差别较小，即分离因子较小，单级分离效率很低，故一般需要采用多级分离技术。上述各种平衡分离技术多采用多级分离操作，有些差速分离过程（如膜分离）亦可采用多级分离来提高过程效率。

对于特定的目标产物，要根据其自身的性质以及与其共存杂质的特性，选择合适的分离方法和不同分离方法的组合，以获得最佳分离效果，实现高纯度、高收率和低成本的分离目标。

1.5　分子间相互作用

宇宙万物的规律性运行依靠各种形式的“力”维系，力学是物理和化学的基础。上述差速分离通过重力、风力、压力、外场（电场、磁场）作用力或它们的组合完成，而平衡分离是基于分子间相互作用（intermolecular interactions）或分子与表界面的相互作用来实现的。分子间相互作用及分子与表界面相互作用不仅决定了溶质的分配平衡，而且通过与分离介质（如膜）和分离器件的相互作用显著改变分离效率，对溶质的扩散行为也有一定影响。因此，本节介绍与生物分离密切相关的各种非共价相互作用和“可逆”的共价键，以便学习和掌握各种分离技术的原理。

1.5.1　范德华力

范德华力（van der Waals forces）又称分子间力，源于偶极（dipoles）之间的弱静电相互作用。根据偶极类型，范德华力可分为三种：①取向力，即永久偶极（极性分子）间的范德华力。②诱导力，即永久偶极和诱导偶极间的分子间力。当极性分子接近非极性分子时使后者发生极化，产生诱导偶极，从而产生偶极吸引力。③色散力，又称伦敦力（London dispersion forces），即瞬时偶极和诱导偶极间的吸引力，可发生在所有分子之间（尤其是非极性分子）。分子中电子的运动产生瞬时不对称分布，即瞬时偶极，该瞬时偶极诱导其邻近的分子发生极化，产生诱导偶极，后者又反过来增强原来分子的瞬时偶极，这种相互耦合作用产生较强的静电吸引力。这三种力对范德华力的贡献不同，以色散力贡献最大。

范德华力对距离（r）非常敏感，与 r^6 成反比，故作用距离很短，小于 0.2 nm。范德华力是较弱的一种非共价作用力，弱于其他大多数分子间相互作用，作用能为 −10 ～ −0.1kJ/mol。

1.5.2　氢键

氢键（hydrogen bonding）是带正电的氢原子与高电负性原子之间形成的静电吸引作用。氢原子与一个电负性较高的原子（如氧 O、氮 N、氟 F）形成共价键后，它的部分正电荷会吸引另一个分子中电负性较高的原子（如 O、N、F），从而形成氢键，键能约 −40 ～ −10kJ/mol（多数约 −30 ～ −13kJ/mol）。在氢键中，与氢原子共价结合的高电负性原子称作氢键供体（D），另一个分子中的高电负性原子称作氢键受体（A），故氢键通常可表示成 D—H⋯A 的形式。氢键具有方向性（键角约为 180°，一般 >120°），当三个原子排列在一条直线上时（键角为 180°）键能最大；此外，氢键还具有饱和性。由于氢原子特别小而原子 D 和 A 比较大，所以 D—H 中的氢原子只能和一个 A 原子结合形成氢键。同时，由于负离子之间的相互排斥，另一个电负性大的原子 A′ 就难于再接近氢原子，这就是氢键的饱和性。氢键中，D 和 A 的距离为 0.25 ～ 0.3nm，H 和 A 的间距为 0.16 ～ 0.21nm。

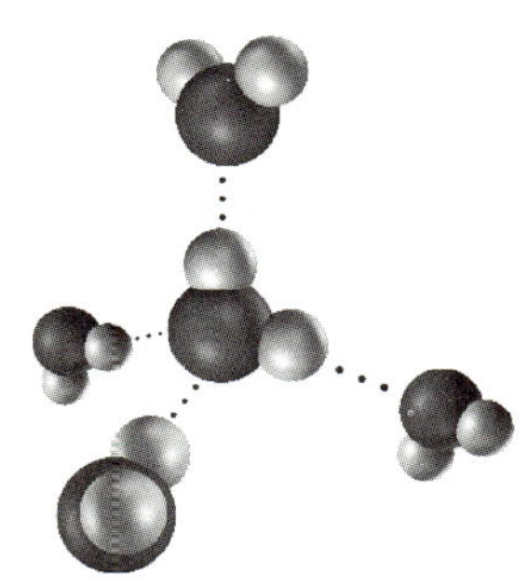

图 1.3　水分子间形成的氢键（深色为 O 原子，浅色为 H 原子，点线表示氢键）

水（H_2O）和氨水等液体富含氢键，图 1.3 是水中的氢键网络。正是因为大量氢键的存在，使水比分子量大很多的有机液体具有更高的密度、沸点和热容，适于生命的生存和繁衍。氢键还是维持蛋白质二级结构和 DNA 双螺旋结构的主要作用力[20]，故氢键在生命系统中扮演着关键角色。

氢键的键能随 D 和 A 的电负性增大而增大，故强电负性原子 O、N 和 F 是主要的氢键供体和受体。S、Cl、P 甚至 Br 和 I 原子在特定情况下也能形成氢键，但键能较低。碳原子与数个电负性强的原子相连时也有可能充当氢键供体 , 例如在氯仿（$CHCl_3$）中，氯原子周围电子云密度较大，因而碳原子周围带有部分正电荷，可参与氢键的形成，扮演了质子供体的角色。此外，芳环上的碳也有相对较强的吸电子能力，作为氢键受体与强极性的 D—H（如—O—H）形成氢键。

因为氢键本质上是一种静电相互作用，故氢键键能随离子强度的增大而下降（见 1.5.3 节）；温度增大，分子热运动加剧，分子间氢键作用减弱；在离液离子（如 SCN^-、ClO_4^-、I^-）和离液剂（如脲、盐酸胍）的存在下，氢键作用也会下降，这一点与疏水性相互作用类似（见 1.5.4 节）。

1.5.3 静电相互作用

静电相互作用（electrostatic intereaction）是带电体之间的相互作用力。异种电荷相互吸引，同种电荷相互排斥。基于静电相互作用的离子交换色谱（ion-exchange chromatography, IEC）是生物分离的主要方法。

根据 Gouy-Chapman 的分散双电层理论，在带电溶质（或粒子）表面附近存在距离表面由高到低的反离子（counterion）浓度分布，形成分散双电层结构，而整个系统呈电中性。图 1.4 为负电粒子表面反离子（正电荷）的浓度分布。在双电层区域，粒子表面附近的电位分布如图 1.5 所示。若表面电位 φ_0 较小，电位沿远离粒子表面方向的变化可用式（1.7）的指数函数表示：

$$\varphi = \varphi_0 e^{-\kappa x} \tag{1.7}$$

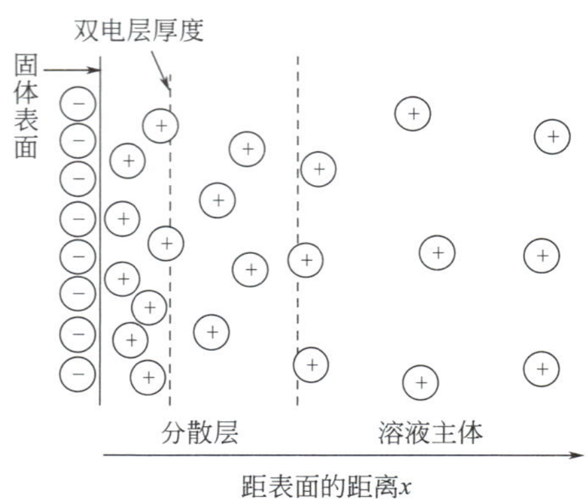

图 1.4 负电粒子（或固体）表面的分散双电层结构（系统整体呈电中性）

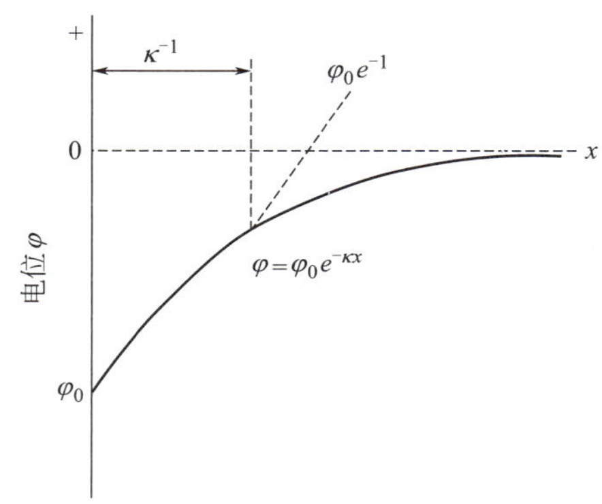

图 1.5 负电粒子表面双电层中的电位分布

双电层厚度 κ^{-1} 可用 Debye-Hückel 方程计算：

$$\kappa^{-1} = \left(\frac{\varepsilon k_B T}{2 \times 10^3 e^2 N I} \right)^{1/2} \tag{1.8}$$

式中，ε 为溶液的介电常数（20℃水的 ε 为 7.08×10^{-10}F/m）；N 为 Avogadro 常数（$6.022 \times 10^{23}mol^{-1}$）；$I$

为离子强度，mol/L；k_B 为 Boltzmann 常数（1.38×10^{-23}J/K）；T 为温度。

在电场中荷电粒子发生电泳，电泳的粒子与厚度为 κ^{-1} 表面层一起泳动。双电层厚度所处位置的电位为 $\varphi=\varphi_0e^{-1}$，所以，泳动的带电粒子的实际电位值为 $\xi=\varphi_0e^{-1}$，而非 φ_0。该电位值即表面电位，常称 ξ 电位（zeta potential）。

表面电荷密度越大，即 φ_0 值越大，表面电位越大，静电相互作用也越大。即静电相互作用随荷电溶质或粒子的电荷密度增大。蛋白质和氨基酸等弱电解质的解离度随 pH 变化，故 pH 显著影响蛋白质等弱电解质的静电相互作用。双电层厚度代表了静电相互作用所波及的最小距离，距离越大，则静电作用力越大，故静电作用力与双电层厚度成正比。从式（1.8）可知，双电层厚度与溶液离子强度的平方（I^2）成反比，故静电作用力也与 I^2 成反比，即静电相互作用随离子强度增大而快速下降。

静电作用力是一种长程作用（long-range interaction），其作用范围实际上并不局限于双电层厚度的范围内，而是超出双电层厚度几十倍，达到100nm以上[21]。当然，静电相互作用的范围同样随荷电粒子（溶质）的电荷密度增大而增大，随溶液离子强度的增大而减小。静电相互作用的长程性也决定其非饱和性和无方向性，这与氢键明显不同。与氢键的相同点是，温度升高，分子热运动加剧，静电作用力下降。

1.5.4　疏水性相互作用

水溶液中存在非极性（疏水性）分子或疏水性基团（如蛋白质表面的疏水性区域）时，水的氢键网络会发生重排，在非极性溶质表面形成有序排列的水化层（hydration layer）。若这些非极性分子或基团之间发生结合作用，就必须首先排除这层水化层。这些非极性分子或基团之间发生的结合作用就是疏水性相互作用（hydrophobic intereaction，HI）。由此可知，疏水性相互作用是非极性溶质周围有序排列的水分子返回溶液主体，引起非极性分子或基团之间发生结合的现象。水分子返回溶液主体，使系统的混乱程度增大，即系统发生熵增，Gibbs 自由能下降。疏水性相互作用能为 −20 ～ −12kJ/mol。

因为疏水性相互作用的前提是非极性基团表面水化层的破坏，故破坏水化层的各种因素均能增强疏水性相互作用，反之亦然。

首先，盐的种类对水化层的稳定性影响显著。无机阴离子可分为两类，一类具有稳定水化层的作用。例如，SCN^-、ClO_4^- 和 I^- 等离子半径大、电荷密度低的阴离子与水分子作用弱，在其存在下非极性表面的水化层较稳定，疏水性相互作用弱。这类离子称作离液离子（chaotropic ion，CI）。另一类离子的水化作用强，如 SO_4^{2-}、HPO_4^{2-} 等离子半径小、电荷密度大的阴离子，它们能够增强水分子间的氢键作用，从而使水的结构更加有序，因此可以剥夺非极性表面的水化层，使表面的疏水性基团暴露，从而增强这些分子间的疏水性相互作用。这类离子称作亲液离子（kosmotropic ion，KI）。上述两类离子对疏水性相互作用的影响也随其浓度增大而增大。基于疏水性相互作用的疏水性相互作用色谱（hydrophobic interaction chromatography，HIC）是蛋白质分离的常用方法，亲液盐增强疏水性相互作用的性质是 HIC 操作的理论基础。

此外，脲和盐酸胍等离液剂可与非极性基团发生相互作用，降低非极性基团之间的相互作用。故离液剂可降低疏水性相互作用。

化学成键过程一般为放热过程，温度升高不利于成键，如范德华力、氢键和静电相互作用。但疏水性相互作用不同。疏水性相互作用的前提是水化层的剥离，而水化层的剥离（失水）为吸热过程，温度升高有利于失水，故疏水性相互作用随温度升高而增强。

此外，疏水性相互作用无方向性和饱和性，作用距离不及静电相互作用，但远大于氢键等方向性、饱和性作用力。

氢键、静电相互作用和疏水性相互作用是生物过程涉及的三大主要非共价作用力，表 1.2 归纳了这三种分子间相互作用的基本特性和主要影响因素。

表 1.2 生物过程中的三种主要相互作用及其影响因素和特性

特性 / 影响因素	氢键	静电相互作用	疏水性相互作用
方向性 / 饱和性	有	无	无
作用距离	0.25 ～ 0.30nm	长程	中程
极性	极性	极性	非极性
温度升高	减弱	减弱	增强
pH 影响	小	大	小
离子种类影响	中	小	大 （Cl 降低 HI，KI 增大 HI）
盐浓度影响	小	大	大

1.5.5 π-π 堆叠

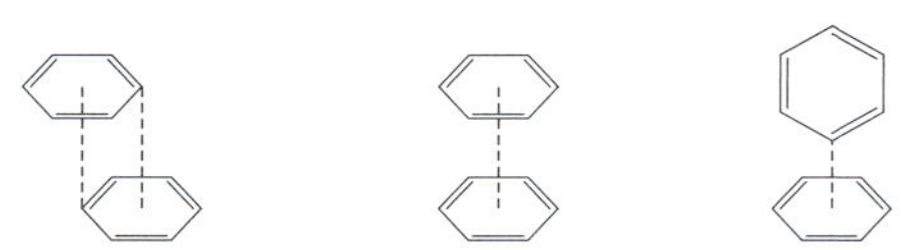
(a) 错位面对面堆叠　(b) 完全面对面堆叠　(c) 面对边堆叠

图 1.6 π-π 堆叠的两种形式：面对面堆叠和面对边堆叠

π-π 堆叠（π-π stacking）作用是一种发生在芳香环（如苯环、吡啶等）的 π 电子云之间的弱静电相互作用，存在于相对富电子和缺电子的两个分子之间。蛋白质中的苯丙氨酸含有苯环，常参与 π-π 堆叠作用。

常见的堆叠作用分为两种（图 1.6），即面对面堆叠和面对边堆叠。面对面堆叠又可分为错位面对面堆叠［图 1.6（a）］和完全面对面堆叠［图 1.6（b）］。图 1.6（b）所示的完全相对的芳香体系堆叠很少出现，因为分子间会产生强烈的排斥作用。面对边堆叠作用［图 1.6（c）］可以看作是一个芳环上轻微缺电子的氢原子和另一个芳环上富电子的 π 电子云之间形成的弱氢键。

最常见的 π-π 堆叠作用就是苯环之间的堆叠作用，能量约为 −10 ～ −0.5kJ/mol。两个完全平行平面之间的垂直距离一般在 0.35nm 左右，心心间距为 0.33 ～ 0.40nm，心心之间的横向侧移距离为 0.13nm［图 1.6（a）］。两个面平行时（角度为 0）堆叠作用力最大，夹角增大则作用力降低。一般两个平面的角度小于 20°。

与 π-π 堆叠作用类似的非共价相互作用是阳离子 -π 相互作用（cation-π interaction）。顾名思义，该作用的参与者是阳离子（如碱金属或含氮阳离子）和富电子 π 系统（如芳香环）。图 1.6（b）上方的苯环换成阳离子（如 Na^+），即构成阳离子 -π 相互作用模型。

因为 π-π 堆叠或阳离子 -π 相互作用的本质是静电作用力，故其影响因素与静电相互作用相同。此外，pH 降低（氢离子浓度增大），氢离子会结合到芳香环的负电荷上，形成带正电荷的离子，降低 π-π 堆叠或阳离子 -π 相互作用。

1.5.6 配位键

配位键（coordinate bonding）简称配键，用 A → B 表示，其中原子 A 含有孤对电子，原子 B 有接受孤对电子的空轨道。由此可知，配位键中共用的电子对是由其中一个原子独自供应，另一个原子仅提供空轨道。因此，配位键是一种特殊的共价键，与普通的共价键（成键的原子间共享的电子来自双方原子）有区别，又称配位共价键。

孤对电子是在原子最外电子层中存在的未用于形成共价键的非键合电子，如咪唑基的 N、氨基的 N 和羧基的 O 等都含有孤对电子；金属离子失去了外层电子，具有空轨道。因此，过渡金属离子（Cu^{2+}、Zn^{2+}、Ni^{2+}、Co^{2+}）可与其配体（如咪唑基、氨基、羧基等）形成配位键，构成螯合作用（chelation）。例如，亚胺二乙酸通过配位作用螯合过渡金属离子（常用 Ni^{2+}）。螯合的金属离子还能进一步与咪唑基发生螯合作用，结合含有组氨酸（含咪唑基）的蛋白质，用于蛋白质的色谱分离。这种色谱方法称为金属螯合亲和色谱（metal chelate affinity chromatography）或固定化金属离子亲和色谱（immobilized metal affinity chromatography，IMAC）。IMAC 是一种常用的纯化蛋白质的亲和色谱方法。

配位键是一种共价键，键能高，不易解离。因此，IMAC 等色谱操作中，需要用竞争性试剂（如咪唑溶液）洗脱被螯合的蛋白质。螯合的金属离子则需要用乙二胺四乙酸（EDTA）等强螯合剂去除。

1.5.7 二硫键

两个半胱氨酸的巯基氧化形成二硫键（disulfide bond），故二硫键是蛋白质二级结构的一部分。在还原剂作用下，二硫键容易解离生成两个巯基。因此，在体外蛋白质折叠复性过程中通过调控氧化剂和还原剂的比例调控蛋白质二硫键的重排。由此可知，二硫键是可逆的，故可用于蛋白质色谱分离，纯化含有游离巯基的蛋白质。该方法称作共价色谱（covalent chromatography）。结合的蛋白质需要用还原剂（如半胱氨酸）解离回收。

1.6 生物分离效率

生物分离工程的目标是实现生物产品的高效率分离纯化。分离效率可从不同的角度来评价，一是分离方法和设备，二是分离过程和产品。

1.6.1 分离方法和设备

对于特定的分离方法或分离设备（如离心、膜分离、萃取、色谱等），其评价指标包括分离容量（capacity）、分离速度（speed）和分辨率（resolution）。分离容量指单位体积的分离设备（或分离介质）处理料液或目标产物的体积或质量。分离速度指单批次分离所需的时间，或连续分离过程的进料速度。批次时间越短，分离速度越快。分辨率指目标产品的纯化效果或杂质的去除能力。具体的分离方法和设备应满足高容量、高速度和高分辨率（高选择性）的要求。生物分离工程研究的主要目标就是开发高容量、高速度和高分辨率（高选择性）的分离纯化新技术、新介质和新设备。

1.6.2 分离过程和产品

对于具体目标产品的分离纯化，在利用已有的分离技术或新开发建立的分离技术时，需评价具体分

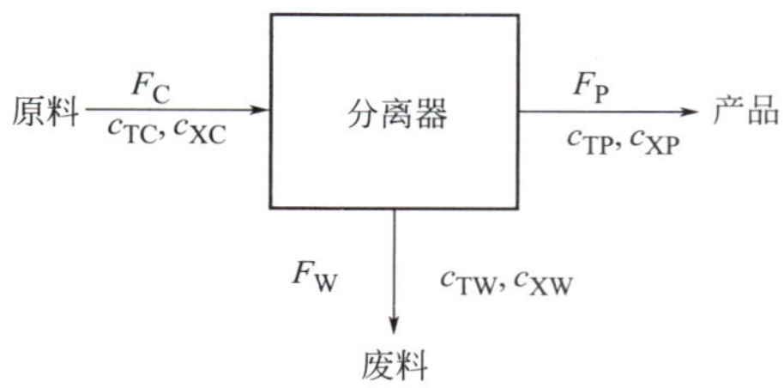

图 1.7 分离过程示意图

离过程对目标产品的浓缩程度、分离纯化程度和回收率。

产品的浓缩程度用浓缩率（concentration factor）表达，是一个以浓缩为目的的分离过程的最重要指标。图 1.7 表示一个连续稳态的分离过程，其中 F 表示流速，c 表示浓度；下标 T 和 X 分别表示目标产物和杂质，C、P 和 W 分别表示原料、产品和废料。此时，浓缩率 m 为

$$m_T = \frac{c_{TP}}{c_{TC}} \tag{1.9a}$$

$$m_X = \frac{c_{XP}}{c_{XC}} \tag{1.9b}$$

目标产物的分离纯化程度用分离因子（separation factor）α表达。分离因子又称分离系数，其定义为

$$\alpha = \frac{c_{TP} / c_{TC}}{c_{XP} / c_{XC}} = \frac{m_T}{m_X} \tag{1.10}$$

另外，平衡分离过程（如蒸馏、萃取等）的分离因子常用平衡后两相中的溶质浓度之比表示。若图 1.7 所示的产品和废料处于相平衡状态，则

$$\alpha = \frac{c_{TP} / c_{TW}}{c_{XP} / c_{XW}} \tag{1.11}$$

式（1.11）定义的α在单级平衡蒸馏中相当于相对挥发度；在萃取分离中又称萃取选择性（selectivity），是目标产物和杂质在两相间分配系数的比值。

式（1.10）表明，产品中目标产物浓度越高，杂质浓度越低，则分离因子越大，分离效率越高。如果 $m_T=m_X$，则 $\alpha=1$，表明目标产物未得到任何程度的分离纯化。因此，以分离为目的时，α值应足够大，以达到高效分离的目的。这时，浓缩率的大小往往成为次要评价指标。

式（1.9）和式（1.10）或式（1.11）也适用于间歇操作过程浓缩率和分离因子的计算。另外，对于具有生物活性的生物产品（酶、蛋白质药物、抗体等），可用分离前后目标产物的比活（specific activity）A 之比表示目标产物的分离纯化程度：

$$\alpha = \frac{A_P}{A_C} \tag{1.12}$$

常用的比活 A 的单位为 U/mg（U 为生物活性单位），此时的α通常称作纯化因子（purification factor）。

无论是以浓缩还是以分离为目的，目标产物均应以较大的比例回收，即有较高的回收率（recovery）。图 1.7 中目标产物的回收率为

$$\mathrm{REC} = \frac{F_P c_{TP}}{F_C c_{TC}} \times 100\% \tag{1.13}$$

生物分离操作多为间歇过程（分批操作），若原料液和产品溶液的体积分别为 V_C 和 V_P，则回收率为

$$\mathrm{REC} = \frac{V_P c_{TP}}{V_C c_{TC}} \times 100\% \tag{1.14}$$

若以产品活性（activity）计算收率，则式（1.13）和式（1.14）分别改写为

$$\mathrm{REC} = \frac{F_P a_{TP}}{F_C a_{TC}} \times 100\% \tag{1.15}$$

$$\mathrm{REC}=\frac{V_{\mathrm{P}}a_{\mathrm{TP}}}{V_{\mathrm{C}}a_{\mathrm{TC}}}\times 100\% \tag{1.16}$$

式中，a 为单位体积溶液中目标产品的活性，U/mL 或 U/L。

除上述分离方法、介质和设备外，生物分离工程研究的根本任务是设计和优化分离过程，提高分离效率，减少分离过程步骤，缩短分离操作时间，达到提高产品收率与活性、降低生产成本的目的。

习题

1. 基于生物化学和生物学知识，列举 3 种自然界生命系统的分离现象及其原理。
2. 日常生活和生产活动中有很多分离现象，列举 3 种并解释其原理。
3. 水的分子量远小于正己烷，但为什么水的沸点远高于正己烷？
4. 阐述静电相互作用非饱和性的物理意义。
5. "疏水性相互作用是非极性基团之间发生的分子相互作用"。这样描述疏水性相互作用的特征，准确吗？
6. 为什么发生疏水性相互作用使系统的熵增大？
7. 疏水性相互作用是非极性基团之间的相互作用，常温下正己烷溶液的分子之间存在疏水性相互作用吗？
8. 随着离液离子浓度的增大，蛋白质分子之间的静电相互作用和疏水性相互作用如何变化，为什么？
9. 生物化学实验中，经常在溶液中加入低浓度螯合剂。此时螯合剂的作用是什么？
10. 在什么 pH 条件下二硫键容易形成？为什么？
11. 在保证较高分离效率的前提下，采用什么策略能够提高平衡分离过程的分离速度？

参考文献

[1] (明) 宋应星. 天工开物. 上海: 上海古籍出版社, 2016.

[2] (明) 李时珍. 本草纲目. 北京: 中国文联出版社, 2016.

[3] Sun Y. Bio-Review 2021: Inspiring the future of Biochemical Engineering. Chin J Chem Eng, 2021, **30**: 1-3.

[4] Cohen S N, Chang A C Y, Boyer H W, Helling R B. Construction of biologically functional bacterial plasmids in-vitro. Proc Natl Acad Sci USA, 1973, **70**: 3240-3244.

[5] Kohler G, Milstein C. Continuous cultures of fused cells secreting antibody of predefined specificity. Nature, 1975, **256**: 495-497.

[6] Lander E S, Linton L M, Birren B, et al. Initial sequencing and analysis of the human genome. Nature, 2001, **409**: 860-921.

[7] Humphray S J, Oliver K, Hunt A R, et al. DNA sequence and analysis of human chromosome 9. Nature, 2004, **429** (6990): 369-374.

[8] Haynes C. The importance of bioseparations: giving credit where credit is due. Biotechnol Bioeng, 2004, 87, issue 3 (Editorial).

[9] Lightfoot E N, Moscariello J S. Bioseparations. Biotechnol Bioeng, 2004, **87**: 259-273.

[10] 李元. 基因工程药物. 北京: 化学工业出版社, 2002.

[11] Zhao G, Li Y, Wu Y, Li S, Chen X, Zhang W, Xie J. Applications of ion-exchange chromatography for the purification of antibodies// Pavel N Nesterenko, Colin F Poole, Yan Sun (co-eds). Ion-Exchange Chromatography and Related Techniques: Chapter 24. Amsterdam Netherlands: Elsevier, 2024: 505-521.

[12] Lin X, Su Z, Ma G, Zhang S. Separation of bio-particles by ion-exchange chromatography// Pavel N Nesterenko, Colin F Poole, Yan Sun (co-eds). Ion-Exchange Chromatography and Related Techniques: Chapter 27. Amsterdam Netherlands:

Elsevier, 2024: 553-577.

[13] Pardi N, Hogan M J, Weissman D. Recent advances in mRNA vaccine technology. Current Opinion in Immunol, 2020, **65**:14-20.

[14] Dong Y, Petsch B (eds). mRNA vaccines. Springer Berlin Heidelberg, 2023.

[15] Gavazzana-Calvo M. The future of gene therapy. Nature, 2004, **427** (6977): 779.

[16] Moreira A S, Cavaco D G, Faria T Q, Alves P M, Carrondo M J T, Peixoto C. Advances in lentivirus purification. Biotechnol J, 2021, **16**: 2000019.

[17] Andari J E, Grimm D. Production, Processing, and characterization of synthetic AAV gene therapy vectors. Biotechnol J, 2021, **16**: 2000025.

[18] Abdulrahman A, Ghanem A. Recent advances in chromatographic purification of plasmid DNA for gene therapy and DNA vaccines: A review. Analytica Chimica Acta, 2018, **1025**: 41-57.

[19] Dwyer J L. Scaling up bio-product separation with high-performance liquid-chromatography. Bio/Technology, 1984, **2**: 957.

[20] 董晓燕. 生物化学. 3版. 北京: 高等教育出版社, 2021.

[21] Xu X-H N, Yeung E S. Long-range electrostatic trapping of single-protein molecules at a liquid-solid interface. Science, 1998, **281**: 1650-1653.

第 2 章　细胞分离与破碎

为什么学习细胞分离与破碎?

离心分离是包括细胞分离在内的固液分离的主要手段。实验室中常用转子离心机，包括图 2.2 所示的水平转子和角转子，在基因重组蛋白质的工业生产中则以连续操作的管式离心机和碟片式离心机为主。在抗生素和有机酸等发酵工业中，由于发酵液体积庞大，通常采用过滤除菌操作。随着膜分离技术的发展，特别是膜材料制备成本的显著降低，膜分离技术（见第 4 章）在生物分离过程中的应用正逐渐普及。

细胞破碎是提取胞内产物的必由之路。实验室研究中通常处理的样品量较小，普遍使用超声波破碎。在较大规模的胞内产物提取制备过程中，最常用的是高压匀浆破碎。为提高破碎效率、降低能耗、提高目标产物的释放选择性和易于后续的细胞碎片分离，高压匀浆操作常与化学或酶处理方法相结合，即做适当的化学或酶溶处理后再进行高压匀浆操作。由于不同生物细胞的结构不同，并且细胞结构随培养条件和培养时间变化很大，在本章介绍的基本理论指导下，针对特定的破碎目标进行操作条件的优化是非常必要的。

学习目标

- 掌握离心分离的原理和不同生物产物离心分离的离心力范围。
- 了解影响过滤速度的主要因素，掌握过滤速度和操作压力及阻力的关系。
- 熟悉各种细胞破碎方法，了解目标产物选择性释放的重要性。

通过微生物发酵或动植物细胞培养得到的原料液，应首先将其中的菌体或细胞与培养液分离，如图1.1 所示。如果目标产物为胞外物（extracellular products），可直接利用培养液进行后续的分离纯化操作；如果目标产物为胞内物（intracellular products），则要对菌体或细胞进行适当的处理，释放目标产物，然后除去细胞或其碎片，再进行目标产物的分离纯化。本章介绍分离回收细胞和释放目标产物（细胞破碎）的主要方法和基础理论。

2.1 细胞分离

2.1.1 重力沉降

重力沉降是化工过程中常用的气固、液固和液液分离手段，在生物下游加工过程中也是最基本的分离技术之一。以液固沉降为例，重力沉降过程中固体颗粒受到重力、浮力和流体摩擦阻力的作用。当粒子周围流体的流动处于层流区时，即雷诺数 Re 值的范围为 $10^{-4}<Re<1$ 时，球形固体颗粒的匀速沉降速度为

$$v_g = \frac{d_p^2(\rho_s - \rho_L)g}{18\mu_L} \tag{2.1}$$

雷诺数的定义如下：

$$Re = \frac{d_p v_g \rho_L}{\mu_L} \tag{2.2}$$

式中，d_p 表示固体颗粒粒径，m；ρ_s 为固体密度，kg/m^3；ρ_L 为液体密度，kg/m^3；g 为重力加速度（$9.81m/s^2$）；v_g 为重力沉降速度，m/s。

菌体细胞的直径很小，重力沉降速度很低，沉降过程满足层流（$10^{-4}<Re<1$）条件，故沉降速度主要用式（2.1）计算。但是，式（2.1）表示的是单一粒子的沉降速度。当颗粒浓度较大时，颗粒之间相互碰撞和干扰，影响沉降速度。此时，颗粒的沉降速度比单一颗粒小，需用空隙率函数 $f(\varepsilon)$ 对式（2.1）加以校正，即

$$v'_g = v_g \frac{1}{f(\varepsilon)} \tag{2.3}$$

式中，ε 为悬浮液的空隙率（voidage），即液体体积分数。

$f(\varepsilon)$ 为空隙率函数，用 Richardson-Zaki 经验方程表达 [1]

$$f(\varepsilon) = \varepsilon^{-4.65} \tag{2.4}$$

菌体和动植物细胞的重力沉降虽然简便易行，但菌体细胞体积很小，沉降速度很慢。因此，实际上需使菌体细胞聚并成较大凝聚体颗粒后再进行沉降操作，提高沉降速度。在中性盐的作用下，可使菌体表面双电层排斥电位降低，有利于菌体之间发生凝聚。另外，向含菌体的料液中加入聚丙烯酰胺或聚乙烯亚胺等高分子絮凝剂，可使菌体之间产生架桥作用而形成较大的凝聚颗粒。凝聚或絮凝不仅有利于重力沉降，而且还可以在过滤分离中大大提高过滤速度和质量。当培养液中含有蛋白质时，可使部分蛋白质凝聚而同时过滤除去。

2.1.2 离心沉降

离心沉降是科学研究与生产实践中最广泛使用的非均相分离手段，不仅适用于菌体和细胞的分离回

收，而且可用于血细胞、胞内细胞器、病毒以及蛋白质的分离，也广泛应用于液液相分离。

2.1.2.1　离心力和离心沉降速度

离心沉降是在离心力的作用下发生的，是一种超重力作用。单位质量的物质所受到的离心力为

$$F_c = r\omega^2 \tag{2.5}$$

离心设备的一个重要技术指标是其所能达到的离心力与重力的比值，称为分离因数。分离因数是衡量离心程度的参数，用 Z 表示

$$Z = \frac{4\pi^2 N^2 r}{g} \tag{2.6}$$

科技文献中常用重力加速度 g 的倍数表示离心力的大小（如 2 000g、10 000g 等），就是将离心力用 Zg 形式表达。一般将 Zg 称作离心力或离心加速度。离心设备的旋转半径越大，转数越高，离心力越大。

离心沉降和重力沉降只是对沉降的作用力不同，因此，将式（2.1）中的 g 用 Zg 代替，可得离心沉降速度 v_s 为

$$v_s = \frac{2\pi^2 d_p^2(\rho_s - \rho_L)N^2 r}{9\mu_L} \tag{2.7}$$

或用式（2.5）的离心力代替式（2.1）中的 g，得到离心沉降速度 v_s 的另一种形式

$$v_s = \frac{d_p^2(\rho_s - \rho_L)}{18\mu_L} r\omega^2 \tag{2.8}$$

此外，式（2.8）还可用下式表达

$$v_s = \frac{dr}{dt} = Sr\omega^2 \tag{2.9}$$

式中，S 称为沉降系数（sedimentation coefficient），一般用斯维德贝格（Svedbergs）单位 S 表示，1 S =10^{-13}s。

S 是溶剂物性的函数，溶剂物性已知时，可用下式计算 20℃水中的沉降系数 $S_{w,20}$。

$$S_{w,20} = S\left(\frac{1-\bar{v}\rho_{w,20}}{1-\bar{v}\rho_{L,T}}\right)\frac{\mu_{L,T}}{\mu_{w,20}} \tag{2.10}$$

式中，$\bar{v}$ 为溶质（颗粒）的比体积；$\rho_{w,20}$ 和 $\rho_{L,T}$ 分别表示 20℃的水和 T℃的溶剂的密度；$\mu_{w,20}$ 和 $\mu_{L,T}$ 分别表示 20℃的水和 T℃的溶剂的黏度。

$S_{w,20}$ 亦不是常数，而是溶质（颗粒）浓度 c 的函数，随溶质浓度的增大而减小。

$$S_{w,20} = \frac{S_{w,20}^0}{1+kc} \tag{2.11}$$

式中，$S_{w,20}^0$ 为 $c \to 0$ 时的沉降系数（20℃，水中）；k 为常数。

表 2.1 列出了一些蛋白质的沉降系数。从表 2.1 中可以看出，蛋白质的分子量越大，沉降系数越大。

因此，若已知 $S_{w,20}^0$ 和 $\bar{v}$，利用溶剂的物性值（$\rho_{L,T}, \mu_{L,T}$）和式（2.9）～式（2.11）可计算溶质（颗粒）的离心沉降速度。此外，通过积分式（2.9），得到溶质完全沉降所需的时间为

$$t = \frac{\ln(R_2/R_1)}{S\omega^2} \tag{2.12}$$

式中，R_1 和 R_2 分别为旋转轴中心到样品液表面和离心管底部的垂直距离。

表 2.1 一些蛋白质的沉降系数

物质	分子量	沉降系数（$S^0_{w,20}$）/S	物质	分子量	沉降系数（$S^0_{w,20}$）/S
细胞色素 C	12400	1.18	α- 淀粉酶	50000	4.5
肌红蛋白	16900	2.04	血红蛋白	64550	4.1 ～ 4.5
胰蛋白酶	23000	2.5	伴刀豆蛋白 A（四聚体）	102300	6.0
尿激酶	32000	2.7	IgG	150000	6.6 ～ 7.3
卵白蛋白	45000	3.7	IgM	900000 ～ 1000000	18 ～ 20

2.1.2.2 离心分离法

（1）差速离心分级　差速离心（differential centrifugation）是生化工业中最常用的离心分离方法。以菌体细胞的收集或除去为目的的固液离心分离是分级离心操作的一种特殊情况，即为一级分级分离。表 2.2 为一些菌体细胞的大小和离心操作条件[2]。可以看出，菌体和细胞一般在 500 ～ 5000*g* 的离心力下就可完全沉降。工业规模的离心操作中，为提高分离速度，所用离心力较大。操作中，根据实际物系的特点（目标产物和其它组分的性质和相互作用等）、分离的目的和所需分离的程度，选择适当的操作条件（离心转数和时间），可使料液中的不同组分得到分级分离。细胞破碎液差速离心分级见图 2.1[3]。

表 2.2 主要菌体和细胞的离心分离

菌体、细胞	大小 /μm	离心力 /*g*	
		实验室	工业规模
大肠杆菌	2 ～ 4	1500	13000
酵母	2 ～ 7	1500	8000
血小板	2 ～ 4	5000	—
红细胞	6 ～ 9	1200	—
淋巴球	7 ～ 12	500	—
肝细胞	20 ～ 30	800	—

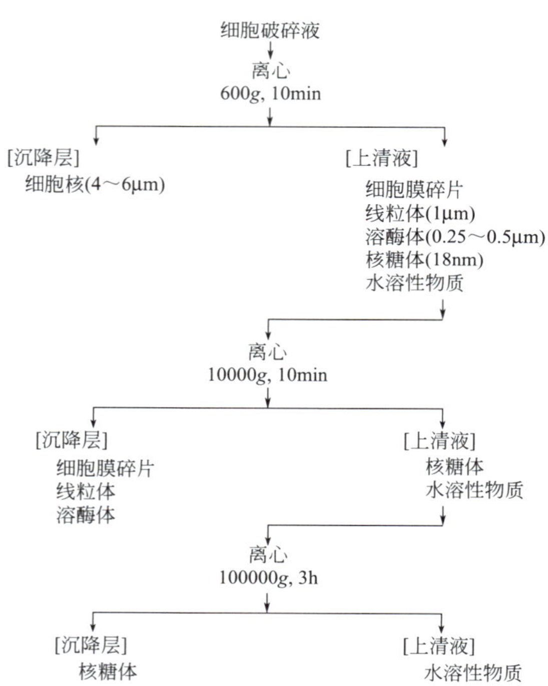

图 2.1 细胞破碎液差速离心分级

（2）区带离心　区带离心（zonal centrifugation）是生化研究中的重要分离手段，根据离心操作条件不同，又分差速区带离心（rate-zonal density-gradient sedimentation）和平衡区带离心（isopycnic density-gradient sedimentation）。两种区带离心法均事先在离心管中用某种低分子溶质（如蔗糖溶液）调配好密度梯度，在密度梯度之上加待处理的料液后进行离心操作。差速区带离心的密度梯度中的最大密度小于待分离的目标产物的密度，离心操作中，料液中的各个组分在密度梯度中以不同的速度沉降，根据各个组分沉降系数的差别，形成各自的区带。经过一定时间后，从离心管中分别汲取不同的区带，得到纯化的各个组分。平衡区带离心的密度梯度比差速区带离心的密度梯度高，离心操作的结果使料液中的高分子溶质在与其自身密度相等的溶剂密度处形成稳定的区带，区带中的溶质浓度以该密度为中心，呈 Gauss 分布。

区带离心的密度梯度一般可用蔗糖配制。事先调配不同浓度（密度）的蔗糖溶液，然后在离心管中依浓度从大到小层层加入即可。将一定浓度的蔗糖溶液经一定时间的高速离心后可制成连续的蔗糖密度梯度。除蔗糖外，还有许多物质在离心力作用下可自动形成密度梯度，如氯化铯（可用于核酸的分离）和溴化钠（可用于脂蛋白的分离）等。

区带离心法可用于蛋白质、核酸等生物大分子的分离纯化，但处理量小，一般仅限于实验室水平。为提高处理量，20 世纪 60 年代开发了区带转子，用其代替离心管可增加处理能力。

2.1.2.3 离心分离设备

离心机是生化实验室及生化工业广泛使用的分离设备。实验室用离心机以离心管式转子离心机为主，离心操作为间歇式。图 2.2 为各种形式的离心机转子 [4]。工业用离心设备一般要求有较大的处理能力并可进行连续操作。离心分离设备根据其离心力（转数）的大小，可分为低速离心机、高速离心机和超离心机（ultracentrifuge）。生化分离用离心机一般为冷却式，可在低温下操作，称为冷冻离心机。各种离心机的离心力范围和分离对象列于表 2.3。

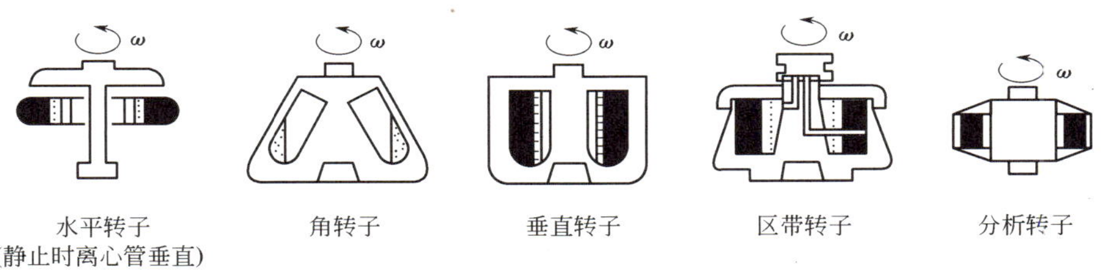

图 2.2 各种形式的离心机转子

表 2.3 离心机的种类和适用范围

项目		低速离心机	高速离心机	超离心机
转数 /（r/min）		2000 ～ 6000	10000 ～ 26000	30000 ～ 120000
离心力 /g		2000 ～ 7000	8000 ～ 80000	100000 ～ 600000
适应范围	细胞	适用	适用	适用
	细胞核	适用	适用	适用
	细胞器	—	适用	适用
	蛋白质	—	—	适用

工业离心分离设备中，较常用的有管式和碟片式两大类。管式离心机（tubular bowl centrifuge）又称圆筒式离心机（图 2.3），结构比较简单。操作过程中，料液从圆管一端的中心输入，在离心力作用下，管内液面基本上是以旋转轴为中心的圆筒面（斜线部分），从另一端的中心排出轻相（上清液）。间歇操作时，固体粒子沉降于管壁；连续操作时，从管壁附近的出口排出重相（浓缩的悬浮液）。管式离心机转数可达到 2×10^4r/min 以上，离心力较大，但缺点是沉降面积小，处理能力较低。碟片式离心机（disc-type bowl centrifuge）又称分离板式离心机（图 2.4），离心转子中有许多等间隔的碟形分离板，以增大沉降面积，提高处理能力。以连续操作为目的的碟片式离心机设有连续排出重相（浓缩悬浮液）的喷嘴［图 2.4（b）］。操作过程中，料液从中心进料口输入，通过转子底部的液孔进入分离板外径处，进入分离板的间隙。通过分离板的间隙向转子中心移动的过程中，重相（粒子）受离心力作用发生沉降，轻相从转子上

部出口排出。连续操作时，重相从喷嘴连续喷出。碟片式离心机结构复杂，离心转数一般较管式离心机低，约 1×10^4r/min。

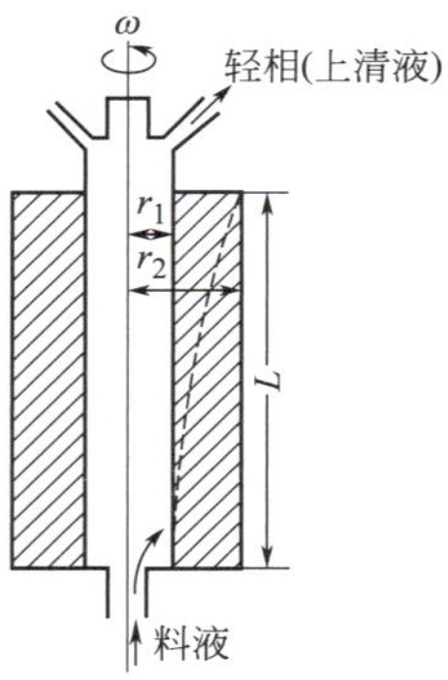

图 2.3　管式离心机

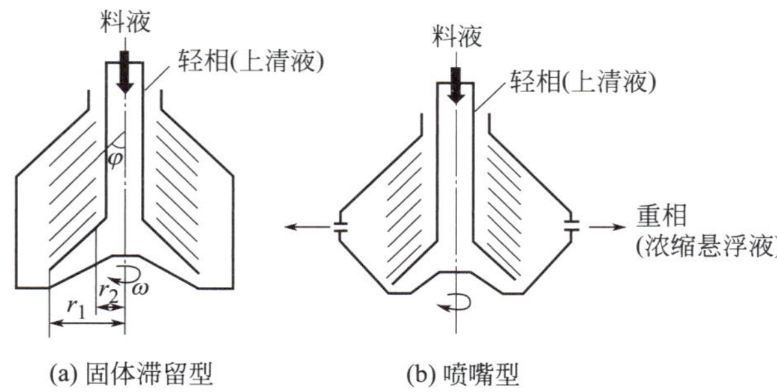

图 2.4　碟片式离心机

如图 2.3 所示，设管式离心机的旋转轴心到液面的距离（半径）为 r_1，转筒内径为 r_2。对于一个单一粒子，在管内的轴向以与流体流速相同的速度从下向上移动的同时，与流体和转筒相同的角速度旋转，在径向上受离心力的作用而沉降，其移动轨迹如图 2.3 的虚线所示。经过推导，可得到使两相完全分离的最大处理流量（即离心机的处理能力）为

$$Q = v_g \frac{\pi L(r_2^2 - r_1^2)\omega^2}{g\ln(r_2 / r_1)} \tag{2.13}$$

在离心操作中 r_1 和 r_2 近似相等，式（2.13）可简化成

$$Q = v_g \frac{2\pi L r_2^2 \omega^2}{g} \tag{2.13a}$$

设

$$\Sigma = \frac{2\pi L r_2^2 \omega^2}{g} \tag{2.14}$$

则

$$Q = v_g \Sigma \tag{2.13b}$$

Σ具有面积的单位，称为离心沉降面积，是离心机结构和操作条件的函数。

用式（2.13）测算的处理能力是理论值，而实际处理能力一般低于理论值。故需在理论值的基础上乘以一个校正系数 ξ，实际处理能力 Q_p 为

$$Q_p = \xi v_g \Sigma \tag{2.15}$$

碟片式离心机的处理能力可通过分离板内粒子运动特性测算，离心沉降面积的理论值为

$$\Sigma = \frac{2\pi n(r_1^3 - r_2^3)\omega^2}{3g\tan\varphi} \tag{2.16}$$

式中，r_1 和 r_2 分别为分离板的外径和内径；n 为分离板数；φ为分离板与旋转轴的夹角［图 2.4（a）］。

碟片式离心机的实际处理能力亦用式（2.15）计算，但离心沉降面积用式（2.16）计算。从式（2.14）、式（2.15）和式（2.16）可知，离心机的处理能力与颗粒和溶剂特性（v_g）、离心机的机械结构和操作条件有关。校正系数 ξ的值根据离心机而异，需通过实验测定。

离心机的放大可采用等校正系数法。设两台离心机的处理能力分别为 Q_1 和 Q_2，离心机沉降面积分别

为 Σ_1 和 Σ_2，则

$$\frac{Q_1}{v_g \Sigma_1} = \frac{Q_2}{v_g \Sigma_2} = \xi$$

所以

$$\Sigma_2 = \Sigma_1 \frac{Q_2}{Q_1} \tag{2.17}$$

2.1.3 过滤

利用薄片形多孔性介质（如滤布）截留固液悬浮液中的固体粒子，进行固液分离的方法称为过滤（filtration）。菌体、细胞及其碎片的分离除离心操作外，也可采用过滤法。过滤是一种膜分离法。膜分离将在第 4 章详细介绍，本小节仅概述菌体、细胞及其碎片的过滤特性和主要过滤设备。

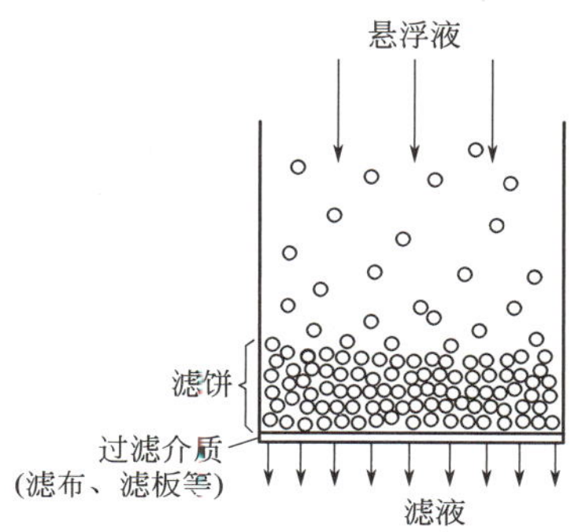

图 2.5 过滤操作示意图

2.1.3.1 过滤速度

过滤操作一般以压差为透过推动力，仅靠重力不能达到足够大的透过速度。如图 2.5 所示，过滤操作中固形成分被过滤介质截留，在介质表面形成滤饼。滤液的透过阻力来自两个方面，即过滤介质和介质表面不断堆积的滤饼。因此透过速度可用下式表达

$$\frac{dQ}{dt} = \frac{A\Delta p}{\mu_L (R_m + R_c)} \tag{2.18}$$

式中，A 为过滤面积，m^2；Δp 为操作压力，Pa；Q 为滤液体积，m^3；μ_L 为滤液的黏度，Pa · s；R_m 和 R_c 分别为介质和滤饼的阻力，m^{-1}。

过滤操作中，滤饼的阻力占主导地位，因此了解滤饼的特性对成功的过滤操作非常重要。

滤饼阻力与滤饼干重 W（kg）之间有如下关系

$$R_c = \frac{\alpha W}{A} \tag{2.19}$$

式中，α 为滤饼的平均比阻，m/kg。

不可压缩性滤饼的 α 为常数，而可压缩性滤饼的 α 为压差的函数，经验表达式为

$$\alpha = k\Delta p^m \tag{2.20}$$

式中，k 为 $\Delta p = 1$ 时的 α 值，对于一定的料液，k 为常数，可通过实验测定；m 为压缩指数，一般在 0.3 ～ 1.2 之间。

表 2.4 为一些微生物滤饼的压缩指数以及助滤剂（filter aid）的影响 [5]。可以看出，坚硬的乳胶（latex）粒子为不可压缩性，m=0；在助滤剂 Filter-Cel 的存在下，微生物滤饼的压缩指数下降。

由式（2.20）可知，可压缩性滤饼的比阻值 α 随压力提高而增大。因此，在过滤操作中，压力是非常敏感和重要的操作参数，特别是可压缩性强（m 值大）的滤饼。一般需缓慢增大操作压力，最终操作压力不能超过 0.3 ～ 0.4MPa。

随着过滤操作的进行，滤饼量不断增加，与滤液体积 Q 之间有如下关系

表 2.4 微生物滤饼的压缩指数 m 和助滤剂浓度的影响

微生物	助滤剂体积分数 /%	m
面包酵母（*Saccharomyces cerevisiae*）	0	0.45
	10	0.34
	50	0.28
环形杆菌（*Bacillus circulans*）	0	1.0
	10	0.84
	50	0.37
内球红细菌（*Rhodopseudomonas spheroides*）	0	0.88
谷氨酸微球菌（*Micrococcus glutamicus*）	0	0.31
大肠杆菌（*Escherichia coli*）	0	0.79
乳胶粒子（0.206μm，0.545μm）	0	0

$$W = \frac{\rho_{\mathrm{L}} Q c_{\mathrm{s}}}{1-\beta c_{\mathrm{s}}} \tag{2.21}$$

式中，β 为湿滤饼和干滤饼的质量比；c_{s} 为料液中固形成分（形成滤饼）的含量，kg/kg；ρ_{L} 为滤液密度；$1-\beta c_{\mathrm{s}}$ 相当于料液中滤液所占的质量比（料液＝滤液＋滤饼）。

将式（2.21）代入式（2.19），得到

$$R_{\mathrm{c}} = \frac{\rho_{\mathrm{L}} Q c_{\mathrm{s}}}{1-\beta c_{\mathrm{s}}} \times \frac{\alpha}{A} \tag{2.19a}$$

将式（2.18）中的 R_{m} 亦用式（2.19a）的形式表达，则

$$R_{\mathrm{m}} = \frac{\rho_{\mathrm{L}} Q_0 c_{\mathrm{s}}}{1-\beta c_{\mathrm{s}}} \times \frac{\alpha}{A} \tag{2.19b}$$

式中，Q_0 为形成相当于过滤介质阻力的滤饼时透过的虚拟滤液体积。特定过滤介质的 Q_0 值为常数。

将式（2.19a）和式（2.19b）代入式（2.18），得到

$$\frac{\mathrm{d}Q}{\mathrm{d}t} = \frac{A^2 \Delta p (1-\beta c_{\mathrm{s}})}{\mu_{\mathrm{L}} (Q+Q_0) \rho_{\mathrm{L}} \alpha c_{\mathrm{s}}} \tag{2.22}$$

上式为过滤基本方程。恒压操作条件下积分式 (2.22)，可得下式

$$(Q+Q_0)^2 = K(t+t_0) \tag{2.23}$$

其中

$$K = \frac{2A^2 \Delta p (1-\beta c_{\mathrm{s}})}{\mu_{\mathrm{L}} \rho_{\mathrm{L}} \alpha c_{\mathrm{s}}} \tag{2.24}$$

式中，t_0 为透过虚拟滤液量 Q_0 所需的虚拟时间。

式（2.23）为 Ruth 恒压过滤方程，K 称为 Ruth 恒压过滤系数。微分式（2.23）可得下式

$$\frac{\mathrm{d}t}{\mathrm{d}Q} = \frac{2Q}{K} + \frac{2Q_0}{K} \tag{2.25}$$

由于 Q_0 为常数，因此可通过恒压操作条件下滤液量 Q 与时间关系的数据，得到 $\mathrm{d}t/\mathrm{d}Q$ 与 Q 之间的直线关系，直线斜率为 $2/K$，横轴交点坐标为 $-Q_0$，从而求得 Q_0 和 K，并利用 K 值和式（2.24）可计算滤饼的比阻 α。

在恒压操作条件下，过滤介质的阻力通常可忽略不计时，式（2.23）可简化为

$$Q^2 = Kt \tag{2.23a}$$

此时，利用过滤数据，以 t/Q 为横坐标，Q 为纵坐标作图得一直线，从直线斜率也可求得 K 值和 α 值。

恒压过滤操作中滤饼阻力不断上升，过滤速度不断下降。除恒压过滤外，采用往复式恒流泵可进行恒速过滤，其间操作压力不断上升。忽略过滤介质阻力，恒速过滤方程为

$$\frac{\mathrm{d}Q}{\mathrm{d}t}=\frac{Q}{t} \tag{2.26}$$

提高过滤速度和过滤质量是过滤操作的目标。由于滤饼阻力是影响过滤速度的主要因素，因此在过滤操作以前，一般要对滤液进行絮凝或凝聚等预处理，改变料液的性质，降低滤饼的阻力。此外，可在料液中加入助滤剂（如硅藻土）提高过滤速度。但是，当以菌体细胞的收集为目的时，使用助滤剂会给以后的分离纯化操作带来麻烦，故需慎重行事。

随着过滤介质的不断改进，采用精密微滤膜的错流过滤法已逐渐成为过滤操作的主流。有关内容将在第 4 章中介绍。

2.1.3.2　过滤设备

生化工业常用的过滤设备主要有加压叶滤机、板框过滤机、旋转真空过滤机等。加压叶滤机由许多滤叶装合而成（图 2.6）。每个滤叶以金属管为框架，内装多孔金属板，外罩过滤介质，内部具有空间，供滤液通过。加压叶滤机在密封条件下过滤，适于无菌操作；机体装卸简单，洗涤容易。但过滤介质更换较复杂。

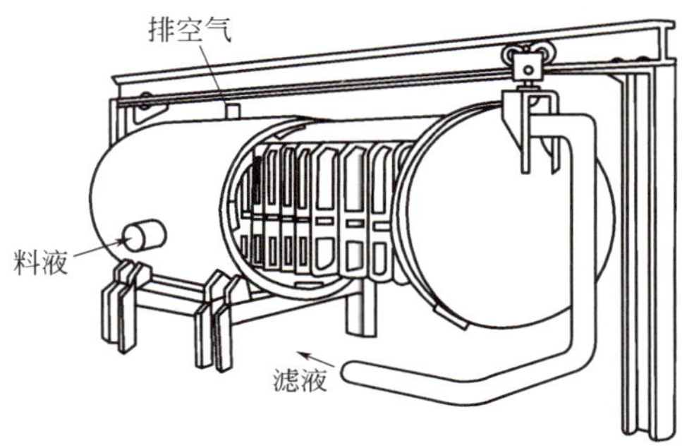

图 2.6　加压叶滤机示意图

2.2　细胞破碎

许多生物产物在细胞培养过程中不能分泌到胞外的培养液中，而保留在细胞内。如青霉素酰化酶、碱性磷酸酶等胞内酶，大部分外源基因表达产物和植物细胞产物等。微生物细胞内含有大量有用物质，如油脂、色素、生物碱、维生素等，这类生物产物需用上节所述方法收集菌体或细胞后，进行细胞破碎（cell disruption），使目标产物选择性地释放到液相中[6-8]。破碎的细胞或其碎片利用上节所述的固液分离方法（主要是离心法）除去后，上清液用于进一步的分离纯化。

2.2.1　细胞的结构

细胞的结构根据细胞种类而异。动物、植物和微生物细胞的结构相差很大，而原核细胞（prokaryotic cell）和真核细胞（eukaryotic cell）又有所不同。动物细胞没有细胞壁，只有由脂质和蛋白质组成的细胞膜，易于破碎。植物和微生物细胞的细胞膜外还有一层坚固的细胞壁，破碎困难，需用较强烈的破碎方法。

革兰氏阳性菌的细胞壁主要由肽聚糖（peptidoglycan）层组成，而革兰氏阴性菌的细胞壁在肽聚糖层的外侧还有分别由脂蛋白和脂多糖及磷脂构成的两层外壁层（图 2.7）。革兰氏阳性菌的细胞壁较厚，约 15 ～ 50nm，肽聚糖含量占 40% ～ 90%。革兰氏阴性菌的肽聚糖层约 1.5 ～ 2.0nm，外壁层约 8 ～ 10nm。因此，革兰氏阳性菌的细胞壁比革兰氏阴性菌坚固，较难破碎。

酵母的细胞壁由葡聚糖、甘露聚糖和蛋白质构成，比革兰氏阳性菌的细胞壁厚，更难破碎。例如，面包酵母的细胞壁厚约 70nm。其他真菌的细胞壁亦主要由多糖构成，此外还有少量蛋白质和脂质等成分。

原核细胞和真核细胞的细胞膜均由脂质和蛋白质构成，二者之和占细胞膜构成成分的 80% ～ 100%。原核细胞和真核细胞的内部结构相差很大。原核细胞结构简单，无细胞核（nucleus），一般由细胞质（cytoplasm）和核糖体（ribosome）构成。真核细胞的细胞质内包含丰富的细胞器（organelles），如线粒体（mitochondria）、核糖体、叶绿体（chloroplast）、内质网（endoplasmic reticulum）和高尔基体（Golgi' s apparatus）等。图 2.8 为真核细胞结构示意图。生物产物存在于细胞壁、细胞膜、细胞质以及线粒体、核糖体、内质网和高尔基体等细胞器中。破碎细胞的目的就是使细胞壁和细胞膜受到不同程度的破坏（增大通透性）或破碎，释放其中的目标产物。

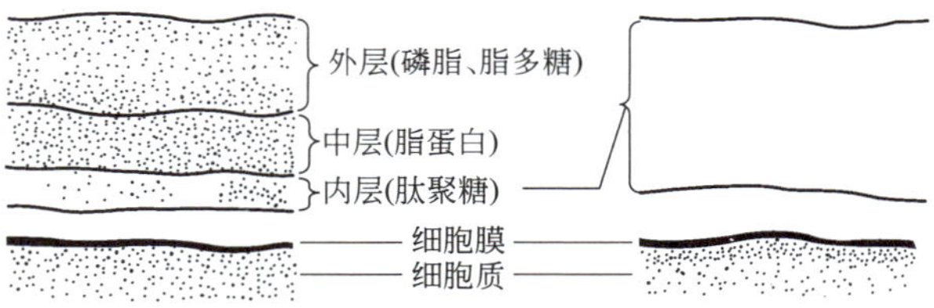

(a) 革兰氏阴性菌　　(b) 革兰氏阳性菌

图 2.7　细菌的细胞壁结构

图 2.8　真核细胞结构示意图

2.2.2　细胞破碎和产物释放

细胞破碎主要采用各种机械破碎法（mechanical disruption）和化学破碎法（chemical disruption），或机械破碎法和化学破碎法的结合。机械破碎中细胞所受的机械作用力主要有压缩力和剪切力。化学破碎又称化学渗透（chemical permeation），利用化学或生化试剂（酶）改变细胞壁或细胞膜的结构，增大胞内物质的溶解速率；或者完全溶解细胞壁，形成原生质体（protoplast）后，在渗透压作用下使细胞膜破裂而释放胞内物质。各种作用力的细胞破碎机理示于图 2.9[9]。

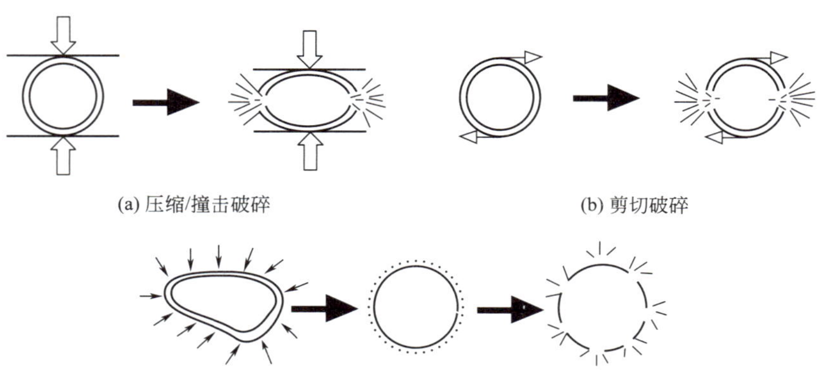
(a) 压缩/撞击破碎　　(b) 剪切破碎

(c) 化学渗透

图 2.9　细胞破碎机理

假设细胞是直径为 d（m）的球体，维持细胞的球体形态所需的综合维持力为 σ（N/m），则从作用力平衡关系得到压缩破碎细胞［图 2.9（a）］所需的作用力 F（Pa）为

$$F = \frac{4\sigma}{d} \tag{2.27}$$

如果细胞受到周围流体剪切力 τ（Pa）的作用［图 2.9（b）］，在牛顿流体中

$$\tau = \mu \frac{\mathrm{d}u}{\mathrm{d}y} \tag{2.28}$$

则剪切破碎细胞所需的速度梯度为

$$\frac{\mathrm{d}u}{\mathrm{d}y} = \frac{4\sigma}{\mu d} \tag{2.29}$$

式中，u 为流体流速，m/s；y 为与流速垂直方向的距离，m； μ 为流体黏度，Pa・s。

由式（2.27）和式（2.29）可以看出，单纯从细胞直径的角度，细胞越小，所需的压缩力或剪切力越大，即破碎难度越大。

化学破碎是将细胞壁溶解和渗透压作用相结合，胞内外的渗透压差 $\Delta\pi$ 与胞内外低分子溶质的浓度差 Δc 成正比

$$\Delta\pi = \Delta c RT \tag{2.30}$$

化学破碎与机械破碎相结合，可提高破碎效率和速度，减轻对机械破碎的依赖程度。

破碎细胞仅为目标产物的释放创造了条件，而不是最终目的。破碎细胞的目的是释放目标产物，因此，细胞的破碎速率一般用目标产物的释放（溶解）速率评价。破碎方法、细胞种类和目标产物的胞内位置不同，目标产物的溶解速率也不同。所以，细胞破碎和产物溶解过程非常复杂，很难完全定量描述。为此，根据具体物系和破碎方法提出了一些简化的胞内产物释放速率模型，其中图 2.10 所示的两步释放过程即为其一[9]。

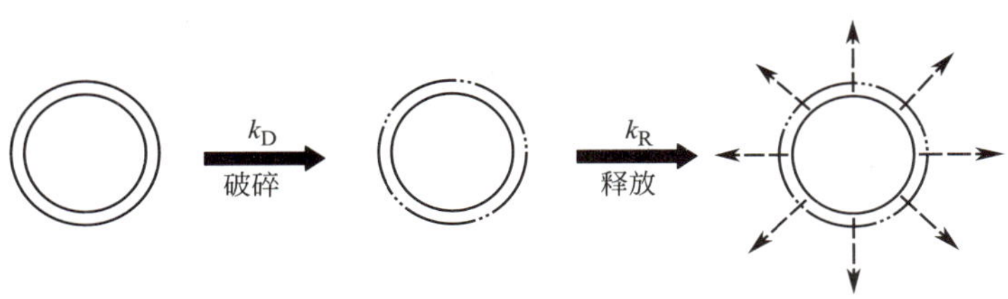

图 2.10　破碎细胞中胞内产物释放过程

假定图 2.10 的细胞破碎速率与未破碎细胞浓度 x 成正比，从破碎的细胞释放产物的速率与胞内未释放的产物浓度成正比，则

$$-\frac{\mathrm{d}x}{\mathrm{d}t} = k_D x \tag{2.31}$$

$$\frac{\mathrm{d}c}{\mathrm{d}t} = k_R (c_D - c) \tag{2.32}$$

式中，k_D 和 k_R 分别为细胞破碎速率常数和产物释放速率常数；c 和 c_D 分别为胞外和破碎的细胞内产物浓度。

设产物的最大释放浓度为 c_M，则

$$c_D = c_M \left(\frac{x_0 - x}{x_0} \right) \tag{2.33}$$

式中，x_0 为初始细胞浓度。

从式（2.31）～式（2.33）可得

$$\frac{d^2c}{dt^2}+(k_D+k_R)\frac{dc}{dt}=k_Dk_R(c_M-c) \tag{2.34}$$

式（2.34）为图 2.10 所示的两步释放过程的速率方程。如果细胞破碎和产物释放的其中一步很快，则称为表观一级释放过程，速率方程分别为

破碎速率控制过程
$$\frac{dc}{dt}=k_D(c_M-c) \tag{2.34a}$$

释放速率控制过程
$$\frac{dc}{dt}=k_R(c_M-c) \tag{2.34b}$$

2.2.3 细胞破碎技术

2.2.3.1 机械破碎

机械破碎处理量大、破碎效率高、速度快，是工业规模细胞破碎的主要手段。细胞破碎器与传统的机械破碎设备的操作原理相同，主要基于对物料的挤压和剪切作用。但根据细胞为弹性体、直径小、破碎难度大和以回收胞内产物为目的、需低温操作等特点，细胞破碎器采用了特殊的结构设计。细胞的机械破碎主要有高压匀浆、珠磨、喷雾撞击破碎和超声波破碎等方法。

（1）高压匀浆　高压匀浆（high-pressure homogenization）又称高压剪切破碎。图 2.11 是高压匀浆器（high-pressure homogenizer）的结构简图。高压匀浆器的破碎原理是：细胞悬浮液在高压作用下从阀座与阀之间的环隙高速（可达到 450m/s）喷出后撞击到碰撞环上，细胞在受到高速撞击作用后，急剧释放到低压环境，从而在撞击力和剪切力等综合作用下破碎。高压匀浆器的操作压力通常为 50 ～ 70MPa。

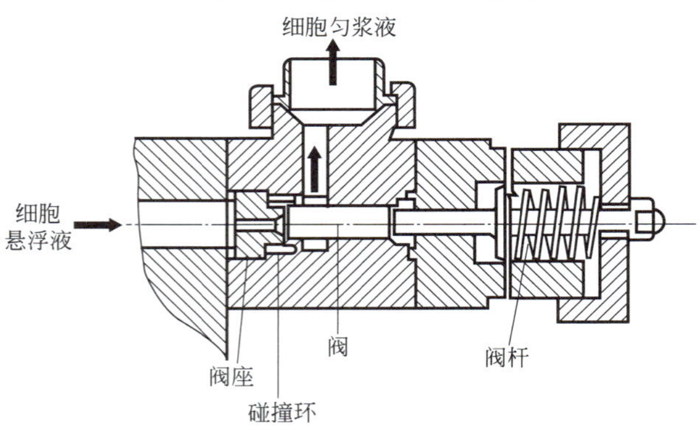

图 2.11　高压匀浆器结构简图

高压匀浆中影响细胞破碎的因素主要有压力、循环操作次数和温度。实验研究表明，细胞破碎率 S 与操作压力 p 和循环操作次数 N 之间的关系可用下式表达 [10]

$$\ln\frac{1}{1-S}=kp^aN^b \tag{2.35}$$

式中，a 和 b 为常数。

从破碎机理上，上式中的压力 p 用动能表达更恰当，即

$$\ln\frac{1}{1-S}=k'\left(\frac{\rho u^2}{2}\right)^aN^b \tag{2.35a}$$

细胞破碎率用胞内产物释放率表示，定义为

$$S=\frac{R}{R_{max}} \tag{2.36}$$

式中，R 是单位质量细胞的产物释放量，mg/g；R_{max} 是 R 的最大值；u 为喷射速度，m/s；ρ 为料液密度，kg/m³。

式（2.35）中的 k 和式（2.35a）中的 k' 是破碎速率常数，与细胞种类和操作温度有关，指数 a 和 b

亦因细胞种类和培养条件而异。

图 2.12 是利用高压匀浆法破碎面包酵母时，破碎率与操作压力之间的关系[10]。从图可知，对于酵母菌，式（2.35）中的 a=2.9，b=1。

$$\ln\frac{1}{1-S}=kp^{2.9}N \tag{2.35b}$$

另外，对于朊假丝酵母，a=1.7，b=1[11]；对于大肠杆菌，a=2.2，b=1[12]。

但当细胞浓度较高时，式（2.35b）不再成立，其中 N 的指数 b 将变小[10] 或增大[13]，即细胞浓度影响破碎速率。此外，不同生长期的细胞以及不同培养条件下得到的细胞在相同破碎条件下的破碎效果也不一样。酵母 *Candida utilis* 比面包酵母难于破碎，并且比生长速率越小，高压匀浆的破碎效率越低[13]。在破碎大肠杆菌 *E. coli* 时也有类似现象[12]。因此，破碎效率随细胞比生长速率减小而降低的现象具有普遍性，其主要原因是，缓慢的生长条件更适合细胞发育成坚硬的细胞壁。

高压匀浆法适用于酵母和大多数细菌细胞的破碎，料液细胞质量浓度可达到 200g/L 左右。团状和系状菌易造成高压匀浆器堵塞，一般不宜使用高压匀浆法。高压匀浆操作的温度上升约 2 ～ 3℃ /10MPa，为保护目标产物的生物活性，需对料液作冷却处理，多级破碎操作中需在级间设置冷却装置。因为料液通过匀浆器的时间很短（20 ～ 40ms[13]），通过匀浆器后迅速冷却，可有效防止温度上升，保护产物活性。

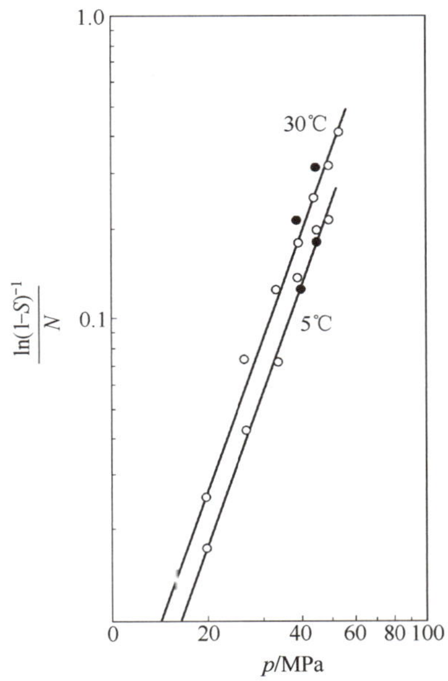

图 2.12　酵母的高压匀浆破碎

○循环破碎，N>1；●单级破碎，N=1

（2）珠磨　图 2.13 是水平密闭型珠磨机（bead mill）的结构简图。珠磨机的破碎室内填充玻璃（密度为 2.5g/mL）或氧化锆（密度为 6.0g/mL）微珠（粒径约 0.1 ～ 1.0mm），填充率为 80% ～ 85%。在搅拌桨的高速搅拌下微珠高速运动，微珠和微珠之间以及微珠和细胞之间发生冲击和研磨，使悬浮液中的细胞受到研磨剪切和撞击而破碎。

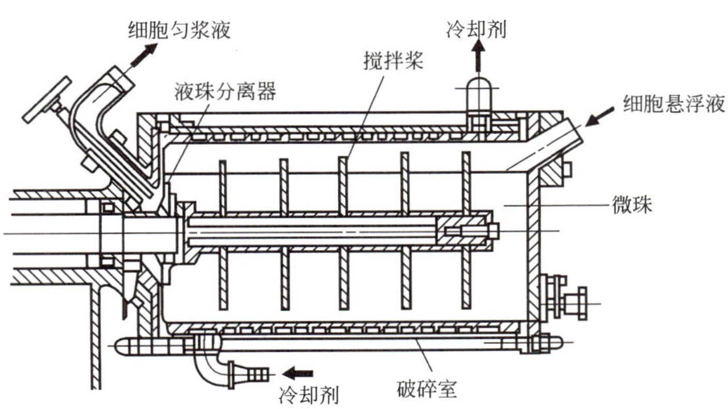

图 2.13　珠磨机结构简图

珠磨法破碎细胞可采用间歇或连续操作。两种情况下细胞的破碎动力学均可近似表示为

$$\ln\frac{1}{1-S}=kt \tag{2.37}$$

式中，t 在间歇操作时为破碎操作时间，连续操作时为细胞悬浮液在破碎室内的平均停留时间，即

$$t=\frac{V}{Q} \tag{2.38}$$

式中，V 为破碎室的有效体积，即悬浮液的体积，m^3；Q 为料液流量，m^3/s。

式（2.37）中的 k 为破碎速率常数，与微珠粒径、密度、填充率以及细胞浓度、搅拌速度和搅拌桨的形状有关。例如，存在最佳微珠直径，使 k 值最大[14]。循环操作时，k 值还受细胞悬浮液流速的影响。

珠磨的细胞破碎效率随细胞种类而异，但均随搅拌速度和悬浮液停留时间的增加而增大。特别重要的是，对于一定的细胞，存在适宜的微珠粒径，使细胞破碎率最高，如图 2.14 所示[9]。通常选用的微珠粒径与目标细胞的直径比应在 30 ～ 100 之间。另外，悬浮液中细菌细胞质量浓度在 60 ～ 120g/L、酵母细胞质量浓度在 140 ～ 180g/L 时破碎效果较理想。

珠磨破碎操作的有效能量利用率仅为 1% 左右，破碎过程产生大量的热能。因此，在设计操作时应充分考虑换热能力问题。珠磨法适用于绝大多数微生物细胞的破碎，但与高压均浆法相比，影响破碎率的操作参数较多，操作过程的优化设计较复杂。

（3）喷雾撞击破碎　如前所述，细胞是弹性体，比一般的刚性固体粒子难于破碎。将细胞冷冻可使其成为刚性球体，降低破碎的难度。喷雾撞击破碎正是基于这样的原理。图 2.15 是喷雾撞击破碎器的结构简图。细胞悬浮液以喷雾状高速冻结（冻结速度为每分钟数千摄氏度，形成粒径小于 50 μm 的微粒子。高速载气（如氮气，流速约 300m/s）将冻结的微粒子送入破碎室，高速撞击撞击板，使冻结的细胞发生破碎。

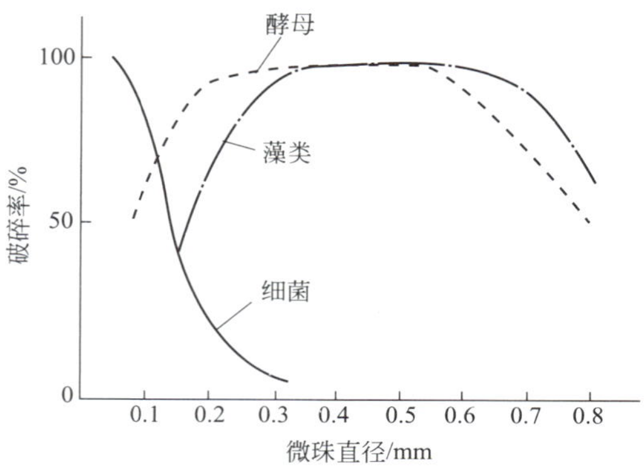

图 2.14　珠磨机的破碎率与微珠直径的关系

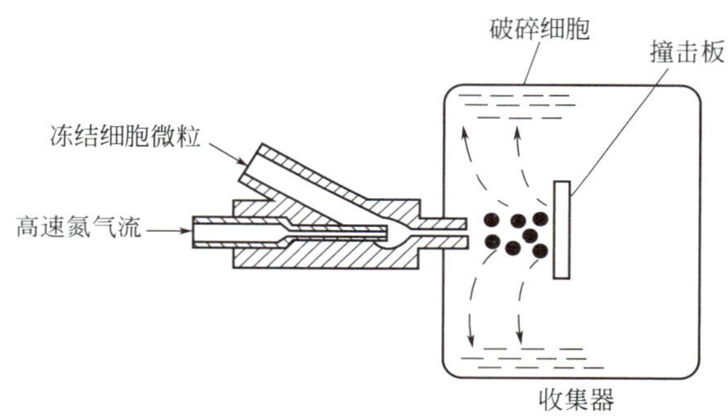

图 2.15　喷雾撞击破碎器的结构简图

与上述两种机械破碎法相比，喷雾撞击破碎的特点是：细胞破碎仅发生在与撞击板撞击的一瞬间，细胞破碎程度均匀，可避免细胞反复受力发生过度破碎的现象。另外，细胞破碎程度可通过无级调节载气压力（流速）控制，避免细胞内部结构的破坏，适用于细胞器（如线粒体、叶绿体等）的回收。

喷雾撞击破碎适用于大多数微生物细胞和植物细胞的破碎，通常处理细胞悬浮液质量浓度为 100 ～ 200g/L。实验室规模的撞击破碎器间歇处理能力约 50 ～ 500mL，而工业规模的连续处理能力在 10L/h 以上。

（4）超声波破碎　超声波破碎（ultrasonic disruption）是利用发射 15 ～ 25kHz 的超声波探头处理细胞悬浮液。一般认为超声波破碎的机理是：在超声波作用下液体发生空化作用（cavitation），空穴的形成、增大和闭合产生极大的冲击波和剪切力，使细胞破碎。超声波的细胞破碎效率与细胞种类、浓度和超声波的声频、声能有关。

超声波破碎是很强烈的破碎方法，适用于多数微生物的破碎。超声波破碎的有效能量利用率极低，操作过程产生大量的热，因此操作需在冰水或有外部冷却的容器中进行。由于对冷却的要求相当苛刻，所以不易放大，主要用于实验室规模的细胞破碎。

上述各种机械破碎法的作用机理不尽相同，有各自的适用范围和处理规模。这里所说的适用范围不仅包括菌体细胞，而且包括目标产物。例如，核酸的分子量很大，在破碎操作中容易受剪切损伤。利用高压匀浆、珠磨、超声波和喷雾撞击破碎等机械破碎器破碎大肠杆菌，提取质粒（plasmid）DNA 的研究表明，只有珠磨法的完整质粒收率在 90% 以上，而其他方法的收率低于 50%[15]。因此，针对目标产物的性质（如分子量、分子形态、稳定性等）选择细胞破碎法并确定适宜的破碎操作条件是非常重要的。

2.2.3.2　化学渗透和生物化学渗透

化学渗透和生物化学渗透分别利用化学和生物试剂处理细胞，部分破坏细胞结构，提高细胞的通透性，或者提高目标分子的溶解度，使之更快更多地释放到溶液中。

（1）酸碱处理　蛋白质为两性电解质，改变 pH 值可改变其荷电性质，使蛋白质之间或蛋白质与其他物质之间的相互作用力降低而易于溶解。因此，利用酸碱调节 pH 值，可提高目标产物溶解度。

（2）化学试剂处理　用表面活性剂（如十二烷基硫酸钠、Triton X-100 等）、螯合剂（如乙二胺四乙酸，简称 EDTA）、盐（改变离子强度）或有机溶剂（苯、甲苯等）处理细胞，可增大细胞壁通透性。脲（urea）和盐酸胍等变性剂能破坏氢键作用，降低胞内产物之间的相互作用，使之容易释放。

（3）酶溶　酶溶法（enzymatic lysis）是利用溶解细胞壁的酶处理菌体细胞，使细胞壁受到部分或完全破坏后，再利用渗透压冲击等方法破坏细胞膜，进一步增大胞内产物的通透性。溶菌酶（lysozyme）适用于革兰氏阳性菌细胞壁的分解，应用于革兰氏阴性菌时，需辅以 EDTA 使之更有效地作用于细胞壁。真核细胞的细胞壁不同于原核细胞，需采用不同的酶。酵母细胞的酶溶需用 Zymolyase（几种细菌酶的混合物）、β -1,6- 葡聚糖酶或甘露糖酶；破坏植物细胞壁需用纤维素酶。

通过调节温度、pH 值或添加有机溶剂，诱使细胞产生溶解自身的酶的方法也是一种酶溶法，称为自溶（autolysis）。例如，酵母在 45 ～ 50℃下保温 20h 左右，可发生自溶。

化学渗透比机械破碎速度低，效率差，并且化学或生化试剂的添加形成新的污染，给进一步的分离纯化增添麻烦。但是，化学渗透比机械破碎的选择性高，胞内产物的总释放率低，特别是可有效地抑制核酸的释放，料液黏度小，有利于后处理过程。将化学渗透与机械破碎相结合，可大大提高破碎效率。例如，面包酵母用酵母溶解酶 Zymolyase 预处理后，在 95MPa 下匀浆 4 次，破碎率达到近 100%，而单独使用高压匀浆法，相同条件下的破碎率仅为 32%；酵母 *Candida utilis* 很难破碎，单纯用高压匀浆法（95MPa）匀浆 6 次的破碎率低于 50%，而利用 Zymolyase 预处理后，相同条件下的高压匀浆破碎率可达到 95% 以上[13]。

2.2.3.3　物理渗透法

（1）渗透压冲击法　渗透压冲击（osmotic shock）是在各种细胞破碎法中最为温和的一种，适用于易于破碎的细胞，如动物细胞和革兰氏阴性菌（如枯草杆菌 *Bacillus subtilis*）。将细胞置于高渗透压的介质（如较高浓度的盐、甘油或蔗糖溶液）中，达到平衡后，将介质突然稀释或将细胞转置于低渗透压的水或缓冲溶液中，在渗透压的作用下，水渗透通过细胞壁和膜进入细胞，使细胞壁和膜膨胀破裂。

（2）冻结 - 融化法　将细胞急剧冻结后在室温缓慢融化，此冻结 - 融化操作反复进行多次，使细胞受到破坏。冻结的作用是破坏细胞膜的疏水键结构，增加其亲水性和通透性。另一方面，由于胞内水结晶使胞内外产生溶液浓度差，在渗透压作用下引起细胞膨胀而破裂。冻结 - 融化法对于存在于细胞质周围靠近细胞膜的胞内产物释放较为有效，但溶质靠分子扩散释放出来，速度缓慢。因此，冻结 - 融化法在多数情况下效果不显著。

上述物理和化学渗透法的处理条件比较温和，有利于目标产物的高活力释放回收，但这些方法破碎效率较低、产物释放速度低、处理时间长，不适于大规模细胞破碎的需要，多局限于实验室规模的小批量使用。

由于细胞之间以及目标产物之间的性质差别很大，已有的破碎理论和破碎实验数据只能作为指导破碎操作的参考依据，实际的破碎操作仍需凭借经验，即需通过实验确定适宜的破碎器和破碎操作条件，获得最佳的破碎效率。此外，提高破碎率意味着延长破碎操作时间或增加破碎操作次数，后者往往引起目标产物的变性和失活。同时，过度的破碎释放大量的胞内物质，给下游的分离纯化操作增加难度。因此，破碎操作应与整个下游加工过程相联系，在保证目标产物有较高收率的前提下，努力使下游加工过程的成本最低。

2.2.4 目标产物的选择性释放

破碎细胞的目的是要得到一种或几种有用的目标产物。因此，在细胞内存在的许多物质中，选择性释放目标产物，而使其他物质尽量少地释放出来，并且尽量降低细胞的破碎程度，对下游分离纯化操作的顺利实施是非常重要的。

利用珠磨法破碎细胞时，胞内各种酶的释放速率常数不同。一般靠近细胞壁和细胞膜的酶释放速度快，而细胞内部或细胞器内的酶随破碎的进行缓慢释放出来。因此，选择性地释放目标产物是可能的，关键是要了解目标产物的性质和在细胞内存在的位置，选择适当的破碎方法和操作条件。选择性释放目标产物的一般原则有以下两个方面：

（1）仅破坏或破碎存在目标产物的位置周围：当目标产物存在于细胞膜附近时，可采用较温和的方法，如酶溶法（包括自溶法）、渗透压冲击法和冻结 - 融化法等。当目标产物存在于细胞质内时，则需采用强烈的机械破碎法。

（2）选择性溶解目标产物：当目标产物处于与细胞膜或细胞壁结合的状态时，调整溶液 pH 值、离子强度或添加与目标产物具有亲和性的试剂如螯合剂、表面活性剂等，使目标产物容易溶解释放。同时，溶液性质应使其它杂质不易溶出。另外，机械法和化学法并用可使操作条件更温和，在相同的目标产物释放率的情况下，降低细胞的破碎程度。

图 2.16 是利用化学渗透法选择性释放目标产物的示意图[11]。

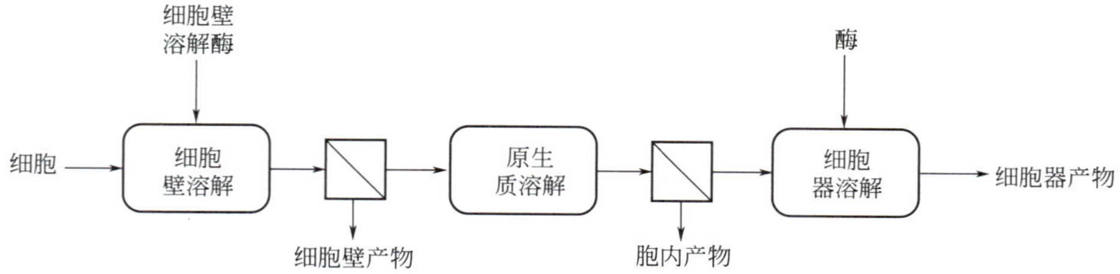

图 2.16 化学渗透法选择性释放胞内产物流程图

习题

1. 管式离心机的转筒内径为 12cm，筒长为 70cm，转数为 15000r/min。设离心机的校正系数为 1，利用其浓缩酵母细胞悬浮液，处理能力为 4.0L/min。

（1）计算酵母细胞的重力沉降速度；

（2）破碎该酵母细胞后，细胞碎片直径减小到原细胞的 1/2，液体黏度上升 3 倍，在相同条件下离心浓缩该细胞破碎液，试计算此时离心机的处理能力。

2. 恒压过滤回收抗生素发酵上清液，料液内细胞质量浓度（干重）为 10.6g/L。所用过滤介质面积为 $0.5m^2$，操作压差为 0.06MPa，滤液黏度为 1.1×10^{-3}Pa · s，发酵液与滤液密度近似相等，为 1.06g/mL，过滤实验数据如下：

过滤时间 /s	5	10	20	30	40
滤液体积 /mL	40	55	80	96	110

滤饼的湿干质量比为 6，试计算滤饼的比阻和过滤介质的阻力。

3. 试推导碟片式离心机的离心沉降面积公式，即式（2.16）。

4. 试利用式（2.34a）或式（2.34b）分别推导式（2.35b）和式（2.37）。其中，高压匀浆的操作压力为常数，设反复破碎操作次数 N 为连续变量；珠磨法为间歇操作。

5. 珠磨法破碎大肠杆菌细胞，破碎速率常数 k=0.048min^{-1}。

（1）若采用间歇破碎操作，试计算破碎率达到 0.90 所需时间；

（2）若采用连续破碎操作，破碎室的有效体积为 10L，在稳态操作条件下，试计算使破碎率达到 0.90 以上的最大料液流量。

6. 实验室常用管式离心机分离菌体细胞或细胞碎片，操作前要确保两个对称位置的离心管质量相等，为什么？

7. 在细胞破碎前，利用酸碱（调节溶液 pH）或化学试剂处理细胞，可提高目标产物溶解度。该操作在 pH 值的大小、化学试剂的选择和处理时间等方面需要注意哪些问题？

8. 通过调节温度、pH 值或添加有机溶剂，可诱使细胞发生自溶。此类操作需要注意哪些问题？

参考文献

[1] Richardson J F, Zaki W N. Sedimentation and fluidization: Part Ⅰ. Trans Inst Chem Eng, 1954, **32**: 35-53.

[2] 古崎新太郎. バイオセパレーション. 東京: コロナ社, 1993: 46.

[3] 佐田栄三編. バイオ生産物の分離精製. 東京: 講談社サイエンティフィク, 1988: 45.

[4] 遠藤勳. 遠心分離// 日本化学工学会生物分離工学特別研究会編. バイオセパレーションプロセス便覧. 東京: 共立出版, 1996: 309-311.

[5] Nakanishi K, Tadokoro T, Matsuno R. On the specific resistance of cakes of microorganisms. Chemical Engineering Communications, 1987, **62**: 187-201.

[6] Liu D, Ding L, Sun J, Boussetta N, Vorobiev E. Yeast cell disruption strategies for recovery of intracellular bioactive compounds—A review. Innovative Food Science and Emerging Technologies, 2016, **36**: 181-192.

[7] Lee S Y, Cho J M, Chang Y K, Oh Y K. Cell disruption and lipid extraction for microalgal biorefineries: A review. Bioresource Technol, 2017, **244**: 1317-1328.

[8] Koubaa M, Imatoukene N, Drévillon L, Vorobiev E. Current insights in yeast cell disruption technologies for oil recovery: A review. Chem Eng Processing: Process Intensification, 2020, **150**: 107868.

[9] 海野肇, 新丸和也. 细胞破碎//日本化学工学会生物分離工学特別研究会編. バイオセパレーションプロセス便覧. 東京: 共立出版, 1996: 302-308.

[10] Hetherington P J, Follows Maggie, Dunnill P, Lilly M D. Release of protein from baker's yeast (*Saccharomyces cerevisiae*) by

disruption in an industrial homogenizer. Trans Inst Chem Eng, 1971, **49**: 142-148.

[11] Engler C R, Robinson C W. Disruption of Candida utilis cells in high pressure flow devices. Biotechnol Bioeng, 1981, **23**: 765-780.

[12] Sauer T, Robinson C W, Glick B R. Disruption of native and recombinant *Escherichia coli* in a high-pressure homogenizer. Biotechnol Bioeng, 1989, **33**: 1330-1342.

[13] Baldwin C V, Robinson C W. Enhanced disruption of Candida utilis using enzymatic pretreatment and high-pressure homogenization. Biotechnol Bioeng, 1994, **43**: 46-56.

[14] Marffy F, Kula M-R. Enzyme yields from cells of Brewer's yeast disrupted by treatment in a horizontal disintegrator. Biotechnol Bioeng, 1974, **16**: 623-634.

[15] Carlson A, Signs M, Liermann L, Boor R, Jem J. Mechanical disruption of *Escherichia coli* for plasmid recovery. Biotechnol Bioeng, 1995, **48**: 303-315.

第 3 章　初级分离

为什么学习初级分离？

在各种沉淀方法中，盐析沉淀是基因重组蛋白质生产过程中普遍采用的初级分离技术。通过盐析沉淀，目标产品可以得到高度浓缩，同时除去大部分小分子物质、核酸、多糖和杂蛋白质，使料液体积和黏度大幅度降低，为产品的进一步分离纯化创造有利条件。等电点沉淀常与盐析沉淀联合使用，同时等电点沉淀的原理在氨基酸工业结晶分离中广泛应用。有机溶剂沉淀和热沉淀等沉淀操作容易引起蛋白质变性，更适合于杂蛋白质的去除。

泡沫分离易于规模放大，因此特别适合于大量稀溶液的浓缩处理，如乳清蛋白质的回收。针对分离目标来优化设计泡沫分离设备和操作条件，是实现高效泡沫分离的关键。

学习目标

- 理解各蛋白质沉淀方法的原理，特别是疏水和静电相互作用在蛋白质沉淀中的不同作用。
- 掌握主要的盐析盐种类，了解盐析和等电点沉淀的一般操作方法。
- 熟悉泡沫分离的原理，了解泡沫分离设备结构和分离过程。

初级分离的目标是在分离过程的早期阶段，利用简便且成本较低的分离技术和过程去除原料中的易分离组分，并使原料得到高度浓缩，体积大幅度降低，便于后续采用更加精细的分离纯化技术进行目标产品的分离纯化。因此，初级分离通常是从菌体发酵液、细胞培养液、胞内抽提液（细胞破碎液）及其他各种生物原料初步提取目标产物，使目标产物得到浓缩和初步分离的下游加工过程。初级分离的目标往往具有体积大、杂质含量高等特点，因此初级分离技术应具有操作成本低、适于大规模生产的优势。除第 2 章介绍的各种固液分离技术外，膜分离、萃取、吸附、沉淀分级和泡沫分离等均为经常应用的初级分离技术。膜分离、萃取和吸附将在后面各章节介绍，本章介绍沉淀分级和泡沫分离。

3.1 沉淀分级

沉淀（precipitation）是由于物理环境的变化引起溶质的溶解度降低、生成固体凝聚物的现象。另一种溶解度降低引起的固体成相现象称为结晶（见第 11 章）。与结晶相比，沉淀是不定形的固体颗粒，构成成分复杂，并非单纯的目标产物。除含有目标分子外，还夹杂共存的杂质、盐和溶剂。因此，沉淀的纯度远低于结晶。但是，在某些情况下，多步的沉淀分级也可制备较高纯度的产品。

沉淀分级是浓缩和部分提纯蛋白质和核酸等生物大分子产品的重要手段。蛋白质等生物大分子的分子间相互作用复杂，其溶解度降低或浓度升高时往往生成不定形的沉淀颗粒，而不是结晶，尤其是在与大量杂蛋白质共存、需要快速分离提取的情况下。利用沉淀原理分离提取蛋白质产品起源于 19 世纪末，是传统的蛋白质分离技术之一，目前广泛应用于实验室和工业规模蛋白质的回收、浓缩和纯化[1]。豆制品、奶制品和蛋制品等食品制作过程多包括蛋白质沉淀操作，例如，我国医药典籍《本草纲目》中详细阐述了利用凝固沉淀剂快速制作豆腐过程中的沉淀步骤："水浸硙碎，滤去滓，煎成，以盐卤汁或山矾汁或酸浆醋淀，就釜收入。又有入缸内，以石膏末收者。大抵得咸、苦、酸、辛之物，皆可收敛耳。其面上凝结着，揭取晾干，名豆腐皮，入馔甚佳也。"[2] 这里所述的沉淀剂包含氯化镁、硫酸镁、氯化钠、钾矾、硫酸钙和醋酸，涵盖了下面所述的盐析沉淀的主要盐析盐类。沉淀还是血清蛋白质分离提取的主要手段。蛋白质沉淀与蛋白质表面性质密切相关，故下面介绍蛋白质表面性质及各种沉淀方法的原理。

3.1.1 蛋白质的表面特性

蛋白质是两性高分子电解质，主要由亲疏水性及荷电性质各不相同的 20 种氨基酸组成。在水溶液中，多肽链中的疏水性氨基酸残基具有向内部折叠的趋势，使亲水性和荷电氨基酸残基分布在蛋白质三维结构的外表面。即使如此，仍有部分疏水性氨基酸残基暴露在外表面，形成疏水区。疏水性氨基酸含量高的蛋白质的疏水区大或疏水部位多，疏水性强。因此，蛋白质表面由不均匀分布的荷电基团形成的荷电区、亲水区和疏水区构成（图 3.1）。

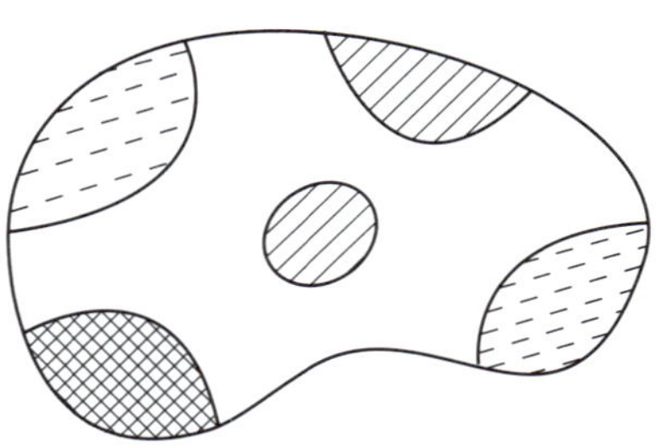

图 3.1 蛋白质分子的表面特性

▨正电荷区域；⊖负电荷区域；⊘疏水区域；○亲水区域

蛋白质的分子量在 5×10^3 ～ 1×10^6 之间，分子直径约 1 ～ 30nm。因此，蛋白质的水溶液呈胶体（colloid）性质，在蛋白质分子周围存在与蛋白质分子紧密或疏松结合的水化层。紧密结合的水化层可达到 0.35g/g 蛋白质，而疏松结合的水化层可达蛋白质分子质量的 2 倍以上。蛋白质周围水化层是蛋白质形成稳定的胶体溶液、防止蛋白质凝聚沉淀的屏障之一。

蛋白质沉淀的另一屏障是蛋白质分子间的静电排斥作用。偏离等电点的蛋白质的净电荷或正或负，成为带电粒子，在电解质溶液中吸引相反电荷的反离子（counterion）。由于离子的热运动，反离子层并非全部整齐地排列在一个面上，而是距表面由高到低有一定的浓度分布，形成分散双电层（diffuse electrical double layer），简称双电层。根据 Gouy-Chapman 的分散双电层理论，双电层可分为两部分：一部分为紧靠表面的一层反离子，该反离子层不流动，称为紧密层（Stern layer）；其余为紧密层外围反离子浓度逐渐降低直至为零的部分，称为分散层（Gouy-Chapman layer）（参见图 1.4）。双电层中存在距表面由高到低（绝对值）的电位分布（图 1.5），双电层的性质与该电位分布密切相关。紧密层和分散层交界处的电位值称为 ξ（zeta）电位，带电粒子间的静电相互作用取决于 ξ 电位（绝对值）的大小。由于粒子表面电位一定，所以分散层厚度越小，ξ 电位越小。若分散层厚度为零，则 ξ 电位为零，粒子处于等电状态，不产生静电相互作用。当双电层的 ξ 电位足够大时，静电排斥作用抵御分子间的相互吸引作用（分子间力），使蛋白质溶液处于稳定状态。

因此，可通过降低蛋白质周围的水化层和双电层厚度（ξ 电位）降低蛋白质溶液的稳定性，实现蛋白质的沉淀。水化层厚度和 ξ 电位与溶液性质（如电解质的种类、浓度/离子强度、pH 值等）密切相关，所以，蛋白质的沉淀可采用恒温条件下添加各种不同试剂的方法：加入无机盐的盐析法、加入酸碱调节溶液 pH 值的等电点沉淀法、加入水溶性有机溶剂的有机溶剂沉淀法等。下面以盐析法为主，介绍各种沉淀方法。

3.1.2 盐析沉淀

3.1.2.1 蛋白质盐析的原理

水溶液中蛋白质的溶解度一般在生理离子强度范围内（0.15 ～ 0.2mol/kg）最大，而低于或高于此范围时溶解度均降低。蛋白质在高离子强度的溶液中溶解度降低、发生沉淀的现象称为盐析（salting-out）。如图 3.2[3] 所示，当离子强度较高时，溶解度的对数与离子强度之间呈线性关系，用 Cohn 经验方程描述

$$\lg S = \beta - K_s I \tag{3.1}$$

式中，S 为蛋白质的溶解度，g/L；β 为常数；K_s 为盐析常数；I 为离子强度，mol/L。

$$I = \frac{1}{2}\sum c_i Z_i^2 \tag{3.2}$$

式中，c_i 和 Z_i 分别为离子 i 的浓度（mol/L）和电荷数。

电解质影响蛋白质溶解度的机理尚不十分清楚，有不同的理论解释[4]。但一般认为，向蛋白质的水溶液逐渐加入电解质时，开始阶段蛋白质的活度系数降低[5]，并且蛋白质吸附盐离子后，带电表层使蛋白质分子间相互排斥，而蛋白质分子与水分子间的相互作用加强，因而蛋白质的溶解度增大，这种现象称为盐溶（salting-in）。随着离子强度的增大，蛋白质表面的双电层厚度降低［见式（1.8）］，即 ξ 电位降低，静电排斥作用减弱；同时，由于盐析盐（亲液盐）离子

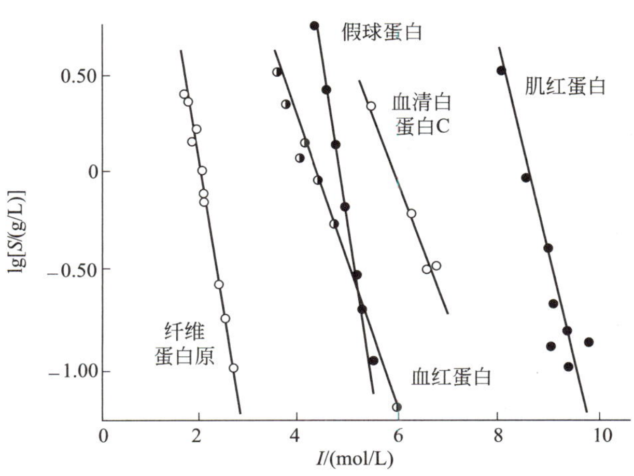

图 3.2 蛋白质的溶解度与离子强度（硫酸铵）的关系

的水化作用使蛋白质表面疏水区附近的水化层脱离蛋白质，暴露出疏水区域，从而增大了蛋白质表面疏水区之间的疏水性相互作用，从而容易发生聚集，聚集体生长成较大颗粒后即可发生沉淀。所以，一般在蛋白质的溶解度与离子强度的关系曲线上存在最大值，该最大值在较低的离子强度下出现，在高于此离子强度的范围内，溶解度随离子强度的增大迅速降低。

3.1.2.2 影响盐析的因素

蛋白质的盐析行为随蛋白质的分子量和立体结构而异，反映在Cohn方程中就是对β和K_s的影响：不同蛋白质的β值不同；K_s值随蛋白质分子量的增大或分子不对称性的增强而增大，即结构不对称、分子量大的蛋白质易于盐析沉淀。对于特定的蛋白质，影响蛋白质盐析的主要因素有无机盐的种类和浓度、温度及pH值。

（1）无机盐　在相同的离子强度下，不同种类的盐对蛋白质的盐析效果不同。图3.3为七种盐对碳氧血红蛋白（carboxyhemoglobin, COHb）溶解度的影响[6]。盐的种类主要影响Cohn方程中的盐析常数K_s，图3.3中各条溶解度曲线具有不同的斜率（即K_s值）。盐的种类对蛋白质溶解度的影响与离子的感胶离子序列（lyotropic series）或Hofmeister序列相符，即离子半径小而带电荷较多的亲液阴离子的盐析效果较好。例如，含高价阴离子的盐比单价盐的盐析效果好，即盐析常数大。常见阴离子的盐析作用顺序为

$$PO_4^{3-} > SO_4^{2-} > CHCOO^- > Cl^- > NO_3^- > ClO_4^- > I^- > SCN^-$$

阳离子的盐析作用顺序为

$$NH_4^+ > K^+ > Na^+ > Mg^{2+}$$

盐离子的Hofmeister序列是在中性pH下利用以卵白蛋白（等电点pI=4.6）为主要成分的蛋白质溶液确定的，实验条件下卵白蛋白带负电荷。研究发现，Hofmeister序列的离子排列顺序与蛋白质的荷电状态有关；正常的Hofmeister仅在pH>pI的条件下成立[7]，而在pH<pI的条件下离子排列顺序则相反[8]。

在选择盐析的无机盐时，除考虑上述各种离子的盐析效果外，对盐还有如下要求：

① 溶解度大，能配制高离子强度的盐溶液；

② 溶解度受温度影响较小，便于在低温下进行盐析操作；

③ 盐溶液密度不高，以便蛋白质沉淀的沉降或离心分离。

硫酸铵价格便宜、溶解度大且受温度影响很小、具有稳定蛋白质（酶）的作用，因此是最常用的盐析盐。但硫酸铵有如下缺点：硫酸铵为强酸弱碱盐，水解后使溶液pH值降低，在高pH值下释放氨；硫酸铵的腐蚀性强，后处理困难；残留在食品中的少量硫酸铵可被人味觉感知，影响食品风味；临床医疗有毒性，因此在最终产品中必须完全除去。除硫酸铵外，硫酸钠和氯化钠也常用于盐析。硫酸钠在40℃以下溶解度较低，主要用于热稳定性高的胞外蛋白质的盐析。

（2）温度和pH值　除盐的种类外，盐析操作的温度和pH值是获得理想盐析沉淀分级的重要参数。温度和pH值对蛋白质溶解度的影响反映在Cohn方程中是对β值的影响。一般物质的溶解度随温度的升高而增大，但在离子强度较高的溶液中，升高温度有利于某些蛋白质的失水，因而温度升高，蛋白质的溶解度下降，如图3.4所示[9]。但是，必须指出，这种现象只在离子强度较高时才出现。在低离子强度溶液或纯水中，蛋白质的溶解度在一定温度范围内一般随温度升高而增大。

在pH值接近蛋白质等电点的溶液中，蛋白质的溶解度最小（β值最小），所以调节溶液pH值在等电点附近有利于提高盐析效果（详见3.1.3节）。

因此，蛋白质的盐析沉淀操作需选择合适的pH值和温度，使蛋白质的溶解度较小。同时，盐析操作条件要温和，不能引起目标蛋白质的变性。所以，盐析和后述的其它沉淀方法一样，需在较低温度下进

行，但不像有机溶剂沉淀那样严格。

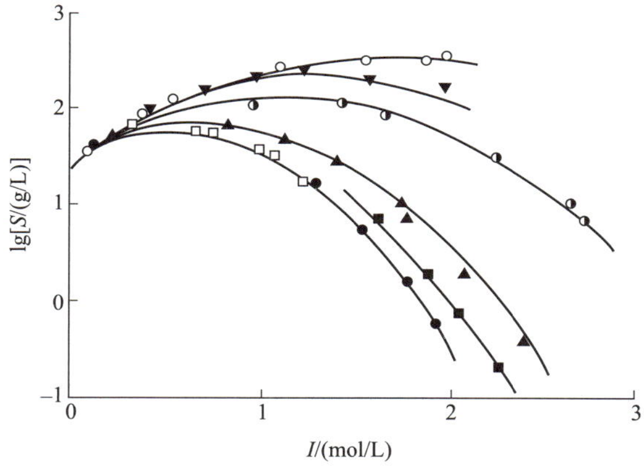

图 3.3 不同盐溶液中碳氧血红蛋白的溶解度与离子强度的关系（25℃）

○—NaCl；▼—KCl；◑—$MgSO_4$；▲—$(NH_4)_2SO_4$；■—柠檬酸三钠；●—Na_2SO_4；□—K_2SO_4

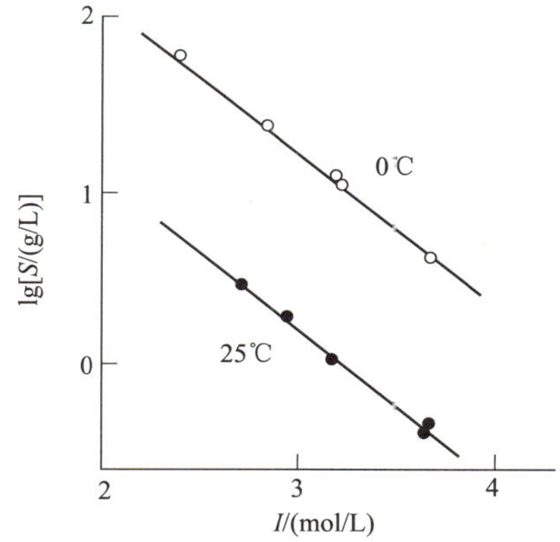

图 3.4 浓磷酸盐溶液中温度对碳氧血红蛋白溶解度的影响

3.1.2.3 盐析沉淀操作

硫酸铵是最常用的蛋白质盐析沉淀剂，故以硫酸铵为例介绍蛋白质盐析沉淀操作的方法和步骤。

硫酸铵的溶解度在 0 ～ 30℃范围内变化很小，20℃的饱和浓度约为 4.05mol/L（534g/L），饱和溶液密度为 1.235kg/L。用 1.0L 水制备硫酸铵的饱和溶液，需加入 761g 硫酸铵，饱和溶液体积为 1.425L 。

现在考虑向 1L 蛋白质溶液中加入硫酸铵至某一浓度使蛋白质发生盐析的操作。由于加入硫酸铵后溶液体积增大，在 20℃下，硫酸铵的浓度（mol/L）从 M_1 增大到 M_2 所需加入的硫酸铵量（g）为

$$W = \frac{534\text{g/L}(M_2 - M_1)}{4.05\text{mol/L} - 0.3M_2} \tag{3.3}$$

在 0℃下，饱和硫酸铵溶液浓度为 3.825mol/L（505g/L），上式变为

$$W = \frac{505\text{g/L}(M_2 - M_1)}{3.825\text{mol/L} - 0.285M_2} \tag{3.4}$$

如果硫酸铵浓度用饱和度 S（浓度相当于饱和溶解度的百分数）表示，则硫酸铵饱和度由 S_1 增大到 S_2 时每升溶液所需添加的硫酸铵量（g）为

20℃
$$W = \frac{534\text{g/L}(S_2 - S_1)}{1 - 0.3S_2} \tag{3.5}$$

0℃
$$W = \frac{505\text{g/L}(S_2 - S_1)}{1 - 0.285S_2} \tag{3.6}$$

上式中，S_1 和 S_2 均用小数表示。

盐析分离一个蛋白质料液所需的最佳硫酸铵浓度或饱和度可通过实验确定。实验步骤如下（设操作温度为 0℃）：

① 取一部分料液，将其分成等体积的数份，冷却至 0℃ ；

② 用式（3.6）计算饱和度达到 20% ～ 100% 所需加入的硫酸铵量，并在搅拌条件下分别加到料液中，继续搅拌 1h 以上（同时保持温度在 0℃），使沉淀达到平衡；

③ 3000*g* 下离心 40min 后，将沉淀溶于 2 倍体积的缓冲溶液中，测定其中蛋白质的总浓度和目标蛋白质的浓度（如有不溶物，可离心除去）；

④ 分别测定上清液中蛋白质的总浓度和目标蛋白质的浓度，比较沉淀前后蛋白质是否保持物料守恒，检验分析结果的可靠性；

⑤ 以饱和度为横坐标，上清液中蛋白质的总浓度和目标蛋白质的浓度为纵坐标作图，如图 3.5 所示。图中纵坐标为上清液中蛋白质的相对浓度（与原料液浓度之比）。

就图 3.5 的结果而言，使目标蛋白质不出现沉淀的最大饱和度约为 35%，使目标蛋白质完全沉淀的最小饱和度约为 55%。因此，沉淀分级操作应选择的饱和度范围为 35% ～ 55%，具体饱和度值应根据同时得到较大纯化倍数和回收率而定。

如前所述，豆制品的制作过程包括蛋白质沉淀操作，《本草纲目》中记述的盐卤汁主要成分是氯化镁、硫酸镁和氯化钠，石膏即硫酸钙，现代仍广泛使用。

3.1.3 等电点沉淀

如图 3.3 所示，较低离子强度的溶液中蛋白质的溶解度较小。此外，蛋白质在 pH 值为其等电点的溶液中净电荷为零，蛋白质之间静电排斥力最小，溶解度最低（图 3.6[10]）。利用蛋白质在 pH 值等于其等电点的溶液中溶解度下降的原理进行沉淀分级的方法称为等电点沉淀（isoelectric precipitation）。

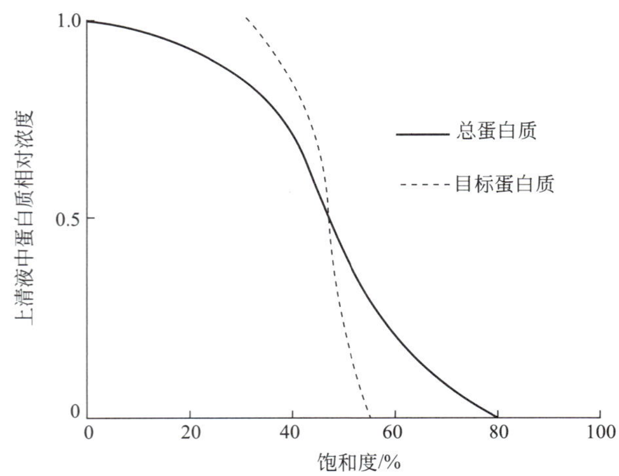

图 3.5 盐析沉淀平衡后上清液中蛋白质浓度与硫酸铵饱和度关系示例

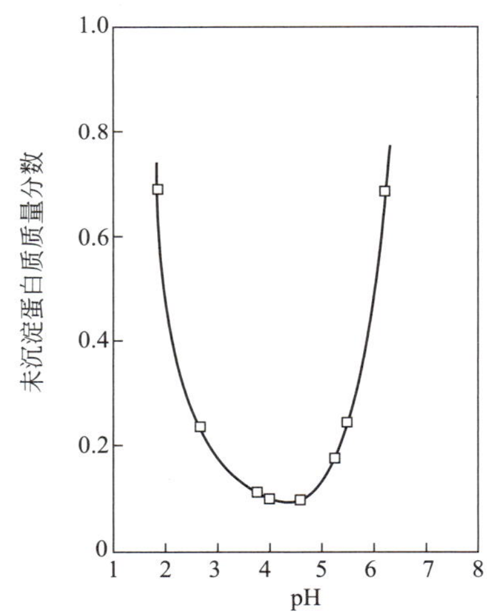

图 3.6 大豆蛋白质溶解度与 pH 值的关系

在上节所述的盐析沉淀中，有时也要结合等电点沉淀的原理，使盐析操作在等电点附近进行，降低蛋白质的溶解度。但是，利用中性盐进行盐析时，使蛋白质溶解度最低的溶液 pH 值一般略小于蛋白质的等电点。

等电点沉淀的操作条件是：低离子强度；$pH \approx pI$。因此，等电点沉淀操作需在低离子强度下调整溶液 pH 值至等电点，或在等电点的 pH 值下利用透析等方法降低离子强度，使蛋白质沉淀。由于一般蛋白质的等电点多在偏酸性范围内，故等电点沉淀操作中，多通过加入无机酸（如盐酸、磷酸和硫酸等）调节 pH 值。

等电点沉淀适用于疏水性较大的蛋白质（如酪蛋白）。亲水性很强的蛋白质（如明胶）在水中溶解度较大，在等电点的 pH 值下不易产生沉淀。所以，等电点沉淀不如盐析沉淀应用广泛。

与盐析相比，等电点沉淀的优点是无需后续的脱盐操作。但是，如果沉淀操作的 pH 值过低，容易引起目标蛋白质的变性。奶酪的制作方法很多，有利用柠檬酸沉淀后发酵的方法，其柠檬酸沉淀步骤即为酪蛋白（等电点 =4.6）的等电点沉淀。前述《本草纲目》记述的豆腐制作过程中使用“酸醋淀”，其中可能有等电点沉淀的机制，但更多的沉淀应该是由于蛋白质发生了变性。

3.1.4　有机溶剂沉淀

向蛋白质溶液中加入丙酮或乙醇等水溶性有机溶剂，水的活度降低。随着有机溶剂浓度的增大，蛋白质分子表面荷电基团或亲水基团的水化程度降低，溶液的介电常数下降，蛋白质分子间的静电引力增大，从而凝聚和沉淀。同等电点沉淀一样，有机溶剂沉淀也是利用同种分子间的相互作用。因此，在低离子强度和等电点附近，沉淀易于生成，或者说所需有机溶剂的量较少。一般来说，蛋白质的分子量越大，有机溶剂沉淀越容易，所需加入的有机溶剂量也越少。

有机溶剂沉淀的优点是：有机溶剂密度较低，易于沉淀分离；与盐析法相比，沉淀产品不需脱盐处理。但该法容易引起蛋白质变性（protein denaturation），必须在低温下进行。另外，应用有机溶剂沉淀时，所选择的有机溶剂应为与水互溶、不与蛋白质发生作用的物质。常用的有丙酮和乙醇。有研究表明，丙酮沉淀法的蛋白质回收率较低（<15%），但适当提高溶液的盐浓度（NaCl, 1~30 mmol/L）即可将回收率提高至 80%~100%[11]。乙醇沉淀法早于 20 世纪 40 年代就应用于血浆蛋白质（血清白蛋白、球蛋白及其他蛋白质）的制备[12]，目前仍用于血浆制剂的生产。

3.1.5　热沉淀

在较高温度下，热稳定性差的蛋白质发生变性沉淀。利用这一现象，可根据蛋白质间的热稳定性的差别进行蛋白质的热沉淀（thermal precipitation），分离纯化热稳定性高的目标产物。但必须指出，热沉淀是一种动力学变性分离法，只有当目标蛋白质的热稳定性远高于杂质蛋白质时才可使用。因此，应用热沉淀方法时需对目标产物和共存杂蛋白的热稳定性有充分的了解。

3.1.6　其它沉淀法

非离子型聚合物（nonionic polymers）、聚电解质（polyelectrolytes）和某些多价金属离子（polyvalent metal ions）可用作蛋白质的沉淀剂。例如，非离子型聚合物聚乙二醇（polyethylene glycol，PEG）是蛋白质稳定剂，也可促进蛋白质的沉淀。其作用机理尚不清楚，一说认为与有机溶剂的作用相似，即通过降低蛋白质的水化度、增大蛋白质间的静电引力而使蛋白质沉淀；另一说认为是高分子 PEG 的空间排斥作用使蛋白质分子发生空间拥挤效应，被迫挤靠在一起而容易引发沉淀。

聚电解质对蛋白质的沉淀作用机理与絮凝作用类似，是在蛋白质间起架桥作用。同时，聚电解质还兼有盐析和降低水化程度的作用。利用聚电解质的沉淀方法主要应用于酶和食用蛋白质的回收，常用于回收食品蛋白质的聚电解质有酸性多糖和羧甲基纤维素、海藻酸盐、果胶酸盐和卡拉胶（carrageenan）等。

某些金属离子可与蛋白质分子上的羧基或氨基产生配位键而使蛋白质沉淀。例如，Ca^{2+} 和 Mg^{2+} 能与羧基结合，Mn^{2+} 和 Zn^{2+} 能与羧基、含氮化合物（如胺）以及杂环化合物结合。金属离子沉淀法的优点是可使浓度很低的蛋白质沉淀，沉淀产物中的重金属离子可用离子交换吸附剂或螯合剂除去。

3.2 泡沫分离

泡沫分离（foam separation）是根据表面吸附的原理，利用通气鼓泡在液相中形成的气泡为载体对液相中的溶质或颗粒进行分离，因此又称泡沫吸附分离，也称泡沫分级（foam fractionation）或鼓泡分级（bubble fractionation）。泡沫分离是在表面活性物质（surface active agent）的存在下发生的，是日常生活中的常见现象，例如，利用肥皂的洗涤作用就是根据泡沫分离的原理。肥皂的水溶液在搅拌作用下产生大量泡沫（高比表面积），泡沫表面吸附污染物产生去污效果。在工业中，泡沫分离在矿石浮选和废水处理等领域已有大规模的应用。在生物物质中，蛋白质、细胞和细胞碎片是天然的表面活性物质，可用泡沫吸附进行分离和浓缩。本节在阐述泡沫分离原理的基础上，介绍泡沫分离过程、设备及在生物分离中的应用和特点。

3.2.1 泡沫分离原理

3.2.1.1 表面张力与表面吸附

表面活性剂分子由亲水的极性头和疏水的非极性尾构成。向水中加入表面活性剂，水溶液的表面张力随表面活性剂浓度的增大而下降。当表面活性剂浓度达到一定值后，将发生表面活性剂分子的缔合或自聚集，形成水溶性胶团（micelles）。形成胶团后，溶液的表面张力不再随表面活性剂浓度的增大而降低。表面活性剂在水溶液中形成胶团的最低浓度称为临界胶团浓度（critical micelle concentration，CMC）。水溶液中胶团的表面活性剂极性头部向外，与水相接触，而非极性尾部埋在胶团内部。在气液界面处，极性头溶于水相，而非极性尾暴露在气相中（气泡内）。

根据热力学理论，在气液两相界面处的表面活性物质浓度与主体溶液不同，这种现象称为表面过剩。溶质的表面过剩量可用 Gibbs 吸附等温式表达

$$\varGamma = -\frac{1}{RT}\frac{\partial \gamma}{\partial \ln a} \tag{3.7}$$

式中，$\varGamma$为表面过剩，即表面吸附量，kmol/m^2；R 为摩尔气体常数；T 为热力学温度；γ为表面张力；a 为表面活性物质的活度。

若浓度 c 较低，可用浓度代替活度 a，式（3.7）改写成

$$\varGamma = -\frac{1}{RT}\frac{\partial \gamma}{\partial \ln c} \tag{3.8}$$

在临界胶团浓度以下，表面活性剂溶液的表面张力随表面活性剂浓度的增大而降低。因此，从式（3.8）可以看出，表面活性物质的表面吸附量为正值，即在表面上浓聚。泡沫分离正是利用表面活性物质的这种性质。不同溶质的表面活性不同，在界面的浓聚行为也不一样，因此可用泡沫吸附技术进行分级分离。

一般表面活性物质的表面吸附量与其浓度的关系可用 Langmuir 型吸附等温线表达（图 3.7）

$$\varGamma = \frac{mc}{1+m'c} \tag{3.9}$$

式中，m 和 m' 为常数。

当浓度较低，$m'c \ll 1$ 时，吸附等温线变成线性

$$\Gamma = mc \tag{3.9a}$$

当浓度较高，$m'c \gg 1$ 时，表面吸附趋向恒定值

$$\Gamma = \frac{m}{m'} \tag{3.9b}$$

式（3.9b）表达的是表面活性剂浓度超过 CMC 的情况，即当表面活性剂浓度超过其 CMC 时，其表面过剩量不再随浓度增大而改变。因此，泡沫分离一般在表面活性剂的 CMC 以下进行。多数表面活性剂的 CMC 为 1 ～ 20mmol/L。

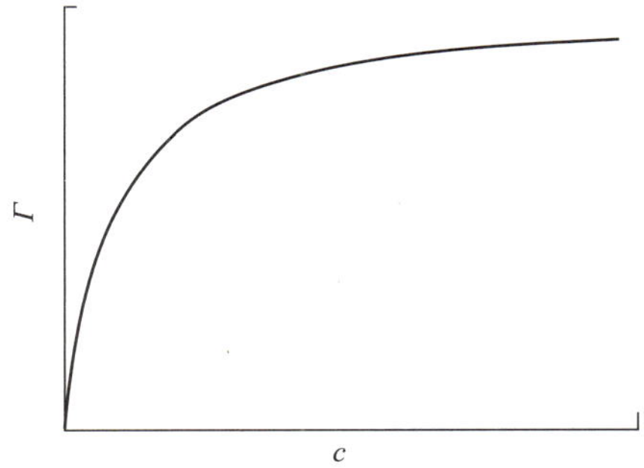

图 3.7　表面吸附量与表面活性剂浓度的关系（Langmuir 型吸附等温线）

第3章

表面活性物质可直接利用泡沫分离法分离。表面活性不同的物质，在气泡表面的吸附平衡行为不同，即它们的吸附等温线不同，彼此之间可以进行泡沫分离。若目标产物没有表面活性，可向溶液中添加表面活性剂，通过表面活性剂与目标产物的相互作用（如静电作用、疏水性吸附等）使目标产物在气泡表面富集。选择与目标产物有较强相互作用的表面活性剂，可使目标产物得到有效的浓缩分离。

3.2.1.2　泡沫的形成和结构

向含有表面活性物质的溶液鼓气，或快速搅拌含有表面活性物质的溶液，溶液中会形成大量气泡（bubbles）。由于表面活性剂在气液界面发生吸附，气液界面张力（表面能）较低，生成的气泡相对稳定。气泡在浮力作用下上升，在液相表面大量的气泡汇聚成泡沫（foams）。泡沫中的各个气泡彼此被很薄的液体薄膜隔开，以多面体的形状相互依存。其中每三个相邻的气泡呈图 3.8 所示的三泡结构。三泡结构中，每两个气泡之间形成平面的间壁，三个气泡的共同交界处是具有一定曲率半径的小三角柱。由于该交界具有内凹的表面，该点的压力低于两泡交界的平面。因此，在气泡界面上存在压力梯度，使泡间液膜中的液体向三泡交界的小三角柱中流动，引起平面液膜变薄。这就是泡沫层发生排液的原理。

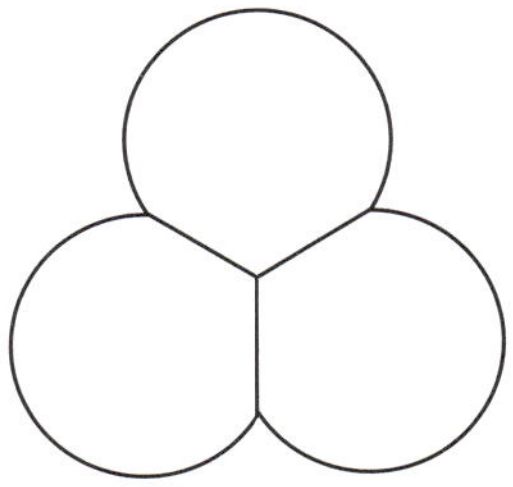

图 3.8　稳定的三泡结构

图 3.8 中仅给出了泡沫中的三个气泡。实际上，图示的三个气泡中，每两个气泡还与另外一个气泡形成类似图 3.8 的三泡结构。在大量的泡沫中，泡沫的三维结构比较复杂，最可能的情况是形成侧面为正五边形的十二面体，相邻两个面之间的夹角为 120° 。

泡沫是非稳定体系。泡沫的消灭有两方面的原因。一方面，泡沫中液体的流失使液膜变薄，导致气泡破裂。另一方面，泡沫集团中小气泡的内压高于大气泡，因此，小气泡中的气体会通过液膜向与其相邻的大气泡中扩散，导致大气泡更大，小气泡更小，直至消失。影响泡沫稳定性的因素主要有表面活性剂浓度和液相黏度。若表面活性剂浓度较低（与 CMC 相比），则泡沫不稳定；温度上升会导致液相黏度降低、泡内气体压力上升，气泡更容易破裂。

3.2.2　泡沫分离设备和过程

泡沫分离设备主要由泡沫柱和消泡器构成。图 3.9 为间歇泡沫分离设备和分离过程示意图。间歇泡沫分离过程中，将一定量的料液置于柱中，气体通过柱底部的气体分布器输入，在液相中产生气泡，而在

液相表面以上形成泡沫层。泡沫在上升的过程中不断排液，使被气泡表面吸附的溶质浓度增大，达到柱顶部后排出。排出的泡沫经消泡器消泡后即得到目标产物的浓缩液。若目标产物为表面活性物质，不需外加表面活性剂［图 3.9（a）］；若目标产物没有表面活性，需要向溶液中添加一定浓度的表面活性剂，并在分离操作过程中适当补充表面活性剂，使目标产物回收完全［图 3.9（b）］。

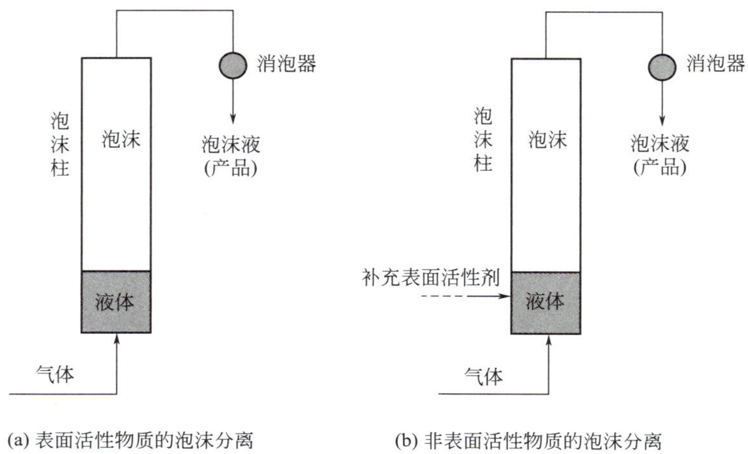

图 3.9 间歇泡沫分离设备和分离过程示意图

泡沫分离容易进行连续操作。连续操作中气体和料液连续输入。图 3.10 为两种典型的连续泡沫分离操作方式。图 3.10（a）中，料液从泡沫柱的下部连续加入，残液从柱底部排出。另外，流出的消泡液可部分回流。消泡液回流可以提高消泡产品的浓度。这种操作方式与精馏类似，消泡液中目标产物浓度较高，纯化倍数也较大，但目标产物的回收不完全，即收率较低。图 3.10（b）中，料液从泡沫柱的顶部连续加入，液相和泡沫相逆流接触，消泡液不需回流。利用这种操作方式，消泡液中目标产物收率较高，但纯化倍数较低。

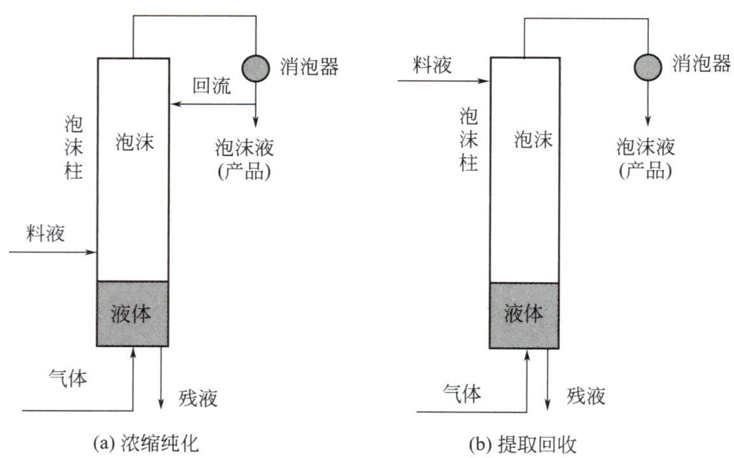

图 3.10 连续泡沫分离过程示意图

图 3.10 所示的两种操作方式有各自的优势和缺陷，可根据分离目的选用。为了获得较高的收率和分离纯化效果，可采用多柱串联操作模式。如图 3.11 所示，将图 3.10（a）的浓缩纯化柱多级串联。在多柱串联操作中，料液从第一个柱的下部输入，上一级柱的残液作为下一级柱的原料；从各柱排出的泡沫相消泡后即得到浓缩纯化的目标产物。由于残液经过多级分离，可使泡沫液中目标产物的收率和纯化倍数

都较高。

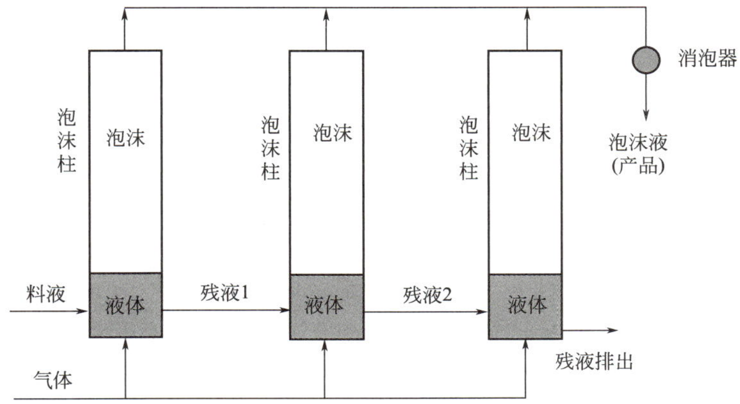

图 3.11 多柱串联的泡沫分离

除上述泡沫柱外，高速搅拌表面活性剂溶液可制备尺寸更小（<100μm）、稳定性更高的泡沫，这种泡沫通称胶质气体泡沫（colloidal gas aphrons，CGA）[13]。CGA 与料液接触，可吸附分离目标产物[14]。利用与目标蛋白质具有亲和结合作用的配基（详见第 8 章）修饰表面活性剂的极性头，制备的亲和 CGA 对目标蛋白质有更高的分离选择性[15]。

3.2.3 泡沫分离的应用

泡沫用于工业分离的历史可追溯到 20 世纪初，最早用于金属矿石颗粒的分离回收，称作泡沫浮选。根据泡沫分离的原理，泡沫分离可用于离子、分子、胶体和沉淀颗粒的分离，在废水处理和环境保护领域中已有大规模的应用。在生物分离领域，泡沫分离可用于蛋白质分离、细胞收集以及天然产物中有效成分的提取。

泡沫分离在生物下游过程中具有如下优势：①泡沫分离设备简单，易于放大；②操作简便，能耗低；③可连续和间歇操作；④在生物下游加工过程的初期使用，处理体积庞大的稀料液；⑤可直接用于处理含有细胞或细胞碎片的料液；⑥只要操作条件设计合理，可获得很高的分离效率。

早在 20 世纪 50 年代，人们就已开始泡沫分离提取蛋白质的研究。但是，由于对气液流体力学特性和蛋白质在气泡表面的吸附机理的理解不够深入，加之担心泡沫的形成（foaming）会引起蛋白质的变性，使泡沫分离在蛋白质分离领域的研究进展较慢。20 世纪 80 年代以来，由于基因工程技术的发展，对蛋白质分离纯化的需求不断增长，极大地激发了人们对泡沫分离技术的兴趣。对于泡沫引起蛋白质变性的问题，许多研究表明，只要操作条件设计合理，可最大限度地避免蛋白质变性的发生。

蛋白质的表面活性（surface activity）取决于分子的理化性质（如分子尺寸、荷电性质、表面疏水性）和环境条件（如 pH 值、离子强度、共存的表面活性剂、盐的种类、糖及其他各种添加剂）。因此，不同蛋白质的表面活性不同，并且环境因素可以改变蛋白质的表面活性，使不同蛋白质之间的表面活性差别增大，容易利用泡沫分离技术加以分离。利用泡沫分离可分离和浓缩混合物中的目标蛋白质，如 β- 酪蛋白、血清白蛋白、β- 乳球蛋白、溶菌酶和基因重组蛋白质等[16-18]。在分离实践中，需通过实验优化分离操作条件。影响分离操作的主要因素如下。

（1）料液性质　主要指溶液的 pH 值、离子强度和其他添加剂。蛋白质是两性电解质，具有等电点。在 pH 值等于蛋白质等电点的溶液中，蛋白质溶液的表面张力随浓度变化的斜率最大，故根据式（3.8），在该 pH 值的溶液中蛋白质在气泡表面的吸附量最大，有利于该蛋白质的分离浓缩。因此，调节溶液的 pH 值可增大不同蛋白质之间表面吸附量的差别，使目标产物得到选择性分离。另外，离子强度和一些添加剂对溶液的表面张力也有影响，从而影响溶质的表面吸附量。

（2）表面活性剂　对于非表面活性物质的泡沫分离，需要向料液中添加表面活性剂。根据式（3.9），表面活性剂浓度应小于其 CMC 值。此外，溶液 pH 值影响表面活性剂与分离对象之间的相互作用。对于不同的目标物，存在不同的最佳 pH 值，使目标物的表面吸附量最大。

在蛋白质的分离纯化中，也可应用表面活性剂。通过表面活性剂极性头和蛋白质之间的选择性相互作用，提高目标蛋白质的分离度和收率[19]。

（3）操作条件　间歇操作条件主要是气体流速，连续操作则包括气体和料液的流速。气速增大使泡沫在柱中的停留时间缩短，不利于泡沫排液，影响浓缩率和分离选择性；气速降低则使泡沫在柱中的停留时间延长，容易引起蛋白质的变性。因此，应设计合适的气体流速。在连续操作中，还应设计合适的气液流速比。

（4）泡沫柱　需设计足够高的泡沫柱，保证足够的泡沫层高度，使泡沫在柱中有适当的停留时间，满足目标产物浓缩和分离的需要。

图 3.12 为连续泡沫分离蛋白质设备和过程流程图[16]。

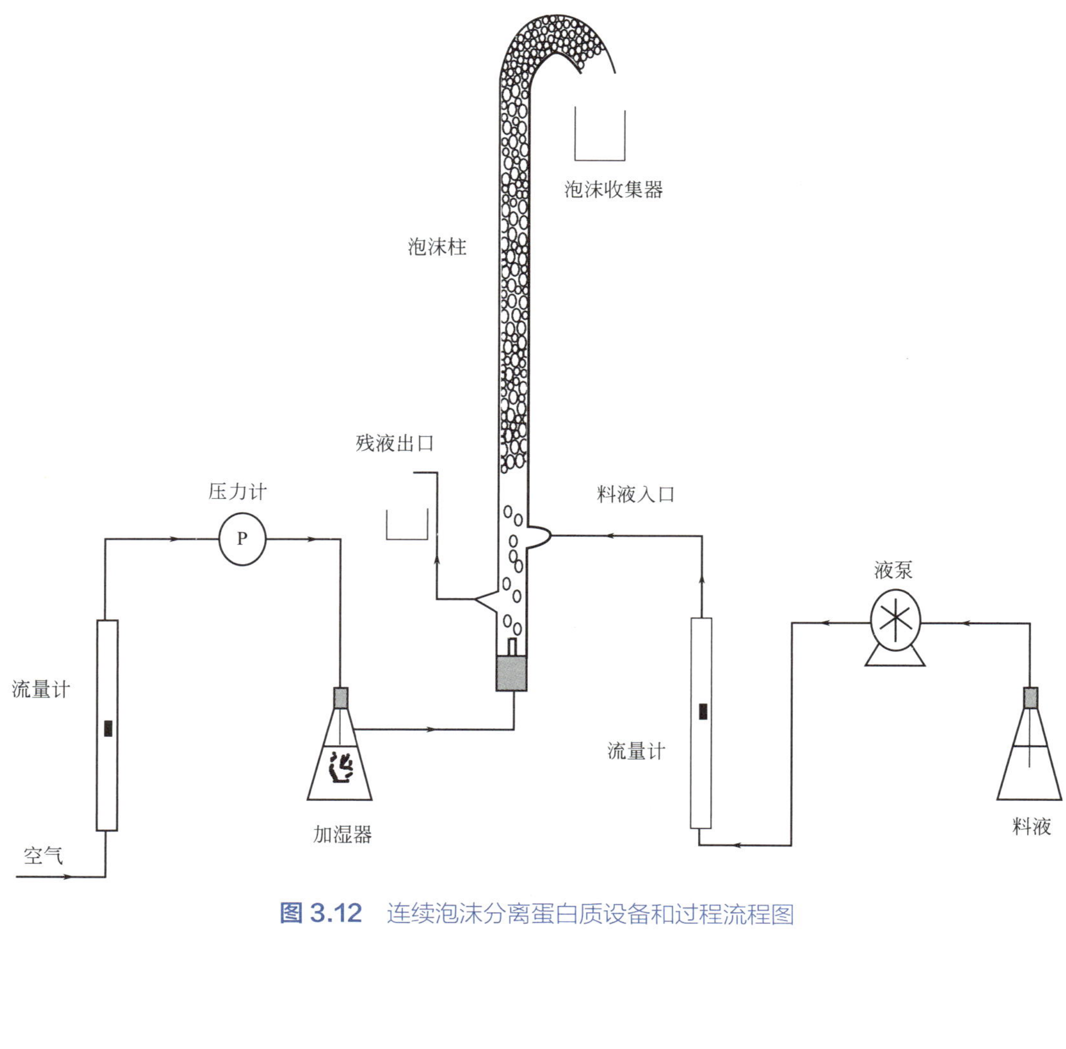

图 3.12　连续泡沫分离蛋白质设备和过程流程图

习题

1. 溶菌酶在 2.8mol/L 和 3.0mol/L 硫酸铵溶液中的溶解度分别为 1.2g/L 和 0.26g/L，试计算溶菌酶在 3.5mol/L 硫酸铵溶液中的溶解度。

2. 有 100L 蛋白质溶液，其中含牛血清白蛋白（BSA）和另一种杂蛋白质（X），质量浓度分别为 10g/L 和 5g/L，拟用硫酸铵沉淀法处理该溶液，回收沉淀中的 BSA。20℃下 BSA 和 X 的 Cohn 方程参数列于下表（假设其它蛋白质的存在不影响方程参数），其中离子强度用硫酸铵浓度表示，蛋白质质量浓度单位为 g/L，硫酸铵浓度单位为 mol/L。

蛋白质	β	K_s
BSA	21.6	7.65
X	20.0	6.85

（1）如果溶液体积变化与硫酸铵加入量成正比，若回收 90% 的 BSA，需加入多少硫酸铵？

（2）沉淀中 BSA 的纯度是多少？

3. 等电点沉淀和盐析沉淀相比，有什么优缺点？

4. 蛋白质沉淀操作需在较低温度下进行，这是出于哪两点考虑？

5. 查阅资料，学习乙醇沉淀法从血浆中提取血清白蛋白的工艺路线。

6. 蛋白质变性是指在外界物理或化学因素的影响下，蛋白质分子构象发生改变，性质和功能发生部分或全部丧失的现象。较高的温度、酸碱 pH 或有机溶剂易引起蛋白质变性，变性的蛋白质容易发生聚集沉淀。请分析变性蛋白质发生聚集沉淀的原理。

7. 分析泡沫引起蛋白质变性的原理。

8. 蛋白质变性后表面活性增大，能否利用这一现象进行变性和天然蛋白质的泡沫分离？

9. 泡沫分离非表面活性物质时需要向料液中添加表面活性剂，提高表面活性剂浓度对泡沫分离有何影响？此外，为什么表面活性剂浓度应小于其 CMC 值？

参考文献

[1] Burgess R R. Protein Precipitation Techniques. Methods in Enzymology, 2009, **463**: 331-342.

[2] (明) 李时珍. 本草纲目. 北京: 中国文联出版社, 2016: 532.

[3] Cohn E, Edsall J T. Proteins, amino acids and peptides. New York: Academic Press, 1943: 602.

[4] Bell D J, Hoare M, Dunnill P. The formation of protein precipitates and their centrifugal recovery// Fiechter A (ed.). Advances in Biochemical Engineering/Biotechnology: vol. 26. Berlin: Springer-Verlag, 1983: 1-72.

[5] Dixon M, Webb E C. Enzyme fractionation by salting-out: a theoretical note. Advances in protein Chemistry, 1961, **16**: 197-219.

[6] Green A A. Studies in solutions of the proteins. X. The solubility of hemoglobin in solutions of chlorides and sulfates of varying concentration. J Biol Chem, 1932, **95**: 47-66.

[7] Carbonnaux C, Ries-Kautt M, Ducruix A. Relative effectiveness of various anions on the solubility of acidic hypoderma-lineatum collagenase at pH 7.2. Protein Sci, 1995, **4**: 2123-2128.

[8] Ries-Kautt M M, Ducruix A F. Relative effectiveness of various ions on the solubility and crystal growth of lysozyme. J Biol Chem, 1989, 264: 745-748.

[9] Green A A. Studies in the physical chemistry of the proteins. Ⅷ. The solubility of hemoglobin in concentrated salt solutions. A study of the salting out of proteins. J Biol Chem, 1931, **93**: 495-516.

[10] Virkar P D, Hoare M, Chan M Y Y, Dunnill P. Kinetics of the acid precipitation of soya protein in a continuous-flow tubular reactor. Biotechnol Bioeng, 1982, **24** (4): 871-887.

[11] Crowell A M J, Wall M J, Doucette A A. Maximizing recovery of water-soluble proteins through acetone precipitation. Analytica Chimica Acta, 2013, 796: 48-54.

[12] Cohn E J, Strong L E, Hughes W L Jr, Mulford D J, Ashworth J N, Melin M, Taylor H L. Preparation and properties of serum and plasma proteins. Ⅳ. A system for the separation into fractions of the protein and lipoprotein components of biological tissues and fluids. J Am Chem Soc, 1946, **68**: 459-475.

[13] Sebba F. Colloidal gas aphrons// Foams and biliquid foams – aphrons. Chichester: John Wiley & Sons, 1987: 63-78.

[14] Fernandes S, Hatti-Kaul R, Mattiasson B. Selective recovery of lactate dehydrogenase using affinity foam. Biotechnol Bioeng, 2002, **79**: 472-480.

[15] Fernandes S, Mattiasson B, Hatti-Kaul R. Recovery of recombinant cutinase using detergent foams. Biotechnol Prog, 2003, **18**: 116-123.

[16] Brown A K, Kaul A, Varley J. Continuous foaming for protein recovery: Part Ⅰ. Recovery of β-casein. Biotechnol Bioeng, 1999, **62**: 278-290.

[17] Brown A K, Kaul A, Varley J. Continuous foaming for protein recovery: Part Ⅱ. Selective recovery of proteins from binary mixtures. Biotechnol Bioeng, 1999, **62**: 291-300.

[18] Bhattacharjee S, Kumar R, Gandhi K S. Modeling of protein mixture separation in a batch foam column. Chem Eng Sci, 2001, **56**: 5499-5510.

[19] Crofcheck C, Loiselle M, Weekley J, Maiti I, Pattanaik S, Bummer P M, Jay M. Histidine tagged protein recovery from tobacco extract by foam fractionation. Biotechnol Prog, 2003, **19**: 680-682.

第 4 章　膜分离

为什么学习膜分离?

作为分离介质的膜材料从化学结构到物理结构均丰富多彩，造就了膜分离技术的多样性和应用范围广泛性。本章比较系统地介绍了各种膜分离技术的原理、特点、膜材料和设备以及膜分离操作特性。长期以来，膜材料和膜分离过程都是产学界持续关注的重点研究领域，处于快速发展之中。作为膜分离的核心，需要不断提高膜材料性能和降低成本。膜材料的性能包括膜的透过特性、分离选择性、使用稳定性以及抗污染性能等。抗污染是膜分离过程的核心问题。膜污染的控制需要从提高膜自身的抗污染性能入手；针对具体的膜材料和分离过程，控制和优化操作条件（如压力、流速、料液性质等）以及适当的清洗操作，则是提高膜分离效率和提高膜使用寿命的关键。

在以蛋白质类生物大分子为中心的生物分离过程中，微滤和超滤是常用的膜分离技术。近年来荷电膜在蛋白质分离纯化中显示了很好的应用前景。针对特定的分离体系研究开发荷电膜材料，有可能大幅度提高目标产品的分离纯化过程效率。此外，膜技术可以与其他分离技术相结合，在生物分离中发挥独特的作用。例如，在微滤膜表面修饰配基，可用于蛋白质的吸附分离（如离子交换、疏水性吸附和亲和吸附等）。其中，亲和膜色谱将亲和配基固定在微滤膜孔表面，特异性吸附目标分子，透过其它杂蛋白质，从而实现目标蛋白质的纯化（详见第 8 章）。

学习目标

- 熟悉各种膜分离方法和膜组件形式，理解超滤和微滤方法在生物分离中的重要地位。
- 了解膜分离的主要操作过程和不同操作方式的特点及应用范围。
- 理解超滤过程的浓差极化现象和膜污染的主要原因，了解膜污染的控制和膜清洗方法。
- 了解膜分离在生物分离过程不同阶段和不同产物中的应用。

膜是自然界广泛分布并发挥重要功能的二维基质，例如动植物组织中的细胞膜、筋膜、视网膜、耳膜、角膜等。不同膜的功能也不相同，但大部分膜都有两个基本功能：一是选择性透过作用，二是隔离作用。此外，膜还可以与透过的物质发生各种物理作用或化学反应。除生物体内的各种“膜”之外，日常生活中膜也如影相随。例如，衣物、口罩、玻璃等。衣物透气而保温，口罩透气而阻断病毒和细菌，玻璃透光而遮风挡雨。

膜分离（membrane separation）就是利用膜的阻隔和选择性透过特性进行物质分离的方法，是人类最早应用的分离技术之一，如酒的过滤、中草药的提取等。近代工业膜分离技术的应用始于 20 世纪 30 年代利用半透性纤维素膜分离回收苛性碱。20 世纪 60 年代以后，不对称性膜制造技术取得长足的进步，各种膜分离技术迅速发展，在包括生物物质在内的分离过程中得到越来越广泛的应用，成为最重要分离技术之一。

在膜分离过程中，膜发挥如下功能：①物质的识别与透过；②相界面；③反应场。物质的识别与透过是使混合物中各组分之间实现分离的内在因素；作为界面，膜将透过液和保留液（料液）分为互不混合的两相，以及阻隔两相的混合；作为反应场，膜表面及膜孔内表面含有与特定溶质具有相互作用能力的官能团，通过物理作用、化学反应或生化反应提高膜分离的选择性和分离速度。

生物分离过程中采用的膜分离法主要是利用物质之间透过性的差别，而膜材料上固定特殊活性基团，使溶质与膜材料发生某种相互作用来提高膜分离性能的功能膜研究也很多，代表了膜分离技术的发展方向。本章在 2.1.3 节“过滤”的基础上，重点阐述利用膜的物理识别与透过特性进行膜分离的各种方法的原理、特点、分离操作和应用。

4.1 各种膜分离法及其原理

2.1.3 节中仅介绍了利用过滤介质（主要是滤布）进行固液过滤分离的一般原理和方法。实际上，膜分离法包含着非常丰富的内容，在生物分离领域应用的膜分离法包括微滤（microfiltration，MF）、超滤（ultrafiltration，UF）、反渗透（reverse osmosis，RO）、透析（dialysis，DS）、电渗析（electrodialysis，ED）和渗透汽化（pervaporation，PV）等，各种膜分离法的原理和应用范围列于表 4.1。

表 4.1 各种膜分离法的原理和应用范围

膜分离法	传质推动力	分离原理	应用举例
微滤（MF）	压差（0.05 ～ 0.5MPa）	筛分	菌体、细胞、细胞碎片和病毒的分离
超滤（UF）	压差（0.1 ～ 1.0MPa）	筛分	蛋白质、多肽和多糖的回收和浓缩，病毒的分离
反渗透（RO）	压差（1.0 ～ 10MPa）	筛分	盐、氨基酸、糖的浓缩，淡水制造
透析（DS）	浓差	筛分	脱盐，除小分子（如变性剂）
电渗析（ED）	电位差	荷电、筛分	脱盐，氨基酸和有机酸分离
渗透汽化（PV）	压差、温差	溶质与膜的亲和作用	有机溶剂与水的分离，共沸物的分离（如乙醇浓缩）

4.1.1 反渗透

如图 4.1 所示，一个容器中间用一张可透过溶剂（水），但不能透过溶质的膜隔开，两侧分别加入纯水和含有溶质的水溶液。若膜两侧压力相等，在浓差的作用下作为溶剂的水分子从溶质浓度低（水浓度高）的一侧（A 侧，纯水）向溶质浓度高的一侧（B 侧，水溶液）透过，这种现象称为渗透。促使水分子发生渗透的推动力称为渗透压。当 B 侧与 A 侧之间的压差等于渗透压时，两侧的化学位相等，达到平衡状态［图 4.1（a）］，此时两侧的化学位分别为

$$\mu_A = \mu^\Theta + RT\ln a_A + \int_{p^\Theta}^{p_A} v_1 dp \tag{4.1a}$$

$$\mu_B = \mu^\Theta + RT\ln a_B + \int_{p^\Theta}^{p_B} v_1 dp \tag{4.1b}$$

式中，μ_A、μ_B 分别为 A、B 两侧的化学位，kJ/kmol；p_A、p_B 分别为 A、B 两侧的压力，kJ/m³；p^Θ、μ^Θ 分别为标准压力和标准化学位；v_1 为溶剂（水）的摩尔体积，m³/kmol；a_A、a_B 分别为 A、B 两侧溶剂的活度；R 为摩尔气体常数；T 为热力学温度。

因为 $\mu_A = \mu_B$，所以从式（4.1a）和式（4.1b）得到

$$v_1(p_B - p_A) = RT\ln\frac{a_A}{a_B} \tag{4.2}$$

或

$$\Delta\pi = \frac{RT}{v_1}\ln\frac{a_A}{a_B} \tag{4.3}$$

式中，$\Delta\pi = p_B - p_A$，为膜两侧溶液的渗透压差。

如果 A 侧为纯水，则 a_A=1，上式变为

$$\pi = -\frac{RT}{v_1}\ln a_B \tag{4.4}$$

式中，π 为溶液 B 的渗透压。

若溶液 B 为稀溶液，则 a_B=x_B=1−y_B，其中 x_B 和 y_B 分别为溶剂和溶质的摩尔分数。因为 $-\ln(1-y_B) \approx y_B$，所以

$$\pi = \frac{RT}{v_1}y_B \tag{4.5a}$$

或

$$\pi = RTc_B \tag{4.5b}$$

式中，c_B 为溶质的浓度，mol/L。

从式（4.5b）可以看出，溶质浓度越高，渗透压越大。欲使 B 侧溶液中的溶剂（水）渗透到 A 侧，在 B 侧所施加的压力必须大于此渗透压，这种操作称为反渗透［图 4.1（b）］。一般反渗透的操作压力常达到 1 ～ 10MPa。

RO 膜无明显的孔道结构，其透过机理尚不十分清楚。可利用热力学理论解释 RO 膜的透过机理，而不考虑膜的结构和性质，其中溶解 - 扩散模型简单实用。该模型假设溶剂或溶质首先溶解在膜中，然后扩散通过 RO 膜。根据不可逆过程热力学原理，非离子型溶剂（组分 1，通常为水）的摩尔通量 N_1［kmol/(m²・s)］和化学位梯度成正比

$$N_1 = \frac{\overline{D_1}\,\overline{c_1}}{RT}\frac{d\overline{\mu_1}}{dz} \tag{4.6}$$

式中，z 为膜厚度方向上的距离；$\overline{D_1}$ 为溶剂在膜中的扩散系数；$\overline{c_1}$ 为溶剂在膜中的浓度，mol/L；$\overline{\mu_1}$ 为溶剂在膜中的化学位。

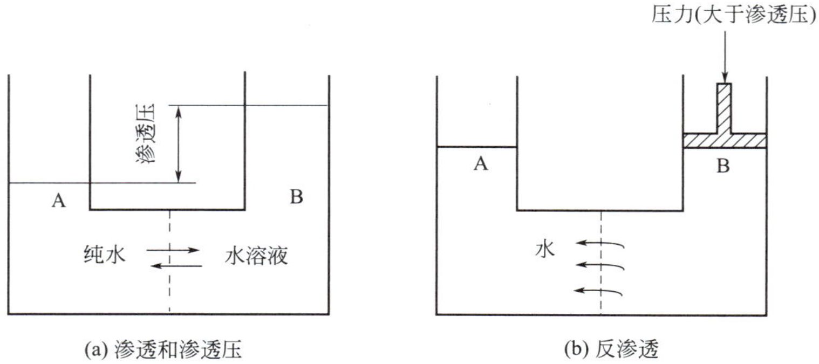

图 4.1 渗透压与反渗透

根据式（4.1），在膜厚度方向上，化学位的变化速率为

$$\frac{\mathrm{d}\overline{\mu_1}}{\mathrm{d}z} = RT\frac{\mathrm{d}\ \ln a_1}{\mathrm{d}z} + v_1\frac{\mathrm{d}p}{\mathrm{d}z} \tag{4.7}$$

设化学位和压力与 z 呈线性关系，并且膜两侧溶剂（水）的活度（浓度）相差很小（即上式右侧第一项可忽略不计），则从式（4.6）和式（4.7）得到溶剂的摩尔通量为

$$N_1 = \frac{\overline{D_1}\,\overline{c_1}v_1}{RT}\frac{\Delta p - \Delta\pi}{l} \tag{4.8}$$

而质量通量 J_1[kg/(m² · s)] 为

$$J_1 = A_1(\Delta p - \Delta\pi) \tag{4.9}$$

$$A_1 = \frac{\overline{D_1}\,\overline{c_1}M_1v_1}{RTl} \tag{4.10}$$

对于稀溶液，溶剂的体积通量 J_V[m³/(m² · s)] 和 J_1 成正比，所以

$$J_V = \frac{J_1}{\rho_L} = L_P(\Delta p - \Delta\pi) \tag{4.11}$$

式中，M_1 为溶剂的分子量；Δp 为膜两侧的压差；$\Delta\pi$ 为膜两侧溶液的渗透压差；l 为膜厚度；ρ_L 为溶剂密度；L_P 为溶剂的透过系数，$L_P = \dfrac{A_1}{\rho_L}$。

对于溶质（组分 2），浓差是传质的主要推动力。设膜中溶质浓度 $\overline{c_2}$ 与 z 呈线性关系，根据 Fick 定律，其摩尔通量 N_2 为

$$N_2 = -\overline{D_2}\frac{\Delta\overline{c_2}}{l} \tag{4.12}$$

式中，$\overline{D_2}$ 为溶质在膜中的扩散系数。

假设溶质在膜中的溶解度 $\overline{c_2}$ 和主体溶液浓度 c_2'（均为 mol/L）之间呈线性关系，即

$$\overline{c_2} = mc_2' \tag{4.13}$$

式中，m 为溶质的分配系数。

则式（4.12）可改写为

$$N_2 = -\overline{D_2}m\frac{\Delta c_2'}{l} \tag{4.14}$$

根据式（4.14），可得溶质的质量通量 J_2 为

$$J_2 = -\overline{D_2} m \frac{\Delta c_2}{l} \tag{4.15}$$

式中，c_2 为溶质的质量浓度；Δc_2 和 $\Delta c_2'$ 为膜两侧溶液中溶质的浓度差。

另外，式（4.15）可改写为

$$J_2 = \omega \Delta c_2 \tag{4.16}$$

式中，ω 称为溶质的透过系数，$\omega = -\frac{\overline{D_2} m}{l}$。

从式（4.11）和式（4.16）可以看出，随着压力升高，溶剂的体积通量线性增大，而溶质的质量通量与压力无关。所以，透过液中溶质浓度（c_{2P}）随压力升高而降低

$$c_{2P} = \frac{J_2}{J_V} = \frac{\omega \Delta c_2}{L_P(\Delta p - \Delta \pi)} \tag{4.17}$$

因此，提高反渗透操作压力有利于实现保留液中溶质的高度浓缩。

上述溶解 - 扩散模型比较适用于无机盐的反渗透过程，但对于有机溶质，式（4.11）、式（4.16）和式（4.17）分别用下述较一般的形式表达

$$J_V = L_P(\Delta p - \sigma \Delta \pi) \tag{4.11a}$$

$$J_2 = c_2(1-\sigma) J_V + \omega \Delta c_2 \tag{4.16a}$$

$$c_{2P} = c_2(1-\sigma) + \frac{\omega \Delta c_2}{J_V} \tag{4.17a}$$

式中，σ 为膜对溶质的反射系数（reflection coefficient），$0 < \sigma < 1$，与膜的种类有关。$\sigma = 1$ 时称为理想反射（perfect reflection），膜对溶质的截留作用最强，此时上述各式分别与溶解 - 扩散模型推导的结果相同；$\sigma = 0$ 时，溶剂的透过通量不受渗透压的影响，与压差成正比［式（4.11a）］，溶质亦具有较大的透过通量［式（4.16a）］。

4.1.2　超滤和微滤

与 RO 膜一样，超滤（UF）和微滤（MF）都是利用膜的筛分性质，以压差为传质推动力。但与 RO 膜相比，UF 膜和 MF 膜具有明显的孔道结构，主要用于截留高分子溶质或固体微粒。UF 膜的孔径较 MF 膜小，主要用于处理不含固形成分的料液，其中分子量较小的溶质和水分透过膜，而分子量较大的溶质被截留。因此，超滤是根据高分子溶质之间或高分子与小分子溶质之间分子量的差别进行分离的方法。超滤过程中，膜两侧渗透压差较小，所以操作压力比反渗透操作低，一般为 0.1 ～ 1.0MPa。微滤一般用于悬浮液（粒子粒径为 0.1 ～ 10μm）的过滤，在生物分离中，广泛用于菌体细胞的分离和浓缩。微滤过程中膜两侧的渗透压差可忽略不计，由于膜孔径较大，操作压力比超滤更小，一般为 0.05 ～ 0.5MPa。图 4.2 大致给出了 RO、UF 和 MF 等膜分离法与物质尺寸之间的关系。可以看出，RO 法适用于 1nm 以下小分子的浓缩；UF 法适用于分离或浓缩直径 1 ～ 50nm 的生物大分子（蛋白质、病毒等）；MF 法适用于细胞、细菌和微粒子的分离，目标物质的大小范围为 10nm ～ 10μm。

在超滤和微滤过程中，流体在膜孔道内层流流动。假设孔道为圆柱形，孔径均匀，则透过通量可用根据动量衡算推导的 Hagen-Poiseuille 方程表达

$$J_V = \frac{\varepsilon d_{pore}^2 \Delta p}{32 \mu_L l} \tag{4.18}$$

式中，ε 为膜的孔隙率；d_{pore} 为孔道直径；μ_L 为滤液黏度。

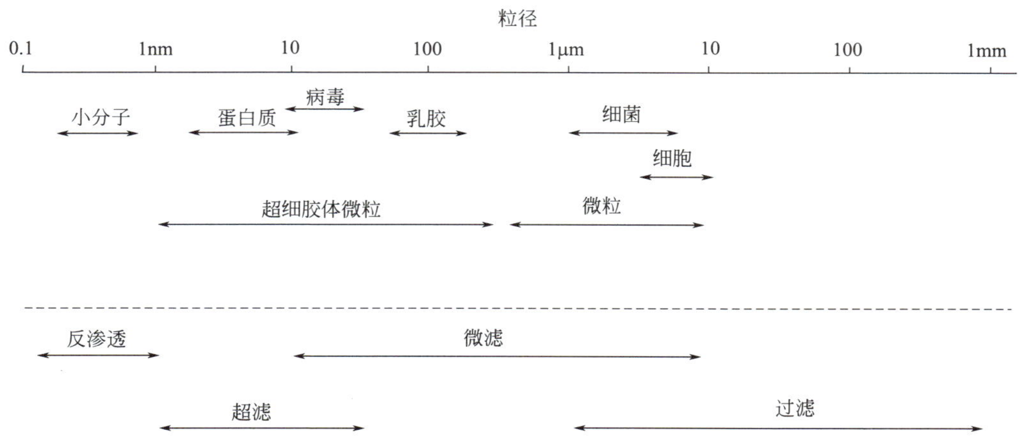

图 4.2 膜分离法与分子大小（颗粒尺寸）的关系

由于膜的孔道结构复杂，孔径不均匀，并且有些孔道还可能是一端封闭的（不能产生透过作用），所以 Hagen-Poiseuille 方程与实际的超滤或微滤过程差距较大。实验证明，针对填充床（packed bed）[利用固体颗粒填充的颗粒层，又称固定床（fixed bed）] 内流体通量与压降关系的 Kozeny-Carman 方程与实际的超滤或微滤过程更接近。适用于膜通量的 Kozeny-Carman 方程为

$$J_V = \frac{\varepsilon^2 \Delta p}{K(1-\varepsilon)^2 S_0^2 \mu_L l} \tag{4.19}$$

式中，K 为与孔道结构有关的无量纲常数；S_0 为孔道比表面积。

从上述两式均可看出，透过通量与压差成正比，与滤液黏度成反比。这是分析超滤和微滤过程速度的基础。

4.1.3 透析

利用具有一定孔径大小、高分子溶质不能透过的亲水膜将含有高分子溶质和其它小分子溶质的溶液与纯水或缓冲液（称为透析液）分隔，由于膜两侧的溶质浓度不同，在浓差的作用下，高分子溶液中的小分子溶质（例如无机盐）透向透析液，透析液中的水则透向高分子溶液，这就是透析。透析操作所用亲水膜称为透析膜。透析过程中透析膜内无流体流动，溶质以扩散的形式移动，即浓度差为传质推动力，透过通量 N 为

$$N = K_0(c_1 - c_2) \tag{4.20}$$

式中，K_0 为包括膜内扩散和膜两侧表面液膜传质阻力在内的总传质系数；c_1 和 c_2 分别为膜两侧的溶质浓度。

透析膜一般为孔径 5 ～ 10nm 的亲水膜，例如纤维素膜、聚丙烯腈膜和聚酰胺膜等。生物化学或生物工程实验室中经常使用的透析袋直径为 5 ～ 80mm，将料液装入透析袋中，封口后浸入到透析液中，一定时间后即可完成透析，必要时需定期更换透析液。处理量较大时，为提高透析速度，常使用比表面积较

大的中空纤维透析装置（详见 4.3 节）。

透析法在临床上常用于肾衰竭患者的血液透析。在生物分离方面，主要用于生物大分子溶液的脱盐。由于透析过程以浓差为传质推动力，膜的透过通量很小，不适于大规模生物分离过程，而在科研实验室中应用较多。

4.1.4 电渗析

电渗析是利用分子的荷电性质和分子大小的差别进行分离的膜分离法，可用于小分子电解质（例如氨基酸、有机酸）的分离和溶液的脱盐。电渗析操作所用的膜材料为离子交换膜（ion-exchange membrane），即在膜表面和孔内共价键合有离子交换基团，如磺酸基（$—SO_3^-$）等酸性阳离子交换基和季铵基（$—N^+R_3$，其中 R 表示甲基或乙基等烷基）等碱性阴离子交换基。键合阳离子交换基的膜称作阳离子交换膜（cation-exchange membrane），键合阴离子交换基的膜称作阴离子交换膜（anion-exchange membrane）。因为离子交换膜静电排斥同种电荷，在电场的作用下，前者选择性透过阳离子，后者选择性透过阴离子。

如图 4.3 所示，阳离子交换膜 C 和阴离子交换膜 A 各两张交错排列，将分离器隔成 5 个小室，两端与膜垂直的方向加电场，即构成电渗析装置。以溶液脱盐为目的时，料液置于脱盐室（1、3、5），另两室（2、4）内放入适当的电解液。在电场的作用下，电解质发生电泳，由于离子交换膜的选择性透过特性，脱盐室的溶液脱盐，而 2、4 室的盐浓度增大。电渗析过程也可连续操作，此时料液连续流过脱盐室（1、3、5），而低浓度电解液连续流过 2、4 室。从脱盐室出口得到脱盐的溶液，从 2、4 室出口得到浓缩的盐溶液。

电渗析在工业上多用于海水和苦水的淡化以及废水处理。作为生物分离技术，电渗析可用于氨基酸和有机酸等生物小分子的分离纯化，在生物反应 - 分离耦合过程的应用研究是电渗析技术发展的方向之一。

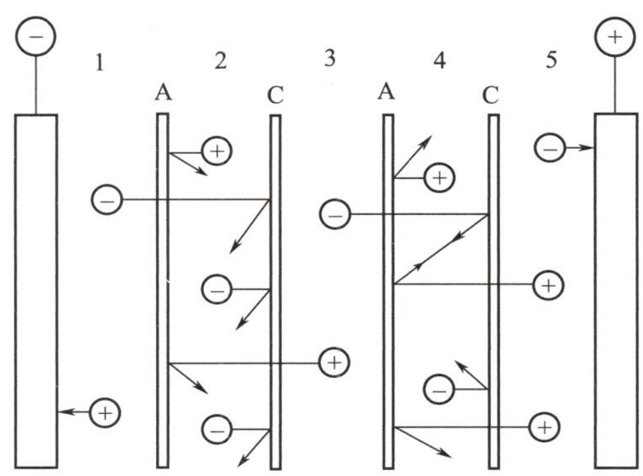

图 4.3 电渗析原理

A—阴离子交换膜；C—阳离子交换膜

4.1.5 渗透汽化

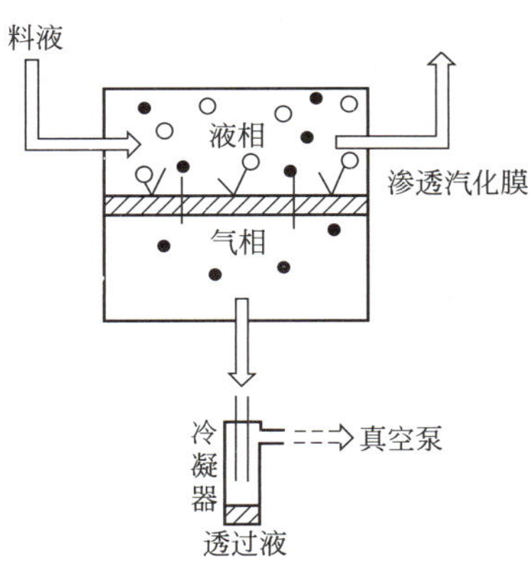

图 4.4 渗透汽化示意图

渗透汽化的原理示于图 4.4。疏水膜的一侧通入料液，另一侧（透过侧）抽真空（图 4.4）或通入惰性气体，使膜两侧产生溶质分压差。在分压差的作用下，料液中的溶质溶于膜内，扩散通过膜，在透过侧发生汽化，汽化的溶质被膜装置外设置的冷凝器冷凝回收。因此，渗透汽化是根据溶质间透过膜的速度不同，使混合物得到分离。膜与溶质的相互作用决定溶质的渗透速度，根据相似相溶的原理，疏水性较大的溶质易溶于疏水膜，因此渗透速度高，在透过一侧得到浓缩。汽化所需的潜热用外部热源供给。

与前述的反渗透相比，渗透汽化过程中溶质发生相变，透过侧溶质以气体状态存在，因此消除了渗透压的作用，从而使渗透汽化在较低的压力下进行，适于高浓度混合物的分离。渗透汽化法利用溶质之间膜透过性的差别，特别适用于共沸物和挥发度相差较小的双组分溶液的分离。例如，利用渗透汽化法浓缩乙醇，由于膜的选择性透过乙醇的特性，可消除共沸现象，得到高浓度乙醇。因此，渗透汽化又称膜蒸馏。

渗透汽化膜主要为多孔聚乙烯膜、聚丙烯膜和含氟多孔膜等。由于膜材料的进步，20 世纪 80 年代以后渗透汽化技术实现了产业化，在乙醇、丁醇等挥发性发酵产物的发酵 - 分离耦合过程的应用开发研究非常活跃。

4.2 膜材料及其特性

4.2.1 膜材料

生物分离过程常用的膜分离技术为超滤、微滤和反渗透。为实现高效率的膜分离操作，对膜材料有如下要求：

（1）起过滤作用的有效膜厚度小，超滤和微滤膜的开孔率高，过滤阻力小。

（2）膜材料为惰性，不吸附溶质（蛋白质、细胞等），从而使膜不易污染，膜孔不易堵塞。

（3）上一项中的“不吸附溶质”的条件很难达到，实际的膜材料对溶质的吸附作用应尽量小或吸附作用较弱，吸附的溶质易于清洗去除，整体上容易通过清洗恢复透过性能。

（4）适用的 pH 值和温度范围广，耐高温灭菌，耐酸碱清洗剂，稳定性好，使用寿命长。

（5）满足实现分离目的的各种要求，如对菌体细胞的截留、对生物大分子的通透性或截留作用等。

商品化膜的种类很多，主要有天然高分子、合成高分子和无机材料。下面简要介绍制造超滤、微滤和反渗透膜的各种膜材料。

4.2.1.1 天然高分子材料

主要是纤维素的衍生物，有醋酸纤维、硝酸纤维和再生纤维素等。其中醋酸纤维膜的截盐能力强，常用作反渗透膜，也可用作微滤膜和超滤膜。醋酸纤维膜使用最高温度和 pH 值范围有限，一般使用温度低于 45 ～ 50℃，pH=3 ～ 8。再生纤维素可制造透析膜和微滤膜。

4.2.1.2 合成高分子材料

商品化膜的大部分为合成高分子膜，种类很多，主要有聚砜、聚丙烯腈、聚酰亚胺、聚酰胺、聚烯类和含氟聚合物等，其中聚砜是最常用的膜材料之一，主要用于制造超滤膜。聚砜膜的特点是耐高温（一般为 70 ～ 80℃，有些可高达 125℃），适用 pH 值范围广（pH=1 ～ 13），耐氯能力强，可调节孔径范围宽（1 ～ 20nm）。但聚砜膜耐压能力较低，一般平板膜的操作压力极限为 0.5 ～ 1.0MPa。聚酰胺膜的耐压能力较强，对温度和 pH 值都有很好的稳定性，使用寿命较长，常用于反渗透。

4.2.1.3 无机材料

主要有陶瓷、微孔玻璃、不锈钢和碳素等。商品化的无机膜主要有孔径 0.1μm 以上的微滤膜和截留分子量 1×10^4 以上的超滤膜，其中以陶瓷材料的微滤膜最为常用。多孔陶瓷膜主要利用氧化铝、硅胶、氧化锆和钛等陶瓷微粒烧结而成，膜厚方向不对称。无机膜的特点是机械强度高，耐高温、耐化学试剂和耐有机溶剂，在生物分离领域具有独特优势。

另一类无机微滤膜为动态膜（dynamic membrane），是将含水金属氧化物（如氧化锆）等胶体微粒或聚丙烯酸沉积在陶瓷管等多孔介质表面形成的膜，其中沉积层起筛分作用。动态膜的特点是透过通量大，通过改变 pH 值容易形成或除去沉积层，因此清洗比较容易，缺点是稳定性较差。

4.2.2　膜的结构

4.2.2.1　孔道结构

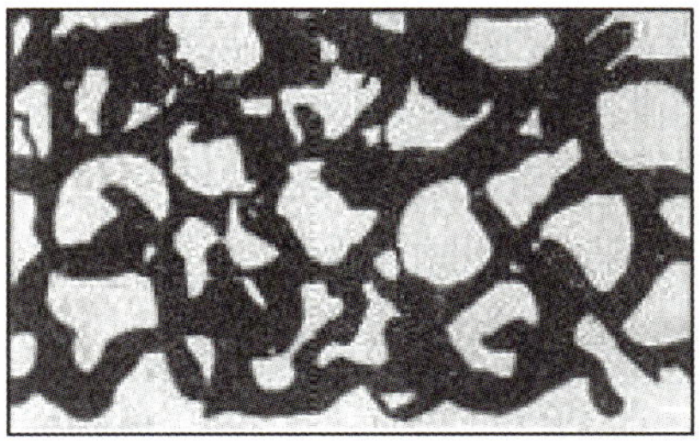

图 4.5　对称膜的弯曲孔道结构示意图

膜的孔道结构因膜材料和制造方法而异。膜的孔道结构对膜的透过通量、耐污染能力等操作性能具有重要影响。早期的膜多为对称膜（symmetric membrane），即膜截面的膜厚方向上孔道结构均匀，如图 4.5 所示。对称膜的传质阻力大，透过通量低，并且容易污染，清洗困难。20 世纪 60 年代开发的不对称膜（asymmetric membrane）解决了上述对称膜的弊端，推动了膜分离技术的发展。如图 4.6 所示，不对称膜主要由起膜分离作用的表面活性层（0.2 ～ 0.5 μm）和起支撑强化作用的惰性层（50 ～ 100 μm）构成。惰性层孔径很大，对流体透过无阻力。由于不对称膜起膜分离作用的表面活性层很薄，孔径微细，因此透过通量大、膜孔不易堵塞、容易清洗。目前的超滤和反渗透膜多为不对称膜。

图 4.6（a）所示的不对称膜为指状结构，多用于超滤膜，而反渗透膜的结构多为海绵状，如图 4.6（b）所示。高分子微滤膜以对称膜为主，即示于图 4.5 的弯曲孔道膜。新型无机陶瓷微滤膜多为不对称膜。另一种微滤膜是采用电子技术制造的核孔微滤膜（nuclepore membrane），孔形规整、孔道直通并呈圆柱形结构，孔径分布范围小，在透过通量、分离性能及耐污染方面均优于弯曲孔道型微滤膜，但造价较高。

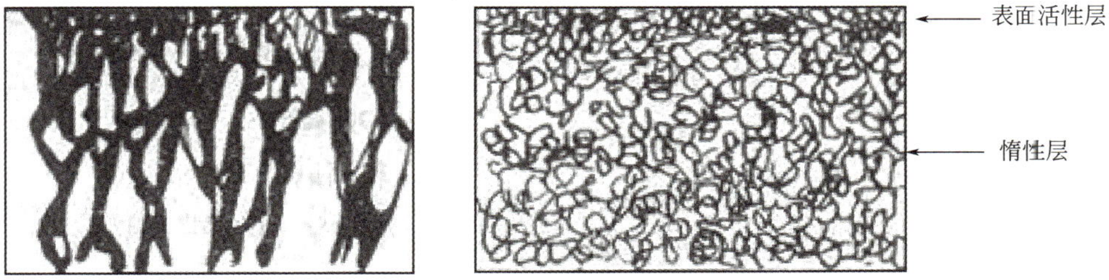

(a) 指状结构　　(b) 海绵状结构

图 4.6　不对称膜的截面结构示意图

4.2.2.2　孔道特性

膜的孔道特性包括孔径、孔径分布和孔隙率。超滤和微滤膜的孔径、孔径分布和孔隙率可通过电子显微镜直接观察测定。此外，微滤膜的最大孔径还可通过泡点法（bubble point method）测量，即在膜表面覆盖一层水，用水湿润膜孔，从下面通入空气，当压力升高到有稳定气泡冒出时称为泡点，此时的压力称为泡点压力。基于空气压力克服表面张力将水从膜孔毛细管中推出的动量平衡，可得到计算最大孔径的公式

$$d_{max}=\frac{4\sigma\cos\theta}{p_b} \tag{4.21}$$

式中，d_{max} 为最大孔径；σ为水的表面张力；θ为水与膜面的接触角度；p_b 为泡点压力。

因为亲水膜可被水完全润湿，故亲水膜的 $\theta\approx 0$，$\cos\theta\approx 1$，所以

$$d_{max}=\frac{4\sigma}{p_b} \tag{4.21a}$$

除核孔微滤膜的孔径比较均一外，其它膜的孔径均有较大的分布范围。

4.2.3 水通量

膜的另一特性是其纯水的透过通量，通称水通量。水通量是在一定的条件下（一般压力为 0.1MPa，温度为 20℃）通过测量透过一定量纯水所需的时间测定的。表 4.2 和表 4.3 分别列出了部分超滤膜和微滤膜的水通量。可以看出水通量随着膜的截留分子量（UF 膜，表 4.2）或膜孔径（MF 膜，表 4.3）的增大而增大。同时，膜材料的种类对水通量的影响显著，不同厂商生产的膜之间水通量的差别也很大。

表 4.2 部分超滤膜的水通量（压力 =0.1MPa）

截留分子量	制造商	膜型号	膜材料	水通量 /[$m^3/(m^2\cdot h)$]
3	Amicon	P3	PS	0.018
8	D.D.S.	CA800PP	CA	0.014
10	Amicon	Ioplate	C	0.034
10	Amicon	Ioplate	PS	0.136
10	Daicel	DUY-H	PAN	0.035
20	Daicel	DUY-M	PAN	0.070
20	NITTO	NTU-2120	PO	0.037
20	NITTO	NTU-3250	PS	0.025
50	D.D.S.	GR51PP	PS	0.062
100	Amicon	Y100	C	0.097
100	Amicon	Ioplate KSLP100	PS	0.062
200	Amicon	Ioplate KSLP200	PS	0.085
500	D.D.S.	GR10PP	PS	0.10

注：PS—聚砜；CA—醋酸纤维；C—纤维素；PAN—聚丙烯腈；PO—聚烯烃。

表 4.3 部分微滤膜的水通量（压力 =0.1MPa）

膜孔径 /μm	膜材料	水通量 /[$m^3/(m^2\cdot h)$]	膜孔径 /μm	膜材料	水通量 /[$m^3/(m^2\cdot h)$]
0.01	CER	0.056	1.0	CER.Al_2O_3	3 ～ 10
0.02	CER	0.080	1.0	PTFE	4 ～ 200
0.05	PE	0.80	3.0	PES	1 ～ 3
0.05	PTFE	2.4	3.0	PTFE	200 ～ 450
0.1	PO	1.2	5.0	PP	80 ～ 200
0.1	PTFE	3 ～ 6	5.0	PTFE	130 ～ 1070
0.2	PTFE	4 ～ 20	10.0	PP	80 ～ 1200
0.2	CA	7 ～ 14	10.0	PTFE	200 ～ 400
0.45	PTFE	10 ～ 60	30.0	PP	250 ～ 700

注：CER—陶瓷；PE—聚乙烯；PES—聚酯；PTFE—聚四氟乙烯；CER.Al_2O_3—氧化铝陶瓷；PP—聚丙烯。

由于纯水并非实际分离物系，因此水通量不能用来衡量和预测实际料液的透过通量。在实际膜分离操作中，由于溶质的吸附、膜孔的堵塞以及后述的浓度极化或凝胶极化现象的产生，都会造成对透过的附加阻力，使透过通量大幅度降低。一般来讲，在菌体或蛋白质的膜分离浓缩过程中，随着操作的进行，透过通量急剧下降，根据操作条件和料液性质不同，5 ～ 20min 即降至最低点。许多实验研究证明，膜孔径越大，透过通量下降速度越快，大孔径微滤膜的稳定通量比小孔径膜小，有时甚至微滤膜的稳定通量比超滤膜还要小。这主要是由于溶质微粒容易进入到孔径较大的膜孔中堵塞膜孔造成的。如图 4.7 所示[1]，在伴随反洗的酵母悬浮液错流过滤过程中，存在透过通量最大的微滤膜孔径。在细菌悬浮液的错流过滤过程亦有类似现象，最佳膜孔径与菌体大小有关。因此，用膜分离法处理含菌体细胞或悬浮微粒的料液时，要根据料液性质选择膜孔径适当、不易堵塞、对溶质吸附作用小的亲水膜，这样不仅可提高分离速度，还可以提高分离质量和目标产物的回收率。

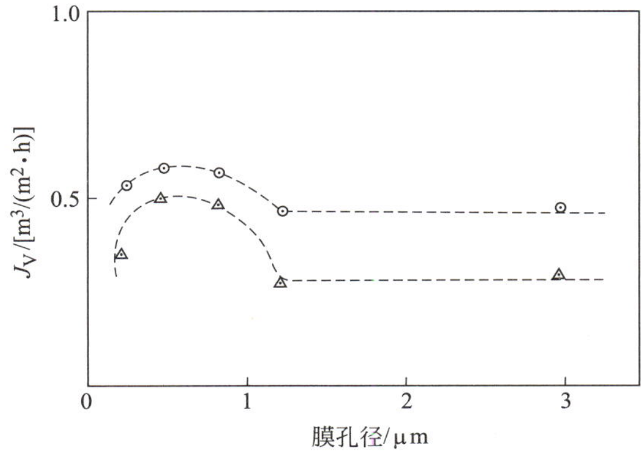

图 4.7　伴随反洗的酵母悬浮液错流过滤过程中透过通量与膜孔径的关系

Δp=0.05MPa，酵母质量浓度（干重）=8.5mg/mL，流量 =200mL/min

○—pH=3.0；△—pH=6.0

4.3　膜组件

由膜、固定膜的支撑体、间隔物（spacer）以及收纳这些部件的容器构成的一个单元（unit）称为膜组件（membrane module）或膜装置。膜组件的结构根据膜的形式而异，市售商品膜组件主要有管式、平板式、螺旋卷式和中空纤维（毛细管）式等四种，其中管式和中空纤维式膜组件根据操作方式不同，又分为内压式和外压式。图 4.8 为主要膜组件的结构示意图[1]。

4.3.1　管式膜组件

管式膜组件是将膜固定在内径 10 ～ 25mm、长约 3m 的圆管状多孔支撑体上构成的。10 ～ 20 根管式膜并联［图 4.8（a)］，或用管线串联，收纳在筒状容器内即构成管式膜组件。管式膜组件的内径较大，结构简单，适合于处理悬浮物含量较高的料液，分离操作完成后的清洗比较容易。但是管式膜组件单位体积的过滤表面积（即比表面积）在各种膜组件中最小，这是它的主要缺点。

4.3.2　平板式膜组件

平板式膜组件与板式换热器或加压叶滤机相似，由多枚圆形或长方形平板膜以 1mm 左右的间隔重叠加工而成，膜间衬设多孔薄膜，供料液或滤液流动［图 4.8（b)］。平板式膜组件比管式膜组件的比表面积大得多。在实验室中，经常使用将一张平板膜固定在容器底部的搅拌槽式过滤器。

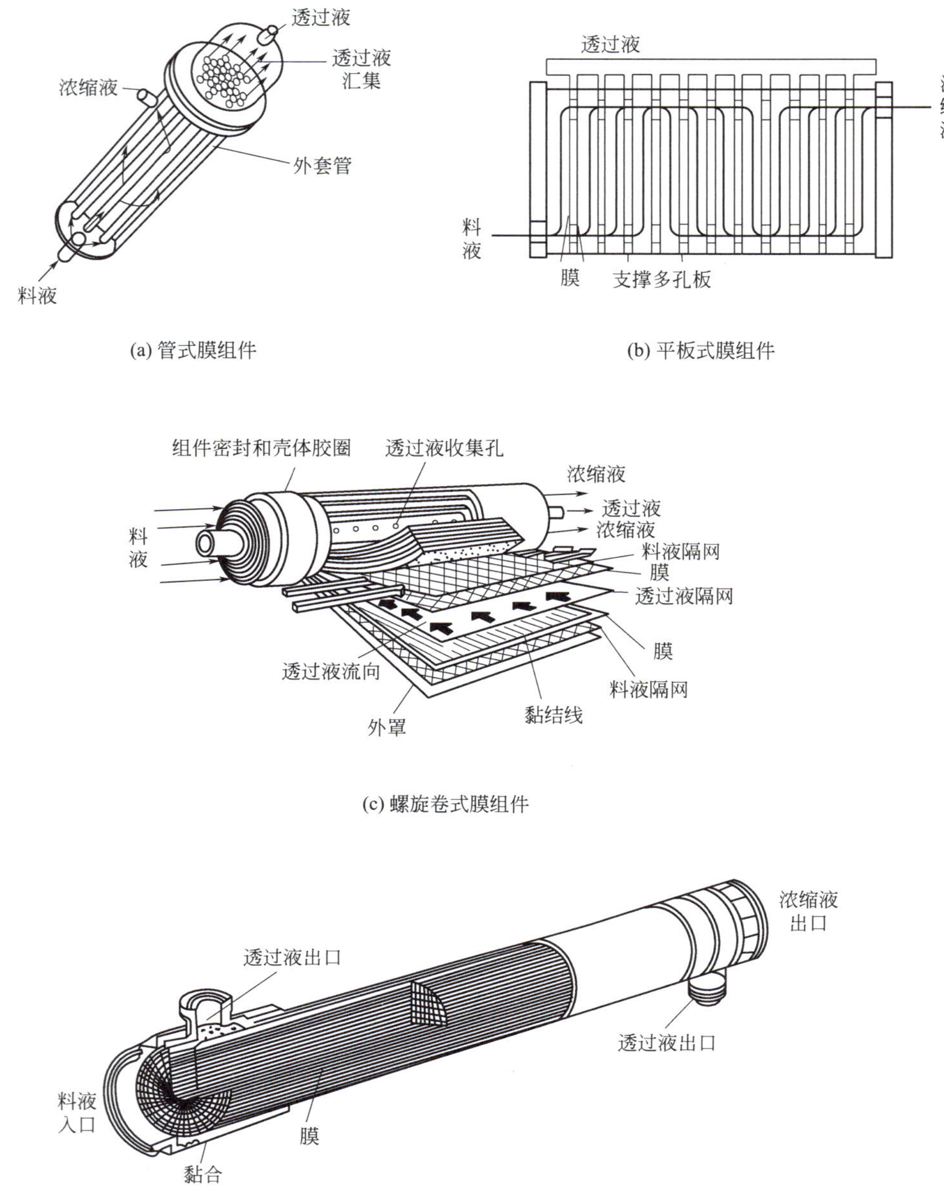

(a) 管式膜组件

(b) 平板式膜组件

(c) 螺旋卷式膜组件

(d) 中空纤维(毛细管)式膜组件

图 4.8 各种膜组件的结构示意图

4.3.3 螺旋卷式膜组件

螺旋卷式膜组件如图 4.8（c）所示。将两张平板膜固定在多孔性滤液隔网上（隔网为滤液流路），两端密封。两张膜的上下分别衬设一张料液隔网（为料液流路），卷绕在空心管上，空心管用于滤液的回收。

螺旋卷式膜组件的比表面积大，结构简单，价格较便宜。但缺点是处理悬浮物浓度较高的料液时容易发生堵塞现象。

4.3.4　中空纤维（毛细管）式膜组件

中空纤维（毛细管）式膜组件由数百至数百万根中空纤维膜固定在圆筒形容器内构成［图 4.8（d）］。严格地讲，内径为 40 ～ 80 μm 的膜称中空纤维膜，而内径为 0.25 ～ 2.5mm 的膜称毛细管膜。由于两种膜组件的结构基本相同，故一般将这两种膜装置统称为中空纤维式膜组件。毛细管膜的耐压能力在 1.0MPa 以下，主要用于超滤和微滤；中空纤维膜的耐压能力较强，常用于反渗透。中空纤维式膜组件由许多极细的中空纤维构成，采用外压式操作（料液走壳方）时，流体流动容易形成沟流效应（channeling），凝胶吸附层的控制比较困难；采用内压式操作（料液走腔内）时，为防止堵塞，需对料液进行预处理，除去其中的固形微粒。

表 4.4 总结了各种膜组件的特性和应用范围 [2]。

表 4.4　各种膜组件的特性和应用范围

膜组件	比表面积 /（m^2/m^3）	设备费	操作费	膜面吸附层的控制	应 用
管式	20 ～ 30	极高	高	很容易	UF，MF
平板式	400 ～ 600	高	低	容易	UF，MF，PV
螺旋卷式	800 ～ 1000	低	低	难	RO，UF，MF
毛细管式	600 ～ 1200	低	低	容易	UF，MF，PV
中空纤维式	1000 ～ 20000	很低	低	很难	RO，DS

4.4　操作特性

4.4.1　浓度极化模型

反渗透、超滤和微滤操作各具特点，影响透过通量的因素很多。但这三种膜分离操作的透过通量基本上均可用浓度极化模型或凝胶极化模型描述。浓度（凝胶）极化模型的要点是：在膜分离操作中，所有溶质均被透过液传送到膜表面上，不能完全透过膜的溶质受到膜的截留作用，在膜表面附近浓度升高，如图 4.9 所示。这种在膜表面附近浓度高于主体浓度的现象称为浓度极化或浓差极化（concentration polarization）。膜表面附近浓度升高，增大了膜两侧的渗透压差，使有效压差减小，透过通量降低。当膜表面附近的浓度超过溶质的溶解度时，溶质会析出，形成凝胶层。当分离含有菌体、细胞或其他固形成分的料液时，也会在膜表面形成凝胶层。这种现象称为凝胶极化（gel polarization）。凝胶层的形成对透过产生附加的传质阻力，因此透过通量一般表示为

$$J_V = \frac{\Delta p - \Delta\pi}{\mu_L(R_m + R_g)} \tag{4.22}$$

式中，R_m 和 R_g 分别为膜和凝胶层的阻力。

若凝胶层仅由高分子物质或固形成分构成，式（4.22）中的浸透压差 $\Delta\pi$ 可忽略不计，因此

$$J_V = \frac{\Delta p}{\mu_L(R_m + R_g)} \tag{4.23}$$

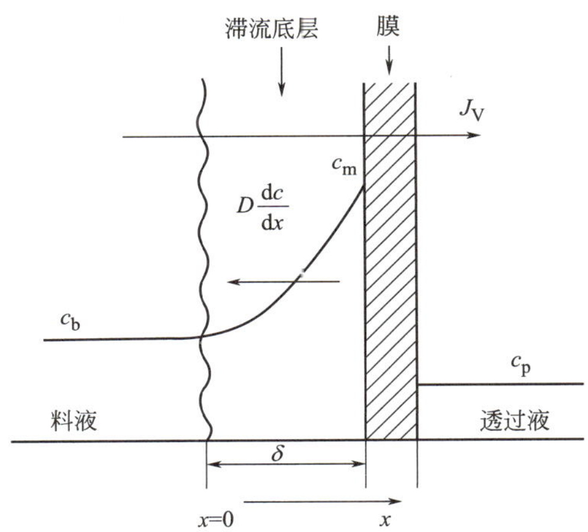

图 4.9　浓变极化模型

下面讨论图4.9所示的浓度极化模型。在稳态操作条件下，溶质的透过质量通量与层流底层内向膜面传送溶质的通量和向主体溶液反扩散通量之间达到物料平衡，即

$$J_V c_p = J_V c - D\frac{dc}{dx} \tag{4.24}$$

边界条件为

$$c = c_b,\ x = 0 \tag{4.24a}$$

$$c = c_m,\ x = \delta \tag{4.24b}$$

利用上述边界条件积分式（4.24），可得下式

$$J_V = k\ln\left(\frac{c_m - c_p}{c_b - c_p}\right) \tag{4.25}$$

式中，D 为溶质的扩散系数，m^2/s； δ 为虚拟层流底层厚度，m；c_m 为膜表面浓度，mol/L；c_b 为主体料液浓度，mol/L；c_p 为透过液浓度，mol/L；k 为传质系数，m/s。

$$k = \frac{D}{\delta} \tag{4.26}$$

式（4.25）是生物分子透过通量的浓度极化模型方程。当压力很高时，溶质在膜表面形成凝胶极化层，此时式（4.25）变为

$$J_V = k\ln\left(\frac{c_g - c_p}{c_b - c_p}\right) \tag{4.27}$$

式中，c_g 为凝胶层浓度。

形成凝胶层时，溶质的透过阻力极大，透过液浓度 c_p 很小，可忽略不计，故式（4.27）可改写成

$$J_V = k\ln\frac{c_g}{c_b} \tag{4.28}$$

式（4.28）是菌体悬浮液和高压条件下生物大分子透过通量的凝胶极化模型方程。

4.4.2 超滤膜的分子截留作用

在表4.3和表4.2中，微滤膜用膜的平均孔径标志膜的型号，而超滤膜则用截留分子量标志膜的型号。在介绍截留分子量之前，应首先了解截留率的概念。

截留率（rejection coefficient）表示膜对溶质的截留能力，可用小数或百分数表示。在实际膜分离过程中，由于存在浓度极化现象，真实截留率为

$$R_0 = 1 - \frac{c_p}{c_m} \tag{4.29}$$

由于膜表面的极化浓度 c_m 不易测定，通常只能测定料液的体相浓度（bulk concentration），因此常用表观截留率 R，其定义为

$$R = 1 - \frac{c_p}{c_b} \tag{4.30}$$

显然，如果不存在浓度极化现象，$R \equiv R_0$。如果 R=1，则 c_p=0，即溶质完全被截留，不能透过膜；如果 R=0，则 c_p=c_b，即溶质可自由透过膜，不被膜截留。

平板膜的截留率可用间歇搅拌池型超滤器测量。操作在较低压力和适当的搅拌速度下进行，避免发

生浓度极化。通过测定超滤前后保留液浓度和体积可计算截留率为

$$R=\frac{\ln(c/c_0)}{\ln(V_0/V)} \tag{4.31}$$

式中，c_0 和 c 分别为溶质的初始浓度和超滤后的浓度；V_0 和 V 分别为料液的初始体积和超滤后的体积。

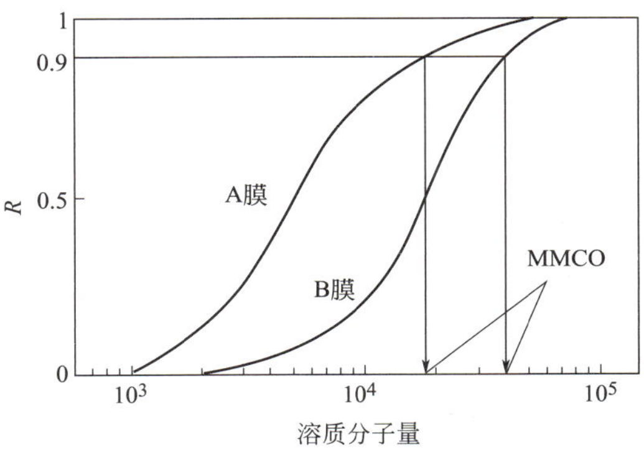

图 4.10 截留率与截留分子量

通过测定分子量不同的球形蛋白质或水溶性聚合物的截留率，可获得膜的截留率与溶质分子量之间关系的曲线，即截留曲线，如图 4.10 所示。一般将在截留曲线上截留率为 0.90（90%）的溶质的分子量定义为膜的截留分子量（molecular mass cut-off，MMCO）。

在理想的情况下，超滤膜的截留曲线应为通过横坐标 MMCO 的一条垂直线，分子量小于 MMCO 的溶质截留率为 0，大于 MMCO 的溶质截留率为 1。但实际上，膜孔径均有一定的分布范围，孔径分布范围较小则截留曲线较陡直，反之则斜坦。生产膜的厂商不同，截留率曲线的敏锐程度不同。因此，不同厂商生产的两种 MMCO 相同的膜，对同一溶质的截留率也不会相同。此外，同一厂商生产的不同批号的膜，对同一溶质的截留情况也可能不一样。所以，MMCO 相同的超滤膜可能表现完全不同的截留曲线。因此，MMCO 只是表征膜特性的一个参数，不能作为选择膜的唯一标准。膜的优劣应从多方面（如孔径分布、透过通量、耐污染能力等）加以分析和判断。

实际膜分离过程中影响截留率（表观截留率）的因素很多，除分子量外，主要有如下几个方面：

（1）分子特性：分子量相同时，呈线状的分子截留率较低，有支链的分子截留率较高，球形分子的截留率最大。对于荷电膜，具有与膜相反电荷的分子截留率较低，反之则较高。若膜对溶质具有吸附作用时，溶质的截留率增大。

（2）其它高分子溶质的影响：当两种以上的高分子溶质共存时，其中某一溶质的截留率要高于其单独存在的情况。这主要是由于浓度极化现象使膜表面的浓度高于主体浓度。

（3）操作条件：温度升高，黏度下降，则截留率降低。膜表面流速增大，则浓度极化现象减轻，截留率减小。此外，当料液的 pH 值等于其中含有的蛋白质的等电点时，由于蛋白质的净电荷数为零，蛋白质间的静电斥力最小，使该蛋白质在膜表面形成的凝胶极化层浓度最大，即透过阻力最大。此时，溶质的截留率高于其它 pH 值下的截留率。

4.5 影响膜分离速度的主要因素

4.5.1 操作形式

传统的过滤操作主要用滤布为过滤介质，采用终端过滤（dead-end filtration）形式（图 2.5）回收或除去悬浮物，料液流向与膜面垂直，膜表面的滤饼阻力大，透过通量很低。由于新型膜材料和膜组件的研究开发，目前的超滤和微滤操作主要采用图 4.11 所示的错流过滤（cross-flow filtration，CFF）形式。

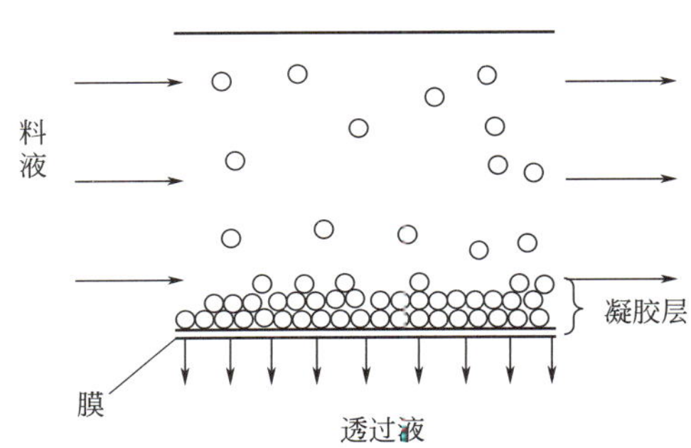

图 4.11 错流过滤示意图

第4章

错流过滤又称切向流过滤（tangential-flow filtration）。错流过滤操作中，料液的流动方向与膜面平行，流动的剪切作用可大大减轻浓度极化现象或凝胶层厚度，使透过通量维持在较高水平。

4.5.2 流速

流速对透过通量的影响反映在式（4.25）或式（4.28）中的传质系数上。已有许多经验关联式描述传质系数与流速的关系。对于圆形管路，可用下式计算传质系数。

层流（Re<1800）

$$Sh=\frac{\bar{k}d}{D}=1.62\left(Re\times Sc\times\frac{d}{L}\right)^{1/3} \tag{4.32}$$

湍流（Re>4000）

$$Sh=\frac{\bar{k}d}{D}=0.023Re^{7/8}\times Sc^{1/4} \tag{4.33}$$

式中，L 为膜管长度，m；D 为溶质的扩散系数，m²/s；d 为膜管径，m；$\bar{k}$ 为从入口到管长为 L 处的平均传质系数，m/s；Re 为 Reynolds 数，$Re=du\rho_L/\mu_L$；Sc 为 Schmidt 数，$Sc=\mu_L/(\rho_L D)$；Sh 为 Sherwood 数；u 为流速，m/s；μ_L 为料液黏度，Pa·s；ρ_L 为料液密度，kg/m³。

可以看出，传质系数随流速的增大而提高。因此，流速增大，透过通量亦增大。对于蛋白质溶液以及分子量小于蛋白质的物质的溶液，利用式（4.32）或式（4.33）计算 k 值，并用式（4.25）推算的 J_V 值基本上与实际测量值相符。但对于菌体或胶体粒子的悬浮液，用式（4.32）或式（4.33）得到的 k 值推算出的 J_V 值比实际测量值低，并且流速对 J_V 的实际影响程度更高。例如，在湍流状态下，J_V 与流速的 1.3 ～ 1.65 次方成正比，是理论值［7/8，见式（4.33）］的近 2 倍[3]。如图 4.12 所示[1]，菌体悬浮液的 J_V 实测值不仅比理论值高得多，而且 J_V 与流速的关系因菌体种类而异。一般认为，J_V 的实测值高于利用式（4.28）计算的理论值是由于在膜面流体的平行流动，使凝胶层剥离和流动，从而实际的凝胶层比凝胶极化模型的计算值小。另外，不同菌体的物理性质（如形状、大小、硬度和填充状态等）和生物性质（如是否分泌黏性物质、细胞膜和壁的结构及构成成分、可否自溶以及菌体的运动性等）不同，形成的凝胶层的性状也不一样。因此，在相同的流速（剪切作用）下，菌体凝胶层被剥离的难易程度不同，使实际的 J_V 对流速的依赖程度［式（4.32）或式（4.33）中流速的指数］各异。

4.5.3 压力

图 4.13 为 J_V 与压力 Δp 的关系。当压力较小时，膜面上尚未形成浓度极化层，J_V 与 Δp 成正比，此时，J_V 与 Δp 的关系符合式（4.22）(其中 R_g=0)；当 Δp 逐渐增大时，膜表面出现浓度极化现象，J_V 的增长速率减慢，此时 J_V 可用式（4.25）表达；当 Δp 继续增大，出现凝胶层时，由于凝胶层厚度随压力增大而增大，所以 J_V 不再随 Δp 增大，此时的 J_V 为此流速下的极限值（J_{lim}），用式（4.28）表示。另外，J_{lim} 随料液浓度增大而降低，随流速（搅拌速度）提高而增大。

4.5.4 料液浓度

从式（4.25）可知，J_V 与 $-\ln(c_b-c_p)$ 呈线性关系，随 c_b 的增大而减小。当 c_b 与凝胶层浓度 c_g 相等时，J_V=0。因此，利用式（4.28）和稳态操作条件下 J_V 与 c_b 的关系数据，可推算溶质形成凝胶层的浓度 c_g 值。

当料液中含有多种蛋白质时，由于与单组分时相比，总蛋白质浓度升高，因此透过通量下降。从另一个角度来看，由于其他蛋白质的共存使蛋白质的截留率上升，而代入 $\phi = c_p / c_m$ 和式（4.30）后，式（4.25）可改写为

$$J_V = k\ln\left[\left(\frac{1-\phi}{\phi}\right)\left(\frac{1-R}{R}\right)\right] \tag{4.34}$$

因此，截留率上升，透过通量下降，J_V 与 $\ln[(1-R)/R]$ 呈线性关系。

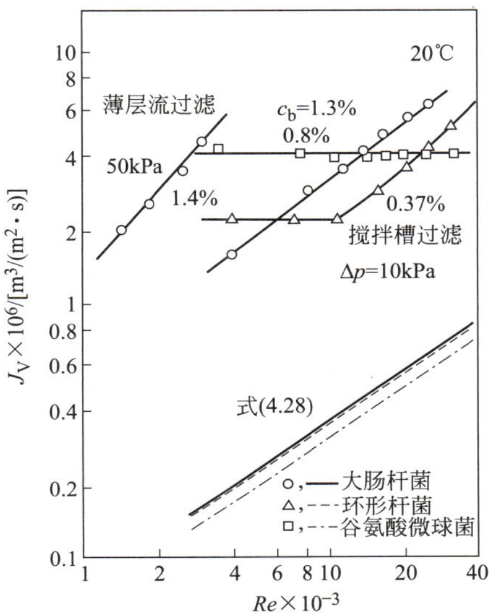

图 4.12　不同菌体的透过通量与流速（Re）的关系

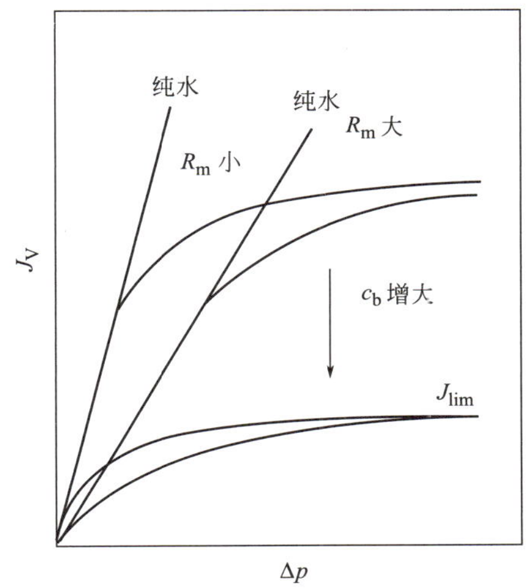

图 4.13　透过通量与Δp的关系

4.6　膜分离过程

4.6.1　分离操作

4.6.1.1　浓缩

以菌体或蛋白质浓缩为目的的膜分离一般分图 4.14 所示的三种操作方式，即开路循环、闭路循环和连续循环操作。

（1）开路循环　循环泵 R 关闭，全部溶液用给料泵 F 送回料液槽，只有透过液排出系统。设目标产物的截留率为 R，料液槽内目标产物的物料衡算式为

$$-\frac{d(Vc)}{dt} = Qc(1-R) \tag{4.35}$$

$$V = V_0,\ c = c_0,\quad t = 0 \tag{4.35a}$$

式中，V、c 和 Q 分别为料液体积、浓度和透过液流量。

因为

$$-dV = Qdt \tag{4.36}$$

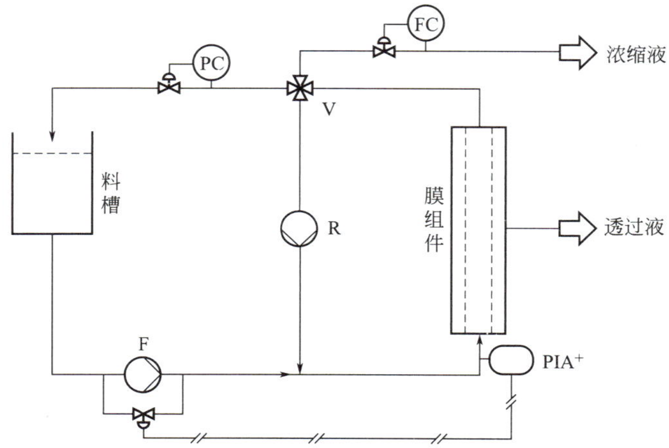

图 4.14 浓缩操作示意图

F—给料泵；R—循环泵；V—四通阀

1. 开路循环操作：V（▲），R 关闭

2. 闭路循环操作：V（▲），R 开启

3. 连续循环操作：V（▲），R 开启

（四通阀 V 中涂黑处封闭）

将式（4.36）代入式（4.35）后积分，得到料液浓度随体积变化的方程

$$c = c_0 \left(\frac{V_0}{V} \right)^R \tag{4.37}$$

产物浓缩倍数 CF 和收率 REC 分别为

$$\mathrm{CF} = \left(\frac{V_0}{V} \right)^R \tag{4.38}$$

$$\mathrm{REC} = \left(\frac{V_0}{V} \right)^{R-1} \tag{4.39}$$

可见，膜的截留率越大，产物收率和浓缩倍数越高。

开路循环操作中，循环液中溶质浓度不断上升，若流量和压差不变，透过通量将随操作时间不断降低。根据凝胶极化模型方程式（4.28），透过液流量可用下式表示

$$Q = q \ln \frac{c_g}{c} \tag{4.40}$$

式中，q 为式（4.28）中的传质系数 k 与膜过滤面积的乘积，m^3/s。

将式（4.36）和式（4.40）代入式（4.35）后积分，可得料液浓度与时间的关系，计算达到浓缩目标 c 所需的时间为

$$t = \frac{V_0}{Rq} \int_{c_0}^{c} \frac{(c_0 / c)^{1/R}}{c \ln(c_g / c)} \mathrm{d}c \tag{4.41}$$

（2）闭路循环　浓缩液（未透过的部分）不返回到料液罐，而是利用循环泵 R 送回膜组件中，形成料液在膜组件中的闭路循环。闭路循环操作中，循环液中目标产物浓度的增加比开路循环操作快，故透过通量小于开路循环。其优点是膜组件内的流速可不依靠料液泵的供应速度进行独立的优化设计。

（3）连续循环　连续循环操作是在闭路循环操作的基础上，将浓缩液不断排出系统的操作方式。连续循环操作容易实现自动化，节省人力。但从透过通量的角度考虑，连续操作在三种浓缩操作方式中效

率最低，即通过膜组件的溶质浓度一直保持在最高水平（为浓缩产品浓度），透过通量最小。因此，连续操作方式相当于连续全混反应器（continuous stirred tank reactor，CSTR）。为了改善透过通量，可利用多级串联操作。如图 4.15 所示，将多个膜组件串联，上一级膜组件的浓缩液进入下一级膜组件继续浓缩，最后一级膜组件的浓缩液达到所需的浓缩水平。由于进入每一级膜组件的浓缩液浓度逐渐升高，从而使操作过程的平均透过通量高于单级过程的透过通量。

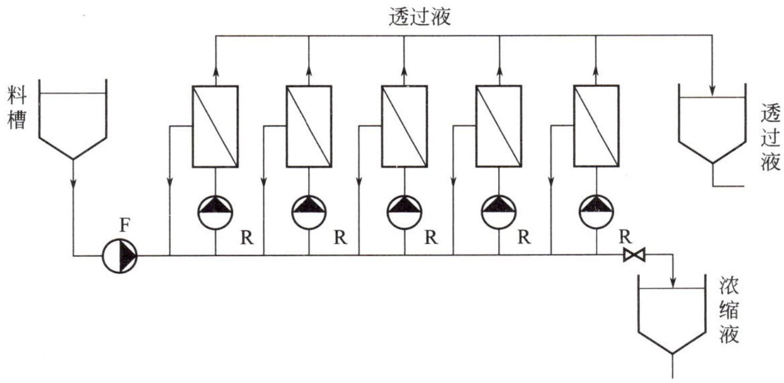

图 4.15　多级串联连续操作

4.6.1.2　洗滤

洗滤（diafiltration）又称透析过滤或简称透滤。以除去菌体或高分子溶液中的小分子溶质为目的时，需采用洗滤操作。

图 4.16 为间歇洗滤操作示意图。洗滤过程中向原料罐连续加入水或缓冲液，若保持料液量和透过通量不变，则目标产物和小分子溶质的物料衡算式为

$$-V\frac{\mathrm{d}c}{\mathrm{d}t}=Qc(1-R) \tag{4.42}$$

$$-V\frac{\mathrm{d}s}{\mathrm{d}t}=Qs(1-R_\mathrm{s}) \tag{4.43}$$

积分上式两式得

$$c=c_0\exp\left[-(1-R)\frac{V_\mathrm{D}}{V}\right] \tag{4.44}$$

$$\frac{V_\mathrm{D}}{V}=\frac{1}{1-R_\mathrm{s}}\ln\left(\frac{s_0}{s}\right) \tag{4.45}$$

式中，s_0 为小分子溶质的初始浓度；V 为料液体积；s 为洗滤后的小分子溶质浓度；V_D 为流加的水或缓冲液的体积（= 透过液体积）；R_s 为小分子溶质的截留率。

从式（4.45）可知，料液体积 V 越小，所需洗滤液体积 V_D 越小。因此，洗滤前首先浓缩稀料液，可减少洗滤液用量。但浓缩后，目标产物浓度增大，透过通量下降。所以，存在最佳料液浓度，使洗滤时间最短。设目标产物的截留率 R=1，小分子溶质的截留率 R_s=0，浓缩后料液体积为 V，洗滤过程中其浓度和透过液流量不变［式（4.40）］，目标产物浓度和洗滤时间分别为

$$c=c_0\frac{V_0}{V} \tag{4.46}$$

$$t = \frac{V}{Q}\ln\frac{s_0}{s} \tag{4.47}$$

将式（4.40）和式（4.46）中的 Q 和 V 代入式（4.47）后，取 $dt/dc=0$，可得浓缩液浓度为

$$c^* = \frac{c_g}{e} \tag{4.48}$$

时洗滤操作所需时间最短，其中 e 为自然常数。

若料液量较小，采用图 4.16 所示的间歇洗滤（也可采用闭路循环操作）较为适宜。若处理量较大，可采用多级串联的连续洗滤操作。如图 4.17 所示，开始的数级将料液浓缩到一定程度，减少处理量；然后进行洗滤，除去残留的小分子溶质；最后浓缩至所需浓度。

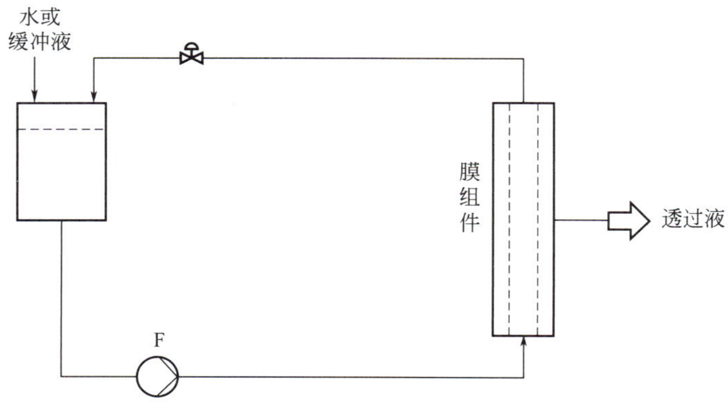

图 4.16 间歇洗滤操作

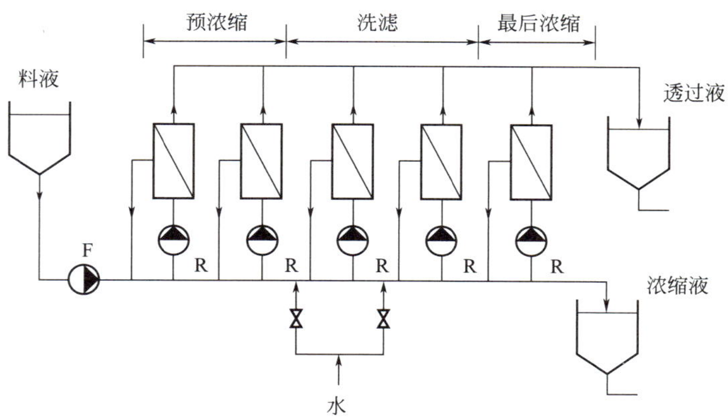

图 4.17 多级连续洗滤操作

4.6.2 错流过滤过程的流体力学

上述的各种膜分离操作主要采用错流过滤，原料液的流动使膜组件内存在压力分布，入口压力 p_i 高于出口压力 p_o。膜装置内的压降与流体流速有关，根据 Poiseuille 方程［见式（4.18）］，层流条件下的压降为

$$p_i - p_o = \frac{K_1 \mu_L L u}{d^2} \tag{4.49}$$

而湍流条件下

$$p_i - p_o = \frac{K_2 f \mu_L L u^2}{d} \tag{4.50}$$

式中，d 为膜表面流层的高度；L 为膜长度；K_1 和 K_2 是与流道形状有关的无量纲系数；f 为与雷诺数有关的无量纲系数[4]。

设透过液一侧的表压为零，则平均透膜压差为

$$\Delta p = \frac{p_i + p_o}{2} \tag{4.51}$$

或

$$\Delta p = p_i - \frac{p_i - p_o}{2} \tag{4.52}$$

上式说明，当入口压力不变时，压降影响透膜压差：压降越小，透膜压差越大，对提高透过通量有利。但是，由式（4.49）和式（4.50）可知，压降越小，意味着流速越低，根据浓度（凝胶）极化模型方程式（4.25）和式（4.28），透过通量下降。事实上，各种膜组件均有其耐压范围，即能承受的最大压力（入口压力）有限。所以，若入口压力不变（= 耐压极限），存在最佳循环流速（或膜内压降），使透过通量最大，如表 4.5 所示[5]。

表 4.5　透过液流量与压降和循环流量的关系

p_i/MPa	p_o/MPa	p_i-p_o/MPa	Δp/MPa	循环流量 /(L/min)	透过液流量 /(L/min)
0.18	0	0.18	0.09	50	2.3
0.18	0.036	0.144	0.108	40	2.8
0.18	0.072	0.108	0.126	30	2.9
0.18	0.108	0.072	0.144	20	2.4
0.18	0.144	0.036	0.162	10	1.7

因此，错流过滤操作的透膜压差或循环流速并非越大越有利于提高透过通量，由于二者相互关联，应根据膜装置的性能，选择合适的循环流速，产生适当的透膜压差。

4.7　膜的污染与清洗

膜分离过程中遇到的最大问题是膜污染（membrane fouling），膜污染的主要原因来自以下几个方面：

（1）凝胶极化引起的凝胶层，阻力为 R_g。

（2）溶质在膜表面的吸附层，阻力为 R_{as}。

（3）膜孔堵塞，阻力为 R_p。

（4）膜孔内的溶质吸附，阻力为 R_{ap}。

因此，透过通量方程式（4.22）应改写为

$$J_V = \frac{\Delta p - \Delta \pi}{\mu_L R_t} \tag{4.53}$$

$$R_t = R_g + R_{as} + R_p + R_{ap} \tag{4.54}$$

膜材料的表面性质、膜孔道尺寸和分布以及料液组成对膜污染的形成和发展具有重要影响，针对不

同膜分离过程，研究者提出了多种膜污染模型，用于量化膜污染过程和膜通量的演化[6]。

膜污染不仅造成透过通量的大幅度下降，而且影响目标产物的回收率。为保证膜分离操作高效稳定地进行，必须对膜进行定期清洗，除去膜表面及膜孔内的污染物，恢复膜的透过性能。

膜的清洗一般选择水、盐溶液、稀酸、稀碱、表面活性剂、络合剂、氧化剂和酶溶液等为清洗剂。具体采用何种清洗剂要根据膜的性质（耐化学试剂的特性）和污染物的性质而定。使用的清洗剂要具有良好的去污能力，同时又不能损害膜的过滤性能。因此，选择合适的清洗剂和清洗方法不仅能提高膜的透过性能，而且可延长膜的使用寿命。如果用清水清洗就可恢复膜的透过性能，则不需使用其他清洗剂。对于蛋白质的严重吸附引起的膜污染，用蛋白酶（如胃蛋白酶、胰蛋白酶等）溶液清洗，效果较好。清洗完成后，要用纯水或缓冲液对系统进行清洗，全面除去清洗剂的残留。

中空纤维式膜组件是常用的膜分离设备，利用中空纤维膜的不对称性和膜组件的结构特点，经常采用反洗（backflushing）和循环清洗。反洗的具体操作方法是，对于内压式中空纤维式膜组件，清洗液从壳方通入，与正常膜分离操作［图 4.18（a）］时的透过方向相反［图 4.18（b）］。反洗操作中清洗液从膜孔较大的一侧透向膜孔较小的一侧，可除去堵塞膜孔的微粒。将透过液出口密封，可进行循环清洗［图 4.18（c），注意膜组件上下透过液的方向不同[5]］。一次循环清洗操作可清洗膜组件的 1/2，将膜组件倒置可清洗另一半，一般反复顺倒两次，即可使透过通量恢复到原通量的 90% 以上。图 4.19 是清洗操作对透过通量影响的示意图。一般反洗操作适合于回收高价蛋白质产物，而循环清洗适于处理含细胞或固体颗粒的料液。

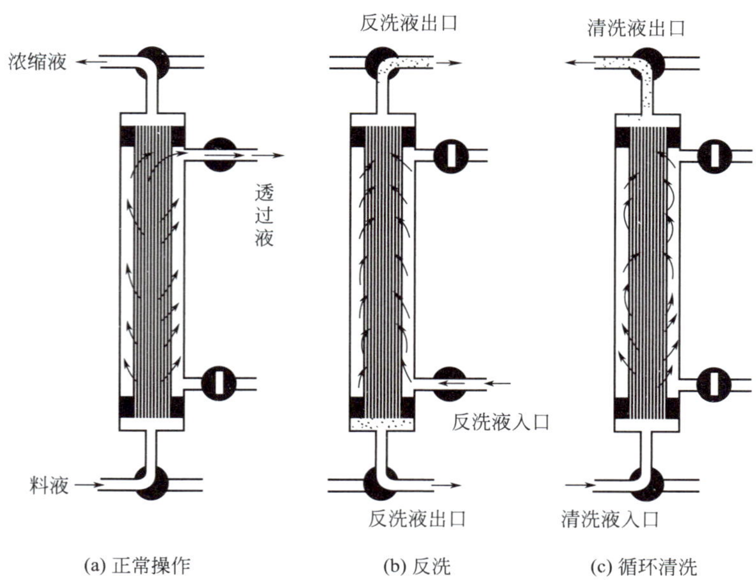

图 4.18 内压式中空纤维式膜组件的操作和清洗

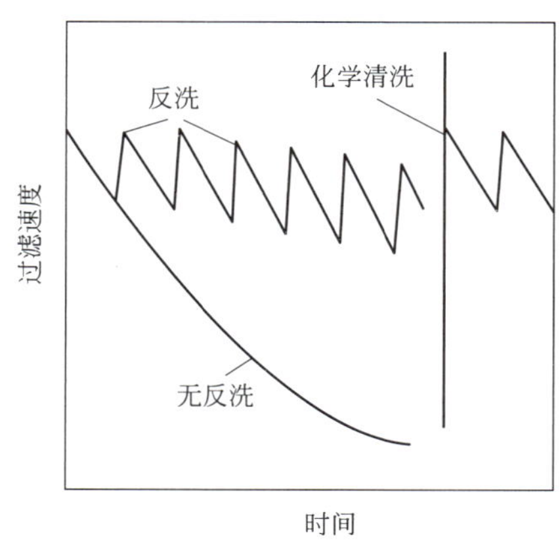

图 4.19 清洗对提高透过通量的效果

清洗操作是膜分离过程不可缺少的步骤，但清洗操作是造成膜分离过程成本增高的重要原因。因此，在采用有效的清洗操作的同时，需采取必要的措施防止或减轻膜污染。例如，选用高亲水性膜或对膜进行适当的预处理（如聚砜膜用乙醇溶液浸泡，醋酸纤维膜用阳离子表面活性剂处理），均可缓解污染程度。此外，对料液进行适当的预处理（如进行预过滤、调节 pH 值），也可相当程度地减轻污染的发生。

如何防止膜污染以及开发高效节能的污染清除技术是进一步普及膜分离技术的关键之一，也是产学界孜孜以求的目标。研究表明，膜分离过程存在临界操作压力，在临界操作压力以下进行膜分离操作，可长时间维持较高的透过通量，降低对清洗操作的依赖程度，提高膜分离效率。临界操作压力与膜材料和料液性质密切相关。

4.8　应用

膜分离可应用于生物制造的各个阶段，并不限于产品的分离纯化过程。因此，膜分离在生物制造中的重要性不亚于吸附色谱。除利用膜的选择性透过作用的膜分离外，膜还可以作为吸附介质用于吸附色谱[7-9]。利用膜为吸附介质的色谱方法称作膜色谱（membrane chromatography），将在第 8 章介绍。

膜分离在生物过程的应用可归纳为以下几个方面：

（1）利用气体分离膜（如陶瓷膜）制备发酵用无菌洁净空气。

（2）发酵液或细胞培养基的微滤除菌。

（3）发酵或培养液中细胞的微滤收集或去除。

（4）细胞破碎后碎片的微滤去除。

（5）生物大分子或生物颗粒（蛋白质、核酸、病毒疫苗等）部分纯化（如沉淀）后的超滤浓缩或洗滤除去小分子溶质。

（6）最终产品的超滤浓缩、洗滤除盐和除病毒。

（7）制备用于调制生物产品和清洗产品容器的无热原水。

这些应用涵盖了生物制造过程的各个阶段[8]。以下介绍膜分离在生物分离过程中的主要应用及特点。

4.8.1　菌体分离

利用微滤或超滤操作进行菌体的错流过滤分离是膜分离的重要应用之一。与传统的滤饼过滤和硅藻土过滤相比，错流过滤法具有如下优点：

（1）透过通量大。

（2）滤液清净，菌体回收率高。

（3）不添加助滤剂或絮凝剂，回收的菌体纯净，有利于进一步分离操作（如菌体破碎、胞内产物的回收等）。

（4）适于大规模连续操作。

（5）易于进行无菌操作，防止杂菌污染。

但如前所述，膜分离的最大问题是膜污染引起的透过通量大幅度下降。如合理地解决膜污染和清洗问题，保持较高的透过通量，错流过滤将会替代传统的过滤技术和离心分离技术，成为菌体分离的重要手段。

4.8.2　小分子生物产物的回收

氨基酸、抗生素、有机酸和动物疫苗等发酵产品的分子量在 2000 以下，因此选用 MMCO 为 1×10^4 ～ 3×10^4 的超滤膜，可从发酵液中回收这些小分子发酵产物，然后利用反渗透法进行浓缩和除去分子量更小的杂质。

此外，抗生素等发酵产物中常含有超过药检允许量的致热原（pyrogen），直接使用会引起恒温动物的体温升高，制成药剂前需进行除热原处理。热原一般由细菌细胞壁产生，主要成分是脂多糖、脂蛋白等，分子量较大。如果产品的分子量在 1000 以下，使用 MMCO 为 1×10^4 的超滤膜可有效除去热原，并且不影响产品的回收率。

4.8.3 蛋白质的回收、浓缩与纯化

胞外的蛋白质产物在微滤除菌的同时即可从滤液中回收，由于滤液清净，对进一步的分离纯化操作非常有利。蛋白质的透过与其分子量、浓度、带电性质以及膜表面的吸附层结构、溶液的 pH 值、离子强度和膜的孔径及结构有关。因此，对特定的蛋白质，需根据其分子特性，选择合适的膜，并对料液进行适当的预处理（如调节 pH 值和离子强度等），以提高目标产物的回收率。一般来说，胞外产物的收率较高，而胞内产物从细胞的破碎物中回收，收率较低。这是由于菌体碎片微小，容易对膜造成污染和形成吸附层，阻滞蛋白质的透过。有研究认为，使用非对称膜时，料液从孔径较大的一侧（惰性层）流过，可大大改善目标蛋白质的收率 [10]。

根据蛋白质的分子量，选择适当 MMCO 的超滤膜，可进行蛋白质的浓缩和去除其中的小分子物质，回收率可达 95% 以上。收率的部分降低主要是由于膜的吸附以及操作中剪切作用引起的蛋白质变性。

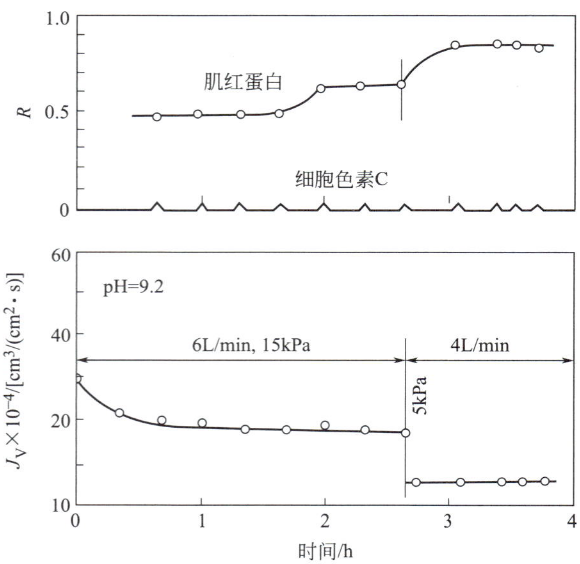

图 4.20 磺化聚砜膜分离蛋白质

超滤浓缩和分级分离酶、生产部分纯化的酶制剂已实现工业规模，其中的关键问题是如何抑制酶的失活和膜对酶的吸附。超滤过程中，不适宜的温度、pH 值和离子强度以及流动引起的剪切作用均可能引起酶的失活。超滤膜对酶的吸附不仅造成酶的收率下降，还会使透过通量降低，影响分离速度。

由于超滤膜的孔径有一定的分布范围，利用超滤膜进行蛋白质的分级分离时，蛋白质之间的分子量差一般需要达到 10 倍以上，否则难以分离。但是，利用荷电膜与蛋白质间的静电相互作用可分离分子量相近而等电点不同的蛋白质 [1,11-16]。通过调节溶液 pH、离子强度和透过通量等操作参数，甚至可以实现分子量较大的蛋白质的选择性透过。图 4.20 为利用磺化聚砜膜（带负电荷）分离肌红蛋白（M_r =17000，pI=6.8）和细胞色素 C（M_r =12400，pI=10.6）的结果 [11]。在 pH=9.2 的溶液中细胞色素 C 带正电荷，与磺化膜相互吸引，完全透过膜（R=0），但肌红蛋白带负电荷，受磺化膜的静电排斥作用，截留率较高，从而实现二者的分离。

4.8.4 膜生物反应器

膜生物反应器（membrane bioreactor, MBR）是膜分离过程与生物反应过程耦合的生物反应装置，可应用于动植物细胞的高密度培养、微生物发酵和酶反应过程。

图 4.21 为中空纤维膜生物反应器，用于动物细胞的培养，细胞密度可达 10^9 个 /mL，而利用一般的培

养器细胞密度只能达到 10^6 ～ 10^7 个 /mL。在培养过程中，动物细胞生长于中空纤维膜组件的壳程，小分子产物（废弃物）不断排出，新鲜培养基连续灌注，可保证细胞长期稳定并且高速度生产有用物质。利用中空纤维膜生物反应器培养杂交瘤细胞是工业生产单克隆抗体的主要方法之一。图 4.21 所示的中空纤维膜生物反应器也可用于酶反应过程。

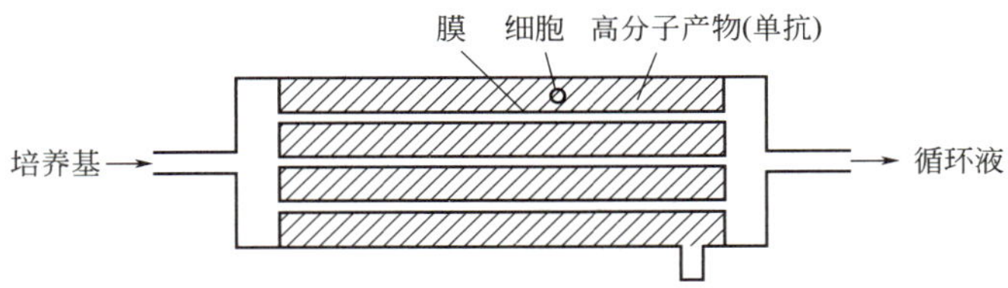

图 4.21 中空纤维膜生物反应器

习题

1. 分析比较反渗透、超滤和微滤的差别和共同点。
2. 分析超滤过程中浓度极化对透过通量的影响。
3. 试推导稳态操作条件下表达超滤膜表面浓度极化层浓度分布的微分方程。
4. 图示超滤的透过通量与膜两侧压差 Δp 的一般关系，并给出不同压差范围内透过通量的数学表达式。
5. 利用截留分子量 MMCO=100000 的超滤膜错流超滤分离发酵清液中的蛋白质，过滤操作采用开路循环方式。初始目标蛋白质（M_r=155000）质量浓度 c_T=1g/L，杂蛋白质（M_r=23000）的质量浓度 c_C=3g/L，发酵液体积 1000mL，透过液流量 Q=0.5mL/s。超滤膜对目标蛋白质的截留率 R_T=0.99，对杂蛋白质截留率 R_C=0.5。设料液槽内全混，循环管线内液体量可忽略不计。

（1）若采用浓缩操作，计算目标蛋白质的质量浓度达到 5g/L 所需的时间。

（2）若采用透析过滤除去杂蛋白质，料液槽中添加缓冲液使料液体积保持恒定，计算目标蛋白质纯度（总蛋白质中目标蛋白质的质量分数）提高到 95% 所需时间，此时目标蛋白质收率是多少？

6. 第 5 题中，若浓缩操作使料液体积降至 200mL 后，切换成洗滤操作，料液槽中添加缓冲液使料液体积保持恒定，试计算目标蛋白质纯度提高到 95% 所需时间和目标蛋白质的收率。
7. 设目标产物的截留率 R=1，小分子溶质的截留率 R_s=0，透过通量符合凝胶极化模型。试证明料液浓度满足式（4.48）时洗滤时间最短。
8. 膜分离过程中的膜污染会引起透过通量和分离效果显著下降。应从哪几方面入手，最大程度地减轻膜污染造成分离效率下降的问题?
9. 一般反洗操作适合于回收高价蛋白质产物，而循环清洗适于处理含细胞或固体颗粒的料液。为什么?
10. 应从哪几方面考虑，选择合适的膜清洗剂?

参考文献

[1] 松本幹治, 栢植秀樹, 松村正利. 膜分離//日本化学工学会生物分離工学特別研究会編. バイオセパレーションプロセス便覧. 東京: 共立出版, 1996: 316-341.

[2] Strathman H. Membranes and membrane processes in biotechnology. Trends Biotechnol, 1985, **3**: 112-118.

[3] Yan S H, Hill C G, Amundson C H. Ultrafiltration of whole milk. J Dairy Sci, 1979, **62**: 23-40.

[4] 姚玉英, 陈常贵, 柴诚敬. 化工原理: 上册. 3版. 天津: 天津大学出版社, 2010: 40-58.

[5] Tutunjian R S. Ultrafiltration Processes in Biotechnology//Cooney C L, Humphrey A E, eds. Comprehensive Biotechnology: vol. 2. Oxford: Pergamon Press, 1985: 411-435.

[6] Laska M E, Brooks R P, Gayton M, Pujar N S. Robust scale-up of dead end filtration: Impact of filter fouling mechanisms and flow distribution. Biotechnol Bioeng, 2005, **92**: 308-320.

[7] Orr V, Zhong L, Moo-Young M, Chou C P. Recent advances in bioprocessing application of membrane chromatography. Biotechnol Adv, 2013, **31**: 450-465.

[8] Zydney A L. New developments in membranes for bioprocessing—A review. J Mem Sci, 2020, **640**: 118804.

[9] Nadar S, Shooter G, Somasundaram B, Shave E, Baker K, Lua L H L. Intensified downstream processing of monoclonal antibodies using membrane technology. Biotechnol J, 2021, **16**: 2000309.

[10] Le M S, Atkinson T. Cross-flow microfiltration for recovery of intracellular products. Process Biochem, 1985, **20**: 26-31.

[11] Nakao S, Osada H, Kurata H, Tsuru T, Kimura S. Separation of proteins by charged ultrafiltration membranes. Desalination, 1988, **70**: 191-205.

[12] Wan Y, Vasan S, Ghosh R, Hale G, Cui Z. Separation of monoclonal antibody alemtuzumab monomer and dimers using ultrafiltration. Biotechnol Bioeng, 2005, **90**: 422-432.

[13] Wan Y, Ghosh R, Hale G, Cui Z. Fractionation of bovine serum albumin and monoclonal antibody alemtuzumab using carrier phase ultrafiltration. Biotechnol Bioeng, 2005, **90**: 303-315.

[14] Lebreton B, Brown A, van Reis R. Application of high-performance tangential flow filtration (HPTFF) to the purification of a human pharmaceutical antibody fragment expressed in *Escherichia coli*. Biotechnol Bioeng, 2008, **100**: 964-974.

[15] Zydney L. Membrane technology for purification of therapeutic proteins. Biotechnol Bioeng, 2009, **103**: 227-230.

[16] Ruanjaikaen K, Zydney A L. Purification of singly PEGylated α-lactalbumin using charged ultrafiltration membranes. Biotechnol Bioeng, 2011, **108**: 822-829.

第 5 章 萃取

为什么学习萃取?

萃取是利用液体溶液或超临界流体为介质的平衡分离技术，根据所使用的分离介质种类、相间接触的形式以及目标产物的存在形式（液体或固体），可将萃取分成本章所介绍的各种分离操作。不同萃取操作所适用的分离产物不同。溶剂萃取是有机酸、氨基酸和抗生素等小分子产物的重要分离纯化方法；液膜分离也是一种溶剂萃取方法，适用于小分子的分离纯化，此外，液膜萃取集萃取和反萃取于一体，本质上是一种膜分离方法；超临界流体萃取的适用范围与溶剂萃取相近，但由于超临界流体的较高渗透性和萃取容量，在从固体原料中分离提取小分子目标产物方面具有独特的优势，特别适用于替代传统的浸取分离过程（包括利用水溶液和有机溶剂为浸取剂）。

由于蛋白质和核酸等生物大分子需要水溶液环境维持其特定的高级结构，除特殊情况外，上述的萃取方法一般不适用于生物大分子的萃取。双水相系统利用不同聚合物的水溶液或聚合物与盐的水溶液形成互不相溶的两相，因此适用于蛋白质和核酸等生物大分子的萃取分离。由于萃取具有易于规模放大和连续操作等特点，双水相萃取在生物大分子分离过程中具有重要应用开发前景。但利用普通聚合物（如 PEG 和 Dx）的双水相系统通常难于回收和反复利用，是限制其推广应用的瓶颈之一。与聚合物系统相比，形成双水相胶团系统所需的表面活性剂浓度较低，因此使用成本相对较低，适用于生物大分子的萃取分离。尤其重要的是，双水相胶团系统可作为环境友好的分离介质替代传统的有机溶剂。

从萃取分离的角度来看，反胶团也是一种“双水相”系统，但其中的一个水相存在于溶解在有机相中的表面活性剂所自组装形成的反胶团中。由于纳米尺寸反胶团的空间位阻效应，反胶团不能像普通双水相那样溶解生物大分子，萃取容量和速度相对较小，特别是反萃取速度通常远小于萃取速度，甚至很多情况下反萃取困难，并且萃取的蛋白质容易变性。反胶团的这些特点使其在分离过程的应用受到很大限制。但反胶团的特殊结构使其在某些方面（如有机相酶催化）具有一定优势。

学习目标

- 掌握液液分配的原理，了解化学萃取对提高溶质萃取率和选择性的重要性。
- 了解液膜萃取与化学萃取的关系、液膜的种类和特点。
- 理解双水相和反胶团等液液分配（萃取）系统形成的原理，了解这些萃取方法在生物分离中的应用潜力和局限性。
- 了解超临界流体萃取不同于一般溶剂萃取的特点和优势、超临界流体的种类和操作特性。

萃取（extraction）是利用液体或超临界流体等流体介质（E）从与其互不相溶的液体（F）或固体中提取有用成分的分离方法。萃取操作的流体介质（液体或超临界流体）通常称作萃取相（extractant phase），被萃取的 F 为原料液或固体原料。因为原料中存在多种组分，萃取相 E 需要选择性地将原料中的目标组分萃取到萃取相中。因此，萃取是利用溶质在互不相溶的两相（液 - 液、超临界流体 - 液体、超临界流体 - 固体、液 - 固等）之间分配系数的不同而使溶质得到纯化或浓缩的方法，是一种平衡分离法，溶质扩散是主要传质推动力。

从固相原料中萃取的操作也称浸取（leaching）。利用水为萃取相的浸取方法古已有之。中国古代科技典籍《天工开物》中记述了沸水提取蓖麻和苏麻（紫苏）子油脂的操作方法："若水煮法，则并用两釜。将蓖麻、苏麻子碾碎，入一釜中，注水滚煎，其上浮沫即油。以杓掠取，倾于干釜内，其下慢火熬干水气，油即成矣。"[1] 传统中药多为汤剂，利用沸水、酒、糖水等煎制或浸泡草药提取其中有效成分，在《本草纲目》中随处可见。近现代以来，由于化学工业的兴起，萃取相愈加丰富，利用有机溶剂并添加化学萃取剂的溶剂萃取得到迅速发展和推广应用。有机溶剂萃取是石化和冶金工业常用的分离提取技术，在生物分离中，可用于有机酸、氨基酸、抗生素、维生素、激素和生物碱等生物小分子的分离和纯化。在传统的有机溶剂萃取技术的基础上，20 世纪 60 年代末以来相继出现了萃取和反萃取同时进行的液膜萃取以及可应用于生物大分子如多肽、蛋白质、核酸等分离纯化的反胶团萃取等溶剂萃取法。20 世纪 70 年代以后，双水相萃取技术迅速发展，为蛋白质特别是胞内蛋白质的提取纯化提供了有效的手段。此外，利用超临界流体为萃取剂的超临界流体萃取技术的出现，使萃取方法更趋全面，适用于各种生物产物的分离纯化。

萃取是一种初级分离纯化技术。如上所述，萃取法根据参与溶质分配的两相不同而分为多种，如液固萃取、液液有机溶剂萃取、双水相萃取和超临界流体萃取等，每种方法均各具特点，适用于不同种类生物产物的分离纯化。因此，本章从萃取分离的基本概念和理论入手，分别介绍各种萃取技术的原理和特点。

5.1 基本概念

5.1.1 萃取和反萃取

图 5.1 表示互不相溶的两个液相，上相（密度较小）为萃取剂（萃取相），下相（密度较大）为料液（料液相），两相之间以一界面接触。在相间浓度差的作用下，料液中的溶质向萃取相扩散，溶质浓度不断降低，而萃取相中溶质浓度不断升高（图 5.2）。在此过程中，料液中溶质浓度的变化速率即萃取速率可用下式表示

$$-\frac{\mathrm{d}c}{\mathrm{d}t}=ka(c-c^*) \tag{5.1}$$

式中，c 为料液相溶质浓度，mol/L；c^* 为与萃取相中溶质浓度呈相平衡的料液相溶质浓度，mol/L；t 为时间，s；k 为传质系数，m/s；a 为以料液相体积为基准的相间接触比表面积，m^{-1}。

当两相中的溶质达到分配平衡（$c=c^*$）时，萃取速率为零，各相中的溶质浓度不再改变。溶质在两相中的分配平衡是状态的函数，与萃取操作形式（两相接触状态）无关。但是，达到分配平衡所需的时间与萃取速率有关，而萃取速率不仅是两相性质的函数，更主要的是受相间接触方式即萃取操作形式的影响。

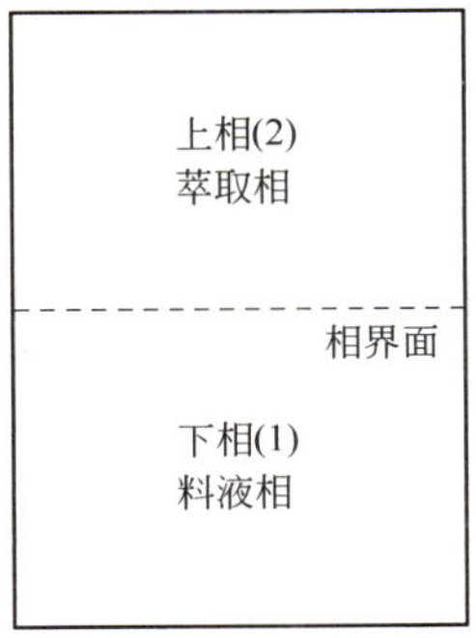

图 5.1　两相接触状态示意图

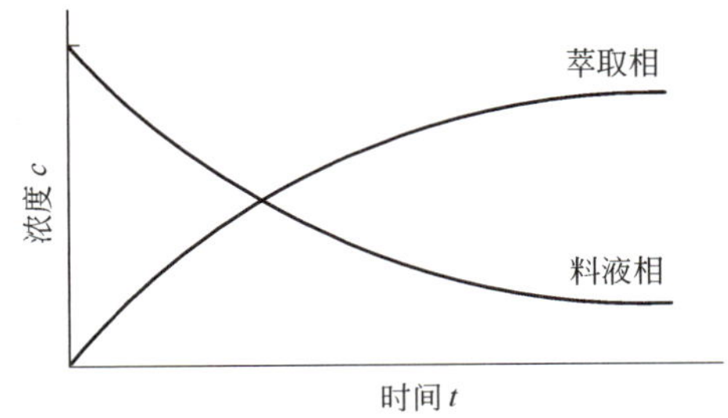

图 5.2　萃取过程中料液相和萃取相溶质浓度的变化

在溶剂萃取分离过程中，当完成萃取操作后，为进一步纯化目标产物或便于下一步分离操作的实施，往往需要将目标产物转移到水相。这种调节水相条件，将目标产物从有机相转入水相的萃取操作称为反萃取（back extraction）。除溶剂萃取外，其它萃取过程一般也要涉及反萃取操作。对于一个完整的萃取过程，常常在萃取和反萃取操作之间增加洗涤操作，如图 5.3 所示[2]。洗涤操作的目的是除去与目标产物同时萃取到有机相的杂质，提高反萃液中目标产物的纯度。图 5.3 中虚线表示洗涤段出口溶液中含有少量目标产物，为提高收率，需将此溶液返回到萃取段。经过萃取、洗涤和反萃取操作，大部分目标产物进入到反萃相（第二水相），而大部分杂质则残留在萃取后的料液相（称作萃余相）。

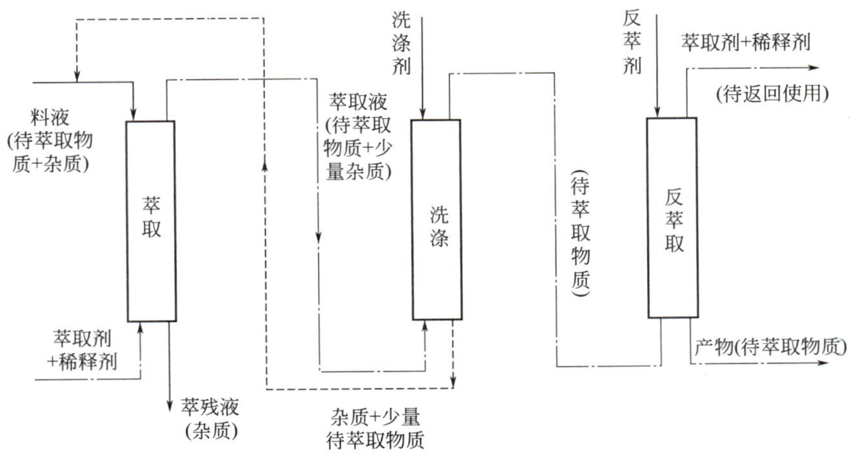

图 5.3　萃取、洗涤和反萃取操作过程示意图

5.1.2　物理萃取和化学萃取

物理萃取即溶质根据相似相溶的原理在两相间达到分配平衡，萃取剂与溶质之间不发生化学反应。例如，利用乙酸丁酯萃取发酵液中的青霉素即属于物理萃取。化学萃取则利用脂溶性萃取剂与溶质之间的化学反应生成脂溶性复合分子实现溶质向有机相的分配。萃取剂与溶质之间的化学反应包括离子交换和络合反应等。例如，利用季铵盐（如氯化三辛基甲铵，记作 R^+Cl^-）为萃取剂萃取氨基酸时，阴离子氨基酸（A^-）通过与萃取剂在水相和萃取相间发生下述离子交换反应而进入萃取相。

$$\overline{R^+Cl^-} + A^- \Longleftrightarrow \overline{R^+A^-} + Cl^- \quad (5.2)$$

其中上划线表示该组分存在于萃取相（下同）。

化学萃取中通常用煤油、己烷、四氯化碳和苯等有机溶剂溶解萃取剂，改善萃取相的物理性质，此时的有机溶剂称为稀释剂（diluent）。

物理萃取广泛应用于石油化工、抗生素及植物中有效成分的提取过程，而化学萃取主要用于金属的提取，也可用于氨基酸、抗生素和有机酸等生物产物的分离回收。

5.2 分配定律与分配平衡

萃取是一种扩散分离操作，不同溶质在两相中分配平衡的差异是实现萃取分离的主要因素。因此，相平衡理论是萃取分离操作的基础。

分配定律即溶质的分配平衡规律，可用文字叙述如下：在恒温恒压条件下，溶质在互不相溶的两相中达到分配平衡时，如果其在两相中的分子量相等，则其在两相中的平衡浓度之比为常数，称为分配常数，用 A 表示。

$$A=\frac{c_2}{c_1} \tag{5.3}$$

式（5.3）是分配常数的定义。下面用热力学理论分析分配定律。

如果溶质在图 5.1 所示的互不相溶的两相中达到分配平衡，根据相平衡理论，在恒温恒压条件下溶质在两相中的化学位（μ）必须相等，即

$$\mu_1=\mu_2 \tag{5.4}$$

式中，下标 1 和 2 分别表示相 1（下相）和相 2（上相）（下同）。

化学位是溶质活度的函数，与溶质活度的关系为

$$\mu_1=\mu_1^0+RT\ln a_1 \tag{5.5a}$$

$$\mu_2=\mu_2^0+RT\ln a_2 \tag{5.5b}$$

而

$$a=\gamma c \tag{5.6}$$

上述三式中，a、γ 和 c 分别为活度（activity）、活度系数（activity coefficient）和浓度，μ_1^0 和 μ_2^0 分别为溶质在下相和上相的标准化学位。由式（5.4）和式（5.5）得

$$\mu_1^0+RT\ln a_1=\mu_2^0+RT\ln a_2 \tag{5.7}$$

用 A^0 表示活度之比，从式（5.7）得到

$$A^0=\frac{a_2}{a_1}=\frac{\gamma_2 c_2}{\gamma_1 c_1}=\exp\left(\frac{\mu_1^0-\mu_2^0}{RT}\right) \tag{5.8}$$

在恒温恒压条件下，μ_1^0 和 μ_2^0 为常数，所以 A^0 为常数，称为 Nerst 分配常数。根据式（5.3）得到

$$A=\frac{\gamma_1}{\gamma_2}A^0 \tag{5.9}$$

即分配常数是溶质在相 1 和相 2 中活度系数的比与 Nerst 分配常数的乘积。活度系数是溶质浓度的函数，只有当溶质浓度非常低时才有 $\gamma=1$，$A=A^0$ 为常数，所以，分配定律只有在较低浓度范围内成立。当溶质浓度较高时，如果 $\gamma_1/\gamma_2\neq 1$，分配常数将随浓度改变（随浓度升高或降低）。

式（5.3）所定义的分配常数是用溶质在两相中的浓度（mol/L）之比表达的。在有些情况下，分配常数用溶质的摩尔分数之比表达。设相1和相2中溶质的摩尔分数分别为 x 和 y，则

$$A=\frac{y}{x} \tag{5.3a}$$

分配常数是以相同分子形态（分子量相同）存在于两相中的溶质浓度之比，但在多数情况下，溶质在各相中并非以同一种分子形态存在，特别是在化学萃取中。因此，萃取过程中常用溶质在两相中的总浓度之比表示溶质的分配平衡，该比值称为分配系数（distribution coefficient）或分配比（distribution ratio）

$$m=\frac{c_{2,\mathrm{t}}}{c_{1,\mathrm{t}}} \tag{5.10a}$$

或

$$m=\frac{y_\mathrm{t}}{x_\mathrm{t}} \tag{5.10b}$$

式中，$c_{1,\mathrm{t}}$ 和 $c_{2,\mathrm{t}}$ 为溶质在相1和相2中的总浓度；x_t 和 y_t 分别为溶质在相1和相2中的总摩尔分数；m 为分配系数。很明显，分配常数是分配系数的一种特殊情况。

溶质在料液相和萃取相的分配平衡关系是液液萃取设备及过程设计的基础。在生物产物的液液萃取中，一般产物浓度较低，并且很少出现溶质溶解萃取剂的现象，因此没有必要利用有机化工萃取中常用的三角形相图，液液平衡关系可用简单的 x-y 线图表示。即

$$y=f(x) \tag{5.11}$$

为叙述方便起见，这里的 x 和 y 分别表示相1和相2中溶质的总浓度，并且可以是浓度（mol/L），也可以是摩尔分数（下同）。

当溶质浓度较低时，分配系数为常数，式（5.11）可表示成Henry型平衡关系

$$y=mx \tag{5.12}$$

当溶质浓度较高时，式（5.12）不再适用，很多情况下可用Langmuir型平衡关系表示

$$y=\frac{m_1 x}{m_2+x} \tag{5.13}$$

式中，m_1 和 m_2 为常数。

式（5.13）的一般形式为

$$y=\frac{m_1 x^n}{m_2+x^n} \tag{5.14}$$

式中，n 为常数。

当式（5.12）～式（5.14）均不能很好地描述分配平衡关系时，可采用适当的经验关联式（如多项式）。

5.3　有机溶剂萃取

有机溶剂萃取（organic solvent extraction）简称溶剂萃取（solvent extraction），是石油化工、湿法冶金和生物产物分离纯化的重要手段，具有处理量大、能耗低、速度快等特点，并且易于实现连续操作和自动化控制。本节主要介绍有机溶剂与水相直接接触的常规溶剂萃取法，而近年来不断发展的液膜萃取和反胶团萃取将在后两节中介绍。

5.3.1 弱电解质的分配平衡

溶剂萃取常用于有机酸、氨基酸和抗生素等弱酸或弱碱性电解质的萃取。弱电解质在水相中发生不完全解离，仅仅是游离酸或游离碱在两相产生分配平衡，而酸根或碱基不能进入有机相。所以，萃取达到平衡状态时，一方面弱电解质在水相中达到解离平衡，另一方面未解离的游离电解质在两相中达到分配平衡。对于弱酸性和弱碱性电解质，解离平衡关系分别为

$$\mathrm{AH} \Longleftrightarrow \mathrm{A^-} + \mathrm{H^+}$$
$$\mathrm{BH^+} \Longleftrightarrow \mathrm{B} + \mathrm{H^+}$$

解离平衡常数分别为

$$K_\mathrm{a} = \frac{[\mathrm{A^-}][\mathrm{H^+}]}{[\mathrm{AH}]} \tag{5.15a}$$

$$K_\mathrm{b} = \frac{[\mathrm{B}][\mathrm{H^+}]}{[\mathrm{BH^+}]} \tag{5.15b}$$

式中，K_a 和 K_b 分别为弱酸和弱碱的解离常数；[AH] 和 $[\mathrm{A^-}]$ 分别为游离酸和其酸根离子的浓度；[B] 和 $[\mathrm{BH^+}]$ 分别为游离碱和其碱基离子的浓度；$[\mathrm{H^+}]$ 为 $\mathrm{H^+}$ 浓度。

如果在有机相中溶质不发生缔合，仅以单分子形式存在，则游离的单分子溶质符合分配定律。以弱酸性电解质为例，分配常数为

$$A_\mathrm{a} = \frac{[\overline{\mathrm{AH}}]}{[\mathrm{AH}]} \tag{5.16}$$

式中，$[\overline{\mathrm{AH}}]$ 表示有机相中游离酸的浓度；A_a 为游离酸的分配常数。

由于利用一般的分析方法测得的水相浓度为游离酸和酸根离子的总浓度，故为方便起见，用水相总浓度 c 表示酸的浓度，即

$$c = [\mathrm{AH}] + [\mathrm{A^-}] \tag{5.17}$$

从式（5.15a）和式（5.17）得

$$[\mathrm{AH}] = \frac{c[\mathrm{H^+}]}{K_\mathrm{a} + [\mathrm{H^+}]} \tag{5.18}$$

将式（5.18）代入式（5.16）得

$$A_\mathrm{a} = \frac{[\overline{\mathrm{AH}}](K_\mathrm{a} + [\mathrm{H^+}])}{c[\mathrm{H^+}]} \tag{5.19}$$

从式（5.19）可得有机相中游离酸浓度为

$$[\overline{\mathrm{AH}}] = A_\mathrm{a} c \frac{[\mathrm{H^+}]}{K_\mathrm{a} + [\mathrm{H^+}]} \tag{5.20a}$$

同样，对于弱碱性电解质，可得有机相中游离碱浓度为

$$[\overline{\mathrm{B}}] = A_\mathrm{b} c \frac{K_\mathrm{b}}{K_\mathrm{b} + [\mathrm{H^+}]} \tag{5.20b}$$

式中，$[\overline{\mathrm{B}}]$ 为有机相中游离碱的浓度；A_b 为游离碱的分配常数。

从式（5.20）可知，溶质在有机相中的浓度为水溶液中氢离子浓度（pH 值）的函数。设有机相中的浓度 $\bar{c}$ 和水相中浓度 c 之比为分配系数，则从式（5.20）得到

$$m_a = A_a \frac{[H^+]}{K_a + [H^+]} \tag{5.21a}$$

$$m_b = A_b \frac{K_b}{K_b + [H^+]} \tag{5.21b}$$

式中，m_a 和 m_b 分别为弱酸和弱碱的分配系数。

式（5.21a）和式（5.21b）还可分别表示为

$$\lg\left(\frac{A_a}{m_a} - 1\right) = pH - pK_a \tag{5.22a}$$

$$\lg\left(\frac{A_b}{m_b} - 1\right) = pK_b - pH \tag{5.22b}$$

式中，$pK_a = -\lg K_a$；$pK_b = -\lg K_b$。

5.3.2　化学萃取平衡

氨基酸等两性电解质不能采用物理萃取，而需采用化学萃取方法。常用于氨基酸的萃取剂有季铵盐类（如氯化三辛基甲铵）、磷酸酯类［如二 (2- 乙基己基) 磷酸］等。氨基酸解离平衡为

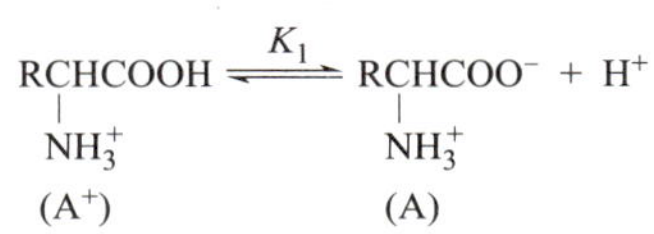

（5.23a）

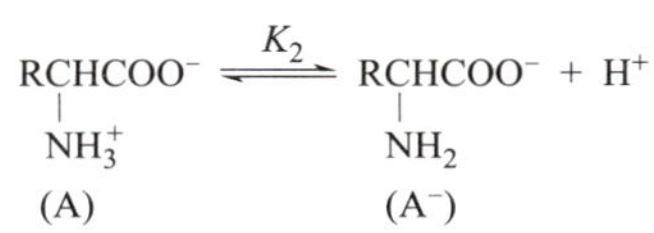

（5.23b）

式中，K_1 和 K_2 为解离平衡常数。

分别用 A、A^+ 和 A^- 表示偶极离子、阳离子和阴离子型氨基酸，则

$$K_1 = \frac{[A][H^+]}{[A^+]} \tag{5.24}$$

$$K_2 = \frac{[A^-][H^+]}{[A]} \tag{5.25}$$

利用阴离子交换萃取剂氯化三辛基甲铵（tri-*n*-octylmethylammonium chloride, TOMAC），只有阴离子型氨基酸与萃取剂发生离子交换反应［式（5.2）］。将 TOMAC 记作 R^+Cl^-，则反应平衡常数（K_{eCl}）为

$$K_{eCl} = \frac{\overline{[R^+A^-]}[Cl^-]}{[A^-]\overline{[R^+Cl^-]}} \tag{5.26}$$

氨基酸和 Cl^- 的表观分配系数分别为

$$m_A = \frac{\overline{[R^+A^-]}}{c_A} \tag{5.27}$$

$$m_{Cl} = \frac{\overline{[R^+Cl^-]}}{[Cl^-]} \tag{5.28}$$

式中，m_A 和 m_{Cl} 分别为氨基酸和氯离子的分配系数；c_A 水相氨基酸总浓度。

$$c_A = [A^+] + [A^-] + [A] \tag{5.29}$$

从式（5.24）至式（5.29）可推导出下式

$$m_A = K_{eCl} m_{Cl} \left[1 + \frac{[H^+]}{K_2} + \frac{[H^+]^2}{K_1 K_2} \right]^{-1} \tag{5.30}$$

事实上，阴离子氨基酸的离子交换反应需在高于其等电点的 pH 值范围内进行，所以，式（5.29）中的 $[A^+]$ 可忽略不计，式（5.30）简化成下式

$$m_A = K_{eCl} m_{Cl} \frac{K_2}{K_2 + [H^+]} \tag{5.31}$$

二 (2- 乙基己基) 磷酸［di(2-ethylhexyl) phosphoric acid, D2EHPA］是阳离子交换萃取剂，其在有机相中通过氢键作用以二聚体的形式存在。当氨基酸与 D2EHPA（记作 HR）的摩尔比很小时，两个二聚体分子与一个阳离子氨基酸发生离子交换反应，释放一个氢离子 [3,4]

$$A^+ + 2\overline{(HR)_2} \Longleftrightarrow \overline{AR(HR)_3} + H^+ \tag{5.32}$$

离子交换平衡常数为

$$K_{eH} = \frac{[\overline{AR(HR)_3}][H^+]}{[A^+][\overline{(HR)_2}]^2} \tag{5.33}$$

氨基酸的表观分配系数为

$$m_A = \frac{[\overline{AR(HR)_3}]}{c_A} \tag{5.34}$$

利用式（5.24）、式（5.25）、式（5.29）、式（5.33）和式（5.34）可推导出利用 D2EHPA 为萃取剂时氨基酸的分配系数表达式

$$m_A = \frac{K_{eH}[\overline{(HR)_2}]^2}{[H^+]} \left[1 + \frac{K_1}{[H^+]} + \frac{K_1 K_2}{[H^+]^2} \right]^{-1} \tag{5.35}$$

由于阳离子氨基酸的离子交换反应需在 pH 值小于其等电点的 pH 值范围内进行，所以，式（5.29）中的 $[A^-]$ 可忽略不计，式（5.35）可简化成下式

$$m_A = K_{eH} \frac{[\overline{(HR)_2}]^2}{[H^+] + K_1} \tag{5.36}$$

对于 $[H^+] << K_1$ 和 $[H^+] >> K_1$ 的两种极端情况，分别有

$$m_A = K_{eH} \frac{[\overline{(HR)_2}]^2}{K_1} \quad ([H^+] \ll K_1) \tag{5.37a}$$

即分配系数与 pH 值无关，以及

$$m_A = K_{eH} \frac{[\overline{(HR)_2}]^2}{[H^+]} \quad ([H^+] \gg K_1) \tag{5.37b}$$

即分配系数与 $[H^+]$ 成反比。

设阳离子氨基酸的分配系数为 m_{A^+}，即

$$m_{A^+} = \frac{[\overline{AR(HR)_3}]}{[A^+]} \tag{5.38}$$

则有

$$m_{A^+} = K_{eH}\frac{[\overline{(HR)_2}]^2}{[H^+]} \tag{5.39}$$

图 5.4 通过苯丙氨酸（Phe）和色氨酸（Trp）的分配平衡数据证明了式（5.36）、式（5.37）和式（5.39）的正确性[3]。

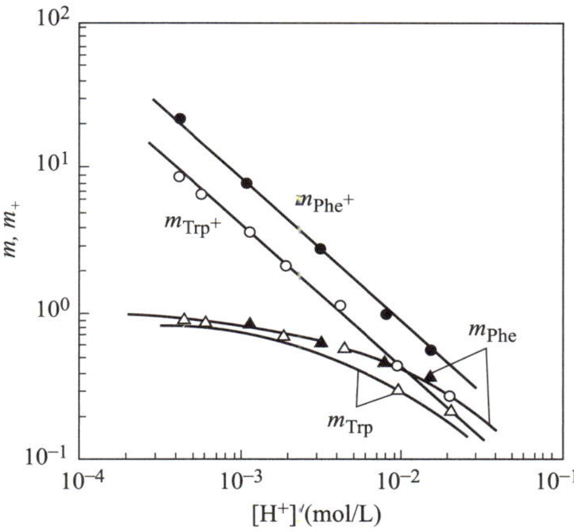

图 5.4　氢离子浓度（pH 值）对苯丙氨酸（Phe）和色氨酸（Trp）分配平衡的影响

$[\overline{(HR)_2}]=0.278mol/L$

5.3.3　溶剂萃取操作

5.3.3.1　水相物理条件的影响

无论是物理萃取还是化学萃取，水相 pH 值对弱电解质分配系数均具有显著影响［式（5.21）、式（5.31）和式（5.36）］。物理萃取时，弱酸性电解质的分配系数随 pH 值降低（即氢离子浓度增大）而增大［式（5.21a）］，而弱碱性电解质则正相反［式（5.21b）］。例如，红霉素是碱性电解质，在乙酸戊酯和 pH=9.8 的水相之间分配系数为 44.7，而水相 pH 值降至 5.5 时，分配系数降至 14.4。又如，青霉素是较强的有机酸，pH 值对其分配系数有很大影响。图 5.5 是 pH 值对青霉素及其它有机酸分配系数的影响[5]。很明显，低 pH 值有利于青霉素在有机相中的分配，当 pH 值大于 6.0 时，青霉素几乎完全分配于水相中。从图中可知，选择适当的 pH 值，不仅有利于提高青霉素的收率，还可根据共存杂质的性质和分配系数，提高青霉素的萃取选择性。因此，通过调节水相的 pH 值控制溶质的分配行为，从而提高萃取率的方法广泛应用于抗生素和有机酸等弱电解质的萃取操作。反萃取操作同样可通过调节 pH 值来实现，例如，红霉素在 pH=9.4 的水相中用醋酸戊酯萃取，而反萃取则用 pH=5.0 的水溶液。

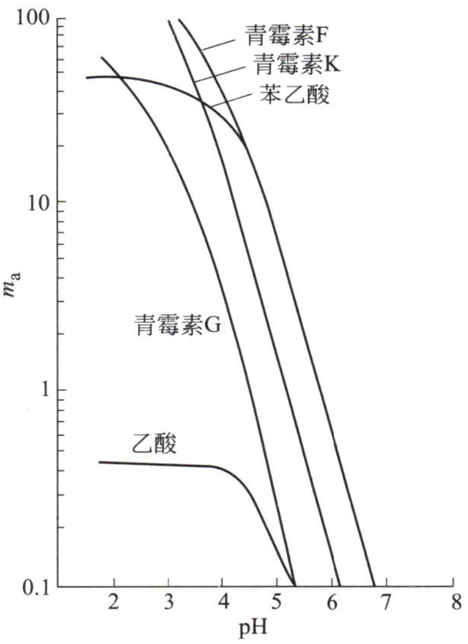

图 5.5　pH 值对青霉素及其它有机酸分配系数的影响

温度也是影响分配系数和萃取速率的重要因素。选择适当的操作温度，有利于目标产物的回收和纯化。但由于生物产物在较高温度下不稳定，故萃取操作一般在常温或较低温度下进行。

此外，无机盐的存在可降低溶质在水相中的溶解度，有利于溶质向有机相中分配，如萃取维生素 B_{12} 时加入硫酸铵，萃取青霉素时加入氯化钠等。但盐的添加量要适当，以利于目标产物的选择性萃取。

5.3.3.2　有机溶剂或稀释剂的选择

根据目标产物以及与其共存杂质的性质选择合适的有机溶剂，可使目标产物有较大的分配系数和较高的选择性。根据相似相溶的原理，选择与目标产物极性相近的有机溶剂为萃取剂，可以得到较大的分配系数。此外，有机溶剂还应满足以下要求：①价廉易得；②与水相不互溶；③与水相有较大的密度差，并且黏度小，表面张力适中，容易相分散和相分离；④容易回收和再利用；⑤毒性低，腐蚀性小，闪点低，使用安全；⑥不与目标产物发生反应。

常用于抗生素类生物产物萃取的有机溶剂有丁醇等醇类，乙酸乙酯、乙酸丁酯和乙酸戊酯等乙酸酯类以及甲基异丁基甲酮（methyl isobutyl ketone）等。这些溶剂可较好地满足上述要求，通过调节水相 pH 值或加入适当的萃取剂，可使目标产物有较大的分配系数和选择性。化学萃取氨基酸的稀释剂主要有煤油、己烷、异辛烷、正十二烷等。

5.3.3.3 化学萃取剂

由于氨基酸和一些极性较大的抗生素的水溶性很强，在有机相中的分配系数很小甚至为零，利用一般的物理萃取效率很低，需采用化学萃取。氨基酸的化学萃取剂如前所述。可用于抗生素的化学萃取剂有长链脂肪酸（如月桂酸）、烃基磺酸、三氯乙酸、四丁胺和正十二烷胺等。由于萃取剂与抗生素形成的复合物分子的疏水性比抗生素分子本身高得多，从而在有机相中有很高的溶解度。因此，在抗生素萃取中萃取剂又称带溶剂。例如，月桂酸［$CH_3(CH_2)_{10}COOH$］可与链霉素形成易溶于丁醇、乙酸丁酯和异辛醇的复合物，此复合物在酸性（pH=5.5 ～ 5.7）条件下可分解。因此，链霉素可在中性条件和月桂酸的存在下进行萃取，然后用酸性水溶液进行反萃取，使复合物分解，链霉素重新溶于水相中。又如，柠檬酸在酸性条件下与磷酸三丁酯反应生成中性络合物，该中性络合物易溶于有机相。

青霉素为有机酸，可与四丁胺、正十二烷胺等脂肪碱通过离子键结合而溶于氯仿中。因此，对于在一定 pH 值下容易物理分配于有机相中的目标产物（如青霉素），亦可通过加入萃取剂，增大其在不同 pH 值的水相中对有机相的分配系数，使其在稳定性高的 pH 值下进行萃取操作。

5.3.3.4 乳化现象

实际发酵产物的萃取操作中常发生乳化现象。乳化即水或有机溶剂以微小液滴形式分散于有机相或水相中的现象。产生乳化后使有机相和水相分层困难，出现两种夹带：①发酵废液（萃余液）中夹带有机溶剂（萃取液）微滴，使目标产物受到损失；②有机溶剂（萃取相）中夹带发酵液（萃余液），给后处理操作带来困难。

产生乳化的主要原因是发酵液中存在的蛋白质和固体颗粒等物质，这些物质具有表面活性剂的作用，使有机溶剂（油）和水的表面张力降低，油或水易于以微小液滴的形式分散于水相或油相中。油滴分散于水相称为水包油型或 O/W（oil in water）型乳浊液，而水滴分散于油相称为油包水型或 W/O（water in oil）型乳浊液。在表面活性剂的存在下油水形成乳浊液的现象是乳化液膜萃取（后述）的理论基础，但在通常的有机溶剂萃取操作中需尽量避免其产生。产生乳化后，需采取某种手段进行破乳（破坏乳浊液），提高萃取操作效率。

在实施萃取操作前，对发酵液进行过滤或絮凝沉淀处理，可除去大部分蛋白质及固体微粒，防止乳化现象的发生。产生乳化后，可根据乳化的程度和乳浊液的形式，采取适当的破乳手段。如果乳化现象不严重，可采用过滤或离心沉降的方法。对于 O/W 型乳浊液，加入亲油性表面活性剂，可使乳浊液从 O/W 型转变成 W/O 型，但由于溶液条件不允许 W/O 型乳浊液的形成，即乳浊液不能存在，从而达到破乳的目的。相反，对于 W/O 型乳浊液，加入亲水性表面活性剂如十二烷基苯磺酸钠可达到破乳的目的。

5.4 液液萃取设备

本节简要介绍基本的液液萃取设备及其操作特性，详细内容可参考有关专门介绍萃取操作的专著。

5.4.1　混合－澄清式萃取器

混合 - 澄清式萃取器（mixer-settler）是最常用的液液萃取设备。如图 5.6 所示，该萃取设备由料液与萃取剂的混合器（mixer）和用于两相分离的澄清器（settler）构成，可进行间歇或连续的液液萃取。在连续萃取操作中，要保证在混合器中有充分的停留时间，使溶质在两相中达到或接近分配平衡。

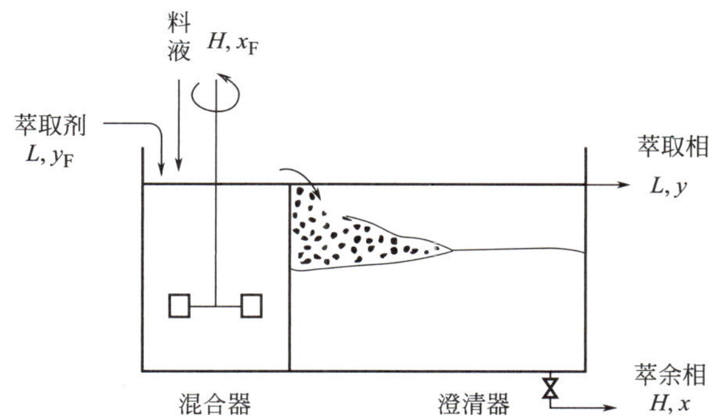

图 5.6　混合－澄清式萃取设备示意图

5.4.2　多级错流接触萃取

单级接触萃取效率较低，为达到一定的萃取收率，间歇操作时需要的萃取剂量较大，或者连续操作时所需萃取剂的流量较大 。将多个混合 - 澄清器单元串联起来，各个混合器中分别通入新鲜萃取剂，而料液从第一级通入，逐次进入下一级混合器的萃取操作称为多级错流接触萃取，如图 5.7 所示。图中每个方块表示一个混合 - 澄清单元。经过 n 级错流接触萃取，最终萃余相和萃取相中溶质浓度分别为 x_n 和 Y_n。

$$Y_n = \frac{\sum_{i=1}^{n} L_i y_i}{\sum_{i=1}^{n} L_i} \tag{5.40}$$

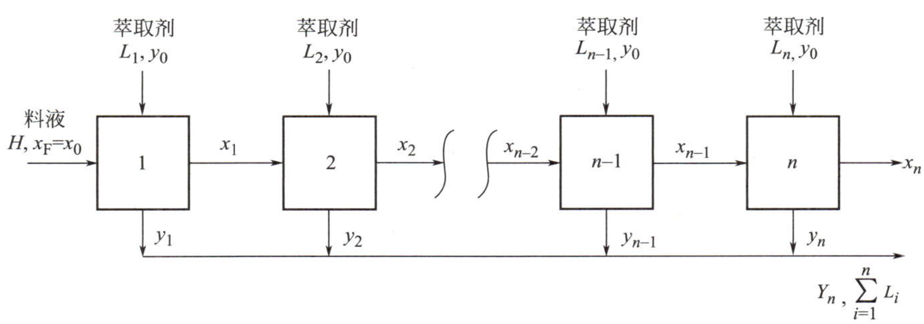

图 5.7　多级错流接触萃取流程示意图

5.4.3　多级逆流接触萃取

将多个混合 - 澄清器单元串联起来，分别在左右两端的混合器中连续通入料液和萃取液，使料液和萃取液逆流接触，即构成多级逆流接触萃取。图 5.8 为多级逆流接触萃取流程。萃取剂（L）从第一级通入，逐次进入下一级，从第 n 级流出；料液（H）从第 n 级通入，逐次进入上一级，从第一级流出。最终萃取相和萃余相中溶质浓度分别为 y_n 和 x_1。

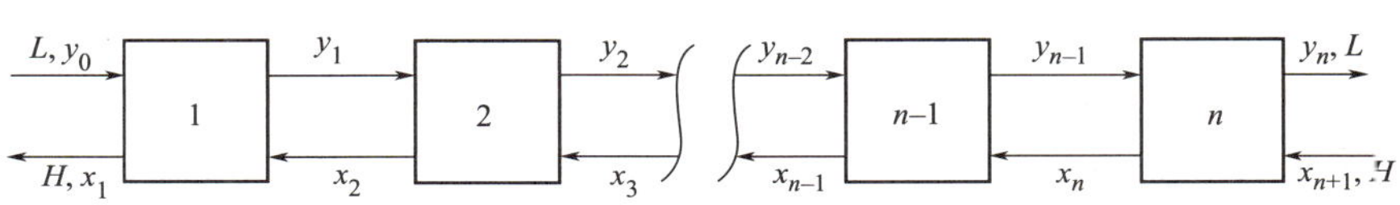

图 5.8　多级逆流接触萃取流程示意图

5.4.4 分馏萃取

分馏萃取（fractional extraction）是对多级逆流接触萃取的改进，料液从中间的某一级加入，流量为 F。如图 5.9 所示，萃取剂（L）从左端第一级加入，而从右端第 n 级加入纯重相（H）。此纯重相除不含溶质外，与进料的组成相同（如某种缓冲溶液），在进料级（k）的右端起洗涤作用，使萃取相中目标溶质纯度增加（但浓度下降），因此第 k 级右侧的各级称为洗涤段，重相 H 称为洗涤剂。在第 k 级的左侧，溶质从重相被萃取进入萃取相，因此这段称为萃取段。与图 5.8 的多级逆流接触萃取相比，分馏萃取可显著提高目标产物的纯度。

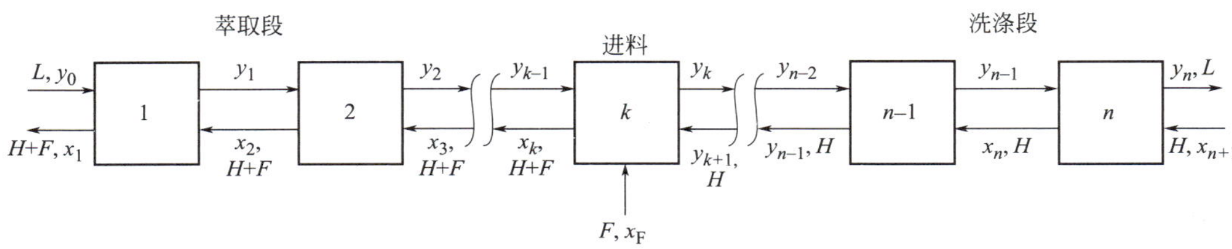

图 5.9 分馏萃取流程示意图

5.4.5 塔式萃取设备

除前述的混合 - 澄清式萃取设备外，另一类广泛应用的液液萃取设备为塔式萃取设备，如图 5.10 所示的喷淋塔、转盘塔、筛板塔和脉冲筛板塔，此外还有填料塔、往复振动筛板塔等。

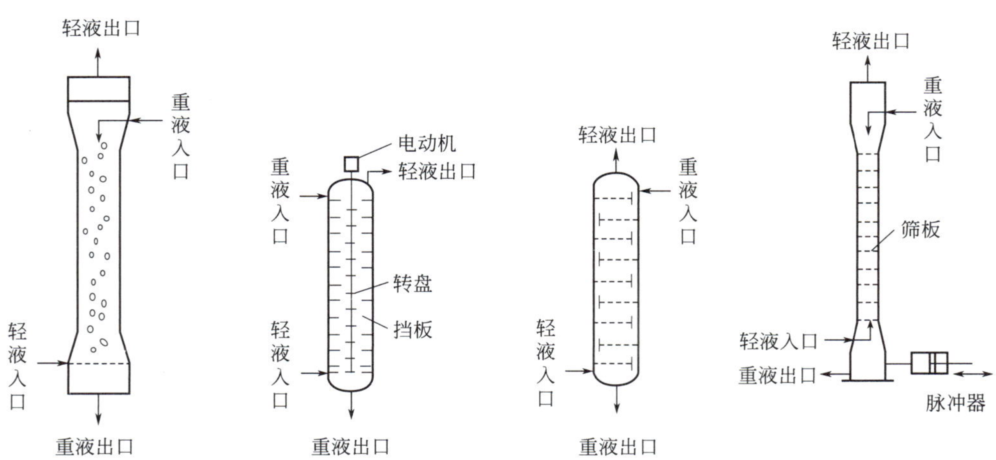

图 5.10 部分塔式萃取设备示意图

塔式萃取操作中重相与轻相亦采取逆流接触的形式。但与多级逆流接触萃取不同的是，塔内溶质在其流动方向的浓度变化是连续的，需用微分方程描述塔内溶质的质量守恒规律，因此塔式萃取又称微分萃取。

5.5　双水相萃取

一些亲水性高分子聚合物的水溶液超过一定浓度后可形成两相，并且在两相中水分均占很大比例，即形成双水相系统（aqueous two-phase system，ATPS）。利用亲水性高分子聚合物的水溶液可形成双水相的性质，Albertsson[6] 于 20 世纪 50 年代后期开发了双水相萃取法（aqueous two-phase extraction），又称双水相分配法（aqueous two-phase partitioning）。20 世纪 70 年代以后，双水相萃取技术开始应用于生物产物的生产过程，包括蛋白质（特别是胞内蛋白质）、抗体和病毒的分离与纯化 [7-11]。值得一提的是，因为双水相系统的生物相容性，双水相萃取可以与细胞培养过程、细胞破碎等生物过程相结合，构建集成的合成生物过程 [12,13]。

5.5.1　双水相系统

根据热力学第二定律可知，混合是熵增加的过程，因而可自发进行。但另一方面，分子间存在相互作用，并且这种分子间相互作用随分子量的增大而增大。因此，传统观点认为，当两种高分子聚合物之间存在相互排斥作用时，由于分子量较大，分子间的相互排斥作用与混合过程的熵增加相比占主导地位，一种聚合物分子的周围将聚集同种分子而排斥异种分子，当达到平衡时，即形成分别富含不同聚合物的两相。这种含有聚合物分子的溶液发生分相的现象称为聚合物的不相容性（incompatibility）。可形成双水相的双聚合物体系很多，如聚乙二醇（polyethylene glycol，PEG）/ 葡聚糖（dextran，Dx）、聚丙二醇（polypropylene glycol）/ 聚乙二醇和甲基纤维素（methylcellulose）/ 葡聚糖等。双水相萃取中常采用的双聚合物系统为 PEG/Dx，该双水相的上相富含 PEG，下相富含 Dx。

除双聚合物系统外，聚合物与无机盐的混合溶液也可形成双水相，例如，PEG/ 磷酸钾（KPi）、PEG/ 磷酸铵、PEG/ 硫酸钠等常用于双水相萃取。PEG/ 无机盐系统的上相富含 PEG，下相富含无机盐。

图 5.11（a）和（b）分别为 PEG/Dx 和 PEG/KPi 系统的典型相图 [14]。图中的曲线称为双结点线，双结点线以下的区域为均相区，以上的区域为两相区。连接双结点线上两点的直线称为系线（tie line），在系线上各点处系统的总浓度不同，但均分成组成相同而体积不同的两相。两相的体积近似服从杠杆规则，即

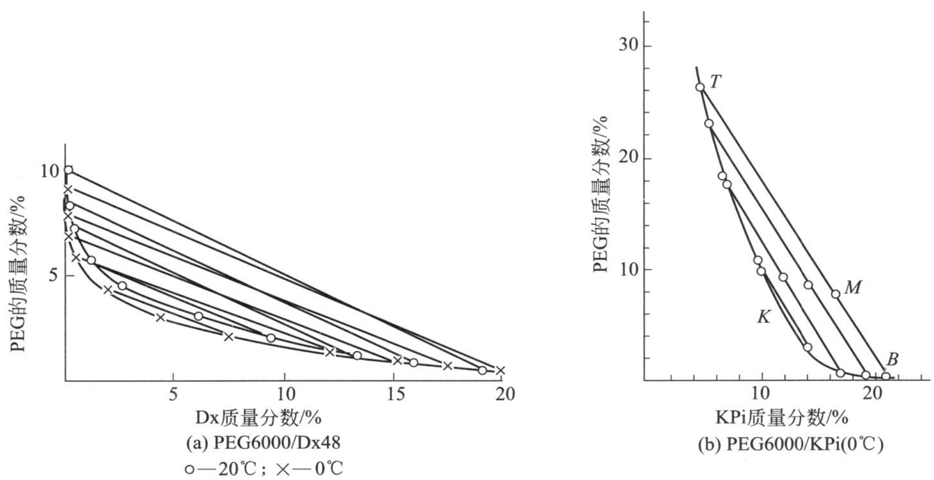

图 5.11　双水相系统相图

$$\frac{V_T}{V_B}=\frac{\overline{BM}}{\overline{MT}} \tag{5.41}$$

式中，V_T 和 V_B 分别为上相［图 5.11（a）和（b）的 PEG 相］和下相［图 5.11（a）的 Dx 相或图 5.11（b）的磷酸钾相］体积；$\overline{BM}$ 和 $\overline{MT}$ 分别为 B 点与 M 点和 M 点与 T 点之间的距离［图 5.11（b）］。

系线的长度是衡量两相间相对差别的尺度，系线越长，两相间的性质差别越大；反之则越小。当系线长度趋向于零时，即在图 5.11（b）的双结点线上 K 点，两相差别消失，任何溶质在两相中的分配系数均为 1，因此 K 点称为临界点（critical point）。

除双聚合物和聚合物 / 无机盐形成的双水相系统外，某些非离子型表面活性剂或两性离子表面活性剂（zwitterionic surfactant）的水溶液通过温度变化可发生相分离，其中一相富含胶团。这类双水相系统称为双水相胶团系统（aqueous-two phase micellar system）。表面活性剂溶液发生相分离的温度称为浊点温度（cloud point temperature），因此利用双水相胶团系统的萃取方法又称浊点萃取（cloud point extraction）[15-18]。

Triton X-114 是一种研究最多的非离子型表面活性剂，其分子结构如下：

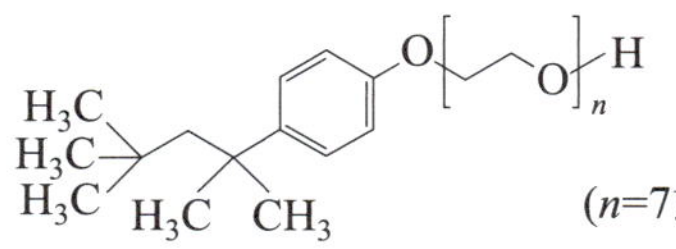

（n=7或8）

Triton X-114 的水（胶团）溶液在较低温度下为均相系统，升高温度会发生相分离（溶液变浑浊），浊点温度为 20 ～ 30℃，随浓度增大而升高。与非离子型表面活性剂不同，两性离子表面活性剂的水溶液在较高温度下为均相系统，降低温度则会发生相分离 [17,18]。

5.5.2 双水相中的分配平衡

与溶剂萃取相同，溶质在双水相中的分配系数也用式（5.10）表示。为简便起见，用 c_1 和 c_2 分别表示平衡状态下下相和上相中溶质的总浓度（mol/L），则

$$m=\frac{c_2}{c_1} \tag{5.10c}$$

有关双水相系统中溶质分配平衡的理论已有很多研究报道。但是，由于影响双水相分配平衡的因素非常复杂，尚未建立完整的热力学理论体系。从双水相萃取过程设计的角度出发，确定影响分配系数的主要因素是非常重要的。已有的大量研究表明，生物分子的分配系数取决于溶质与双水相系统间的各种相互作用，其中主要有静电相互作用、疏水性相互作用和生物亲和作用等。因此，分配系数是各种相互作用的和 [19]

$$\ln m=\ln m_e+\ln m_h+\ln m_l \tag{5.42}$$

式中，m_e、m_h 和 m_l 分别为静电相互作用、疏水性相互作用和生物亲和作用对溶质分配系数的贡献。其中静电相互作用和疏水性相互作用是双水相系统中普遍存在的，生物亲和作用则需要在萃取相添加亲和配基，构成亲和萃取系统（见第 8 章）。

5.5.2.1 静电相互作用

非电解质型溶质的分配系数不受静电作用的影响，利用相平衡理论可推导下述分配系数表达式

$$\ln m=-\frac{M\lambda}{RT} \tag{5.43}$$

式中，M 为溶质的分子量；λ 为与溶质表面性质和成相系统有关的常数；R 为摩尔气体常数，J/(mol·K)；T 为热力学温度。

因此，溶质的分配系数的对数与分子量之间呈线性关系，在同一个双水相系统中，若 $\lambda>0$，不同溶质的分配系数随分子量的增大而减小。同一溶质的分配系数随双水相系统的不同而改变，这是因为式（5.43）中的 λ 随双水相系统而异。图 5.12[20] 是不同蛋白质在 pH 值为各蛋白质等电点的双水相系统中的分配系数，实验验证了式（5.43）。

实际的双水相系统中通常含有缓冲液和无机盐等电解质，当这些离子在两相中分配浓度不同时（即分配系数 ≠ 1），将在两相间产生电位差（相间电位），通称道南电位（Donnan potential），用 $\Delta\varphi$ 表示

$$\Delta\varphi=\frac{RT}{(Z^{+}-Z^{-})F}\ln\frac{m_{-}}{m_{+}} \tag{5.44}$$

此时，荷电溶质的分配平衡将受相间电位的影响，根据相平衡理论推导溶质的分配系数表达式为 [14]

$$\ln m=\ln m_0+\frac{FZ}{RT}\Delta\varphi \tag{5.45}$$

上述两式中，m_+ 和 m_- 分别为电解质的阳离子和阴离子的分配系数；Z^+（>0）和 Z^-（<0）分别为电解质的阳离子和阴离子的电荷数；$\Delta\varphi$ 为相间电位；m_0 为溶质净电荷为零（pH= 等电点）时的分配系数；F 为法拉第常数；Z 为溶质的净电荷数。

显然，式（5.43）是式（5.45）的一种特殊情况（Z=0）。

因此，荷电溶质的分配系数的对数与溶质的净电荷数成正比。由于同一双水相系统中添加不同的盐产生的相间电位不同，故分配系数与净电荷数的关系因无机盐而异，如图 5.13[21] 所示。

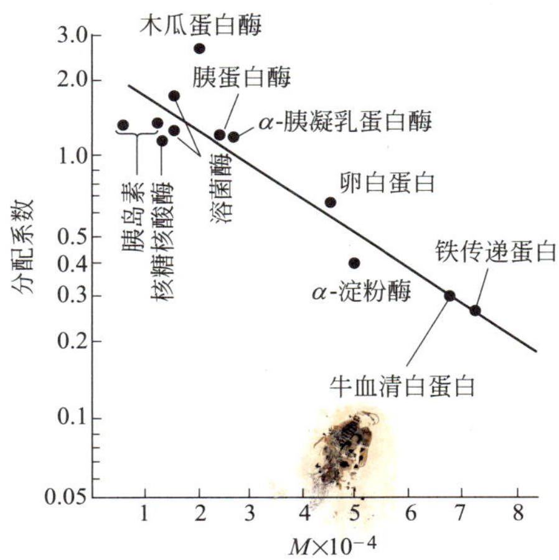

图 5.12　双水相系统中溶质的分配系数与分子量的关系

4.4% PEG 8000/7% Dx T500，20℃

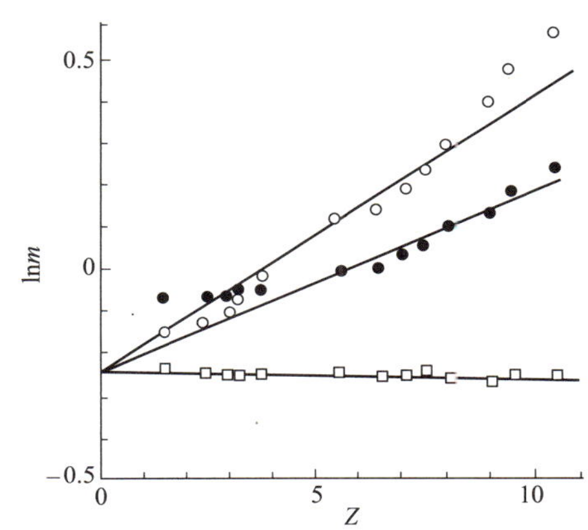

图 5.13　核糖核酸酶的分配系数与净电荷数的关系

5.8%（质量分数）PEG 6000/8.4%（质量分数）Dx T500，20℃

○—0.1mol/L KSCN；●—0.1 mol/L KCl；

□—0.05 mol/L K_2SO_4

5.5.2.2　疏水性相互作用

一般蛋白质表面均存在疏水区，疏水区占总表面积的比例越大，疏水性越强。所以，不同蛋白质具有不同的相对疏水性。在 pH 值为等电点的双水相中，蛋白质主要根据表面疏水性的差异产生各自的分配平衡。同时，疏水性一定的蛋白质的分配系数受双水相系统疏水性的影响。因此，有必要确定双水相系

统的疏水性尺度，以便在萃取操作时调整和设计蛋白质的分配系数。

PEG/Dx 和 PEG/ 无机盐等双水相系统的上相（PEG 相）疏水性较大，相间的疏水性差用疏水性因子 *HF*（hydrophobic factor）表示。*HF* 可通过测定疏水性已知的氨基酸在其等电点处的分配系数 m_{aa} 测算[22]

$$\ln m_{aa} = HF(RH + B) \tag{5.46}$$

式中，*RH* 为氨基酸的相对疏水性（relative hydrophobicity），是通过测定氨基酸在水和乙醇中溶解度的差别确定的，并设疏水性最小的甘氨酸的 RH=0[23]。所以，上式中的 *B* 为

$$B = \ln m_{Gly} / HF \tag{5.47}$$

式中，m_{Gly} 为甘氨酸的分配系数。所以，pH=p*I* 时氨基酸在双水相系统中的分配系数与其 *RH* 值呈线性关系，直线的斜率就是该双水相系统的 *HF* 值。图 5.14 为测定实例。

双水相系统的 *HF* 与成相聚合物的种类、分子量、浓度，添加盐的种类、浓度以及 pH 值有关，一般随聚合物的分子量、浓度以及盐析盐浓度的增大而增大。有研究表明，PEG/Dx 和 PEG/KPi 系统的 *HF* 值与上下相中 PEG 的浓度差成正比，PEG/Dx 系统的 *HF* 约为 0.005 ～ 0.02 mol/kJ，而 PEG/KPi 系统的 *HF* 约为 0.1 ～ 0.4mol/kJ[19]。

利用式（5.46）可确定不同双水相系统的 *HF* 值。如果在 pH 值为等电点的双水相中蛋白质的分配系数（m_0）与 *HF* 值之间呈线性关系，则直线的斜率定义为该蛋白质的表面疏水性，用 *HFS*（hydrophobic factor of solutes）表示[24]

$$\ln m_0 = HF \times HFS \tag{5.48}$$

图 5.15 为蛋白质的 m_0 与 *HF* 的实测关系图[24]。从该图所示的实验结果可知，蛋白质的表面疏水性随添加 NaCl 浓度的增大而增大。将盐对蛋白质疏水性的影响引入式（5.48），则

$$\ln m_0 = HF(HFS + \Delta HFS) \tag{5.49}$$

式中，ΔHFS 为盐浓度增加引起的 *HFS* 值增量。

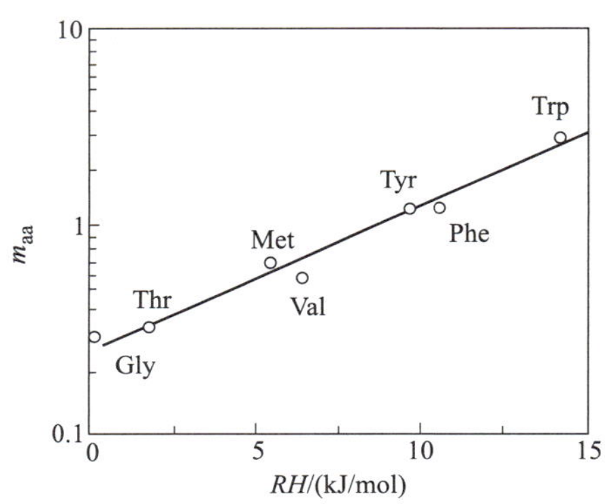

图 5.14 双水相系统疏水性的测定：氨基酸的分配系数与 *RH* 的关系

14%PEG4000/14%Kpi，pH ≈ p*I*

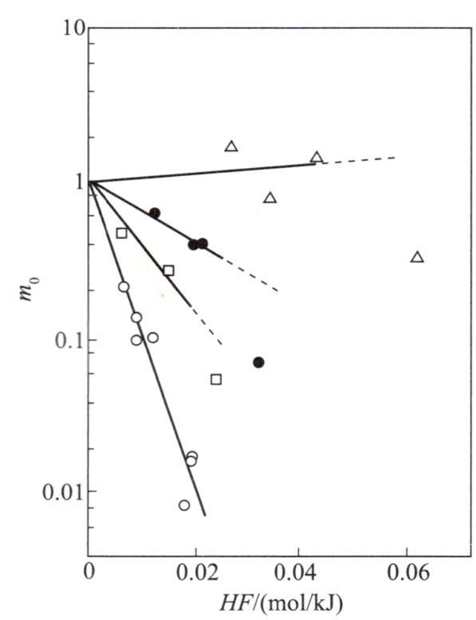

图 5.15 盐浓度对血红蛋白分配系数的影响

PEG/Dx，pH=p*I*

NaCl (mol/kg)：○—0；□—0.6；●—1；△—2

因此，式（5.45）可表示为下述的一般形式

$$\ln m = HF(HFS + \Delta HFS) + \frac{FZ}{RT}\Delta\varphi \tag{5.50}$$

式（5.50）较全面地描述了双水相系统的疏水性和相间电位、蛋白质的疏水性和净电荷数对分配系数的影响，同时也间接地通过盐对蛋白质表面疏水性和相间电位的影响表现了盐对蛋白质分配系数的作用。

在非离子型表面活性剂的双水相胶团系统中，富含胶团相的疏水性较大，疏水性较大的蛋白质具有较大的分配系数。因此，双水相胶团系统特别适用于疏水性生物分子（如膜蛋白）的萃取分离 [19-22]。

5.5.3 影响分配系数的各种因素

通过上述讨论可知，影响生物分子分配系数的因素很多。事实上，影响双水相系统中溶质分配系数的因素要比上述讨论更复杂 [25]。为便于实际萃取操作中设计适宜的双水相系统和操作条件，选择性地萃取目标产物，下面综合归纳影响分配系数的各种因素。

5.5.3.1 成相聚合物和浓度

成相聚合物的分子量和浓度是影响分配平衡的重要因素。若降低聚合物的分子量，则蛋白质易分配于富含该聚合物的相中。例如，PEG/Dx 系统的上相富含 PEG，若降低 PEG 的分子量，则分配系数增大；若降低葡聚糖的分子量，则分配系数减小。这一规律适用于任何成相聚合物系统和生物大分子溶质，具有普遍意义。

从图 5.11（a）和（b）可以看出，当成相系统的总浓度增大时，系统远离临界点，系线长度增加，两相性质的差别（疏水性等）增大，蛋白质分子的分配系数将偏离临界点处的值（m=1），即大于 1 或小于 1。研究表明，二肽、胰蛋白酶、核糖核酸酶、细胞色素 C、溶菌酶等分子量较小的蛋白质的分配系数与相间聚合物的浓度差之间有下述关系 [25,26]

$$\ln m = k_i \Delta c_i \tag{5.51}$$

式中，Δc_i 为系统中聚合物组分 i 的相间浓度差；k_i 为常数，与聚合物组分和参与分配的溶质有关。

图 5.16[26,27] 的实验结果证明，式（5.51）也基本适用于分子量大于 35000 的蛋白质。图中横坐标为 PEG 在两相中的浓差，此浓差越大，意味着系线越长，成相系统的总浓度越高。因此，成相系统的总浓度越高，系线越长，蛋白质越容易分配于其中的某一相。

当系线长度增加时，系统的表面张力增大，可能导致溶质在界面上的吸附。这种现象在处理含细胞和固体微粒的料液时尤为严重，细胞或固体微粒容易集中在界面上，给萃取操作带来困难。但对于可溶性蛋白质，这种界面吸附现象很少发生，一般可不考虑。

5.5.3.2 盐的种类和浓度

盐的种类和浓度对分配系数的影响主要反映在对相间电位（图 5.13）和蛋白质疏水性（图 5.15）的影响。在双聚合物系统中，无机离子具有各自的分配系数。图 5.17 列出了各种离子在 PEG/Dx 系统中的分配系数 [19]。可以看出，不同电解质的正负离子的分配系数不同，当双水相系统中含有这些电解质时，由于两相均应各自保持电中性，从而产生不同的相间电位［式（5.44）］。因此，盐的种类（离子组成）影响蛋白质、核酸等生物大分子的分配系数［式（5.45）］。前述图 5.13 清楚地证明了这一点。

从图 5.17 可知，HPO_4^{2-} 和 $H_2PO_4^-$（$H_{1.5}PO_4^{1.5-}$）离子在 PEG/Dx 系统的分配系数很小，因此利用

pH>7 的磷酸盐缓冲液很容易改变相间电位差（$\Delta\varphi<0$），使带负电荷的蛋白质［式（5.45）中 $Z<0$］有较大的分配系数，分配于富含 PEG 的上相中。

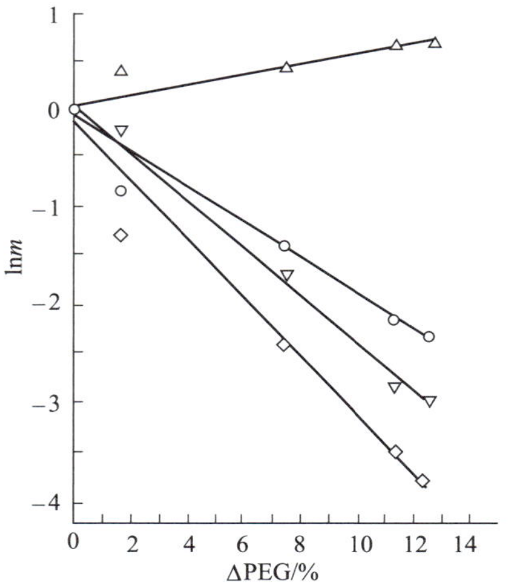

图 5.16　蛋白质在 PEG6000/Dx 40 系统的分配系数

△—胰凝乳蛋白酶原；○—牛血清白蛋白；
▽—人铁传递蛋白；◇—过氧化氢酶
—表示式（5.51）的计算值（$\Delta c_i=\Delta PEG$）

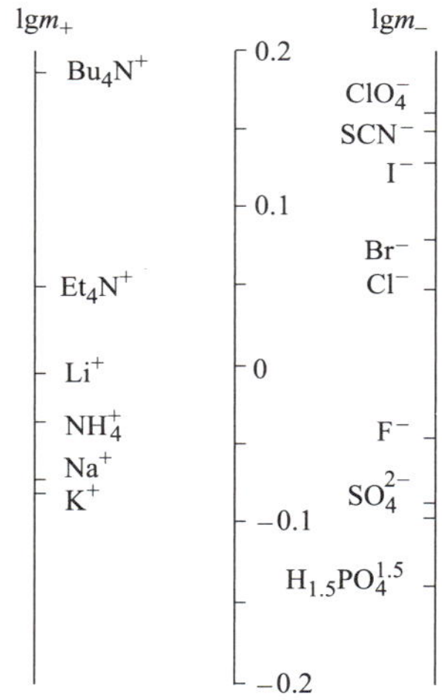

图 5.17　各种离子的分配系数

8%（质量分数）PEG3000 ~ 3700/8%（质量分数）Dx 500K，盐浓度 0.020 ~ 0.025mol/L，25℃

在第 3 章已经介绍，不同盐的盐析效果不同。因此，盐的种类和浓度（离子强度）影响蛋白质的表面疏水性增量Δ *HFS*，从而影响蛋白质的分配系数［式（5.49）］。当盐的浓度很大时（如浓度高于 1mol/L），由于强烈的盐析作用，蛋白质的溶解度达到极限，表观分配系数增大，此时分配系数与蛋白质浓度有关。

盐浓度不仅影响蛋白质的表面疏水性，而且扰乱双水相系统，改变各相中成相物质的组成和相体积比。例如，PEG/KPi 系统中上下相的 PEG 和磷酸钾浓度以及 Cl^- 在上、下相中的分配平衡随添加 NaCl 浓度的增大而改变[28]。这种相组成即相性质的改变直接影响蛋白质的分配系数。离子强度对不同蛋白质的影响程度不同，利用这一特点，通过调节双水相系统的盐浓度，可有效地萃取分离不同的蛋白质。

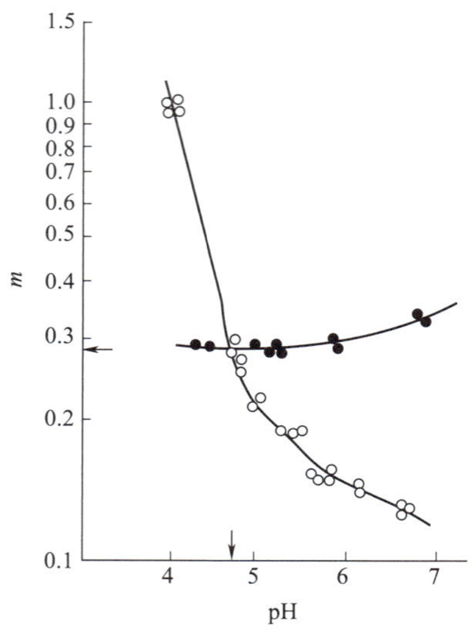

图 5.18　BSA 的交错分配曲线，箭头所指为交点处的 pH 值和 *m* 值

4.4% PEG 6000/7% Dx T500，20℃；
○—0.1mol/L NaCl；●—0.05mol/L Na_2SO_4

5.5.3.3　pH 值

由于 pH 值影响蛋白质的解离度，调节 pH 值可改变蛋白质的表面电荷数，因而改变分配系数［式（5.45），图 5.13］。因此，pH 值与蛋白质的分配系数之间存在一定的关系。当加入不同种类的盐时，由于相间电位 $\Delta\varphi$ 不同，它们之间的关系曲线也不一样，但在蛋白质的等电点处，由于 Z=0，分配系数应相同［$=m_0$，式（5.45）］，即两条关系曲线交于一点（图 5.18[20]）。所以，通过测定不同盐类存在下分配系数与 pH 值之间的关系曲线的交点，可测定蛋白质、细胞器以及微粒的等电点，这种方法称为交错分配法（cross partitioning）。图 5.12 中的分配系数都是利用交错分配法测定的（分配系数值从两条分配曲线的交叉点读取）。

另外，pH 值影响磷酸盐的解离，即影响 PEG/KPi 系统的相间电位和蛋白质的分配系数。对某些蛋白质，pH 值的很小变化会使分配系数改变 2 ～ 3 个数量级。

根据式（5.45），在相间电位为零的双水相中，蛋白质的分配系数不受 pH 值的影响。但对于许多蛋白质，当相间电位为零时，分配系数［即式（5.45）中的 m_0］随 pH 值的变化有所增减。m_0 随 pH 值变化而改变的现象表明蛋白质自身结构和性质随 pH 值的变化而改变，如表面疏水性的变化、形成二聚体或二聚体解离、与其它共存的蛋白质或小分子物质形成复合物等。因此，根据 m_0 随 pH 值的变化情况可以判断 pH 值对蛋白质结构和形态的影响。

5.5.3.4　温度

温度影响双水相系统的相图［图 5.11（a）］，因而影响蛋白质的分配系数。但一般来说，当双水相系统离临界点足够远时，温度的影响很小，1 ～ 2℃的温度改变不影响目标产物的萃取分离。

大规模双水相萃取操作一般在室温下进行，不需冷却。这是基于以下原因：①成相聚合物 PEG 对蛋白质有一定稳定作用，常温下蛋白质一般不会发生失活或变性；②常温下溶液黏度较低，容易相分离；③常温操作节省冷却费用。

5.5.4　双水相萃取操作

5.5.4.1　双水相系统的选择

成功地利用双水相萃取技术分离提取目标蛋白质的第一步是选择合适的双水相系统，使目标蛋白质的收率和纯化程度均达到较高的水平，并且成相系统易于利用静置沉降或离心沉降法进行相分离。如果以胞内蛋白质为萃取对象，应使破碎的细胞碎片分配于下相中，从而增大两相的密度差，满足两相的快速分离、降低操作成本和操作时间的产业化要求。

虽然影响分配系数的因素很多，给双水相系统的选择和设计带来很大困难，但是，式（5.50）可有效地指导双水相萃取系统的设计。根据目标蛋白质和共存杂质的表面疏水性、分子量、等电点和表面电荷等性质上的差别，综合利用静电相互作用、疏水性相互作用以及添加适当种类和浓度的盐，可选择性萃取目标产物。若目标产物与杂蛋白的等电点不同，可调节系统 pH 值，添加适当的盐，产生所希望的相间电位；若目标产物与杂蛋白的表面疏水性 *HFS* 相差较大，可充分发挥盐析作用。提高成相系统的浓度（系线长度），增大双水相系统的疏水性因子 *HF*，也是选择性萃取的重要手段。另外，改变系线长度还可以使细胞碎片选择性分配于 PEG/ 盐系统的下相；采用分子量较大的 PEG 可降低蛋白质的分配系数，使萃取到 PEG 相（上相）的蛋白质总量减少，从而提高目标蛋白质的选择性。例如，采用 6.3%PEG6000/10%KPi 系统，可从细胞匀浆液中将 β - 半乳酸糖苷酶提纯 12 倍，而使用分子量较低的 PEG 时，萃取的选择性降低[28]。此外，在磷酸盐存在下于 pH>7 的范围内调节 pH 值也可提高目标产物的萃取选择性。

5.5.4.2　胞内蛋白质的萃取

双水相萃取法可选择性地使细胞碎片分配于双水相系统的下相，而目标产物分配于上相，同时实现目标产物的部分纯化和细胞碎片的除去，从而节省利用离心或膜分离除碎片的操作过程。因此，双水相萃取应用于胞内蛋白质的分离纯化是非常有利的。

从细胞匀浆液中萃取目标产物时，除成相系统外，匀浆液浓度是影响分离效率的重要因素。一方面，为降低设备体积，减少成相聚合物用量，即降低设备投资与操作成本，添加的匀浆液浓度应尽量高。另一方面，如果匀浆液添加过多，其中细胞碎片、核酸和蛋白质的浓度将达到与成相系统浓度相当的值，会不同程度地扰乱成相系统，改变相体积比。研究发现，在大量匀浆液的存在下，原来相图的双结点线会向下移动，即在较低的成相系统浓度下分层形成双水相。因此，在处理细胞匀浆液时，成相系统的浓度不一定在双结点线以上，即使在双结点线以下，随着细胞匀浆液的加入，原来的均相系统也会形成双水相。匀浆液加入过量会降低上、下相的体积比和目标产物的分配系数，从整体上降低单级萃取的收率。此外，匀浆液加入过量会使萃取系统黏度过高，给相分离带来困难。因此，一般来说，根据细胞种类与目标产物的不同，每千克萃取系统的处理量上限为 200 ～ 400g 湿细胞，即 200 ～ 400g/L。

5.5.4.3 相平衡与相分离

双水相萃取过程包括以下几个步骤，即双水相的形成、溶质在双水相中的分配和双水相的分离。在实际操作中，经常将固状（或浓缩的）聚合物和盐直接加入细胞匀浆液中，同时进行机械搅拌使成相物质溶解，形成双水相；溶质在两相中发生物质传递，达到分配平衡。常用的双水相系统的表面张力很小（例如，PEG/ 盐系统为 0.1 ～ 1mN/cm，PEG/Dx 系统为 1×10^{-4} ～ 0.1mN/cm），相间混合所需能量很低，通过机械搅拌很容易分散成微小液滴，相间比表面积极大，达到相平衡所需时间很短，一般只需几秒钟。所以，如果利用固状聚合物和盐成相，则聚合物和盐的溶解多为萃取过程的速率控制步骤。

达到分配平衡后的两相分离可采用重力沉降（静置分层）或离心沉降法。

双水相系统的相间密度差很小。例如，PEG/Dx 系统的密度差为 0.02 ～ 0.07kg/m^3，PEG/KPi 系统的密度差为 0.04 ～ 0.1kg/m^3。另外，处理细胞匀浆液时，萃取系统的黏度很大，此时即使由于细胞碎片的存在使两相密度差增大，但黏度的增大占主导地位，即 $\Delta\rho/\mu$ 随细胞匀浆液浓度的增大而减小，给沉降分离带来困难。一般情况下，利用重力沉降法分离含细胞碎片的萃取系统需要 10h 以上，并且很难使两相完全分离。如果除去细胞碎片后再进行双水相萃取，则相分离将容易得多，利用重力沉降也可达到满意的效果[7]。利用离心沉降可大大加快相分离速度，并易于连续化操作。常用的离心沉降设备有管式离心机和碟片式离心机（详见第 2 章）。

5.6 液膜萃取

液膜（liquid membrane）是由水溶液或有机溶剂（油）构成的液体薄膜。液膜可将与之不能互溶的液体分隔开来，使其中一侧液体中的溶质选择性地透过液膜进入另一侧，实现溶质之间的分离，故液膜萃取也是一种膜分离方法。当液膜为水溶液时（水型液膜），其两侧的液体为有机溶剂；当液膜由有机溶剂构成时（油型液膜），其两侧的液体为水溶液。因此，液膜萃取可同时实现萃取和反萃取，这是液膜萃取法的主要优点之一，有利于简化分离过程、提高分离速度、降低设备投资和操作成本。

自从 1968 年 Norman N. Li[29] 发明乳状液膜分离技术以来，液膜以其独特的结构和高效的分离性能吸引了世界各国科技人员的注意，在金属离子、烃类、有机酸、氨基酸和抗生素的分离以及废水处理等方面开展了广泛的研究，在酶的包埋固定化和生物医学方面也有研究报道。但由于液膜萃取鲜有实际应用的报道，本节仅简要介绍液膜萃取的种类和萃取机理。

5.6.1 液膜的种类

液膜根据其结构可分为多种，但具有实际应用价值的主要有以下三种。

5.6.1.1 乳状液膜

乳状液膜（emulsion liquid membrane, ELM）是 N. N. Li 发明专利中使用的液膜。乳状液膜根据成膜液体的不同，分为（W/O）/W（水 - 油 - 水）和（O/W）/O（油 - 水 - 油）两种。在生物分离中主要应用 (W/O)/W 型乳状液膜，因此这里仅给出（W/O）/W 型乳状液膜示意图（图 5.19）。如果内、外相为油相，液膜为水溶液，则为（O/W）/O 型乳状液膜。

乳状液膜的膜溶液主要由膜溶剂、表面活性剂和添加剂（流动载体）组成，其中膜溶剂含量占 90% 以上，而表面活性剂和添加剂分别占 1% ～ 5%。表面活性剂起稳定液膜的作用，是乳状液膜的必需成分。因此，乳状液膜又称表面活性剂液膜（surfactant liquid membrane）。

向溶有表面活性剂和添加剂的油中加入水溶液，进行高速搅拌或超声波处理，制成 W/O（油包水）型乳化液，再将该乳化液分散到第二个水相（通常为待分离的料液）进行第二次乳化印可制成（W/O）/W 型乳状液膜，此时第二个水相为连续相。W/O 型乳化液滴直径一般为 0.1 ～ 2mm，内部包含许多微水滴，直径为数微米，液膜厚度为 1 ～ 10μm。乳状液膜中表面活性剂有序排列在油水分界面处，对乳状液膜的稳定性起至关重要的作用，并影响液膜的渗透性。此外，液膜中的添加剂主要是液膜萃取中促进溶质跨膜输送的流动载体，为溶质的选择性化学萃取剂。在有些情况下不需加入流动载体（详见 5.6.2 节）。

如果一个油滴的内相仅含一个水滴，则称为单滴型液膜，常用于液膜的基础研究（如测定溶质的扩散速率等）。

5.6.1.2 支撑液膜

支撑液膜（supported liquid membrane，SLM；contained liquid membrane，CLM）是将多孔高分子固体膜浸在膜溶剂（如有机溶剂）中，使膜溶剂充满膜的孔隙形成的液膜（图 5.20），由 Cussler 最早用于 Na^+ 的萃取 [30]。支撑液膜分隔料液相和反萃相，实现渗透溶质的选择性萃取回收或除去。当液膜为油相时，常用的多孔膜为利用聚四氟乙烯、聚乙烯和聚丙烯等制造的高疏水性膜。与乳状液膜相比，支撑液膜结构简单，放大容易。但膜相仅靠表面张力和毛细管作用吸附在多孔膜的孔内，使用过程中容易流失，造成支撑液膜性能下降。弥补这一缺点的办法是定期停止操作，从反萃相一侧加入膜相溶液，补充膜相的损失。

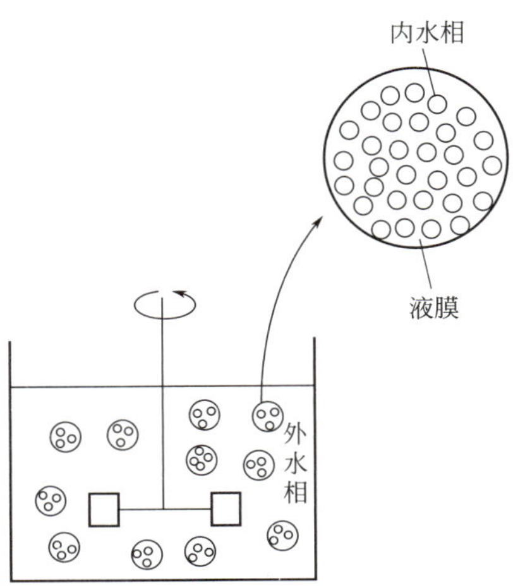

图 5.19 （W/O）/W 型乳状液膜

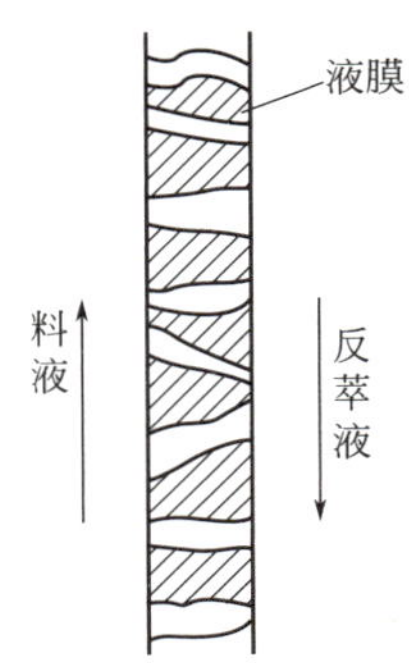

图 5.20 支撑液膜

5.6.1.3 流动液膜

流动液膜也是一种支撑液膜，是为弥补支撑液膜的膜相容易流失的缺点而提出的，其结构如图5.21所示。液膜相可循环流动，因此在操作过程中即使有所损失也很容易补充，不必停止萃取操作进行液膜的再生。液膜相的强制流动或降低流路厚度可降低液膜相的传质阻力。

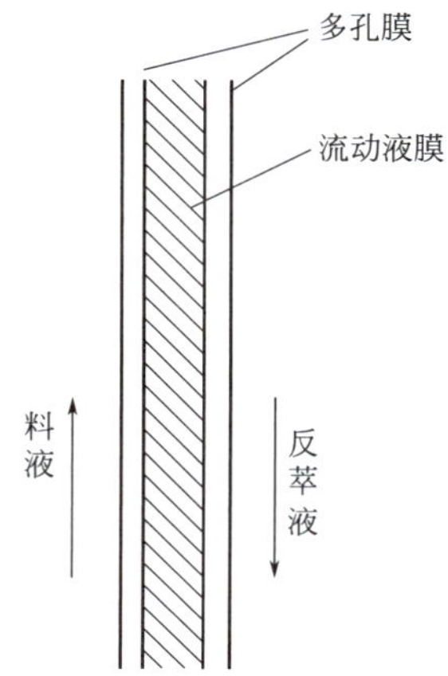

图5.21 流动液膜

5.6.2 液膜萃取机理

液膜萃取机理根据待分离溶质种类的不同，主要分为如下几种类型（图5.22）。

5.6.2.1 单纯迁移

单纯迁移又称物理渗透，根据料液中各种溶质在膜相中的溶解度（分配系数）和扩散系数的不同进行萃取分离［图5.22（a）］。由于一般溶质之间扩散系数的差别不大，因此物理渗透主要是基于溶质之间分配系数的差别实现分离的。在间歇操作中，当反萃相中溶质浓度增大到与料液相相同时，渗透达到平衡，溶质迁移不再发生。显然，利用这种萃取机理的液膜分离无浓缩效应。

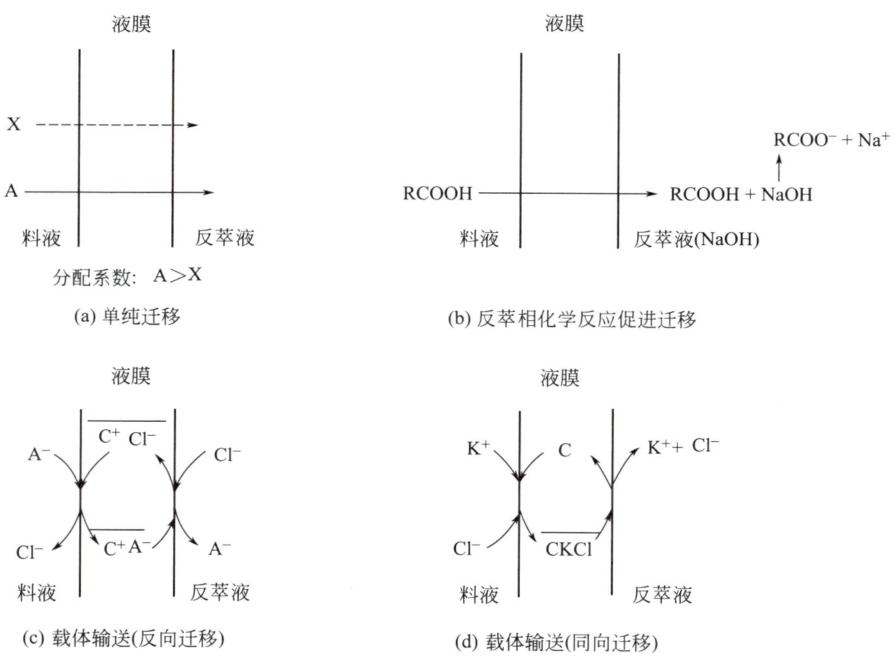

图5.22 液膜萃取机理

5.6.2.2 反萃相化学反应促进迁移

有机酸等弱酸性电解质的分离纯化中，可利用强碱（如NaOH）溶液为反萃相。如图5.22（b）所示，反萃相［(W/O)/W型乳状液膜的内水相］中含有NaOH，与料液中溶质（有机酸）发生不可逆化学反应生成不溶于膜相的盐。在膜相传质速率为控制步骤（即 NaOH 与酸的反应速率很快）时，反萃相中有机酸的浓度接近于零，使膜相两侧始终保持最大浓差，促进有机酸的迁移，直到 NaOH 反应完全。这种利用反萃相内化学反应的促进迁移又称 I 型促进迁移。与上述单纯迁移相比，溶质在反萃相得到浓缩，并且萃取速率快。

5.6.2.3 膜相载体输送

在膜相加入可与目标产物发生可逆化学反应的萃取剂 C，目标产物与该萃取剂 C 在膜相的料液一侧发生正向反应生成中间产物。此中间产物在浓差作用下扩散到膜相的另一侧，释放出目标产物。这样，目标产物通过萃取剂 C 的搬运从料液一侧转入反萃相，而萃取剂 C 在浓差作用下从膜相的反萃液一侧扩散到料液相一侧，重复目标产物的跨膜输送过程。因此，萃取剂 C 称为液膜的流动载体。利用膜相中流动载体选择性输送作用的传质机理称为载体输送（carrier transport），又称为Ⅱ型促进迁移。

利用载体输送的液膜萃取可大大提高溶质的渗透性和选择性。更为重要的是，载体输送具有能量泵的作用，使目标溶质从低浓区沿反浓度梯度方向向高浓区持续迁移。显然，载体输送需要能量。根据向流动载体供能方式的不同，载体输送分为两种。

（1）反向迁移 即供能物质与目标溶质迁移方向相反。氨基酸及有机酸的载体输送是典型的反向迁移。如图 5.22（c）所示，如果氨基酸带负电荷（A^-），膜相中流动载体（萃取剂）可用阳离子型萃取剂季铵盐（C^+Cl^-），膜相的另一侧（反萃相）含高浓度氯离子（Cl^-）。在膜相的料液一侧，氨基酸离子 A^- 与流动载体 C^+（实际上以 $\overline{C^+Cl^-}$ 形式存在，用上划线表示膜相，下同）反应，即

$$A^- + \overline{C^+Cl^-} \longrightarrow \overline{C^+A^-} + Cl^-$$

生成 $\overline{C^+A^-}$，释放出 Cl^-。生成的 $\overline{C^+A^-}$ 在浓差作用下扩散到反萃相一侧，再与 Cl^- 反应，即

$$\overline{C^+A^-} + Cl^- \longrightarrow A^- + \overline{C^+Cl^-}$$

释放出 A^-，而生成的 $\overline{C^+Cl^-}$ 再扩散回膜相的料液一侧，重复上述过程。这样，料液中 A^- 浓度不断下降，反萃相中 A^- 的浓度不断上升，实现 A^- 从低浓区向高浓区的迁移。此时，A^- 从低浓区向高浓区的迁移是随 Cl^- 从高浓区向低浓区（正向）迁移进行的，因此，Cl^- 的正向迁移给载体输送提供了能量，即 Cl^- 为供能离子。这种向膜相内加入流动载体，使离子沿反浓度梯度方向迁移的液膜称为离子泵。由于供能离子 Cl^- 与氨基酸离子 A^- 的迁移方向相反，故这种载体输送方式称为反向迁移。反向迁移常用离子交换型萃取剂（如季铵盐、磷酸酯等）为流动载体。

（2）同向迁移 即供能物质与目标溶质迁移方向相同。钾离子的载体输送（钾离子泵）是典型的同向迁移，如图 5.22（d）所示。膜相中的流动载体（C）可用萃取剂二苯并 18 冠 6（DBC），料液为 Cl^- 浓度很高的 KCl 溶液，反萃相为水。在膜相的料液一侧，K^+ 与流动载体 C 反应生成配阳离子 $\overline{CK^+}$，$\overline{CK^+}$ 再与 Cl^- 缔和生成 $\overline{CKCl}$，即

$$C + K^+ + Cl^- \longrightarrow \overline{CKCl}$$

$\overline{CKCl}$ 扩散到膜相的反萃取一侧，由于反萃相中的 Cl^- 浓度很低（小于料液相），释放 Cl^-（和 K^+），空载的流动载体扩散回到膜相的料液一侧，重复上述过程。这样，反萃相中的 K^+ 和 Cl^- 浓度不断升高。如果料液中的 Cl^- 远高于 K^+ 浓度，可实现 K^+ 从低浓区向高浓区迁移。此时的供能离子为 Cl^-，因为 Cl^- 与 K^+ 迁移方向相同，故称此载体输送方式为同向迁移。

同向迁移常用大环多元醚和叔胺等萃取剂为流动载体。在同向迁移中，载体输送的物质为中性盐，

而不是反向迁移中的单一离子。

5.7 反胶团萃取

反胶团萃取（reversed micellar extraction）的研究始于20世纪70年代，是一种发展中的生物分离技术。反胶团萃取的本质仍是液液有机溶剂萃取，但与一般有机溶剂萃取所不同的是，反胶团萃取利用表面活性剂在有机相中形成的反胶团（reversed micelles），从而在有机相内形成分散的亲水微环境，使生物分子在有机相（萃取相）内存在于反胶团的亲水微环境中，消除了生物分子，特别是蛋白质类生物活性物质难于溶解在有机相中或在有机相中发生不可逆变性的现象。反胶团萃取研究的历史较短，技术尚不成熟，与上述液膜萃取类似，尚无应用实例。本节将简要介绍反胶团及其溶解机理。

5.7.1 反胶团及其性质

向水中加入表面活性剂，水溶液的表面张力随表面活性剂浓度的增大而下降。当表面活性剂浓度达到一定值后，将发生表面活性剂的分子自组装（molecular self-assembly），形成水溶性胶团（micelles），溶液的表面张力不再随表面活性剂浓度的增大而降低。表面活性剂在水溶液中形成胶团的最低浓度称为临界胶团浓度（critical micelle concentration，CMC）。水溶液中胶团的表面活性剂亲水头部向外，与水相接触，而疏水尾部埋在胶团内部。与此类似，若向有机溶剂（油）中加入油溶性表面活性剂，当表面活性剂的浓度超过一定值时，其在有机溶剂中也会形成胶团。但与在水溶液中所不同的是，有机溶剂内胶团的表面活性剂分子的疏水尾部向外，溶于有机溶剂，而亲水头部向内。因此，通常将表面活性剂在有机溶剂中形成的胶团称为反胶团（图5.23），也称反微团或反胶束。胶团或反胶团的形成均是表面活性剂分子自聚集的结果，是热力学稳定体系。当表面活性剂在有机溶剂中形成反胶团时，水在有机溶剂中的溶解度随表面活性剂浓度线性增大。因此，可通过测定有机相中平衡水浓度的变化，确定形成反胶团的最低表面活性剂浓度。

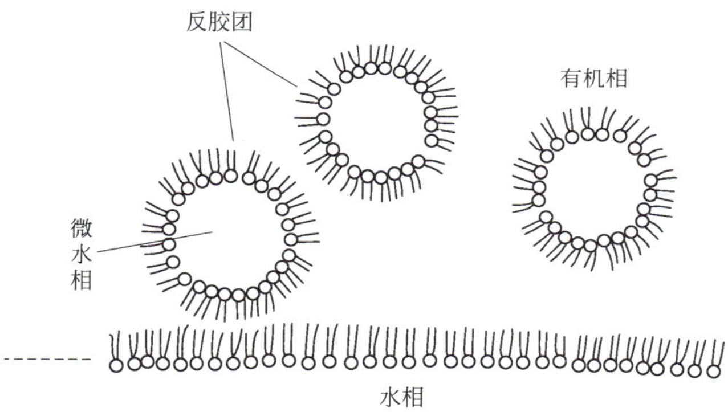

图5.23 反胶团示意图

反胶团的形状多为球形或近似球形，有时也呈柱状结构。极其重要的是，表面活性剂分子的聚集使反胶团内形成极性核（polar core），因此有机溶剂中的反胶团可溶解水。反胶团内溶解的水通常称为微水相或“水池（water pool）”，如图5.23所示。反胶团的大小与溶剂及表面活性剂的种类和浓度、温度、离子强度等因素有关，一般为5～20nm。其内水池的直径d用下式计算

$$d=\frac{6W_0M}{a_{\text{surf}}N\rho} \tag{5.52}$$

式中，W_0为有机相中水与表面活性剂的摩尔比，称为含水率（water content）；M、ρ分别为水的分子量和密度；a_{surf}为界面处一个表面活性剂分子的面积；N为Avogadro常数。

常用于制备反胶团溶液的表面活性剂是二-(2-乙基己基)琥珀酸酯磺酸钠（sodium bis-(2-ethylhexyl)-

sulphosuccinate），商品名为 Aerosol OT，简称 AOT。AOT 的分子结构式如下

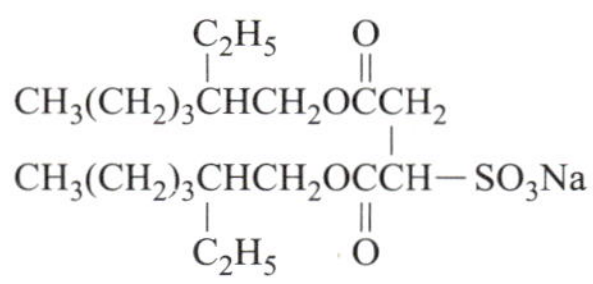

AOT 在异辛烷中形成的反胶团直径（d_m）可用下述经验式推算 [31]

$$d_m = 0.3W_0 + 2.4(\text{nm}) \tag{5.53}$$

式中，右侧第一项为反胶团的水核直径；第二项（2.4nm）为 AOT 分子长度的二倍。一般反胶团的 W_0 不超过 40。因此，根据式（5.53），利用 AOT 形成的反胶团水核直径一般不超过 12nm，其中大致可容纳一个直径为 5 ～ 10nm 的蛋白质。当蛋白质分子与反胶团直径相比大得多时（例如，当蛋白质的分子量超过 1×10^5），难于溶解到反胶团中。

反胶团不是刚性球体，而是热力学稳定的聚集体。在有机相中反胶团以非常高的速度生成和破灭，不停地交换其构成分子（表面活性剂和水），这一过程符合二级反应动力学，速率常数约 10^6 ～ $10^7 m^3/(kmol \cdot s)$。

当反胶团的含水率 W_0 较低时，反胶团水池内水的理化性质与正常水相差悬殊。例如，用 AOT 为表面活性剂，当 $W_0<8$ 时，反胶团内微水相的水分子受表面活性剂亲水基团的强烈束缚，表观黏度上升 50 倍，疏水性也极高。随 W_0 的增大，这些现象逐渐减弱，当 $W_0>16$ 时，微水相的水与正常的水接近，反胶团内可形成双电层。但即使当 W_0 值很大时，水池内水的理化性质也不能与正常的水完全相同，特别是在接近表面活性剂亲水头的区域内。

5.7.2　反胶团的溶解作用

由于反胶团内存在微水池，故可溶解氨基酸、肽、蛋白质和核酸等生物分子，为生物分子提供易于生存的亲水微环境。因此，反胶团萃取可用于生物分子的分离纯化，特别是蛋白质类生物大分子。关于反胶团溶解蛋白质的形式，有人提出了四种模型，如图 5.24 所示 [32]。其中（a）为水壳模型，蛋白质位于水池的中心，周围存在的水层将其与反胶团壁（表面活性剂）隔开；（b）的蛋白质分子表面存在强烈疏水区域，该疏水区域直接与有机相接触；（c）的蛋白质吸附于反胶团内壁；（d）为蛋白质的疏水区与几个反胶团的表面活性剂疏水尾发生相互作用，被几个小反胶团所“溶解”。表面性质不同的蛋白质可能以不同的形式溶解于反胶团相（reversed micellar phase），但对于亲水性蛋白质，目前普遍接受的是水壳模

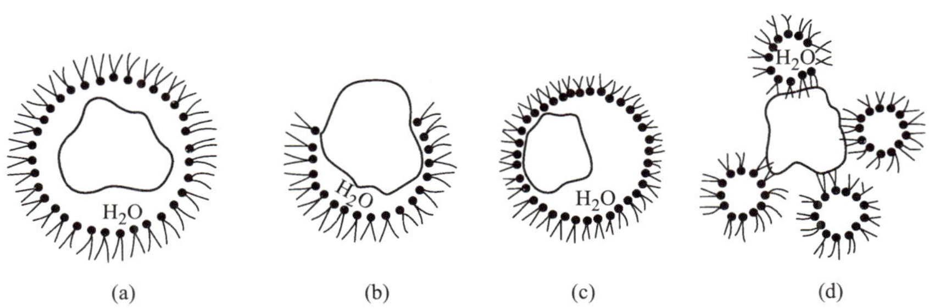

图 5.24　反胶团溶解蛋白质模型

型［图 5.24（a）］，因为许多实验数据均间接地证明了水壳模型的正确性。例如，①反胶团内酶的结构和活性与 W_0 值密切相关，说明酶对其周围存在的水层非常敏感；②反胶团内酶反应动力学行为与在正常的水相中相似，活性与 pH 值的关系同样表现为钟状曲线。

生物分子溶解于 AOT 等离子型表面活性剂的反胶团相的主要推动力是表面活性剂与蛋白质的静电相互作用。此外，反胶团与生物分子间的疏水性相互作用和空间相互作用对溶解率（萃取率）也有重要影响。

5.7.2.1　静电相互作用

反胶团萃取一般采用离子型表面活性剂制备反胶团相，其中应用最多的是阴离子型表面活性剂 AOT，阳离子型表面活性剂主要有氯化三辛基甲铵（TOMAC）和溴化十六烷基三甲铵（cetyl-trimethyl-ammonium bromide，CTAB）等季铵盐。这些表面活性剂所形成的反胶团内表面带有负电荷（AOT）或正电荷（TOMAC 和 CTAB）。因此，当水相 pH 值偏离蛋白质的等电点时，由于溶质带正电荷（pH<pI）或负电荷（pH>pI），与表面活性剂发生强烈的静电相互作用，影响溶质在反胶团相的溶解率，即在两相间的分配系数。理论上，当溶质所带电荷与表面活性剂相反时，由于静电引力的作用，溶质易溶于反胶团，溶解率或分配系数较大；反之，则不能溶解到反胶团相中。图 5.25 为 pH 值对不同蛋白质在 AOT 的反胶团中溶解率的影响[33]，各种蛋白质的分子量和等电点列于表 5.1。在等电点附近，蛋白质的溶解率急剧变化，当 pH<pI，即在带正电荷的 pH 值范围内蛋白质的溶解率接近 100%，说明静电相互作用对蛋白质的反胶团萃取起决定性作用。当 pH 值很低时，细胞色素 C 和溶菌酶的溶解率急剧下降，可能是水相中溶解的微量 AOT 与蛋白质发生静电和疏水相互作用形成缔合体，引起蛋白质变性，不能正常地溶解在反胶团相。

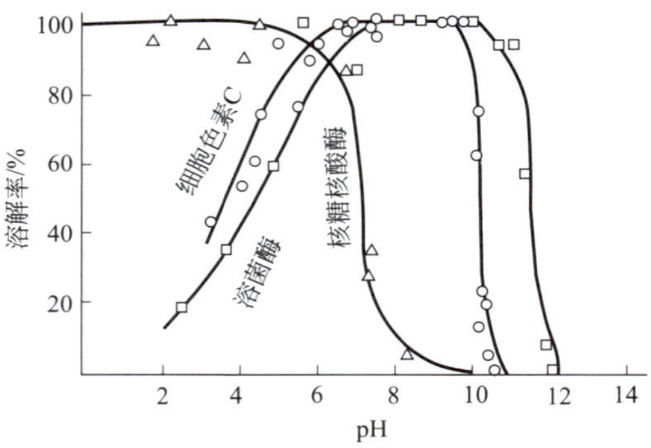

图 5.25　pH 值对蛋白质溶解率的影响

AOT=50mmol/L

表 5.1　图 5.25 中三种蛋白质的分子量和等电点

蛋白质	分子量	等电点
细胞色素 C	12400	10.6
核糖核酸酶	13700	7.8
溶菌酶	14300	11.1

盐浓度对蛋白质溶解率的影响（图 5.26）则从另一侧面反映了静电相互作用的效果。根据 Debye-Huckel 静电屏蔽效应理论，带电物体表面的双电层厚度与离子强度 I 之间有如下关系（详见第 9 章）

$$\kappa^{-1} \propto I^{-1/2} \tag{5.54}$$

式中，κ^{-1} 为双电层厚度。

可见双电层厚度随离子强度即盐浓度的增大而降低，即静电相互作用随盐浓度的增大而减弱，蛋白质的溶解率降低。

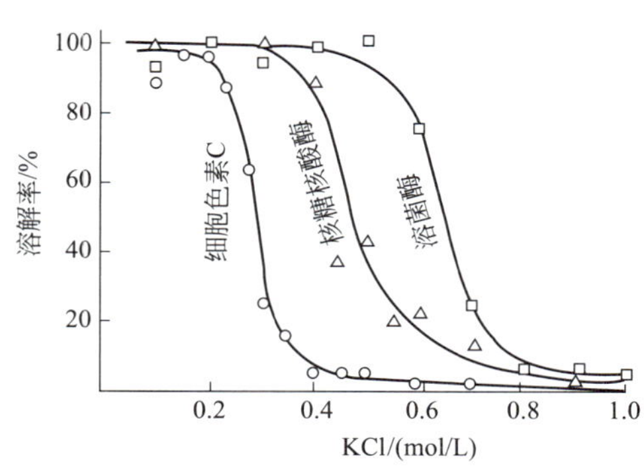

图 5.26　盐浓度对蛋白质溶解率的影响

AOT=50mmol/L

5.7.2.2　空间排阻作用

事实上，图 5.26 所示的溶解率随盐浓度增大而降低的现象除静电相互作用减弱的效果外，同时还存在空间排阻作用。如

图 5.27 所示[34]，盐浓度的增大对反胶团相产生脱水效应，反胶团的含水率 W_0 随盐浓度的增大而降低，反胶团直径减小［式（5.53）］，空间排阻作用增大，蛋白质的溶解率下降。许多研究表明，AOT/ 异辛烷系统的含水率与 $I^{-1/2}$ 成正比[34,35]。例如，图 5.27 中 W_0 与 NaCl 浓度（c_{NaCl}）的关系为[34]

$$W_0 = 9.64c_{NaCl}^{-0.5} \qquad (0.1\ \text{mol/L} \leqslant c_{NaCl} \leqslant 1.0\ \text{mol/L})$$

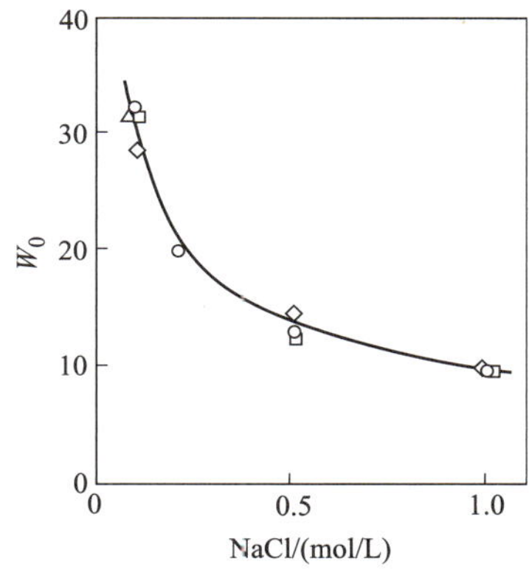

图 5.27　盐浓度对反胶团含水率影响

AOT (mmol/L)　○—50；△—100；□—200；◇—300

从图 5.27 还可看出，AOT/ 异辛烷系统的含水率与 AOT 浓度无关，这是多数反胶团系统的共性。

在各种蛋白质等电点处的反胶团萃取实验研究表明，随着分子量的增大，蛋白质的分配系数（溶解率）下降[36]。当分子量超过 2×10⁴ 时，分配系数很小。该实验在蛋白质等电点处进行，排除了静电相互作用的影响，表明随分子量增大，空间排阻作用增大，蛋白质的溶解率降低。该结果还表明，根据蛋白质间分子量的差别可以选择性地进行蛋白质的反胶团萃取分离。

由于氨基酸的分子量很小，其在反胶团中的溶解主要是基于静电相互作用和疏水性相互作用。

5.7.2.3　疏水性相互作用

氨基酸分子的疏水性各不相同，研究表明，除 pH 值和离子强度外，氨基酸或寡肽的分配系数随氨基酸疏水性的增大而增大。疏水性相互作用对蛋白质的反胶团萃取也有重要影响。另外，蛋白质的疏水性影响其在反胶团中的溶解形式，因而影响其分配系数。

5.8　浸取

浸取即液固萃取，是利用液体提取固体原料中的有用成分的扩散分离操作。生物分离过程中经常需要利用液固萃取法从细胞或生物体中提取天然产物或除去有害成分。例如，从咖啡豆中脱咖啡因（caffeine），从草莓中提取花色苷（anthocyanin）色素，从大豆中提取胰蛋白酶抑制剂（trypsin inhibitor）和卵磷脂（lecithin），从植物组织中提取生物碱（alkaloid）、黄酮类（flavonoid）、皂苷（saponin）等。浸取与一般溶剂萃取的最大区别在于原料为固体，需要萃取的成分存在细胞或组织内部，并与胞内成分存在很强的相互作用。由此，不仅溶质不易浸取于溶液中，而且溶质从固相扩散到溶液的速度很慢。因此，简单的溶剂萃取往往萃取率较低且耗时长，故需要借助外力强化浸取过程。常用的方法有超声辅助萃取（ultrasound-assisted extraction）和微波辅助萃取（microwave-assisted extaction），或者是两者并用[37-39]，以提高浸取效率，即提高浸取速度和目标产物的收率。此外，超声或 / 和微波辅助萃取还可以利用绿色溶剂替代传统溶剂，实现绿色分离操作。本节简要介绍常用的浸取剂和浸取操作。

5.8.1　浸取剂

5.8.1.1　植物天然产物

植物次生产物种类繁多，包括生物碱、黄酮类、苷类、萜类和有机酸等，在医药及工业上用途广泛。

从植物中提取这些次生产物时，首先将原料粉碎，然后根据目标产物的极性大小选择适当的浸取剂。

传统的浸取剂主要利用水、乙醇（或水溶液）、甲醇、乙醚和氯仿等。新型液固萃取溶剂有离子液体（ionic liquid）[40]、低共熔溶剂（deep eutectic solvent）[41] 和超临界流体 [42]（详见 5.9 节）。离子液体是指一类由离子构成的、在相对较低的温度下（<100℃）呈液态的物质。有些离子液体的熔点在室温以下，称作室温离子液体。离子液体由有机阳离子（如烷基季铵离子等）和有机阴离子（如六氟磷酸根和乙酸根等）构成。低共熔溶剂是指由一定化学计量比的氢键受体（如季铵盐）和氢键供体（如酰胺、羧酸和多元醇等化合物）组合而成的两组分或三组分混合物，其凝固点显著低于各个纯组分的熔点，物化性质与离子液体非常相似。离子液体和低共熔溶剂的共同特点是基本没有挥发性，利用其代替传统的低沸点有机溶剂可避免易燃、易爆、污染大气和危害使用人员健康等问题，故称作绿色溶剂。

5.8.1.2 蛋白质

为维护蛋白质的生物活性，一般用低温水溶液进行浸取。水溶液的盐浓度一般在 0.02 ～ 0.2mol/L 之间，pH 值在蛋白质的等电点两侧的稳定区域内。疏水性较大的蛋白质或与脂结合的蛋白质难溶于水，可用有机溶剂如乙醇、丙酮、正丁醇等浸取。某些细胞膜上的蛋白质（膜蛋白）与细胞膜结合牢固，需用表面活性剂、强碱、尿素、盐酸胍等能破坏其与膜结合作用的化学试剂。离子液体、低共熔溶剂和超临界流体等也可用于蛋白质的浸取分离。

5.8.1.3 糖类

单糖及小分子寡糖易溶于水，一般用水或 50% 的乙醇水溶液浸取。多糖种类较多，形状不同，应根据不同多糖的溶解性质选择浸取剂。如昆布多糖、果聚糖、糖原等易溶于水，而壳聚糖和纤维素等溶于稀碱溶液。鉴于离子液体、低共熔溶剂和超临界流体等的绿色溶剂特性，在糖类浸取方面也开展了深入研究。

上述介绍了部分生物物质的浸取剂。可以看出，选择浸取剂的原则是采用目标产物溶解度大的溶剂，并在适当的物理条件（如 pH 值、盐浓度等）下操作。也可根据目标产物在生物体中的存在状态，添加适当的化学试剂。

5.8.2 浸取操作

浸取涉及非流体原料（固相），不能简单地沿用前述的液液萃取设备和操作方式。在浸取操作中，为便于连续操作的实施和提高浸取效率，常采用图 5.28 所示的旋转木马式逆流接触浸取操作法。即采用多

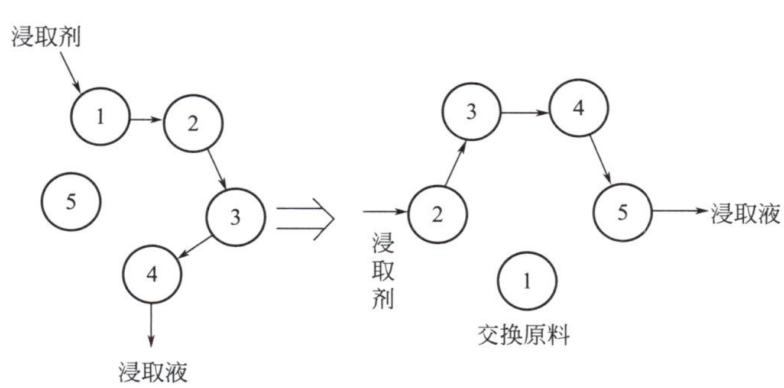

图 5.28 旋转木马式逆流接触浸取

个浸取料槽，每个槽中装有待浸取的固体原料，其中一个槽待用。当直接通入浸取剂的料槽中的原料浸取完毕后，将此槽脱离浸取流程，换入新原料。同时向第二个料槽中直接通入浸取剂，并以原待用的料槽为最末料槽，如此循环往复。图 5.28 中浸取剂顺时针方向切换，虽然原料本身不移动，但其料槽按顺时针方向交替使用，与原料逆时针方向移动的效果一样。因此这种操作方式是一种模拟移动床（simulated moving bed）式逆流接触浸取。

5.9 超临界流体萃取

超临界流体（supercritical fluid，SCF）对脂肪酸、植物碱、醚类、酮类、甘油酯等具有特殊的溶解作用，因此可用于这类物质的萃取分离。利用超临界流体为萃取剂的萃取操作称为超临界流体萃取（SCF extraction）[42]。超临界流体萃取已成功地用于食品、医药和化妆品（香料）等生物产物的分离过程，成为一种新兴的工业分离技术。但是，超临界流体萃取的研究历史较短，基础数据积累较少，因此也是一门正在蓬勃发展中的分离技术之一。本节从超临界流体的性质入手，简要介绍超临界流体萃取热力学（溶质的溶解度）、萃取分离操作及应用。

5.9.1 超临界流体的性质

物质均具有其固有的临界温度和临界压力，在压力 - 温度相图上称为临界点。在临界点以上物质处于既非液体也非气体的超临界状态，称为超临界流体。图 5.29 为临界点附近的 p-T 相图，在图中斜线所示范围内物质处于超临界状态。不同的物质具有不同的临界点，表 5.2 为部分可用作超临界流体萃取剂的物质的临界参数。

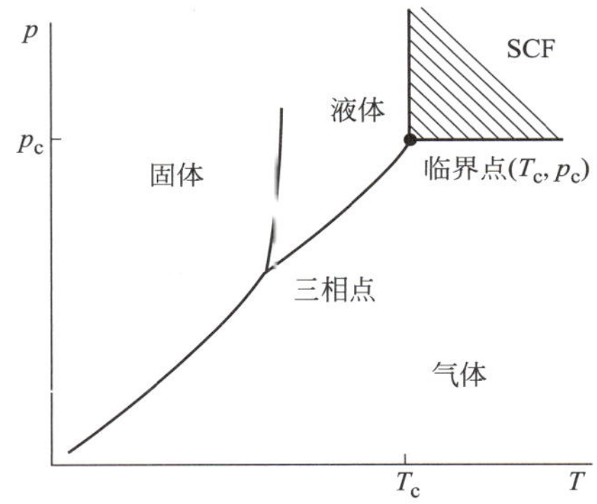

图 5.29 临界点附近的 p-T 相图

表 5.2 部分超临界流体萃取剂的临界参数

物质	临界温度 /℃	临界压力 /×10^5Pa	临界密度 / (g/mL)	物质	临界温度 /℃	临界压力 /×10^5Pa	临界密度 / (g/mL)
CO_2	31.3	73.8	0.448	C_2H_4	9.7	51.2	0.217
NH_3	132.3	114.3	0.236	C_6H_6	289.0	49.0	0.306
N_2O	36.6	72.6	0.457	C_7H_8（甲苯）	320.0	41.3	0.292
C_2H_6	32.4	48.3	0.203	CH_3OH	240.5	81.0	0.272
C_3H_8	96.8	42.0	0.220	$CClF_3$	28.8	39.0	0.580
C_4H_{10}（正丁烷）	152.0	38.0	0.228	SO_2	157.5	78.8	0.525
C_5H_{12}（戊烷）	196.6	33.7	0.232	H_2O	374.2	226.8	0.344

二氧化碳的临界点较低，特别是临界温度接近常温，并且无毒、化学稳定性高、价格低廉。所以，二氧化碳是最常用的超临界流体萃取剂。图 5.30 为 CO_2 的 p-$V(\rho)$-T 相图，图中饱和气体曲线和饱和液体曲线包围的区域为气液共存区。从图中可以看出，在临界点附近的超临界状态下等温线的斜度平缓，即温度或压力的微小变化就会引起密度发生很大变化。另外，随压力升高，超临界流体密度增大，接近液体的密度。

图 5.31 为 313.2K 时 CO_2 的密度 ρ、黏度 η 及自扩散系数 D_{11} 与压力 p 的关系。在 8MPa 以下的压力范围内 η 和 $D_{11}\rho$ 基本保持不变；在 8MPa 以上，随压力升高，η 增大，$D_{11}\rho$ 减小。在 30MPa 的超临界状

态下，η 仅为气体的约 6 倍，自扩散系数则远大于液体的自扩散系数。表 5.3 为超临界流体与气体和液体的物性比较 [2]。可以看出，超临界流体的密度接近液体，因此具有与液体相近的溶解能力。另外，由于超临界流体黏度小、自扩散系数大，可以迅速渗透到物体的内部溶解目标物质，快速达到萃取平衡。这是超临界流体作为萃取剂优于液体的主要特点，这一特点在提取固体内有用成分时尤为重要。

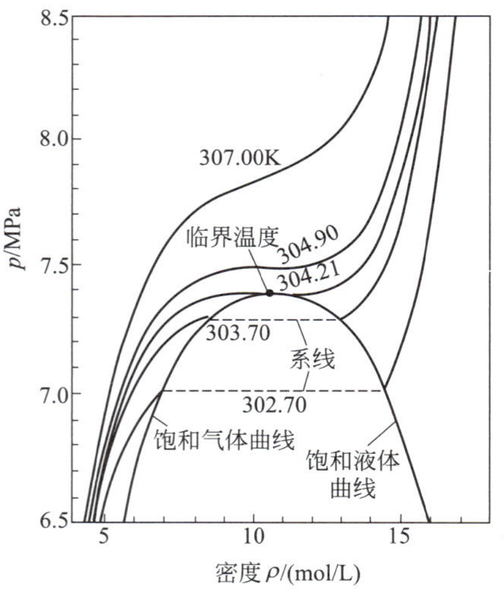

图 5.30 CO_2 的 p-$V(\rho)$-T 相图

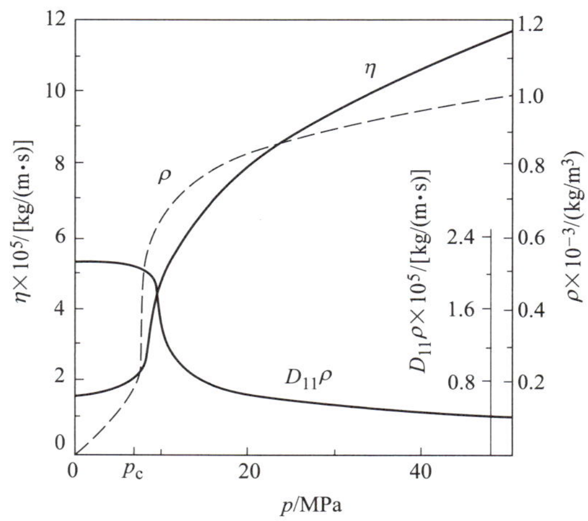

图 5.31 CO_2 的物性随压力的变化（313.2K）

表 5.3 超临界流体与气体和液体的物性比较

物 性	气体（常温、常压）	超临界流体		液体（常温、常压）
		(T_c, p_c)	$(T_c, 4p_c)$	
密度 /($\times10^3$kg/m^3)	0.006 ～ 0.02	0.2 ～ 0.5	0.4 ～ 0.9	0.6 ～ 1.6
黏度 /[$\times10^{-5}$kg/(m・s)]	1 ～ 3	1 ～ 3	3 ～ 9	20 ～ 300
自扩散系数 /($\times10^{-4}$m^2/s)	0.1 ～ 0.4	0.7×10^{-3}	0.2×10^{-3}	$(0.2 ～ 2)\times10^{-5}$

5.9.2 超临界流体萃取操作

影响物质在超临界流体中溶解度的主要因素为温度和压力，所以可通过调节萃取操作的温度和压力优化萃取操作，提高萃取速率和选择性。超临界流体萃取设备通常由溶质萃取槽和萃取溶质的分离回收槽构成，分别相当于萃取和反萃取单元。根据萃取过程中超临界流体的状态变化和溶质的分离回收方式不同，超临界流体萃取操作主要分等温法、等压法和吸附（吸收）法，如图 5.32 所示。

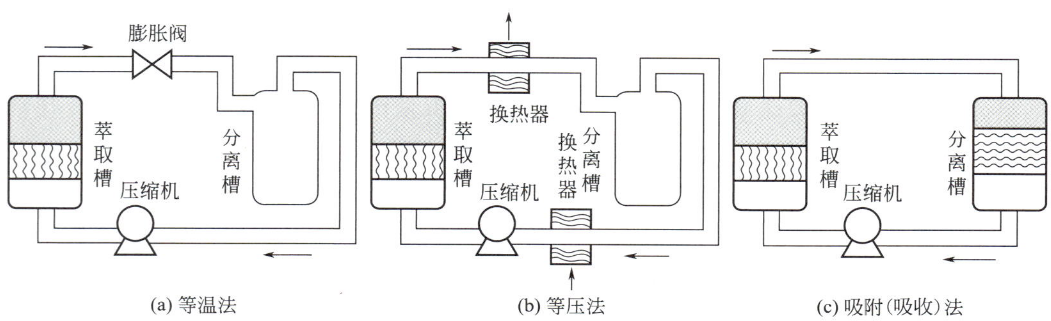

图 5.32 超临界流体萃取操作方式

图 5.32（a）的等温法通过改变操作压力实现溶质的萃取和回收，操作温度保持不变。溶质在萃取槽中被高压（高密度）流体萃取后，流体经过膨胀阀而压力下降，溶质的溶解度降低，在分离槽中析出，萃取剂则经压缩机压缩后返回萃取槽循环使用。在超临界流体的膨胀和压缩过程中会发生温度变化，所以在循环流路上需设置换热器。图 5.32（b）的等压法通过改变操作温度实现溶质的萃取和回收。如果在操作压力下溶质的溶解度随温度升高而下降，则萃取流体经加热器加热后进入分离槽，析出目标溶质，萃取剂则经冷却器冷却后返回萃取槽循环使用。图 5.32（c）的吸附（吸收）法利用选择性吸附（或吸收）目标产物的吸附（吸收）剂回收目标产物，有利于提高萃取的选择性。

5.9.3 应用

从超临界流体的性质可以看出，超临界流体萃取具有如下优点：

（1）萃取速度高于液体萃取，特别适合于固态物质的分离提取。

（2）在接近常温的条件下操作，能耗低于一般的精馏法，适于热敏性物质和易氧化物质的分离。

（3）传热速率快，温度易于控制。

（4）适合于非挥发性物质的分离。

20 世纪 60 年代以来，超临界流体萃取技术取得了长足的进步，工业上已有数十种应用实例，如咖啡豆的脱咖啡因、烟草的脱尼古丁、咖啡香料的提取、啤酒花中有用成分的提取、从大豆中提取豆油和蛋黄的脱胆固醇等。其中脱咖啡因的萃取条件是：压力 14 ～ 35MPa、温度 70 ～ 130℃、停留时间 6 ～ 12h；分离条件是：压力 5 ～ 10MPa、温度 15 ～ 50℃。

除已工业化的应用实例外，超临界流体萃取技术在其他植物碱、香料、油脂、维生素、甾类、抗生素等食品、医药和化妆品原料生产领域的应用研究开发正在全面展开，其中部分已达到中试规模。表 5.4 列出部分植物碱的超临界流体萃取操作条件。

表 5.4 植物碱的超临界流体萃取（40℃）

物 质	熔点 /℃	萃取开始压力 /MPa	
		CO_2 萃取剂	N_2O 萃取剂
尼古丁（nicotine）	−79	8	8
蒂巴因（thebaine）	193	9	8
可的因（codeine）	155	9	8
吗啡（morphine）	255	—	20
亚麻碱（ajmalicine）	206	—	8
莨菪胺（scopolamine）	36	8	8
长春花碱（vinblatine）	210	8	12
长春新碱（vincristine）	219	8	15

除有用成分的提取外，超临界流体萃取还可用于除去抗生素等医药产品中的有机溶剂。在抗生素等医药产品的生产过程中，经常使用丙酮和甲醇等有机溶剂，这些有机溶剂难以用一般的方法完全除去。若利用传统的真空干燥法，当温度较高时容易引起产品的变质或着色，而利用超临界流体萃取技术可有效地解决这一问题。在 1.2m^3 萃取槽中利用液体 CO_2 和超临界 CO_2 萃取丙酮，可将丙酮质量分数从初期的 2% ～ 5% 降低到 0.05% 以下。

除生物产物外，超临界流体萃取在石油化工、煤化工、冶金等方面亦有广泛的应用前景。随着超临界流体热力学的深入展开和基础数据的不断积累，超临界流体萃取技术将获得越来越广泛的应用。

习题

1. 推导式（5.20b）。
2. 推导式（5.30）和式（5.35）。
3. 胰蛋白酶的等电点为 10.6，在 PEG/ 磷酸盐（磷酸二氢钾和磷酸氢二钾的混合物）系统中，随 pH 值的增大，胰蛋白酶的分配系数将如何变化？
4. 肌红蛋白的等电点为 7.0，利用 PEG/Dx 系统萃取肌红蛋白。当系统中分别含有磷酸钾和氯化钾时，分配系数随 pH 值如何变化？并图示说明。
5. 牛血清白蛋白（BSA）和肌红蛋白（Myo）的等电点分别为 4.7 和 7.0，表面疏水性分别为 −220kJ/mol 和 −120kJ/mol。萃取选择性（肌红蛋白）的定义为

$$S_{\mathrm{Myo}}=\frac{m_{\mathrm{Myo}}}{m_{\mathrm{BSA}}}$$

试分析：
（1）双水相系统的组成和性质对肌红蛋白萃取选择性的影响；
（2）应选择什么样的双水相系统，可确保 Myo 的萃取选择性较大？
6. 在室温下进行双水相萃取操作时蛋白质不易发生变性，为什么？
7. 如何根据蛋白质的荷电特性或疏水性来调节双水相系统，提高目标产物的分离效率？
8. 在生物分离中为什么主要应用 (W/O)/W 型乳状液膜？
9. 支撑液膜相是否需要添加表面活性剂？为什么？
10. 利用支撑液膜间歇萃取有机酸（记作 AH），料液为该有机酸的纯水溶液，反萃相为盐酸溶液，两相体积相等并保持恒定，充分搅拌使各相全混。液膜中流动载体为氯化三辛基甲铵（记作 C^+Cl^-），浓度为 $\overline{c_{\mathrm{T}}}$。用下标 1 和 2 分别表示料液侧和反萃相侧。设膜厚为 L，膜相内各个组分透过膜的有效扩散系数均为 D，有机酸 AH 的解离平衡常数为 K_a，下列反应

$$\mathrm{A^-}+\overline{\mathrm{C^+Cl^-}}\Longleftrightarrow\overline{\mathrm{C^+A^-}}+\mathrm{Cl^-}$$

快速平衡，平衡常数为 K_{eCl}。定义有机酸的分配系数为 $m_{\mathrm{A}}=\dfrac{\overline{[\mathrm{C^+A^-}]}}{c_{\mathrm{AH}}}$，$\mathrm{Cl^-}$ 的分配系数为 $m_{\mathrm{Cl}}=\dfrac{\overline{[\mathrm{C^+Cl^-}]}}{[\mathrm{Cl^-}]}$，其中 c_{AH} 为有机酸的总浓度（表观浓度）。
（1）试证明：

$$m_{\mathrm{A}}=m_{\mathrm{Cl}}K_{\mathrm{eCl}}\left(1+\frac{[\mathrm{H^+}]}{K_{\mathrm{a}}}\right)^{-1}$$

（2）假定有机酸的透过机理仅为反向迁移，膜相中 $\mathrm{Cl^-}$ 的量可忽略不计。试推导任意时刻有机酸摩尔通量（N）的表达式。
11. 液膜萃取也是一种膜分离方法，与普通膜分离有什么不同？
12. 图 5.24（d）所示的反胶团溶解蛋白质的情形，当蛋白质的哪种性质比较突出时才容易发生？
13. 反胶团萃取操作容易发生蛋白质变性失活，其主要原因是什么？如何解决此问题？
14. 经反胶团萃取进入反胶团中的蛋白质的反萃比较困难（反萃速度慢、反萃率低），为什么？

15. 超临界流体萃取特别适用于固体原料的浸取，为什么？

参考文献

[1] (明)宋应星. 天工开物. 潘吉星 译注. 上海: 上海古籍出版社, 2016: 83.
[2] 陆九芳, 李总成, 包铁竹. 分离过程化学. 北京: 清华大学出版社, 1993.
[3] Teramoto M, Yamashiro T, Inoue A, Yamamoto A, Matsuyama H, Miyake Y. Extraction of amino acids by emulsion liquid membranes containing di(2-ethylhexyl)phosphoric acid as a carrier biotechnology, coupled, facilitated transport, diffusion. J Membr Sci, 1991, **58**: 11-32.
[4] Shi Q H, Sun Y, Liu L, Bai S. Distribution behavior of amino acid by extraction with di(2-ethylhexyl) phosphoric acid. Sep Sci Technol, 1997, **32**: 2051-2067.
[5] Queener S, Swartz R. Penicillins, Biosynthetic and Semi-synthetic//Rose A H, ed. Economic Microbiology: Vol. 3. New York: Academic Press, 1979: 35-122.
[6] Albertsson P A. Chromatography and partition of cells and cell fragments. Nature, 1956, **177** (4513): 771-774.
[7] Kula M-R. Adv Biochem Eng: Vol. 24. Berlin: Springer-Verlag, 1982: 73-105.
[8] Bains W, Hustedt H. Applications of space industry technologies to the life sciences. Trends Biotechnol, 1995, **13**: 1-6.
[9] Johansson G. Aqueous two-phase systems//Watler H, Johansson G, eds. Methods in Enzymology: Vol. 228. New York: Academic Press, 1994.
[10] Kruse T, Kampmann M, Rüddel I, Greller G. An alternative downstream process based on aqueous two-phase extraction for the purification of monoclonal antibodies. Biochem Eng J, 2020, **161**: 107703.
[11] Joshi P U, Turpeinen D G, Schroeder M, Jones B, Lyons A, Kriz S, Khaksari M, O'Haga D, Nikam S, Heldt C L. Osmolyte enhanced aqueous two-phase system for virus purification. Biotechnol Bioeng, 2021, **118**: 3251-3262.
[12] Pereira J F B, Freire M G, Coutinho J A P. Aqueous two-phase systems: Towards novel and more disruptive applications. Fluid Phase Equilibria, 2020, **505**: 112341.
[13] Magalhes F F, Tavares A P M, Freire M G. Advances in aqueous biphasic systems for biotechnology applications. Curr Opin Green Sustain Chem, 2021, **27**: 100417.
[14] Albertsson P A. Partition of Cell Particles and Macromolecules. 3rd ed. New York: John Wiley, 1986.
[15] Bordier C. Phase-separation of integral membrane-proteins in Triton X-114 solution. J Biol Chem, 1981, **256**: 1604-1647.
[16] Liu C L, Nikas Y J, Blankschtein D. Novel bioseparations using two-phase aqueous micellar systems. Biotechnol Bioeng, 1996, **52**: 185-192.
[17] Quina F H, Hinze W L. Surfactant-mediated cloud point extractions: An environmentally benign alternative separation approach. Ind Eng Chem Res, 1999, **38**: 4150-4168.
[18] Paleologos E K, Giokas D L, Karayannis M I. Micelle-mediated separation and cloud-point extraction. Trends Anal Chem, 2005, 24: 426-436.
[19] 久保井亮一, 駒沢勳. 水性二相分配法//日本化学工学会生物分離工学特別研究会編. バイオセパレーションプロセス便覧. 東京: 共立出版, 1996: 342-348.
[20] Sasakawa S, Walter H. Partition behavior of native proteins in aqueous dextran-poly(ethylene glycol)-phase systems. Biochemistry, 1972, **11**: 2760-2765.
[21] Johnsson G. Partition of proteins and micro-organisms in aqueous biphasic systems. Mol Cellular Biochem, 1974, **4** : 169-180.
[22] Baskir J N, Hatton T A, Suter U W. Protein partitioning in two phase aqueous polymer systems. Biotechnol Bioeng, 1989, **34**: 541-558.
[23] Nozaki Y, Tanford C. The solubility of amino acids and two glycine peptides in aqueous ethanol and dioxane solutions. J Biol Chem, 1971, **246**: 2211-2217.

[24] Kuboi R, Tanaka H, Komazawa I. Effect of salt addition on the hydrophobicities of the system and proteins in aqueous two-phase extraction systems. Kagaku Kogaku Runbunshu, 1991, **17**: 67-74.

[25] Diamond A D, Hau J T. Fundamental studies of biomolecule partitioning in aqueous two-phase systems. Biotechnol Bioeng, 1989, **34**: 1000-1014.

[26] Zaslavsky B Y. Aqueous Two-Phase Partitioning: Physical Chemistry and Bioanalytical Applications. New York: Maecel Dekker, 1995.

[27] Forciniti D, Hall C K, Kula M-R. Protein partitioning at the isoelectric point: Influence of polymer molecular weight and concentration and protein size. Biotechnol Bioeng, 1991, **38**: 986-994.

[28] Kula M-R. Liquid-liquid extraction of biopolymers//Cooney C L, Humphrey A E, eds. Comprehensive Biotechnology: vol. 2. Oxford: Pergamon Press, 1985: 451-471.

[29] Li N N.US Patent 3410794. 1968-11-12.

[30] Cussler E L. Membranes which pump. AIChE J, 1971, **17**: 1300-1303.

[31] Pileni M-P, Zemb T, Petit C. Solubilization by reverse micelles: Solute localization and structure perturbation. Chem Phys Lett, 1985, **118**: 414-420.

[32] Luisi P L. Enzymes hosted in reverse micelles in hydrocarbon solution. Angew Chew Int Ed Engl, 1985, **24**: 439-450.

[33] Goklen K E, Hatton T A. Liquid-liquid extraction of low molecular weight proteins by selective solubilization in reversed micelles. Sep Sci Technol, 1987, **22**: 831-841.

[34] Kuboi R, Mori Y, Komasawa I. Reverse micelle size distribution and mechanism of protein solubilization into reverse micelles. Kagaku Kogaku Ronbunshu, 1990, **16**: 763-771.

[35] Sheu E, Goklen K E, Hatton T A, et al. Small-angle neutron-scattering studies of protein-reversed micelle complexes. Biotechnol Prog, 1986, **2**: 175-186.

[36] Kuboi R, Komazawa I. The effect of interfaces on the damage of cultured cells. Chem Eng (Tokyo), 1988, **52** (11): 55-63.

[37] Alyammahi J, Rambabu K, Thanigaivelan A, Bharath G, Hasan S W, Show P L, Banat F. Advances of non-conventional green technologies for phytosaccharides extraction: current status and future. Phytochem Rev, 2023, **22**: 1067-1088.

[38] Mao Y, Robinson J P, Eleanor R, Binner E R. Current status of microwave-assisted extraction of pectin. Chem Eng J, 2023, **473**: 145261.

[39] Chew S C, How Y H, Azizul Hasan Z A B, Chu C C. Recovery of bioactive compounds from oil palm waste using green extraction techniques and its applications. Int J Food Sci Technol, 2024, **59**: 8101-8113.

[40] Jimenez-Amezcua I, Lopez-Martínez M I, Ruiz-Matute A I, Sanz M L. Advances and challenges in the selective extraction of low molecular weight carbohydrates using ionic liquids and deep eutectic solvents. Trends Anal Chem, 2024, **171**: 117507.

[41] Aktas H, Kurek M A. Deep eutectic solvents for the extraction of polyphenols from food plants. Food Chem, 2024, **444**: 138629.

[42] Usma M,Nakagawa M, Cheng S. Emerging trends in green extraction techniques for bioactive natural products. Processes, 2023, **11**: 3444.

第 6 章　吸附

为什么学习吸附？

吸附、膜分离和萃取是生物分离过程中最常用的分离技术。吸附和萃取都是基于相间分配的扩散分离操作，但与萃取相比，吸附剂的固体属性使其在相分离和反复回收利用等方面具有明显优势；同时，吸附剂表面可任意修饰功能基团，使其对目标分子产生高选择性吸附作用，故吸附的分离选择性通常远优于萃取。同样，膜的隔离（界面）和透过属性决定其有限的分离选择性，主要用于固液分离、大分子的浓缩以及分子量差别明显的溶质间的分离。虽然利用荷电膜可一定程度上实现蛋白质间的分离，但在操作弹性和过程控制的难易程度上无法与吸附相比。因此，各种基于界面吸附作用的色谱方法（见第 7 章和第 8 章）是生物大分子分离纯化的核心技术。

吸附剂是吸附分离载体，而吸附剂内的扩散传质通常是吸附过程的速控步骤，特别是对于生物大分子。因此，吸附剂必须具备高吸附容量，同时对分子的内扩散产生较小的阻力，保证其在较短的时间内达到较大的吸附量（或在一定流速的固定床吸附操作条件下具有较大的动态吸附容量）。从本章介绍的传质动力学可知，分子扩散和孔内阻滞扩散速度与分子量密切相关，而蛋白质的孔内阻滞扩散系数随孔径减小而降低。因此，吸附剂需要具备较大的比表面积和较大的孔径，使其具备较大的比表面积（产生较大的平衡吸附容量），同时保证溶质具有较大的内扩散速度。这是一对矛盾。对特定目标产物，通常需要在两者间找到适当的平衡点，实现最有效的吸附分离。此外，解决这一矛盾也是新型吸附剂研究开发的重要课题之一。例如，在孔表面接枝的聚合物分子链上修饰离子交换配基，不仅可以提高蛋白质吸附容量，还可以大幅度提高蛋白质的孔内传质速度，表观（有效）孔扩散系数甚至可以远高于自由溶液中的分子扩散系数。利用这一独特的表面分子传递现象，并结合介质内对流孔的构筑，是创制高容量和高速度蛋白质吸附剂的有效途径（详见第 7 章）。

吸附分离主要利用固定床吸附操作，模拟移动床等吸附操作也是基于固定床。这是因为固定床结构稳定，操作方便。但膨胀床（流化床）吸附可集固液分离（细胞或细胞碎片的去除）、产品浓缩和分离纯化于一体，有效缩短操作步骤和时间，提高产品质量和收率。因此，在胞内蛋白质分离过程的初期使用膨胀床吸附，可节省离心（或微滤）除菌、盐析（除杂、降低黏度和浓缩）和部分色谱吸附操作。膨胀床吸附过程需注意床层结构的稳定性。利用高密度、小粒径吸附剂有利于提高膨胀床吸附效率和操作稳定性。

学习目标

- 掌握吸附剂 / 离子交换剂的结构特征，熟悉离子交换剂和离子交换基团的种类。
- 掌握主要吸附平衡（Langmuir 等温式、离子交换的计量置换模型）和扩散传质（溶液和固相）理论，理解高吸附容量和快速传质特性对吸附剂的重要性。
- 掌握固定床吸附操作特性，了解固定床吸附过程的轴向扩散模型。
- 了解不同吸附操作方法。

吸附（adsorption）是溶质从液相或气相转移到固相的现象，利用固体表面吸附的原理从液体或气体中除去有害成分或分离回收有用目标产物的过程称为吸附操作。与吸附相反的现象是脱附（desorption），是吸附的溶质脱离固体表面进入液相或气相的过程。脱附过程的条件与吸附过程明显不同，也是吸附操作的一部分。

吸附操作所使用的固体材料一般为多孔微粒或多孔膜，具有很大的比表面积和吸附容量，称为吸附剂（adsorbent）或吸附介质（adsorption medium）。溶质通过扩散传质从液相或气相转移到吸附剂表面，故吸附为扩散操作过程，在一定条件（如溶液组成、温度、pH 和离子强度等）下达到吸附平衡后，两相溶质浓度达到稳态。在液固吸附操作中，通过改变溶液条件，可以进行脱附操作。

吸附剂对溶质的吸附作用按吸附作用力区分主要有三类，即物理吸附、离子交换吸附和化学吸附。物理吸附基于吸附剂与溶质之间的分子间力，即范德华力。溶质在吸附剂上吸附与否或吸附量的多少主要取决于溶质与吸附剂极性的相似性和溶剂的极性。一般物理吸附发生在吸附剂的整个自由表面，被吸附的溶质（通称吸附质，adsorbate）可通过改变温度、pH 值和盐浓度等物理条件脱附。离子交换吸附（ion-exchange adsorption）简称离子交换（ion exchange），广义上也是一种物理吸附，但与一般物理吸附不同的是所用吸附剂为离子交换剂（ion exchanger），也称离子交换树脂（ion-exchange resin）。离子交换剂表面键合离子化基团（ionized group）或可离子化基团（ionizable group），通过静电相互作用（electrostatic interaction）吸附带有相反电荷的离子。基于第 1 章讲述的静电相互作用原理可知，离子交换吸附的溶质可通过提高离子强度进行脱附，弱电解质吸附质也可通过调节溶液 pH 值进行脱附。化学吸附是吸附剂表面活性点与溶质之间发生共价键合、产生电子转移的现象。化学吸附释放大量的热，吸附热一般在 −50 ～ −40kJ/mol 以上，高于物理吸附和离子交换，故一般可通过测定吸附热判断一个吸附过程是物理吸附还是化学吸附。化学吸附发生共价键合，故一般为单分子层吸附，吸附稳定，难以脱附。故脱附化学吸附质一般需采用破坏化学键合的化学试剂为脱附剂（desorbent）。

分离技术中常用的吸附操作主要基于物理吸附和离子交换，化学吸附应用很少。本书中，吸附泛指溶质基于各种非共价相互作用在固体表面发生富积的现象，也包括离子交换。

吸附是日常生活和生产实践中的常见现象。例如，皮肤、衣物和果蔬等被污染的主要原因是各种污渍或农药在皮肤、织物纤维和果蔬表面的吸附；清除这些污渍需要使用各种洗涤剂，这一过程就是脱附操作。洗涤剂多用表面活性剂的水溶液，毛织品和丝织品等则需要用非水溶剂（如液态二氧化碳、四氯乙烯等）干洗。在化学品生产中，中国古代即应用吸附原理精制化学品。例如，《天工开物》中记述了压榨甘蔗取糖汁后精制白糖的过程[1]：“榨汁入缸，看水花为火色。其花煎至细嫩，如煮羹沸，以手捻试，粘手则信来矣。此时尚黄黑色，将桶盛贮，凝成黑沙。然后以瓦溜置缸上。共溜上宽下尖，底有一小孔，将草塞住，倾桶中黑沙于内。待黑沙结定，然后去孔中塞草，用黄泥水淋下。其中黑滓入缸内，溜内尽成白霜。最上一层厚五寸许，洁白异常，名曰洋糖，下者稍黄褐。”该段文字描述的白糖制作过程包括重力沉降、过滤和吸附工艺，其中黄泥为吸附剂，起脱色和去除糖蜜的作用。现代常见的吸附剂为活性炭，在日常生活中经常使用，如新装修房屋中去除挥发性有害气体和冰箱除臭等。

吸附是现代工业和环保领域广泛应用的分离技术。在生物分离领域，液固吸附扮演着主要角色，在原料液脱色、除臭，目标产物的提取、浓缩、粗分离等各个阶段都发挥着不可替代的作用。各种基于吸附或离子交换原理的色谱法是纯化蛋白质等高附加值生物产品的主要手段，有关内容详见第 7 章和第 8 章。吸附分离的主体是吸附介质，故本章首先介绍吸附剂和离子交换剂，然后阐述吸附基础理论和生物分离过程中涉及的主要吸附分离技术。

6.1　吸附介质

6.1.1　吸附剂

吸附剂种类繁多，不同的吸附剂适用于不同溶质的吸附分离。按吸附剂的孔道结构区分，固体吸附剂主要分多孔型介质和凝胶型介质两大类（图 6.1）。生物分离中常用的多孔吸附剂列于表 6.1。活性炭是最普遍使用的吸附剂，常用于生物产物的脱色和除臭等过程。硅胶在吸附操作特别是吸附色谱中应用广泛。有机高分子吸附剂中多孔聚苯乙烯和多孔聚酯等树脂具有大网格细孔结构。此类吸附剂机械强度高，使用寿命长，选择性吸附性能好，吸附质容易脱附，并且流体阻力小，常应用于抗生素（如头孢菌素等）和维生素 B_{12} 等的分离浓缩过程。

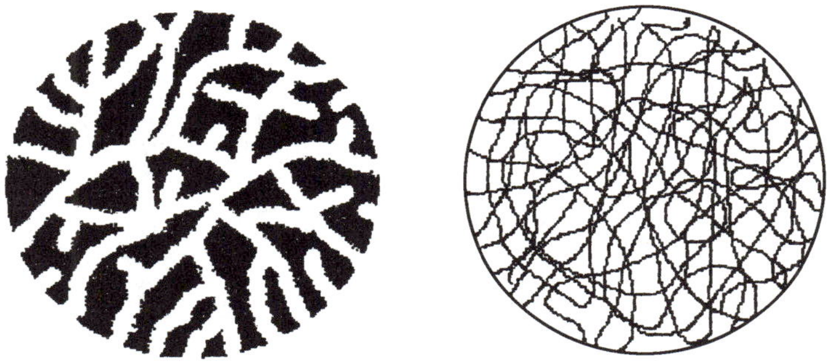

(a) 多孔型介质　　(b) 凝胶型介质

图 6.1　球形固体介质结构示意图

表 6.1　生物分离中常用的多孔吸附剂

吸附剂	平均孔径 /nm	比表面积 /(m^2/g)	吸附剂	平均孔径 /nm	比表面积 /(m^2/g)
活性炭	1.5 ～ 3.5	750 ～ 1500	多孔聚苯乙烯树脂	5 ～ 20	100 ～ 800
硅胶	2 ～ 100	40 ～ 700	多孔聚酯树脂	8 ～ 50	60 ～ 450
活性氧化铝	4 ～ 12	50 ～ 300	多孔醋酸乙烯树脂	约 6	约 400
硅藻土	—	约 10			

表 6.1 所列的吸附剂孔径较小，或者疏水性较大，主要用于小分子的吸附，包括原料液的脱色。除这些吸附剂外，交联纤维素微球、交联琼脂糖凝胶微球、葡聚糖凝胶微球、聚丙烯酰胺凝胶微球和羟基磷灰石（hydroxyapatite，HAP）等广泛应用于生物大分子的吸附和离子交换色谱，有关内容将在第 7 章和第 8 章中介绍。

孔径（pore size）和比表面积（specific surface area）是评价吸附剂性能的重要参数。一般来说，孔径越大，比表面积越小。因为吸附发生在表面上，比表面积直接影响溶质的吸附容量，而孔径影响溶质在孔隙中的扩散传递。故适当的孔径对提高吸附容量和吸附操作速度至关重要。

吸附剂的比表面积常用 BET 法（Brunauer-Emmett-Teller method）测定。通常采用液氮温度（−196℃）下的氮气吸附法，即在吸附剂表面形成单分子层吸附的范围内，通过测定氮气的吸附体积 V_m（cm^3/g）计算比表面积 a（cm^2/g）

$$a = \frac{NSV_m}{22400} = kV_m \tag{6.1}$$

式中，N 为阿伏伽德罗常数；S 为吸附分子的截面积，在 −196℃下氮分子的截面积 S=1.62×$10^{-15}$$cm^2$。

因此，利用液氮测量时，上式中 k=4.35×10^{4}cm^{-1}。

吸附剂的孔径分布（pore size distribution）和孔隙率（porosity）常采用压汞法（mercury intrusion porosimetry），利用汞孔度计（mercury porosimeter）测量。当压力升高时，水银进入细孔中，压力 p 与孔径 d_{pore} 的关系为

$$d_{pore} = -\frac{4\sigma\cos\theta}{p} \tag{6.2}$$

式中，σ为水银的表面张力（0.48N/m^2）；θ为水银与细孔壁的接触角，一般采用 140°。通过测定水银体积和压力之间的关系即可计算孔径分布、平均孔径和孔隙率。

图 6.2 为利用甲基丙烯酸缩水甘油酯（GMA）为单体，三聚异氰尿酸三烯丙酯（TAIC）和二乙烯基苯（DVB）为交联剂合成的多孔微球（pGTD 微球），体积平均粒径为 277μm[2]。微球内布满细孔［图 6.2（b）］，孔径分布示于图 6.3。图 6.3 中，V 为孔体积，dV/dln(d_{pore}) 表示孔体积随孔径的变化，即孔径分布。从图 6.3 可计算 pGTD 微球中占细孔体积 75% 的孔道孔径在 40 ～ 120nm 之间，具有该孔径范围的多孔介质适合于吸附蛋白质和核酸等生物大分子（分子尺寸 <10 ～ 50nm）。

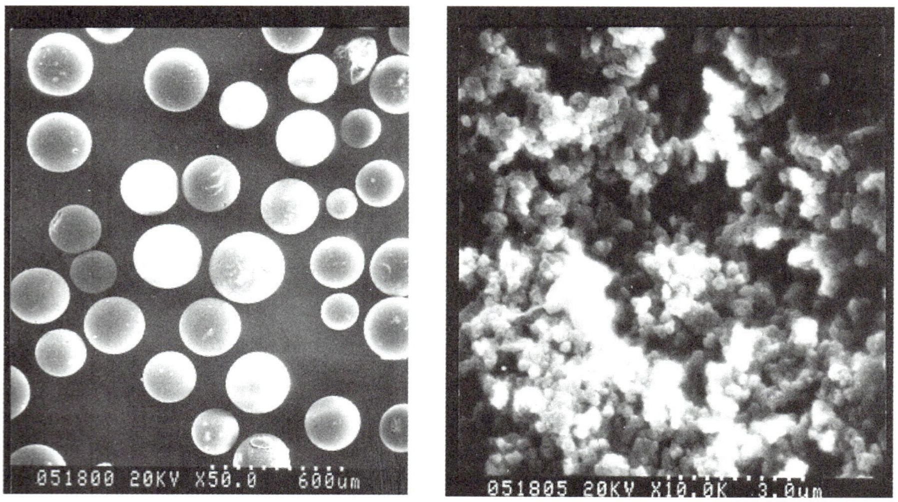

(a) 外观形态(放大50倍)　　(b) 微孔结构(放大10000倍)

图 6.2 阴离子交换剂 DEA-pGTD 的外观形态和内切面微观结构

6.1.2 离子交换剂

6.1.2.1 离子交换剂概述

离子交换剂是最常用的吸附剂之一。离子交换剂分阳离子交换剂（cation exchanger）和阴离子交换剂（anion exchanger）。前者对阳离子具有交换（吸附）能力，活性基团为酸性；后者对阴离子具有交换能力，活性基团为碱性。阳、阴离子交换剂又根据其具有离子交换能力的 pH 值范围的大小，分为强酸性阳离子交换剂和弱酸性阳离子交换剂、强碱性阴离子交换剂和弱碱性阴离子交换剂。强离子交换剂的离子化率（ionized fraction）基本不受 pH 值影响，离子交换作用的 pH 值范围大；弱离子交换剂的离子化率受 pH 值影响很大，离子交换作用的 pH 值范围小。如图 6.4 所示，弱酸性阳离子交换剂主要在中性和碱性 pH 值范围内使用，当 pH 值降低时，其离子化率逐渐降低，离子交换能力逐渐减弱；弱碱性离子交换剂主要在中性和酸性 pH 值范围内使用，当 pH 值升高时，离子化率逐渐降低，离子交换能力逐渐丧失。图 6.4

中的离子化率与离子交换能力成正比。

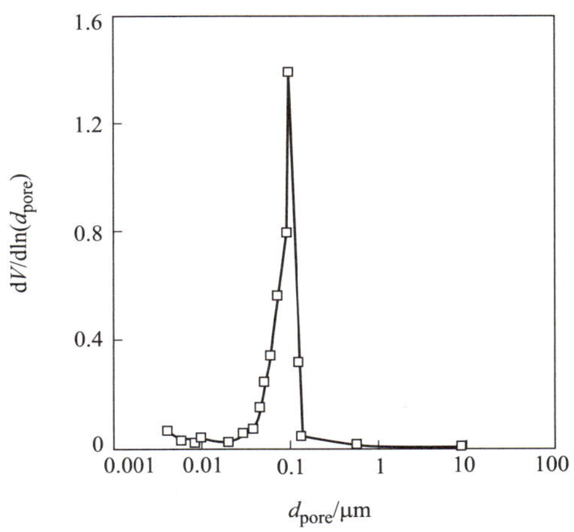

图 6.3　pGTD 微球的孔径分布

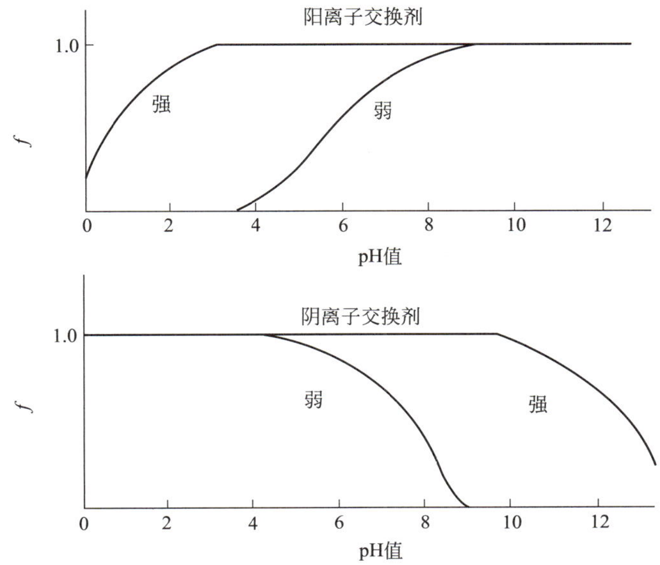

图 6.4　离子交换剂的离子化率（f）与 pH 值的关系

表 6.2 列出了生物分离中常用的离子交换基团。

表 6.2　常用离子交换基团及其分子结构

离子交换基团		结构
强酸性基	磺酸基（sulphonate）	$—SO_3^-$
	磺丙基（sulphopropyl，SP）	$—(CH_2)_3SO_3^-$
	磷酸酯基（phosphate，P）	$—O—PO_3^{2-}$
弱酸性基	羧甲基（carboxylmethyl，CM）	$—CH_2COO^-$
	羧基（carboxylate）	$—COO^-$
强碱性基	三甲氨基（trimethyl amine）	$—N^+(CH_3)_3$
	二甲基 -β- 羟基乙胺（dimethyl-β-hydroxyl ethylamine）	$—N^+(CH_3)_2(C_2H_4OH)$
	季铵乙基（quaternary aminoethyl，Q）	$—(CH_2)_2—N^+(C_2H_5)_2—CH_2CH(OH)CH_3$
	三乙胺乙基（triethyl aminoethyl，TEAE）	$—(CH_2)_2—N^+(C_2H_5)_3$
弱碱性基	二乙胺乙基（diethyl aminoethyl，DEAE）	$—(CH_2)_2—N^+H(C_2H_5)_2$
	二乙氨基（diethylamine）	$—N^+H(C_2H_5)_2$
	氨基（amino）	$—NH_3^+$

离子交换剂可利用吸附剂的化学修饰制备。吸附剂基质主要有苯乙烯 - 二乙烯苯型、丙烯酸 - 二乙烯苯型、酚醛型和多乙烯多胺 - 环氧氯丙烷型树脂，其中以苯乙烯 - 二乙烯苯型应用最多。这些离子交换剂在无机离子交换（水处理、金属回收）和有机酸、氨基酸、抗生素等生物小分子的分离提取方面应用广泛，但不适用于蛋白质等生物大分子的分离提取。这主要是由于它们的疏水性很高、交联度大、孔隙小

和电荷密度高。用于蛋白质类生物大分子吸附分离的离子交换剂必须具有很高的亲水性和较大孔径。很高的亲水性使其对蛋白质的非特异性吸附很小；较大的孔径则保证蛋白质容易进入离子交换剂的内部，提高吸附容量。蛋白质吸附剂的孔径一般需要达到 10 ～ 100nm，图 6.2 所示的微球介质具有适宜的孔径分布（图 6.3）。

用于蛋白质分离纯化的离子交换剂基质需要具有很高的亲水性（疏水性很低），主要有葡聚糖凝胶、琼脂糖凝胶、纤维素和亲水性聚乙烯等，其它还有硅胶和可控孔玻璃。常用的离子交换基团亦分为强酸、弱酸、强碱和弱碱四种。在表 6.2 所列的各种离子交换基团中，常用于蛋白质离子交换的有 DEAE、Q（阴离子交换基）以及 CM、SP 和 P（阳离子交换基）。表 6.3 为部分商品化离子交换剂及其离子交换容量（相当于离子交换基的密度）和蛋白质吸附容量。需要注意的是，表 6.3 所列的吸附容量是用牛血清白蛋白（bovine serum albumin，BSA）测定的，不同蛋白质的吸附容量差别很大。蛋白质的吸附容量与蛋白质的性质（分子量、分子形状和等电点等）以及溶液条件（pH、离子强度）等密切相关。

表 6.3 部分商品化离子交换剂及其离子交换容量和蛋白质吸附容量[3,4]

离子交换剂	离子交换容量 /（mmol/mL）		蛋白质吸附容量 /（mg/mL）		基 质
	（a）	（b）	（c）	（d）	
DEAE-Sephadex A-25	0.354	0.5	22	70	葡聚糖凝胶
DEAE-Sephadex A-50	0.030	0.175	78	250	葡聚糖凝胶
DEAE-Sepharose CL-6B	0.114	0.15	97	100	交联琼脂糖
DEAE-BioGel A	0.013	0.02		28	琼脂糖凝胶
DEAE-Toyopearl 650M	0.108		26		亲水性聚乙烯
DEAE-Cellulose DE-23	0.108	1.0 (e)	58		纤维状纤维素
DEAE-Cellulose DE-52	0.118	1.0 (e)	116		球状纤维素
DEAE-Sephacel	0.093	1.4 (e)	89		球状纤维素
DEAE-Trisacryl M	0.175	0.3	73	85	丙烯酸共聚物
CM-Sephadex C-25	0.550			70 (f)	葡聚糖凝胶
CM-Sephadex C-50	0.170			140 (f)	葡聚糖凝胶
SP-Sephadex C-25	0.30			70 (f)	葡聚糖凝胶
SP-Sephadex C-50	0.09			110 (f)	葡聚糖凝胶

注：测定条件如下。（a）pH=7.0；（b）I=0.1mol/L；（c）牛血清白蛋白，pH=8.3；（d）血红蛋白，pH=8.0，I=0.01mol/L；（e）单位为 mmol/g；（f）0.1mol/L 醋酸缓冲液，pH=5.0。

6.1.2.2 离子交换剂性能的评价

孔径、孔径分布、比表面积和孔隙率是评价离子交换剂性能的重要参数。离子交换剂的特性常用交换容量和滴定曲线表征。

（1）离子交换容量　离子交换容量（ion-exchange capacity）是单位质量的干燥离子交换剂或单位体积的湿离子交换剂所能吸附的一价离子的物质的量（mmol），是表征离子交换能力的主要参数之一。

交换容量的测定方法如下：

对于阳离子交换剂，先用盐酸将其处理成氢型后，称重并测其含水量，同时称数克离子交换剂，加入过量已知浓度的 NaOH 溶液，发生下述离子交换反应

$$R^-H^+ + NaOH \Longleftrightarrow R^-Na^+ + H_2O$$

式中，R^- 表示离子交换基。待反应达到平衡后（强酸性阳离子交换剂需静置 24h 左右，弱酸性阳离子交换剂需静置数日），测定剩余的 NaOH 物质的量，就可求得该阳离子交换剂的交换容量。

对于阴离子交换剂，不能利用与上述相对应的方法，即不能用碱将其处理成羟型后测定交换容量。

这是因为，羟型离子交换剂在高温下容易分解，含水量不易准确测定，并且用水清洗时，羟型离子交换剂易吸附水中的 CO_2 而使部分转变成碳酸型。所以，一般将阴离子交换剂转换成氯型后测定其交换容量。取一定量的氯型阴离子交换剂装入柱中，通入硫酸钠溶液，柱内发生下述离子交换反应

$$2R^+Cl^- + Na_2SO_4 \Longleftrightarrow R_2^+SO_4^{2-} + 2NaCl$$

用铬酸钾为指示剂，用硝酸银溶液滴定流出液中的氯离子。根据洗脱交换下来的氯离子量，就可计算交换容量。

蛋白质等生物大分子与小分子化合物的离子交换特性有很大差别：①蛋白质的分子量大，树脂孔道对其空间排阻作用大，不能与所有的离子交换活性中心接触；②离子交换吸附的蛋白质分子会妨碍其它蛋白质与未吸附蛋白质的离子交换基团发生作用，并阻碍蛋白质扩散进入其它交换区域；③蛋白质带多价电荷，在离子交换中一般可与多个离子交换基发生作用。因此，蛋白质的交换容量远低于无机离子的交换容量。如表 6.3 所示，交换容量根据测定条件的不同而各不相同，因此文献值有一定范围，仅供参考。对于所用的离子交换剂、蛋白质和吸附溶液，需通过实验测定。

（2）滴定曲线　滴定曲线是离子交换剂的离子交换密度（n）与 pH 的关系曲线（图 6.5），是表征离子交换剂性能的重要数据，可用如下方法测定。

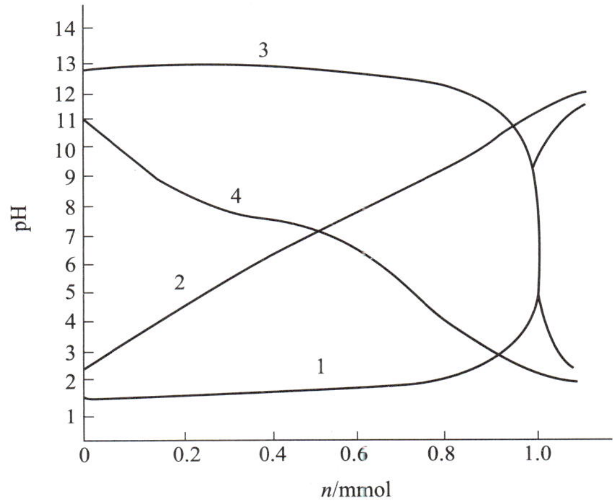

图 6.5　几种典型离子交换剂的滴定曲线

n 为单位质量离子交换剂（1.0g）悬浮液中加入的 NaOH 或 HCl 的物质的量（mmol）

1—强酸型（Amberlite IR-120）；2—弱酸型（Amberlite IRC-84）；3—强碱型（Amberlite IRA-400）；4—弱碱型（Amberlite IR-45）

分别在几个大试管中放入 1g 氢型（或羟型）离子交换剂，其中一个试管加入 50mL 0.1mol/L 的 NaCl 溶液，其它试管亦加入相同体积的溶液，但含有不同浓度的 NaOH（或 HCl），使其发生离子交换反应。强酸（碱）性离子交换剂放置 24h，弱酸（碱）性离子交换剂放置 7 日。达到平衡后，测定各试管中溶液的 pH 值。以每克干离子交换剂加入的 NaOH（或 HCl）为横坐标，以平衡 pH 值为纵坐标作图，就可得到滴定曲线。图 6.5 为几种典型离子交换剂的滴定曲线。可见，强酸（或强碱）性离子交换剂的滴定曲线开始是水平的，到某一点突然升高（或降低），表明在该点交换剂上的离子交换基团已被碱（或酸）完全饱和；弱酸（或弱碱）性离子交换剂的滴定曲线逐渐上升（或下降），无水平部分。

利用滴定曲线的转折点，可估算离子交换剂的交换容量；而由转折点的数目，可推算不同离子交换基团的数目。同时，滴定曲线还表示交换容量随 pH 值的变化。因此，滴定曲线比较全面地表征了离子交换剂的性质。

6.2 吸附平衡

6.2.1 吸附等温线

吸附是一种平衡分离方法，即根据不同溶质在液固两相间分配平衡的差别实现分离。因此，溶质的吸附平衡行为既是评价吸附剂性能的重要指标，也是吸附过程分析和设计的理论基础。

当溶质在液固两相间达到吸附平衡时，吸附剂上的平衡吸附质浓度（q）是液相游离溶质浓度（c）和

温度（T）的函数，即

$$q = f(c,T) \tag{6.3}$$

一般吸附操作在恒温下进行，即温度保持不变。此时 q 只是 c 的函数，q 与 c 的关系曲线称为吸附等温线（adsorption isotherm）。如果 q 与 c 之间呈线性函数关系

$$q = mc \tag{6.4}$$

则称此吸附为 Henry 型吸附平衡，其中 m 为分配系数。式（6.4）一般在低浓度范围内成立。当溶质浓度较高时，吸附平衡常呈非线性，式（6.4）不再成立。描述非线性吸附平衡的方程式类型较多，Freundlich 经验方程为其中之一

$$q = kc^{\beta} \tag{6.5}$$

式中，k 和 β 为常数，一般 $0.1<\beta<1$。

很明显，Henry 型线性吸附平衡是 Freundlich 方程中 $\beta=1$ 的一种特殊情况。

在很多情况下，可用 Langmuir 单分子层吸附理论描述溶质的吸附平衡。Langmuir 模型是描述气固吸附平衡的经典理论，其要点是：吸附剂表面有许多活性点，每个活性点具有相同的能量，只能吸附一个分子，并且被吸附的分子间无相互作用。基于 Langmuir 单分子层吸附理论，可推导 Langmuir 吸附等温方程（Langmuir isotherm）

$$q = \frac{q_{\mathrm{m}}c}{K_{\mathrm{d}}+c} \tag{6.6a}$$

或

$$q = \frac{q_{\mathrm{m}}K_{\mathrm{b}}c}{1+K_{\mathrm{b}}c} \tag{6.6b}$$

式中，q_{m} 为吸附容量（adsorption capacity）；K_{d} 为吸附平衡的解离常数（dissociation constant）；K_{b} 为结合常数（association constant）。

$$K_{\mathrm{b}} = \frac{1}{K_{\mathrm{d}}}$$

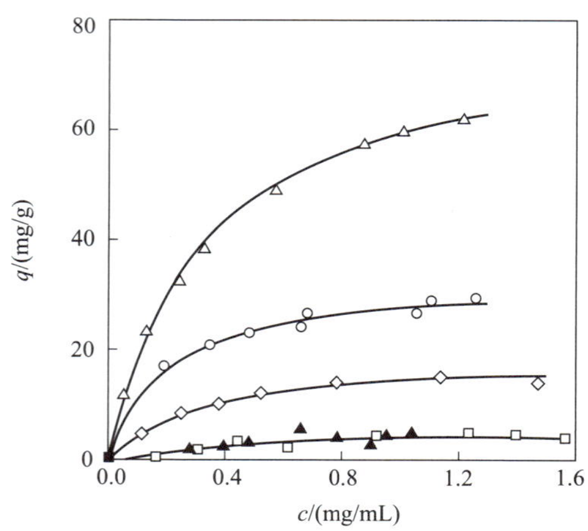

图 6.6 离子强度对 BSA 吸附等温线的影响

蛋白质溶液：BSA 溶于 0.01 mol/L Tris-HCl 缓冲液（pH=7.6）
溶液中 NaCl 浓度（mol/L）：△—0；○—0.1；◇—0.2；□—0.4
▲—NaCl 浓度从 0（△）提高到 0.4 mol/L 时的洗脱等温线数据
图中实线是利用式（6.6a）的拟合结果

Langmuir 模型的应用范围非常广泛。一般情况下，蛋白质的吸附不满足 Langmuir 单分子层吸附理论的前提条件，但其吸附等温线仍可用 Langmuir 方程描述。图 6.6 为阴离子交换剂 DEA-pGTD 介质对 BSA 的吸附等温线数据[2]。在不同的液相离子强度下，蛋白质的吸附平衡均可用 Langmuir 方程拟合。在吸附操作条件下（合适的 pH 值和较低的离子强度），一般蛋白质吸附剂的吸附容量 $q_{\mathrm{m}}=50\sim150\mathrm{mg/mL}$，解离常数 $K_{\mathrm{d}}>0.01\mathrm{mg/mL}$（随离子强度增大而增大）。

需要注意的是，尽管 Langmuir 平衡模型可很好地拟合蛋白质的吸附平衡等温线，但它只是一种表象平衡模型，而非机理模型，即蛋白质的吸附不满足 Langmuir 单分子层吸附理论。

当 n 个相同溶质分子在一个活性点上发生吸附时，可得式（6.6b）的一般形式

$$q = \frac{q_m K_b c^\beta}{1 + K_b c^\beta} \tag{6.7}$$

式（6.7）也可理解为溶质吸附偏离 Langmuir 单分子层吸附的程度，其中 β（>1）称作非均匀吸附参数（heterogeneity parameter）。由于式（6.7）是式（6.5）和式（6.6b）的组合，因此又称 Langmuir-Freundlich 吸附等温线方程（Langmuir-Freundlich isotherm），或 L-F 模型。

对于 n 个不同组分的单分子层吸附，式（6.6b）可写成多组分吸附的一般形式

$$q_i = \frac{q_{mi} K_{bi} c_i}{1 + \sum_{j=1}^{n} K_{bj} c_j} \tag{6.8}$$

式（6.8）为组分 i 的吸附浓度与各组分浓度之间的关系式，表明了各个组分在同一个活性点上竞争性吸附的结果，使组分 i 的吸附浓度下降。

另一种应用较多的平衡模型是 Toth 吸附平衡模型 [5]

$$q = \frac{q_m K_b c}{[1 + (K_b c)^n]^{1/n}} \tag{6.9}$$

与 Langmuir 吸附平衡模型相似，Toth 吸附平衡模型最初也是在研究气固吸附平衡时推导的，但已成为描述液固吸附平衡的一个重要吸附等温线方程。

上述吸附平衡方程常用于生物物质的吸附分离过程。此外还有许多吸附平衡关系式，描述不同的吸附现象，如 Dubinin-Astskhov 式、BET（Brunauer-Emmett-Teller）式等 [5]。

当吸附剂对溶质的吸附作用非常强时，式（6.5）中的 β 常小于 0.1，或用式（6.6a）表示的 Langmuir 吸附解离常数 K_d 非常小，此时液相溶质浓度对吸附浓度的影响很小，接近不可逆吸附，吸附等温线为矩形（rectangular isotherm，q= 常数）。例如，以单克隆抗体为配基的免疫亲和吸附剂（详见第 8 章）吸附蛋白质的等温式中一般 $\beta < 0.1$，可用矩形等温线近似。包括矩形吸附等温线在内的各种吸附平衡关系示于图 6.7。

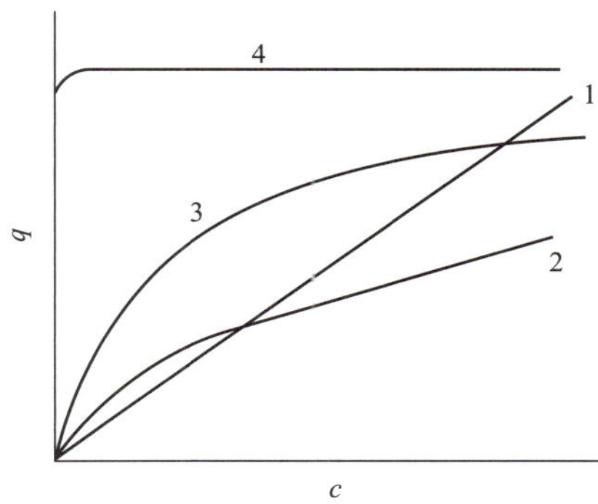

图 6.7 几种常见的吸附等温线

1—Henry 型；2—Freundlich 型；3—Langmuir 型；4—矩形

吸附等温线可通过平衡吸附实验测定。常采用的方法有摇瓶间歇吸附法（finite batch method）[6] 和动态色谱吸附法（dynamic adsorption method）[5,7]。色谱法常用于测定高效液相色谱介质的吸附等温线，而制备分离所用吸附剂的粒径较大，内扩散传质阻力大，吸附速率慢，一般不宜采用色谱法，而多采用间歇吸附法。间歇吸附实验应准备多个摇瓶（或试管），准确称取一定量的吸附剂，分别放入摇瓶中，向各摇瓶加入体积相同但浓度不同的吸附质溶液，在恒温条件下振荡一定时间（数小时至数日，依吸附速率而定，保证吸附达到平衡）。之后，进行固液分离，测定各摇瓶中的液相溶质浓度 c，计算吸附相的吸附溶质浓度 q。

$$q = \frac{V_L (c_0 - c)}{V_S} \tag{6.10}$$

式中，c_0 为液相溶质的初始浓度；V_L 为溶液体积；V_S 为吸附剂体积或质量。

只要实验设计正确，测量方法可靠，就可获得一组完整的吸附等温线数据。改变溶液的 pH 值、离子强度等可研究环境因素对吸附平衡的影响。

6.2.2 离子交换的计量置换模型

计量置换模型（stoichiometric displacement model，SDM）[8,9] 是建立在质量作用定律基础上的非机理模型。该模型假设离子交换是吸附过程的唯一机理，离子交换过程用满足质量作用定律的化学计量“反应”描述，吸附平衡时吸附剂表面保持电中性。溶质（如蛋白质）分子通过与反离子竞争吸附结合到离子交换配基上。模型假设如下：

（1）系统为理想体系，各组分的活度系数为 1。

（2）吸附剂表面均一，孔道形状和尺寸均匀，且孔道直径足够大，对溶质无尺寸排阻效应。

（3）对于蛋白质类生物大分子，与溶质分子结合的伴离子（co-ion）分成两类：当溶质在离子交换剂表面吸附时，第一类伴离子从溶质上释放出来，而第二类伴离子始终与溶质分子相结合。

（4）用特征电荷 z 描述具有多点结合特性的蛋白质与离子交换剂结合位点的数量。

需要指出的是，离子交换是基于荷电分子间的静电相互作用。从第 1 章中介绍的静电相互作用原理可知，静电相互作用为长程作用力，无方向性和饱和性。因此，离子交换仅是描述基于静电相互作用分离的一种方法，该过程并不符合化学计量关系（stoichiometric relationship）或质量作用定律（mass action law）。因此，SDM 模型为非机理模型，主要用于定量描述离子交换过程的平衡关系和影响因素。

6.2.2.1 线性吸附平衡的分配系数

在没有待分离的溶质存在时，离子交换剂表面的离子基团或可离子化的基团 R（R^+ 或 R^-）一直被其反离子（counterion）覆盖，液相中的反离子浓度为常数。溶质与反离子带有相同的电荷，溶质的吸附是基于其与离子交换基间相反电荷的静电引力。典型的离子交换过程发生下列反应

阴离子交换
$$R^+A^- + P^- \Longleftrightarrow R^+P^- + A^- \tag{6.11a}$$

阳离子交换
$$R^-A^+ + P^+ \Longleftrightarrow R^-P^+ + A^+ \tag{6.11b}$$

式中，R^+ 和 R^- 分别表示阴离子交换基和阳离子交换基；A 表示反离子；P 表示溶质。

上述离子交换的平衡常数 K_{PA} 分别为

$$K_{PA-} = \frac{[RP][A^-]}{[RA][P^-]} \tag{6.12a}$$

$$K_{PA+} = \frac{[RP][A^+]}{[RA][P^+]} \tag{6.12b}$$

在离子交换过程中，反离子的浓度对溶质在固液两相间的分配系数（m）具有重要影响。以阴离子交换剂为例，单价强电解质 XH 完全解离，分配系数为

$$m = \frac{[RP]}{[P^-]} \tag{6.13}$$

式中，“[ ]”表示浓度（下同）。

由式（6.11a）和式（6.12），可得到分配系数与反离子浓度的关系

$$m = \frac{K_{PA-}[RA]}{[A^-]} \tag{6.14}$$

即分配系数与反离子浓度成反比，表明离子交换的分配系数随离子强度的增大而下降。

式（6.14）适用于可完全解离的强电解质。对于单价弱电解质 PH，仅发生部分解离

$$\mathrm{PH} \Longleftrightarrow \mathrm{P}^- + \mathrm{H}^+$$

解离平衡常数为

$$K_{\mathrm{dP}} = \frac{[\mathrm{P}^-][\mathrm{H}^+]}{[\mathrm{PH}]} \tag{6.15}$$

则分配系数为

$$m = \frac{[\mathrm{RP}]}{[\mathrm{P}^-]+[\mathrm{PH}]} \tag{6.13a}$$

故从式（6.11a）、式（6.12a）和式（6.14）得到

$$m = \frac{K_{\mathrm{PA-}}[\mathrm{RA}]}{[\mathrm{A}^-]} \frac{1}{1+[\mathrm{H}^+]/K_{\mathrm{dP}}} \tag{6.14a}$$

可见，式（6.14）是式（6.14a）的一种特殊情况（当 $K_{\mathrm{dP}} \to \infty$ 时）。从式（6.14）或式（6.14a）可知

$$m = \frac{m_1}{[\mathrm{A}^-]} \tag{6.16}$$

式中，m_1 是反离子浓度为 1（任意单位）时溶质 X 的分配系数。

从上式可知，$\ln m$ 与 $\ln[\mathrm{A}]$ 呈线性关系，其斜率为 −1。事实上，该斜率与溶质和反离子的种类无关，只与反离子和溶质的离子价有关。若反离子和溶质的离子价分别为 a 和 b（a、b 可为正或负）的一般情况，离子交换反应为

$$b\mathrm{RA} + a\mathrm{P}^b \Longleftrightarrow a\mathrm{RP} + b\mathrm{A}^a \tag{6.11c}$$

离子交换平衡常数为

$$K_{\mathrm{PA}} = \frac{[\mathrm{RP}]^{|a|}[\mathrm{A}^a]^{|b|}}{[\mathrm{RA}]^{|b|}[\mathrm{P}^b]^{|a|}} \tag{6.12c}$$

利用式（6.12c）得到分配系数的表达式为

$$m = \frac{m_1}{[\mathrm{A}^a]^{|b/a|}} \tag{6.17}$$

蛋白质是多价的两性高分子电解质，具有等电点 pI。当溶液的 pH 值偏离等电点，pH>pI 时带负电荷，可被阴离子交换剂吸附；pH<pI 时，带正电荷，可被阳离子交换剂吸附。蛋白质在离子交换剂上的吸附同样受反离子浓度的影响。用盐浓度 c_{s} 代替式（6.17）中的反离子浓度，则蛋白质的分配系数与盐浓度的关系为

$$m = \frac{m_1}{c_{\mathrm{s}}^z} \tag{6.18}$$

理论上，式（6.18）中的 z 为吸附 1 个蛋白质分子所交换的反离子数，即蛋白质的静电荷 b 与反离子的离子价数 a 之比的绝对值［式（6.17）］，但蛋白质的表面电荷数可达 2 位数以上，而实际离子交换中 z 值远小于 b 与 a 之比的绝对值，故称此 z 为特征电荷（characteristic charge）。式（6.18）中的特征电荷 z 可达 2 ～ 10 或更大，因此，离子强度的微小改变就会引起分配系数的很大变化。另外，在相同的离子强度和 pH 值下，蛋白质之间分配系数的差别往往很大。由于离子交换过程中溶质的分配系数随离子强度增大而急剧降低，故离子交换操作需在低离子强度下进行。

若溶质浓度较小，式（6.18）中的 m_1 可认为是常数。因此，在低浓度范围内，溶质的分配系数仅是离子强度的函数，与溶质浓度无关，离子交换吸附等温式可用 Henry 型线性吸附平衡关系式（6.4）表达。

但在较高浓度范围，m_1 随溶质浓度变化明显，吸附平衡呈非线性。

6.2.2.2 非线性吸附平衡方程

以阴离子交换为例推导非线性 SDM 模型。根据上述假设，离子交换平衡方程如下

$$n\mathrm{PB}_{r+z} + z\mathrm{X}_n\mathrm{A} \longleftrightarrow z\mathrm{A}^{n-} + n\mathrm{X}_z\mathrm{PB}_r + nz\mathrm{B}^+ \tag{6.19}$$

式中，P 表示蛋白质；B 表示伴离子；X 表示吸附剂表面的一个吸附位点；A 表示反离子；z 为特征电荷，即蛋白质吸附所置换下来的单价反离子数，也是第一类伴离子数；r 表示第二类伴离子数；n 为反离子的电荷数。

如果 P 是碱基数小于 10 的寡聚核苷酸，特征电荷 z 等于分子所带的净电荷数；但对于生物大分子，由于其复杂的三维构象使带电残基形成不均匀分布，特征电荷数小于其所带的净电荷数。另外，在静电作用下蛋白质从液相向固定相转移过程中，由于蛋白质的分子热运动发生旋转取向，使蛋白质与吸附剂结合的自由能最小；在一定的吸附条件下（如恒定的 pH 值和盐浓度），可能有多个蛋白质取向存在，蛋白质的取向与吸附蛋白质浓度有关。因此 z 代表蛋白质竞争性吸附的平均作用，它的实验值不一定是整数。式（6.19）的吸附平衡常数定义为

$$K' = \frac{[\mathrm{X}_z\mathrm{PB}_r]^n[\mathrm{A}^{n-}]^z[\mathrm{B}^+]^{nz}}{[\mathrm{PB}_{r+z}]^n[\mathrm{X}_n\mathrm{A}]^z} \tag{6.20}$$

在吸附过程中，第一类伴离子从蛋白质上释放，即

$$\mathrm{PB}_{r+z} \longleftrightarrow \mathrm{PB}_r^{z-} + z\mathrm{B}^+ \tag{6.21}$$

平衡常数为

$$K'' = \frac{[\mathrm{PB}_r^{z-}][\mathrm{B}^+]^z}{[\mathrm{PB}_{r+z}]} \tag{6.22}$$

离子交换的总平衡常数为

$$K = \frac{K'}{(K'')^n} \tag{6.23}$$

故将式（6.20）和式（6.22）代入式（6.23），得到

$$K = \frac{[\mathrm{X}_z\mathrm{PB}_r]^n[\mathrm{A}^{n-}]^z}{[\mathrm{PB}_r^{z-}]^n[\mathrm{X}_n\mathrm{A}]^z} \tag{6.24}$$

离子交换剂的交换容量 Λ 为蛋白质和反离子所占的吸附位点之和，即

$$\Lambda = z[\mathrm{X}_z\mathrm{PB}_r] + n[\mathrm{X}_n\mathrm{A}] \tag{6.25}$$

将式（6.25）代入式（6.24）得

$$[\mathrm{PB}_r^{z-}] = \frac{[\mathrm{X}_z\mathrm{PB}_r]}{K^{1/n}}\left(\frac{n[\mathrm{A}^{n-}]}{\Lambda - z[\mathrm{X}_z\mathrm{PB}_r]}\right)^{z/n} \tag{6.26}$$

式（6.26）即为 SDM 模型方程。其中，$[\mathrm{PB}_r^{z-}]$ 为液相溶质浓度；$[\mathrm{X}_z\mathrm{PB}_r]$ 为吸附相溶质浓度；$[\mathrm{A}^{n-}]$ 为反离子浓度（盐浓度）。设 $q=[\mathrm{X}_z\mathrm{PB}_r]$，$c=[\mathrm{PB}_r^{z-}]$，$c_\mathrm{s}=[\mathrm{A}^{n-}]$，则式（6.26）变为

$$c = \frac{q}{K^{1/n}}\left(\frac{nc_\mathrm{s}}{\Lambda - zq}\right)^{z/n} \tag{6.26a}$$

当 n=1 时

$$c=\frac{q}{K}\left(\frac{c_{\mathrm{s}}}{\Lambda-zq}\right)^{z} \tag{6.26b}$$

当 $c\to0$ 时，$q\to0$，所以式（6.26b）表示的吸附等温线的分配系数为

$$m=\lim_{c\to0}\frac{q}{c}=K\left(\frac{\Lambda}{c_{\mathrm{s}}}\right)^{z} \tag{6.27}$$

比较式（6.18）和式（6.27），可知两者形式相同，式（6.18）中 $m_1=K\Lambda^{z}$。若特征电荷 z=1，并设 $\Lambda=q_{\mathrm{m}}$，SDM 模型简化为 Langmuir 型吸附等温线方程

$$q=\frac{q_{\mathrm{m}}Kc}{c_{\mathrm{s}}+Kc} \tag{6.28}$$

与 Langmuir 模型相比，SDM 模型直观地描述了液相盐浓度对蛋白质吸附的影响。例如，从图 6.6 中的吸附平衡数据可知，在蛋白质浓度 c 接近 0 的低浓度范围内，吸附等温线斜率随盐浓度增大而迅速下降，与 SDM 模型的预测趋势一致。

6.2.3 空间质量作用模型

空间质量作用（steric mass-action，SMA）模型是针对蛋白质的分子量大、带电荷数多等特性提出的非线性离子交换平衡模型 [10,11]，也可看作是上述化学计量置换模型的改进模型。SMA 模型的假设前提除上述化学计量置换模型假设条件外，认为蛋白质分子的吸附导致吸附剂表面反离子的空间位阻（steric hindrance），这些被屏蔽的反离子不能和其它蛋白质发生交换反应；另外，假设伴离子的影响可以忽略不计。因此，蛋白质和反离子的离子交换平衡用下式表示

$$nc+z\bar{q}_{\mathrm{s}}\Longleftrightarrow nq+zc_{\mathrm{s}} \tag{6.29}$$

式中，c 和 q 分别表示液相和吸附相蛋白质浓度；c_{s} 表示液相反离子浓度；$\bar{q}_{\mathrm{s}}$ 表示可以和蛋白质进行交换反应的吸附相反离子；n 表示反离子的荷电荷数。

此离子交换反应的平衡常数 K 为

$$K=\left(\frac{q}{c}\right)^{n}\left(\frac{c_{\mathrm{s}}}{\bar{q}_{\mathrm{s}}}\right)^{z} \tag{6.30}$$

蛋白质吸附所屏蔽的反离子浓度 $q_{\mathrm{s}}^{\mathrm{SH}}$ 为

$$q_{\mathrm{s}}^{\mathrm{SH}}=\sigma q \tag{6.31}$$

式中，σ 为蛋白质的空间因子，即一个蛋白质分子所屏蔽的反离子数。

因此吸附相中反离子总浓度 q_{s} 可用下式表示

$$q_{\mathrm{s}}=\bar{q}_{\mathrm{s}}+\sigma q \tag{6.32}$$

根据吸附相的电中性原理，下式成立

$$\Lambda\equiv n\bar{q}_{\mathrm{s}}+(z+n\sigma)q \tag{6.33}$$

式中，Λ 为吸附剂的离子交换容量。

从式（6.33）中解出 $\bar{q}_{\mathrm{s}}$ 并代入式（6.30），即得到 SMA 模型方程

$$c=\frac{q}{K^{1/n}}\left(\frac{nc_{\mathrm{s}}}{\Lambda-(z+n\sigma)q}\right)^{z/n} \tag{6.34}$$

当 n=1 时

$$c = \frac{q}{K}\left(\frac{c_s}{\Lambda-(z+\sigma)q}\right)^z \tag{6.34a}$$

式（6.34）或式（6.34a）即为 SMA 模型方程。很明显，与式（6.26a）表示的 SDM 方程相比，SMA 模型增加了空间因子项。

在线性吸附条件下，即 $c\to 0$，$q\to 0$ 时，SMA 模型［式（6.34a）］也可简化为式（6.27），当 $c\to\infty$ 时，$\bar{q}_s\to 0$，$q\to q_m$，式（6.34a）简化为

$$q_m = \frac{\Lambda}{z+\sigma} \tag{6.35}$$

式中，q_m 为可达到的最大吸附浓度，即吸附剂的吸附容量。

SMA 模型为三参数模型（K，z，σ）。交换容量 Λ 为吸附剂的特性参数，可利用 6.1.2 节介绍的方法测定。式（6.27）中的两个线性模型参数（K，z）利用线性色谱实验确定 [10]。在蛋白质饱和吸附的条件下（即液相蛋白质浓度足够大时）测定吸附剂的吸附容量 q_m，就可利用式（6.35）确定空间因子 σ。

蛋白质为两性高分子电解质，其分子结构和理化性质受溶液 pH 值的影响很大。因此，SMA 模型参数与溶液 pH 值有关。另外，尽管 SMA 模型包含了盐浓度对蛋白质吸附平衡的影响，但其中的一些模型参数仍与盐浓度有关。

6.3 吸附过程传质动力学

吸附分离技术涉及气固或液固两相间的扩散传质，是一种典型的扩散分离方法。生物分离过程主要涉及液固两相传质，本节重点介绍溶质在液相和固相（吸附剂）中的扩散及其相关理论。

6.3.1 液相扩散

与世间万物一样，分子也处于不停的热运动之中。分子热运动是漫无目标的。在相对静止系统中，分子或粒子的运动行为称为扩散（diffusion）。分子的扩散速率用扩散系数（diffusivity 或 diffusion coefficient）表达。扩散系数（D）用 Fick 定律定义 [12]

$$J_A = -D\frac{dc_A}{dx} \tag{6.36}$$

式中，J_A 为溶质 A 的扩散通量（diffusion flux），kmol/（m^2·s）；c_A 为溶质的浓度，kmol/m^3；x 为扩散方向上的距离，m；D 为扩散系数，m^2/s。

dc_A/dx 为溶质在扩散方向上的浓度梯度，因此，Fick 定律表示溶质的扩散通量与浓度梯度成正比，但方向与浓度梯度相反，即溶质运动的总体趋势是从高浓度区向低浓度区扩散。

气体的黏度小，密度低，分子间相互碰撞的频率低，故气相中小分子溶质的扩散系数较大，常压下为 $(1\sim2)\times10^{-5}m^2/s$。液相中分子间相互碰撞的频率高，黏度大，故液相分子扩散系数远低于气相，常温条件下小分子溶质的扩散系数在 $(0.5\sim2.0)\times10^{-9}m^2/s$，是气相扩散系数的万分之一。在非黏性液体中，刚性球形溶质（rigid sphere）的扩散系数可用 Stokes-Einstein 方程估算

$$D_0 = \frac{k_B T}{6\pi\mu_L r_s} \tag{6.37}$$

式中，D_0 为液相溶质扩散系数；k_B 为 Boltzmann 常数（1.38×10^{-23}J/K）；T 为热力学温度，K；μ_L 为液相黏度；r_s 为球形分子的 Stokes 半径，又称水力学半径（hydrodynamic radius）。对于小分子非电解质溶质，可用 Wilke-Chang 方程计算扩散系数

$$D_0 = 7.4\times10^{-12}\frac{T(\chi M_r)^{1/2}}{\mu_L V_m^{0.6}} \tag{6.38}$$

式中，D_0 为扩散系数，m^2/s；μ_L 为黏度，mPa・s；T 为热力学温度，K；M_r 为溶质的分子量；V_m 为正常沸点下溶质的分子体积，cm^3/mol；χ 为溶剂缔合因子（association parameter）。

V_m 值可用 Le Bas 原子体积计算 [13]。水为溶剂时，$\chi = 2.6$。应注意式（6.38）中物理量并非完全使用 SI 单位制。

式（6.37）和式（6.38）表明，液相中溶质的扩散系数与温度成正比，与溶液黏度成反比。另外，利用式（6.38）的计算值为无限稀释溶液中的扩散系数，或溶质浓度较低时的扩散系数。当溶质浓度较高时，扩散系数随浓度增大而变化：可能减小，也可能增大，取决于溶质的相互作用及浓度提高引起的黏度变化。

蛋白质是两性高分子电解质，具有特定的弹性立体结构和分子形状，对环境变化敏感。因此，蛋白质的扩散系数除上述温度和黏度等环境因素外，还受溶液 pH 值和离子强度的影响。但目前还很难定量描述溶液 pH 值和离子强度对蛋白质单扩散系数的作用。根据 Stokes-Einstein 方程和大量实测的蛋白质扩散系数数据，研究者已提出了一些计算蛋白质扩散系数的关联式。

蛋白质的分子尺寸与其分子量成正比。蛋白质的比体积（specific volume）一般为 0.69 ～ 0.78cm^3/g，平均值为 0.73cm^3/g。利用蛋白质的分子量和比体积可计算蛋白质分子的体积。因此，根据 Stokes-Einstein 方程，蛋白质的扩散系数与其分子量的立方根成反比。据此，Young 等 [14] 提出的关联式适用于计算球形蛋白质分子的扩散系数

$$D_0 = 8.34\times10^{-12}\frac{T}{\mu_L M_r^{1/3}} \tag{6.39}$$

式（6.39）又称 Young-Carroad-Bell 关联式，其中的各物理量的单位与式（6.38）相同。

式（6.39）利用蛋白质的分子量计算扩散系数，使用方便，但有时误差较大。如上所述，蛋白质为弹性高分子，并且在水溶液带有相当厚度的水化层。因此，分子量不能准确描述蛋白质的空间分子运动行为。蛋白质的旋转半径 r_g（radius of gyration）对蛋白质的分子形状和尺寸非常敏感，可以满足空间更准确地描述蛋白质的空间分子运动行为。利用 r_g 代替 Stokes-Einstein 方程中的 r_s，Tyn 和 Gusek[15] 提出下列计算球形蛋白质扩散系数的关联式

$$D_0 = 5.78\times10^{-12}\frac{T}{\mu_L r_g} \tag{6.40}$$

式（6.40）又称 Tyn-Gusek 关联式，其中的各物理量的单位也与式（6.38）相同，旋转半径 r_g 的单位为 Å（1Å=0.1nm）。在温度 T=293.3K、$\mu_L = 1.002$mPa·s 的水溶液中，式（6.40）变成下式

$$D_0 = \frac{1.69\times10^{-9}}{r_g} \tag{6.40a}$$

对于棒状蛋白质（rod-like proteins），式（6.40）的误差较大，需用分子长度 L 的 1/10 代替 r_g

$$D_0 = \frac{1.69\times10^{-9}}{0.1L} \tag{6.40b}$$

其中 $L = \sqrt{12}r_g$。

蛋白质的旋转半径 r_g 可用小角度 X 射线散射、拟弹性激光散射等方法测定，故利用式（6.40）计算

蛋白质扩散系数也比较方便，并且式（6.40）的精度优于式（6.39）。

He 和 Niemeyer[16] 在分析各种形状的蛋白质的各种分子半径（r_g、r_s和体积当量半径）关系的基础上，根据 Stokes-Einstein 方程提出下述关联式

$$D_0 = 6.85 \times 10^{-12} \frac{T}{\mu_L (M_r^{1/3} r_g)^{1/2}} \tag{6.41}$$

与大量实测蛋白质扩散系数的比较表明，式（6.41）适用于球形和棒状蛋白质扩算系数的计算，精度优于式（6.39）和式（6.40）。

比较式（6.39）～式（6.41），可知式（6.41）表示的扩散系数与式（6.39）和式（6.40）的几何平均［式（6.42)］非常相近。

$$D_0 = 6.94 \times 10^{-12} \frac{T}{\mu_L (M_r^{1/3} r_g)^{1/2}} \tag{6.42}$$

因此，式（6.41）将蛋白质的分子量和旋转半径作为计算扩散系数的重要参数，结合了式（6.39）和式（6.40）的优点。

表 6.4 列出了蛋白质等生物大分子扩散系数的实测数据[15,16]。可以看出，扩散系数随分子量和旋转半径的增大而下降。分子量 1×10⁴ ～ 1×10⁵ 的蛋白质的扩散系数是小分子溶质的 5% ～ 10%。

表 6.4 蛋白质等生物大分子的扩散系数（20℃）

溶 质	M_r	r_g/Å	D_0/($\times 10^{-11}$ m²/s)
核糖核酸酶（ribonuclease）	12600	14.8	13.1
溶菌酶（lysozyme）	14400	15.2	11.8
胰凝乳蛋白酶（chymotrypsin B, bovine pancreas）	21600	18.0	10.2
β-酪蛋白（β-casein）	24100	75.0	6.05
胃蛋白酶（pepsin, swine）	34160	20.5	8.7
α-胰凝乳蛋白酶原（α-chymotrypsinogen）	38000	18.1	7.9
卵白蛋白（ovalbumin）	45000	24.0	7.3
血红蛋白（hemoglobulin, human）	64500	24.8	6.3
牛血清白蛋白（bovine serum albumin）	66000	29.8	5.93
己糖激酶（hexokinase, yeast）	102000	24.7	5.9
γ-球蛋白（γ-globulin， human serum）	153100	70.0	4.0
过氧化氢酶（catalase, bovine liver）	225000	39.8	4.1
纤维蛋白原（fibrinogen）	390000	142.0	1.86
阻凝蛋白（myosin, rabbit muscle）	493000	468.0	1.16
α_2-肌红蛋白（α_2-myoglobin）	820000	63.7	2.41
丙酮脱氢酶（pyruvate dehydrogenase）	3780000	156.5	1.20
脱氧核糖核酸（DNA）	4000000	1,170	0.13
芜箐黄叶病毒（turnip yellow mosaic virus）	4970000	108.0	1.55
紫花苜蓿花叶病毒（alfalfa mosaic virus, bottom）	6920000	216.0	1.05
抗生素λ（bacteriophage λ，enlarge prehead）	17000000	285.0	0.69
烟草花叶病毒（tobacco mosaic virus）	39000000	924.0	0.44

注：1Å=0.1nm。

6.3.2　固相扩散

6.3.2.1　固相扩散系数

如图 6.1 所示，固体吸附剂主要分多孔型和凝胶型两大类。无论是何种类型的固体介质，溶质均在固相内部有限的孔道中发生扩散，溶质的扩散行为与在自由溶液中都有很大的不同，表现在扩散系数上，就是相同条件下溶质的固相扩散系数小于其在自由溶液中的扩散系数。

固体介质的孔隙率用 ε_p 表示，是固相中孔隙的体积分数。由于孔径通常都有一定的分布范围（图 6.3），对于分子尺寸不同的溶质，尤其是蛋白质类生物大分子，孔隙率与其分子量有关，即蛋白质的分子量越大，有效孔隙率越小。另外，固相介质内部的孔道并非笔直和完全相通的，孔道的这种性质通常用曲折因子（tortuosity factor）表示。多孔介质的曲折因子 τ 一般为 3 ～ 6，可用下式近似计算[5]

$$\tau = \frac{(2-\varepsilon_p)^2}{\varepsilon_p} \tag{6.43}$$

因为 $\varepsilon_p < 1$，所以 $\tau > 1$。

由于固相介质内部的孔道结构，溶质在固相中的扩散系数小于其自由溶液中的扩散系数。固相中相对于整个固相体积扩散系数称为有效扩散系数（effective diffusivity）。有效扩散系数常用下式近似计算

$$D_e = \frac{\varepsilon_p D_0}{\tau} \tag{6.44}$$

除固相的孔道结构影响固相扩散系数外，孔道对溶质的阻滞作用也会降低扩散系数，尤其是蛋白质等生物大分子。在孔道的阻滞作用下发生的固相扩散称为阻滞扩散（restricted diffusion），其扩散系数又称阻滞扩散系数。大分子溶质在固相介质中的扩散行为非常复杂，孔径、蛋白质分子半径、凝胶浓度、凝胶中纤维半径、蛋白质浓度和静电作用都对扩散有显著影响。利用流体动力学理论研究刚性多孔介质中阻滞扩散的结果表明，有效扩散系数随分子半径和孔道半径之比的增大而降低[17]。凝胶介质是由直径在 2nm 左右的高分子纤维组成的网状结构，其性质与高分子溶液有许多相似之处，高分子溶液中的阻滞扩散理论可直接用于凝胶介质。在高分子溶液中，蛋白质的阻滞扩散系数可用下式表达

$$D_e = D_0 \exp(-B r_0 c_f^{1/2}) \tag{6.45}$$

式中，r_0 为蛋白质和高分子纤维的相互作用半径；c_f 为高分子纤维浓度；B 为比例常数。

r_0 可用蛋白质的 Stokes 半径与纤维半径（r_f）之和表示，所以式（6.45）变为

$$D_e = D_0 \exp[-B(r_s + r_f)c_f^{1/2}] \tag{6.46}$$

Boyer 和 Hsu[18] 利用凝胶过滤色谱法测定了七种蛋白质（表 6.5）在琼脂糖凝胶 Sepharose CL-6B 中的有效扩散系数，发现 D_e / D_0 随分子量的增大而降低（表 6.6），并根据式（6.46）提出式（6.47）来关联有效扩散系数与分子量的关系

$$D_e = D_0 \exp[-B_m(M_r^{1/3} + A_m)c_f^{1/2}] \tag{6.47}$$

式中，B_m 和 A_m 为常数。

利用式（6.47）线性回归分析七种蛋白质的有效扩散系数，得

$$D_e = D_0 \exp[-0.1307(M_r^{1/3} + 12.45)c_f^{1/2}] \tag{6.47a}$$

利用式（6.47a）和式（6.39）可计算的蛋白质有效扩散系数与实测值相比，误差在 25% 以内，平均误差为 19%。

从式（6.46）和式（6.47）可以发现，凝胶浓度越高，蛋白质分子半径越大（或分子量越大），阻滞作用越明显。另外，蛋白质分子形状和浓度对扩散系数也有重要影响。若蛋白质浓度较高，无论在凝胶中还是在自由溶液中，扩散系数均随蛋白质浓度升高而降低[19]。

表 6.5 七种蛋白质的性质

蛋白质	M_r	r_s/nm	D_0^{20} /(×10^{-11}m^2/s)	D_0^4 /(×10^{-11}m^2/s)
肌红蛋白（myoglobin，horse heart）	16890	1.89	11.3	6.9
β-乳球蛋白（β-lactoglobulin，milk）	35400	2.74	7.8	4.7
卵白蛋白（ovalbumin，chicken egg）	45000	2.93	7.3	4.4
牛血清白蛋白（bovine serum albumin）	67000	3.59	5.9	3.6
己糖激酶（hexokinase，yeast）	102000	3.63	5.9	3.6
免疫球蛋白（immunoglobulin，rabbit serum）	161000	5.62	3.8	2.3
过氧化氢酶（catalase，bovine liver）	225000	5.21	4.1	2.59

注：D_0^{20}和D_0^4分别为 20℃和 4℃自由溶液中的扩散系数。

表 6.6 蛋白质在 Sepharose CL-6B 凝胶中的有效扩散系数（4℃）

蛋白质	ε_p	D_e /(×10^{-11}m^2/s)	D_e / D_0
肌红蛋白 (myoglobin，horse heart)	0.734	2.35	0.343
β-乳球蛋白 (β-lactoglobulin，milk)	0.625	1.25	0.155
卵白蛋白 (ovalbumin，chicken egg)	0.610	0.82	0.184
牛血清白蛋白（bovine serum albumin）	0.550	0.56	0.155
己糖激酶（hexokinase，yeast）	0.549	0.52	0.146
免疫球蛋白（immunoglobulin，rabbit serum）	0.457	0.25	0.102
过氧化氢酶（catalase，bovine liver）	0.474	0.30	0.119

上述讨论仅针对溶质与固相介质不产生任何相互作用的情况。若溶质在固相介质表面发生吸附现象，也会影响其孔内扩散。例如，在刚性多孔吸附剂中，蛋白质的孔扩散系数随吸附密度的增大而下降[20,21]；利用带有负电荷的色素分子辛巴蓝（Cibacron blue 3GA）为配基的亲和吸附中，带有同种电荷的 BSA 的孔扩散系数随液相离子强度的降低和配基密度的增大而下降[22,23]，这是由于吸附剂介质孔隙对蛋白质的静电排阻作用。因此，固相扩散，尤其是生物大分子的固相扩散行为非常复杂，需要深入研究。

固体介质中扩散系数的测定方法很多，除上述凝胶过滤色谱法外，还有利用梯度核磁共振法[19]和透膜扩散法[24]等。但最简单和常用的方法是有限池间歇吸附法（finite batch method），即间歇全混搅拌池吸附法[20-23]。无论何种方法，都需要利用适当的模型方程计算扩散系数。

6.3.2.2 固相扩散模型

根据 Fick 定律［式（6.36）］和质量守恒原理可建立固相介质中溶质扩散的连续性方程[25]

$$\frac{\partial c_s}{\partial t}=\frac{D_e}{x^a}\frac{\partial}{\partial x}\left(x^a\frac{\partial c_s}{\partial x}\right) \tag{6.48}$$

式（6.48）是不发生溶质吸附情况下固相中溶质的扩散方程，又称 Fick 第二定律。其中，c_s 为固相中溶质浓度；t 为时间；x 为扩散方向的坐标；指数 a 与固相介质的形状有关。

在半无限大平板的厚度方向上的扩散，a=0，式（6.48）变为

$$\frac{\partial c_s}{\partial t}=D_e\frac{\partial^2 c_s}{\partial x^2} \tag{6.48a}$$

在无限长圆柱体的半径（r）方向上的扩散，a=1，式（6.48）变为

$$\frac{\partial c_s}{\partial t}=D_e\left(\frac{\partial^2 c_s}{\partial r^2}+\frac{1}{r}\frac{\partial c_s}{\partial r}\right) \tag{6.48b}$$

在球形介质的半径（r）方向上的扩散，a=2，式（6.48）变为

$$\frac{\partial c_s}{\partial t}=D_e\left(\frac{\partial^2 c_s}{\partial r^2}+\frac{2}{r}\frac{\partial c_s}{\partial r}\right) \tag{6.48c}$$

一般吸附剂为球形粒子，故式（6.48c）是吸附分离研究中常用的基本模型方程。

若溶质在介质表面发生吸附，需对上述模型方程进行修正。在多孔吸附剂中，吸附剂孔内溶质和吸附剂表面被吸附的溶质在浓差的推动下均可发生扩散传质。从固相扩散行为和吸附剂结构等不同角度，描述吸附剂内溶质扩散的数学模型有多种，包括孔扩散模型、表面扩散模型、平行扩散模型和有效扩散模型等[26-29]。其中最常用的是孔扩散模型（pore diffusion model，PDM），其基本假设条件有：

（1）假设系统为理想体系，各组分的活度系数为1。

（2）对于球形吸附剂，假设吸附剂粒径均一，配基均匀分布在吸附剂孔表面。

（3）吸附剂的孔隙率均一，在吸附过程中保持不变。

（4）在吸附剂内任意位置处，游离溶质和吸附溶质均处于平衡状态，孔内游离溶质浓度梯度为扩散传质的推动力。

与推导式（6.48）的过程类似，得到的孔扩散模型方程为

$$\varepsilon_p\frac{\partial c_p}{\partial t}+\frac{\partial q}{\partial t}=\frac{\varepsilon_p D_p}{r^2}\frac{\partial}{\partial r}\left(r^2\frac{\partial c_p}{\partial r}\right) \tag{6.49}$$

式中，D_p 表示孔扩散模型中的孔扩散系数；c_p 为孔内游离溶质浓度；q 为吸附溶质浓度。c_p 和 q 之间处于平衡状态，即

$$q=\frac{q_m c_p}{K_d+c_p} \tag{6.6c}$$

在间歇全混搅拌池吸附过程中，溶质从液相向固相的传质方程为

$$\frac{\mathrm{d}c}{\mathrm{d}t}=-\frac{3F\varepsilon_p D_p}{R}\left(\frac{\partial c_p}{\partial r}\right)_{r=R} \tag{6.50}$$

式中，F 为吸附系统中的固液体积之比；R 为吸附剂半径；c 为液相溶质浓度。

式（6.49）和式（6.50）的初始和边界条件如下

$$t=0,\ q=0,\ c_p=0,\ c=c_0 \tag{6.51a}$$

$$r=R,\ c_p=c \tag{6.51b}$$

$$r=0,\ \frac{\partial c_p}{\partial r}=0 \tag{6.51c}$$

式中，c_0 为液相初始浓度。

利用间歇全混搅拌池吸附法可测定吸附过程中液相浓度随时间变化的曲线，数值求解上述模型并与实验数据拟合，可计算PDM模型中的扩散系数。

6.4 固定床吸附

吸附分离操作除少数情况下采用间歇搅拌槽外，一般多采用固定床（fixed bed 或 packed bed）吸附设备——吸附柱或吸附塔。如图 6.8 所示，吸附柱内填充固相吸附介质，料液连续输入吸附柱中，溶质被吸附剂吸附。从吸附柱入口开始，吸附剂的溶质吸附浓度不断上升，达到饱和吸附浓度 q_0 [q_0 与入口料液浓度 c_0 相平衡，即 $q_0=f(c_0)$]。当吸附柱内全部吸附剂的溶质吸附接近饱和时，溶质开始从柱中流出，出口浓度逐渐上升，最后达到入口料液的溶质浓度，即吸附达到完全饱和。吸附达到完全饱和后，若继续输入料液，则输入的溶质全部流出吸附柱。吸附过程中吸附柱出口溶质浓度的变化曲线称为穿透曲线（breakthrough curve），如图 6.9 所示。出口处溶质浓度开始上升的点称为穿透点（breakthrough point），达到穿透点所用的操作时间称为穿透时间。由于穿透点难于准确测定，故一般习惯上将出口浓度达到入口浓度 5% ～ 10% 的时间称为穿透时间。

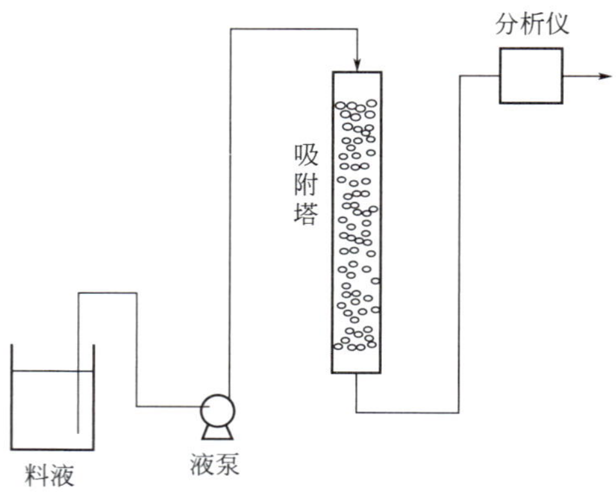

图 6.8　固定床吸附操作

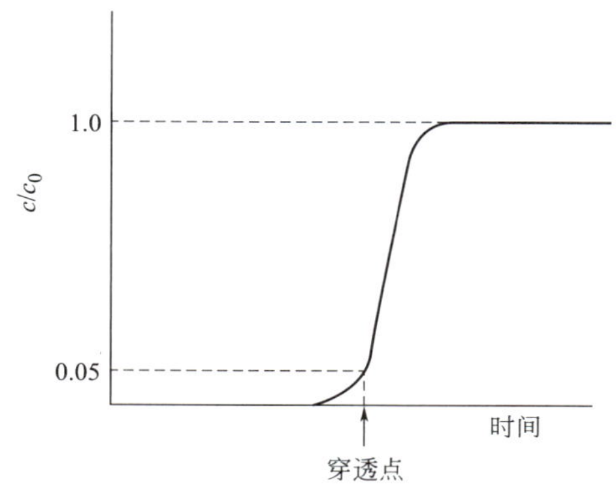

图 6.9　穿透曲线

当吸附操作达到穿透点时，继续进料不仅对增加吸附量的效果不大，而且由于出口溶质浓度迅速增大，造成目标产物的损失。故在穿透点附近需停止吸附操作，顺次转入杂质清洗（washing）、吸附质洗脱（elutiion）和吸附剂再生（regeneration）操作。

吸附过程中，吸附柱内某位置处溶质的吸附达到饱和，即 $q_0=f(c_0)$ 时，该位置处的液相浓度 c_0 和固相浓度 q_0 不再改变。而在该位置的下游区域，由于尚未达到饱和吸附，液固相溶质浓度均低于饱和浓度。因此，吸附柱内液固两相均存在近似同步的浓度分布。图 6.10（a）为吸附操作过程中吸附柱内轴向溶质浓度分布随时间的变化情况，在相应时刻的出口溶质浓度示于图 6.10（b）。随着操作时间的推移，液相溶质浓度从 c_0 到 0 的区域不断向出口方向移动，最后到达出口，吸附达到接近饱和（图 6.10 中时间 t_5）。一般将吸附柱中液相（或固相）溶质浓度从 c_0（或 q_0）到 0 的分布区域称为浓度波或吸附带（离子交换

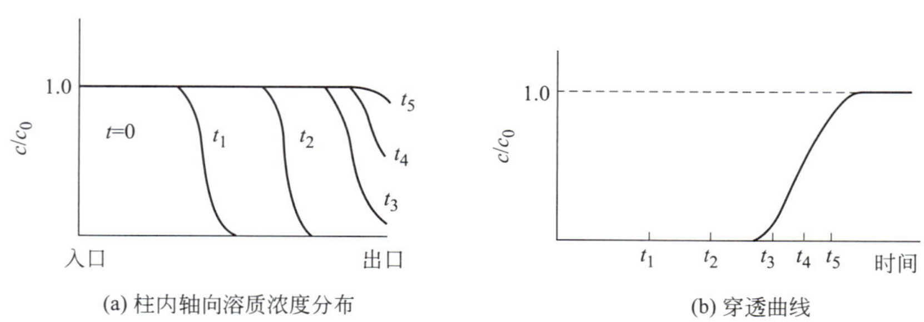

图 6.10　吸附柱内轴向溶质浓度分布随时间的变化和对应的穿透曲线

吸附操作中称交换带）。由于吸附带内溶质浓度不断变化，液固之间尚未达到吸附平衡，存在传质现象，所以吸附带所覆盖的区域又称传质区。如果吸附带的浓度分布（浓度波）以一定的形状移动，则称此浓度分布为恒定图式（constant pattern）分布，吸附带为恒定图式吸附带。为方便起见，在固定床吸附操作的理论分析中经常采用恒定图式假设。但需注意的是，恒定图式吸附带只有在优惠吸附（favorable adsorption，吸附等温线上凸，如 Langmuir 和 Freundlich 型吸附等温线）时才可能发生。

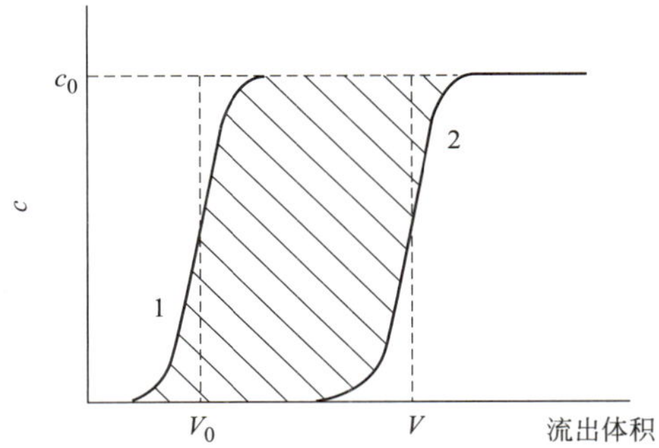

图 6.11 动态吸附法测定平衡吸附量（斜线部分面积为平衡吸附量）

利用固定床吸附的穿透曲线可以测定溶质的吸附平衡关系，即 6.2.1 提到的动态色谱吸附法。如图 6.11 所示，对于不发生吸附的溶质，穿透曲线为曲线 1，其流出体积应为固定床的空隙体积（void volume）和吸附剂的有效孔隙体积（effective pore volume，即溶质能够进入的孔隙体积）之和（V_0）；对于被吸附的溶质，由于吸附剂的吸附作用，穿透曲线滞后（曲线 2），流出体积为 V。因此，吸附剂的吸附溶质量为图 6.11 的斜线部分的面积，或近似等于 $c_0(V-V_0)$。利用不同浓度的溶液反复进行吸附操作，即可获得吸附平衡关系 $q^* = f(c)$。但必须指出，由于内扩散等传质阻力的存在，动态吸附法的测定精度在很大程度上受流速的影响。在较高流速下操作时，穿透曲线平缓，测定误差较大。故动态吸附法需在适当小的流速下进行，使穿透曲线陡直。

图 6.8 所示的吸附操作仅使用一个固定床，在吸附剂再生操作过程中需停止吸附操作。如果同时使用多个吸附柱，进行多柱串联操作，则可不必停止吸附操作而使其中一柱得到再生。图 6.12 为使用 4 个吸附柱的多柱串联操作示意图。首先 1 号柱直接输入料液，故其先于 2 号和 3 号柱达到吸附平衡，此时 4 号柱再生完毕［图 6.12（a）］；之后，将料液输入口切换至 2 号柱，同时 1 号柱开始清洗、洗脱和再生［图 6.12（b）］；如此，逐次转入图 6.12（c）和其后的状态，循环往复。显然，整个操作过程中进料（吸附）从未间断，因此从固相的角度，多柱串联操作属于半连续操作，这是多柱串联操作的优点之一。另外，由于多柱串联使整个系统中的流体流动更接近平推流，有利于提高吸附效率。

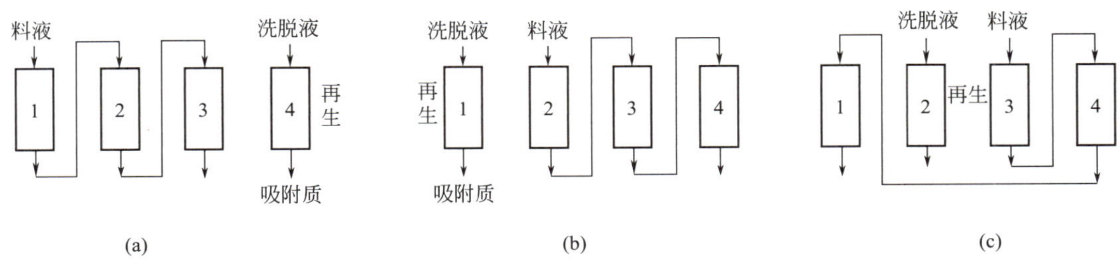

图 6.12 多柱串联吸附操作

（操作顺序为：（a）→（b）→（c）…）

6.5 固定床吸附过程理论

穿透曲线的预测是固定床吸附过程设计与操作的基础。一般固定床吸附操作多采用轴向扩散模型分析。轴向扩散模型是理想的平推流流动中叠加一个轴向返混，返混程度用轴向扩散系数表示。与第 5 章的微分萃取相似，该模型的建立基于如下假设：

① 在与流体流动方向垂直的每一截面上，具有均匀的径向浓度。

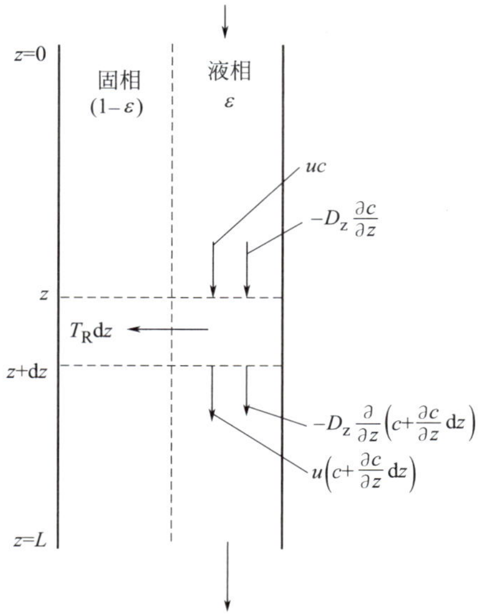

图 6.13 固定床吸附过程的轴向扩散模型

L—床层高度

② 在每一截面及流体流动的方向上，流速和轴向扩散系数均为恒定值。

③ 溶质浓度为轴向距离的连续函数。

图 6.13 为吸附操作过程中轴向扩散模型示意图，经过物料衡算可推导出模型方程为

$$\frac{\partial c}{\partial t}=D_z\frac{\partial^2 c}{\partial z^2}-u\frac{\partial c}{\partial z}-FT_R \tag{6.52}$$

式中，c 为溶质浓度；t 表示时间；u 为流体线速度（interstitial velocity）；D_z 为轴向扩散系数；z 为从入口开始的距离；T_R 为相间传质速率；F 为柱内固液体积比。

即

$$F=\frac{1-\varepsilon_c}{\varepsilon_c} \tag{6.53}$$

式中，ε_c 为床层空隙率（bed voidage 或 void fraction）。

对于吸附过程，式（6.52）的初始和边界条件为

$$c=0,\quad t=0 \tag{6.52a}$$

$$c=c_0+\frac{D_z}{u}\left.\frac{\partial c}{\partial z}\right|_{z=0},\quad t>0,\quad z=0 \tag{6.52b}$$

$$\frac{\partial c}{\partial z}=0,\quad t>0,\quad z=L \tag{6.52c}$$

式（6.52b）和式（6.52c）称为 Dancwerts 边界条件，式（6.52b）中的 c_0 为进料浓度。

式（6.52）为固定床吸附过程的连续性方程。其中，轴向扩散系数 D_z 可用文献中提出的关联式计算，例如：

① [30]

$$D_z=D_0\left[0.7+2.5\frac{\varepsilon_c ReSc}{1+7.7(\varepsilon_c ReSc)^{-1}}\right] \tag{6.54}$$

② [31]

$$\frac{\varepsilon_c uL}{D_z}=0.2+0.11Re^{0.48} \tag{6.55}$$

式中，Re 为 Reynolds 数，$Re=\frac{d_p u\rho}{\mu_L}$；$Sc$ 为 Schmidt 数，$Sc=\frac{\mu_L}{\rho D_0}$；$\rho$ 为料液密度；μ_L 为料液黏度；D_0 为溶质的分子扩散系数。

传质速率 T_R 可具有各种不同的表达式。根据 T_R 的表达式不同，该模型可派生出各种不同的传质速率模型。一般来说，液相中的溶质吸附到固体吸附剂的速率受以下几种因素的影响（图 6.14）：

① 吸附剂外表面液膜（即固液界面的流体滞留底层）内扩散传质。

② 吸附剂内孔扩散。

③ 吸附溶质的表面扩散。

④ 溶质的表面吸附。

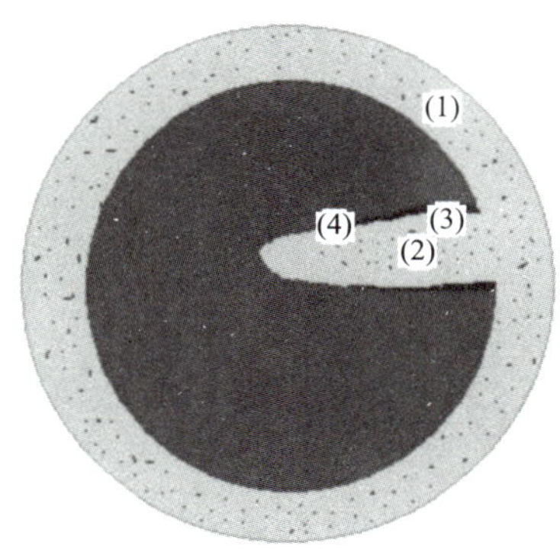

图 6.14 影响多孔吸附介质吸附速率的因素

（1）外表面液膜；（2）孔内扩散；（3）表面扩散；（4）表面吸附

6.3.2 节介绍孔扩散和表面扩散等概念及孔扩散模型。孔扩散和表面扩散为平行过程，它们与液膜扩散传质和表面吸附串联发生。对于特定的吸附体系，上述因素的影响程度各不相同，某些因素的影响很小，可

以忽略不计。因此，只需考虑速控步骤的影响，这样不仅可以大大简化过程模型，而且所得计算结果也可以很好地描述实际操作过程的吸附行为。下面介绍几种常用的速控模型。

6.5.1 表面吸附速率控制

表面吸附速率控制模型（surface adsorption rate controlling model）假定表面吸附速率与液膜及内扩散传质速率相比很小，则吸附剂粒子内外溶质浓度均一。若吸附平衡可用 Langmuir 方程表示，此时的界面传质速率为

$$T_R = k_1 c(q_m - q) - k_{-1} q \tag{6.56}$$

式中，k_1 和 k_{-1} 分别为吸附和脱附速率常数；q 为固相中吸附溶质的浓度；q_m 为吸附剂的吸附容量；c 为液相浓度。

当 T_R=0 时，吸附达到平衡，式（6.56）变成 Langmuir 方程式（6.6a），其中

$$K_d = \frac{k_{-1}}{k_1} \tag{6.57}$$

如果轴向扩散可以忽略不计，即流体流动为平推流，式（6.52）中右侧第一项为零，利用式（6.56）和适当的初始边界条件可得式（6.52）的分析解，称为 Thomas 解（Thomas solution）[32]。

一般分子的表面吸附速率与吸附剂内外传质速率相比均很快，因此很少出现表面吸附速率控制的情况。但是，作为简化的经验速率模型，速率表达式（6.56）应用很广。

6.5.2 液膜扩散速率控制

液膜扩散速率控制模型（film diffusion rate controlling model）假定固体粒子外表面的液膜传质速率为速率控制步骤，因此粒子内溶质浓度均一，速率方程变成

$$T_R = k_f a(c - c_i) \tag{6.58}$$

式中，k_f 为液膜传质系数；a 为单位吸附剂体积内的液固接触表面积（$=6/d_p$）；c 和 c_i 分别为吸附剂粒子外部和内部的溶质浓度。

利用式（6.58）和线性吸附等温式（6.4），并假定流体流动为平推流，可得到式 (6.52) 的分析解。

液膜扩散速率一般亦较高，只有当吸附剂粒径很小，或溶质的内扩散系数很大时，才可能成为速控步骤。但是，与式（6.56）一样，式（6.58）也是一种简化的传质速率方程，使用方便。

6.5.3 内扩散速率控制

在大多数实际吸附过程中，表面吸附和液膜传质速率相对较大，因此很少单独考虑表面吸附或液膜传质速率为控制步骤，而认为内扩散（孔扩散和表面扩散）为速率控制步骤，有时也同时考虑内扩散与液膜传质或表面吸附。这就是内扩散速率控制模型（interior diffusion rate controlling model）。一般的固相扩散模型和孔扩散模型已在 6.3.2 节介绍，若吸附动力学过程用孔扩散模型描述，则式（6.49）成立。考虑表面液膜传质阻力，初始和边界条件为

$$t = 0,\quad q = 0,\quad c_p = 0 \tag{6.59a}$$

$$r = R,\ \varepsilon_p \frac{dc_p}{dt} = k_f a(c - c_p|_{r=R}) \tag{6.59b}$$

$$r = 0,\ \frac{\partial c_p}{\partial r} = 0 \tag{6.59c}$$

液固界面传质速率为

$$T_R = a\varepsilon_p D_p \frac{\partial c_p}{\partial r}\bigg|_{r=R} = k_f a(c - c_p|_{r=R}) \tag{6.60}$$

该模型也可忽略表面液膜传质阻力，此时的边界条件为式（6.51b）。

另外，该模型假定在孔内的任何时刻和位置，q 和 c_p 之间均满足吸附平衡关系，即

$$q(r,t) = f[c_p(r,t)] \tag{6.61}$$

式中，f 表示吸附等温函数关系。

这样，式（6.52）、式（6.49）以及式（6.59）～式（6.61）就构成完整的固定床的孔扩散传质模型。

在线性吸附等温式和假定流体流动为平推流的情况下才能得到固定床孔扩散传质模型的分析解[33-37]，对于非线性吸附，只能利用数值解法。

6.6 其它吸附操作

6.6.1 膨胀床吸附

膨胀床（expanded bed）是液固相返混程度较低的液固流化床（liquid-solid fluidized bed），膨胀床吸附（expanded-bed adsorption，EBA）也称流化床吸附（fluidized-bed adsorption，FBA）。作为一种特殊形式的流化床，膨胀床兼有固定床和流化床的优点，同时又克服了后两者的一些缺陷。膨胀床与流化床的最大区别是流化的固相介质基本可以悬浮在膨胀床内的固定位置，流体流动状态和固定床相近，以接近平推流的方式流经床层，所以液固两相的轴向混合程度都较低，从而使目标产物获得良好的吸附效率。膨胀床与传统固定床的区别在于：膨胀床的床层上部安装有可调节床层高度的调节器（top adapter），当液体（料液或清洗液等）从床底以高于吸附剂最小流化速率（minimum fluidization velocity）的流速输入时，吸附剂床层产生膨胀，高度调节器上升，如图 6.15 所示[38]。由于床层空隙率高，可使菌体细胞或细胞碎片自由通过。因此，与固定床吸附相比，膨胀床吸附可直接处理菌体发酵液或细胞匀浆液，回收其中的目标产物，从而可节省离心或过滤等预处理过程，提高目标产物收率，降低分离纯化过程成本。膨胀床吸附分离技术集料液澄清、目标产物浓缩和分离纯化于一体，是重要的集成生物分离（integrated bioseparation）技术。另外，膨胀床吸附技术也可与细胞破碎或发酵过程相耦合，提高生物下游加工过程效率。

与传统流化床相同，膨胀床的床层高度随液相流速的提高而增大，如图 6.16[39] 所示。在膨胀床操作中，料液流速大于吸附剂的最小流化速度，小于吸附剂的终端速度（terminal velocity）。最小流化速度 U_{mf} 用下式计算

$$U_{mf} = \frac{d_p^2(\rho_s - \rho_L)g}{1650\mu_L} \quad (Re<20) \tag{6.62}$$

终端速度 U_t 用 Stokes 沉降方程计算

$$U_t = \frac{d_p^2(\rho_s - \rho_L)g}{18\mu_L} \tag{6.63}$$

式中，ρ_L 和 ρ_s 分别为液相和固相密度。

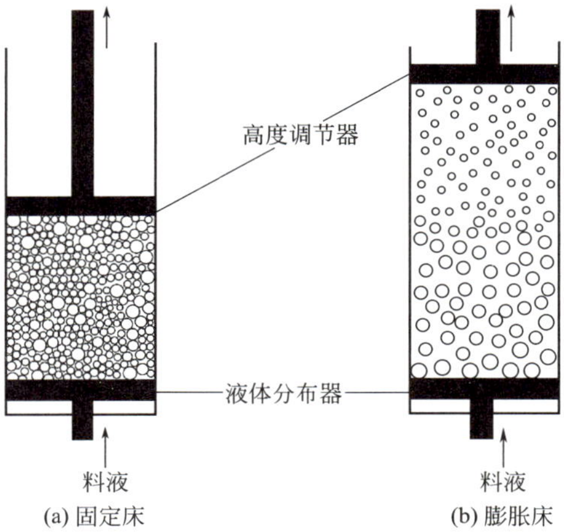

图 6.15　固定床和膨胀床状态比较

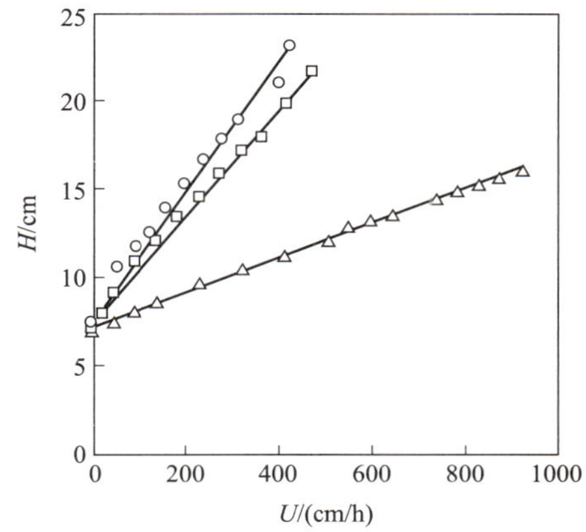

图 6.16　膨胀床的床层膨胀高度和流速的关系

○—NFBA-S；△—NFBA-L；□—Streamline SP

膨胀床的床层膨胀符合 Richardson-Zaki 方程[40]

$$U = U_t \varepsilon_c^n \tag{6.64}$$

式中，U 为液相空塔速度（superficial velocity）；ε_c 为床层空隙率；n 为 Richardson-Zaki 系数，层流区的 n 值约为 4.8。

从式（6.63）和式（6.64）可知，固相介质的密度和粒径越大，U_t 值越大，达到一定膨胀率（ε_c）所需的液相流速越高，即床层高度随液相流速增大的速率越小。图 6.16[39] 为三种介质的床层膨胀高度和流速的关系，各介质的物理性质列于表 6.7。图 6.16 的实测数据反映了上述床层膨胀理论的预测固相密度和粒径的影响规律。当液固相的物性已知时，可利用式（6.63）和式（6.64）估算达到所需膨胀率（床层高度）的液相流速。

表 6.7　图 6.16 中三种介质的物理性质

固相介质	粒径范围 /μm	d_p/μm	ρ_s /(g/mL)
NFBA-S	50 ～ 165	102	1.88
NFBA-L	140 ～ 300	215	2.04
Streamline SP	100 ～ 300	195	1.20

确定膨胀床操作流速的另一原则是要保证在操作流速下料液中的杂质颗粒被带出床层，因此，料液流速要远大于杂质微粒的终端速度。一般杂质颗粒的粒径和密度远小于吸附剂，所以，根据式（6.63），这一要求容易达到。所以，一般膨胀床操作流速主要根据固相介质和液相的性质决定，前提是要保证稳定的膨胀床和高吸附效率。通常情况下，膨胀床操作流速以使床层高度达到填充床的 2 ～ 3 倍为宜。

由于膨胀床的床层结构特性和处理原料的特点（主要为微粒悬浮液），其吸附操作方式与固定床不尽相同。处理细胞悬浮液或细胞匀浆液的一般操作流程示于图 6.17。首先用缓冲液膨胀床层［图 6.17（a）］，以便于输入料液，开始膨胀床吸附操作［图 6.17（b）］。当吸附接近饱和时，停止进料，转入清洗过程。在清洗过程初期，为除去床层内残留的微粒子，仍需采用膨胀床操作［图 6.17（c）］，待微粒子清除干净后，则可恢复固定床操作［图 6.17（d）］，以降低床层体积，减少清洗剂用量和清洗时间。清洗操作之后的目标产物洗脱过程亦采用固定床方式［图 6.17（e）］。需注意的是，图 6.17 中的步骤（d）和（e）也可采用膨胀床操作模式，以避免操作模式更换带来的不便。

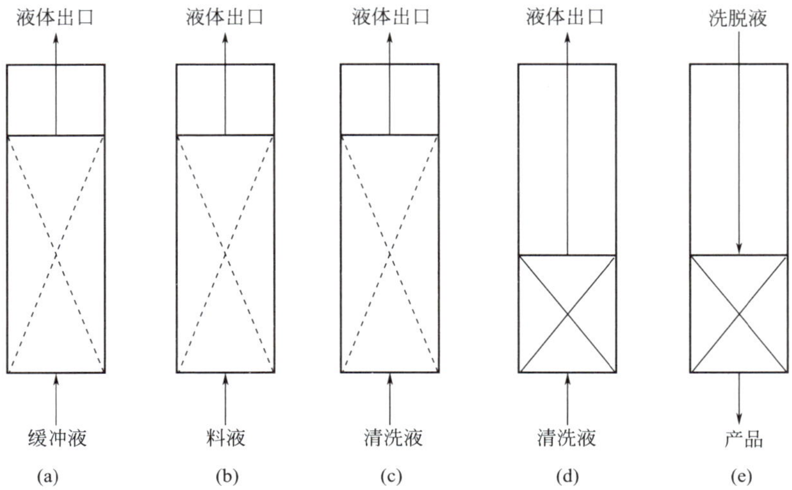

图 6.17 膨胀床吸附操作过程

（a）缓冲液膨胀（膨胀床）；（b）进料（吸附）（膨胀床）；
（c）清洗微粒（膨胀床）；（d）清洗可溶性杂质（固定床）；（e）洗脱（固定床）

清洗操作［图 6.17（c）］可利用一般缓冲液或黏性溶液。利用黏性溶液清洗时流体流动更接近平推流，清洗效率高，清洗液用量少。目标产物的洗脱操作采用固定床方式不仅可节省操作时间，而且可提高回收产物的浓度。另外，洗脱液流动方向可与吸附过程相反［图 6.17（e）］，以提高洗脱速率。另外，由于处理料液为悬浮液，吸附剂污染较严重，为循环利用吸附剂，洗脱操作后需进行严格的吸附剂再生，恢复其吸附容量。

由于各个操作阶段液相的黏度和密度等物性不同，若采用恒速操作，床层高度将发生变化。例如，料液黏度和密度高于普通缓冲液，恒速进料时床层高度增加，为保持一定的膨胀率，需降低进料流速；吸附操作后期由于蛋白质的吸附，吸附剂的密度上升，此时又需提高流速。

膨胀床吸附具有集成化分离的优势。但是，与固定床吸附相比，膨胀床吸附也存在其自身的缺点：①如图 6.17 所示，膨胀床吸附操作较复杂和繁琐，需要一定的手工控制，对操作人员的技能和熟练程度要求较高。②膨胀床吸附直接处理含有细胞碎片的料液，料液中的核酸、细胞碎片等可与介质之间产生相互作用，造成介质颗粒聚集，尤其是料液浓度较高时。颗粒聚集现象严重时，会造成流体沟流甚至床层塌陷，严重影响柱效，甚至造成分离操作失败。因此，膨胀床吸附操作时必须控制料液在适当浓度范围内。③由于料液含有大量的细胞碎片、脂类和核酸等成分，介质的污染严重，需要严格的清洗和再生操作。

6.6.2 移动床和模拟移动床吸附

如果像气体吸收操作的液相那样，吸附操作中固相可连续输入和排出吸附塔，与料液形成逆流接触流动，可实现连续稳态的吸附操作。这种操作法称为移动床（moving bed）吸附。图 6.18 为包括吸附剂再生过程在内的连续循环移动床吸附操作示意图，稳态吸附条件下吸附床和再生床内吸附质的轴向浓度分布示于图 6.19。

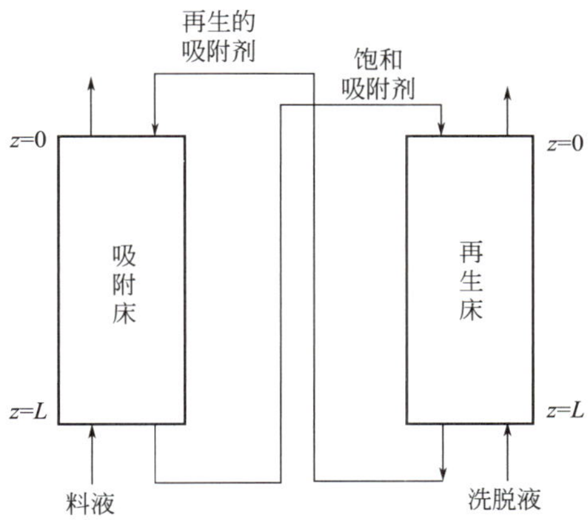

图 6.18　移动床吸附操作

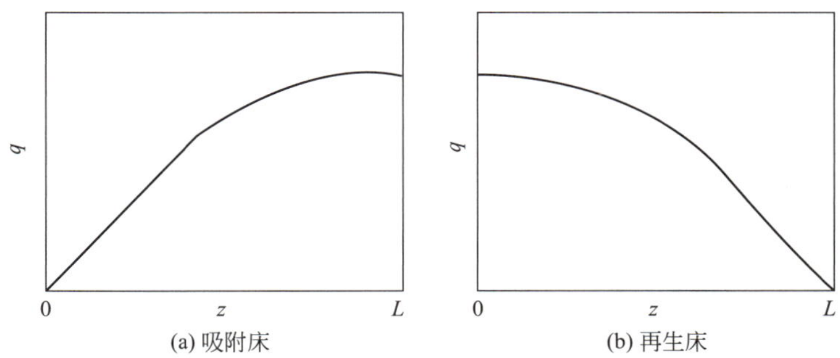

图 6.19　吸附床和再生床内吸附质的轴向浓度分布

因为稳态吸附条件下移动床吸附操作中溶质在液固两相中的浓度分布不随时间改变，设备和过程的设计与气体吸收塔或液液萃取塔基本相同。但在实际操作中，最大的问题是吸附剂的磨损和如何通畅地排出固体粒子。为防止固相出口的堵塞，可采用床层振动或用球形旋转阀等特殊装置排出固相。

上述移动床易发生堵塞，固相的移动操作有一定的难度。因此，固相本身不移动，而移动切换液相（包括料液和洗脱液）的入口和出口位置，如同移动固相一样，产生与移动床吸附相同效果的吸附操作称为模拟移动床（simulated moving bed）吸附。6.4 节的多床串联操作亦基于同样的思想。

图 6.20 为移动床和模拟移动床吸附操作示意图，其中图 6.20（a）为真正的移动床操作，料液从床层中部连续输入，固相自下向上移动。被吸附（或吸附作用较强）的溶质 P（简称吸附质）和不被吸附（或吸附作用较弱）的溶质 W 从不同的排出口连续排出。溶质 P 的排出口以上部分为吸附质洗脱回收和吸附剂再生段。图 6.20（b）为由 12 个固定床构成的模拟移动床，b1 为某一时刻的操作状态，b2 为 b1 以后

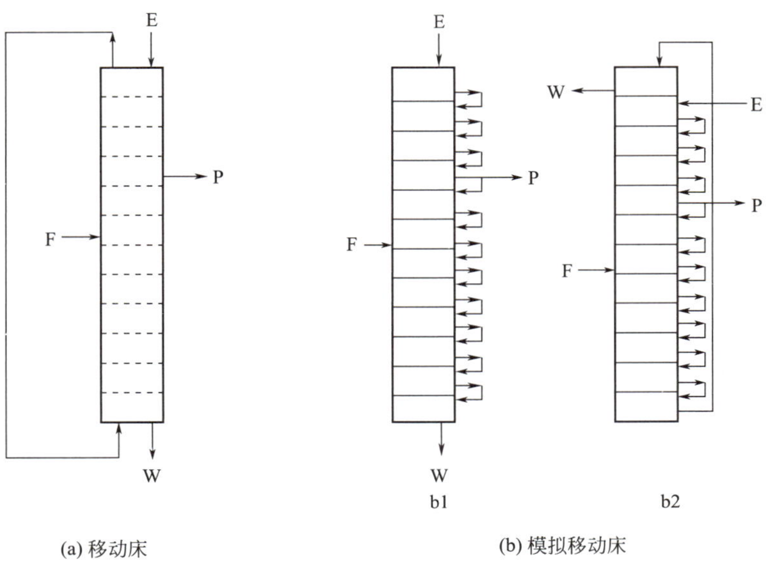

图 6.20　移动床（a）和模拟移动床（b）

F—料液；P—吸附质；E—洗脱液；W—非（弱）吸附质

的操作状态。如将 12 个床中最上一个看作是处于最下面一个床的后面（即 12 个床循环排列），则从 b1 状态到 b2 状态液相的入口和出口分别向下移动了一个床位，相当于液相的入、出口不变，而固相向上移动了一个床位的距离，形成液固逆流接触操作。由于固相本身不移动而通过切换液相的入口和出口产生移动床的分离效果，故称该吸附分离方法为模拟移动床吸附。

6.6.3 搅拌釜吸附

搅拌釜吸附（stirred tank adsorption）即有限池吸附（finite batch adsorption），是最基本的吸附操作方式，在吸附研究中经常采用。

搅拌釜吸附操作中，料液与吸附剂在搅拌釜内混合接触，发生吸附。待吸附接近平衡后，过滤使固液分离。因此，搅拌釜吸附操作与混合 - 澄清式萃取类似，包括单釜吸附和多釜吸附，后者又分多次吸附（多级错流吸附）和多级逆流吸附。

习题

1. 为什么一般合成高分子吸附剂不适用于蛋白质等生物大分子的吸附分离？
2. 在同一溶液条件下，某一吸附剂对不同蛋白质的吸附容量差别很大，为什么？
3. “吸附剂的比表面积越大，吸附容量也越大”这种说法正确吗？为什么？
4. 常用 Langmuir 方程描述离子交换吸附平衡等温线，其中的解离常数随离子强度增大而增大，为什么？
5. 试分析“蛋白质的分子量越大，在固相介质中的有效扩散系数越小”的原因。
6. 试分析比较相同条件下一般蛋白质和乙醇液相扩散系数的相差程度，以及它们在多孔介质中的相差程度的变化。
7. 试推导相扩散模型方程式（6.48）和式（6.49）。
8. 在全混搅拌釜吸附操作条件下，若吸附等温式为式（6.6a），可假设粒子内溶质浓度分布均匀（$=q$）。相间传质速率方程可用下式

$$\frac{\mathrm{d}q}{\mathrm{d}t}=k_1c(q_\mathrm{m}-q)-k_1K_\mathrm{d}q \tag{6.65}$$

搅拌釜内的初始条件为

$$c=c_0,\ q=0,\ t=0 \tag{6.66}$$

试推导下式

$$\ln\frac{(c+c^*+\beta)(c_0-c^*)}{(c-c^*)(c_0+c^*+\beta)}=k_1(2c^*+\beta)t \tag{6.67}$$

式中，c^* 为吸附达到平衡后的液相溶质浓度。

$$c^*=\frac{-\beta+\sqrt{\beta^2-4\alpha}}{2}$$

$$\alpha=-K_\mathrm{d}c_0$$

$$\beta = Fq_{\rm m} + K_{\rm d} - c_0$$

9. 色素修饰的交联琼脂糖凝胶CB-Sepharose CL-6B吸附牛血清白蛋白（BSA）的吸附等温式为Langmuir型，$q_{\rm m}$=63g/L，$K_{\rm d}$=0.22g/L，k_1=0.1m^3/（kg·h）。若c_0=5g/L，F=0.1。计算达到饱和吸附的99%所需的操作时间。

参考文献

[1] (明)宋应星. 天工开物. 潘吉星 译注. 上海: 上海古籍出版社, 2016: 68.

[2] Zhou X, Xue B, Sun Y. Enhancing protein capacity of macroporous polymeric adsorbent. Biotechnol Prog, 2001, 17: 1093-1098.

[3] Kato Y, Nakamura K, Hashimoto T. Evaluation of conventional and medium-performance anion exchangers for the separation of proteins. J Chromatogr, 1982, 253: 219-225.

[4] Janson J-Ch, Hedman P. Large-scale chromatography of proteins//Fiechter A (ed.). Advances in Biochemical Engineering: vol. 25. Berlin: Springer-Verlag, 1982: 43-100.

[5] Guiochon G, Shirazi S G, Katti A M. Fundamentals of Preparative and Nonlinear Chromatography. Boston: Academic Press, 1994.

[6] He L Z, Gan Y R, Sun Y. Adsorption-desorption of BSA to highly substituted dye-ligand adsorbents: quantitative study of the effect of ionic strength. Bioprocess Eng, 1997, 17: 301-305.

[7] 林炳昌. 非线性色谱数学模型理论基础. 北京: 科学出版社，1994.

[8] Cysewki P, Jaulmes A, Lemque R, Sebille B, Vidal-Madjar C, Jilge G. Multivalent ion-exchange model of biopolymer chromatography for mass overload conditions. J Chromatogr, 1991, 548: 61-79.

[9] Bellot J C, Condoret J S. Modelling of liquid chromatography equilibria. Process Biochem, 1993, 28: 365-376.

[10] Brooks C A, Cramer S M. Steric mass-action ion exchange: displacement profiles and induced salt gradients. AIChE J, 1992, 38: 1969-1978.

[11] Gallant S R, Kundu A, Cramer S M. Modeling non-linear elution of proteins in ion-exchange chromatography. J Chromatogr A, 1995, 702: 125-142.

[12] Cluster E L. Diffusion: Mass Transfer in Fluid System. 2nd edition. Cambridge: Cambridge University Press, 1997.

[13] Sherwood T K, Pigford R, Wilke C R. Mass Transfer. New York: McGraw-Hill, 1975.

[14] Young M E, Carroad P A, Bell R L. Estimation of diffusion coefficients of proteins. Biotechnol Bioeng, 1980, 22: 947-955.

[15] Tyn M T, Gusek T W. Prediction of diffusion coefficients of proteins. Biotechnol Bioeng, 1990, 35: 327-338.

[16] He L Z, Niemeyer B. A novel correlation for protein diffusion coefficients based on molecular weight and radius of gyration. Biotechnol Progr, 2003, 19: 544-548.

[17] Deen W M. Hindered transport of large molecules in liquid-filled pores. AIChE J, 1987, 33: 1409-1425.

[18] Boyer P M, Hsu J T. Experimental studies of restricted protein diffusion in an agarose matrix. AIChE J, 1992, 38: 259-272.

[19] Gibbs S J, Lightfoot E N, Root T W. Protein diffusion in porous gel filtration chromatography media studied by pulsed filed gradient NMR Spectroscopy. J Phys Chem, 1992, 96: 7458-7462.

[20] 陈卫东, 孙彦. 吸附密度对蛋白质在离子交换凝胶中孔扩散系数的影响. 化工学报, 2003, 54: 215-220.

[21] Chen W D, Dong X Y, Bai S, Sun Y. Dependence of pore diffusivity of protein on adsorption density in anion-exchange adsorbent. Biochem Eng J, 2003, 14: 45-50.

[22] Zhang S P, Sun Y. Ionic strength dependence of protein adsorption to dye-ligand adsorbents. AIChE J, 2002, 48: 178-186.

[23] Zhang S P, Sun Y. Study on protein adsorption kinetics to dye-ligand adsorbent by the pore diffusion model. J Chromatogr A, 2002, 964: 35-46.

[24] Sun Y, Furusaki S, Yamauchi A, Ichimura K. Diffusivity of oxygen into carriers entrapping whole cells. Biotechnol Bioeng,

1989, 34: 55-58.
[25] Crank J. The Mathematics of Diffusion. 2nd edition. Oxford: Clarendon Press, 1975.
[26] Chen W D, Dong X Y, Sun Y. Analysis of diffusion models for protein adsorption to porous anion-exchange adsorbent. J Chromatogr A, 2002, 962: 29-40.
[27] Zhou X P, Li W, Shi Q H, Sun Y. Analysis of mass transport models for protein adsorption to cation exchanger by visualization with confocal laser scanning microscopy. J Chromatogr A, 2006, 1103: 110-117.
[28] Yang K, Sun Y. Structured parallel diffusion model for intraparticle mass transport of proteins to porous adsorbent. Biochem Eng J, 2007, 37: 298-310.
[29] Sun Y, Yang K. Analysis of mass transport models based on Maxwell-Stefan theory and Fick's law for protein uptake to porous anion exchanger. Sep Purif Technol, 2008, 60: 180-189.
[30] Gebauer K H, Thoemmes J, Kula M-R. Breakthrough performance of high-capacity membrane adsorbers in protein chromatography. Chem Eng Sci, 1997, 52: 405-419.
[31] Wen C Y, Fan L T. Models for flow systems and chemical reactors. New York: Marcel Dekker Inc, 1975.
[32] Thomas H C. Heterogeneous Ion Exchange in a Flowing System. J Am Chem Soc, 1944, 66: 1664-1666.
[33] Kasten P R, Lapidus L, Amundson N R. Mathematics of adsorption in beds. V. Effect of intraparticle diffusion in flow systems in fixed beds. J Phys Chem, 1952, 56: 683-688.
[34] Masamune S, Smith J M. Adsorption rate studies—significance of pore diffusion. AIChE J, 1964, 10: 246-252.
[35] Masamune S, Smith J M. Transient mass transfer in a fixed bed. Ind Eng Chem Foundam, 1964, 3: 179-181.
[36] Masamune S, Smith J M. Adsorption rate studies: interaction of diffusion and surface processes. AIChE J, 1965, 11: 34-40.
[37] Masamune S, Smith J M. Adsorption of ethyl alcohol on silica gel. AIChE J, 1965, 11: 41-45.
[38] Chase H A. Purification of proteins by adsorption chromatography in expanded bed. Trends Biotechnol, 1994, 12: 296-303.
[39] Tong X D, Sun Y. Nu-Fe-B alloy-densified agarose gel for expanded bed adsorption of protein. J Chromatog A, 2002, 943: 63-75.
[40] Richardson J F, Zaki W N. Sedimentation and fluidization: Part Ⅰ. Trans Inst Chem Eng, 1954, 32: 35-53.

第 7 章　色谱

为什么学习色谱？

作为平衡分离技术，一般固定床色谱的理论板数可以达到 10^3 以上，因此分辨率极高，是高度分离纯化的主要手段。不仅如此，色谱介质表面通过修饰各种功能基团，如荷电基团、疏水性基团、混合模式基团和亲和配基等，通过静电作用、氢键、配位键和疏水作用等（单独或各种作用的组合）与生物分子产生作用，产生高度的分离选择性。因此，色谱是蛋白质、核酸和病毒等生物大分子和生物颗粒分离纯化过程的核心技术，其中阴离子交换色谱特别适于蛋白质溶液中病毒的去除。本章介绍的各种色谱技术中，IEC、HIC 和 MMC 等色谱技术因色谱介质种类多、操作简便、分离条件易于优化，是最主要的蛋白质色谱分离方法。

色谱介质是色谱技术的核心。色谱分离的选择性主要源于色谱配基对分离物系的辨识能力，而分离速度和分离容量则主要取决于锚定配基的色谱基质。具有适当孔径的多孔介质可以提供较高的吸附容量，但由于传质阻力的存在，实际操作过程的动态吸附容量随操作流速显著降低，色谱柱的操作压力也随流速直线上升。虽然通过减小介质粒径可以降低传质阻力，但色谱柱的操作压力随介质粒径显著上升，给分离设备放大带来困难。聚合物接枝型离子交换剂可通过三维吸附提高吸附容量，并通过链传递促进传质过程，故可在较高流速下实现高容量吸附，具有深入研究和开发利用的价值；流通色谱利用具有对流孔的色谱介质，在不显著损害吸附容量前提下降低生物大分子吸附过程传质阻力，可实现高流速下的高容量吸附；具有直通对流孔道的理想型“流通整体柱”可实现高流速、高容量且低压力的色谱分离操作，其设计开发具有深入研究的价值。

学习目标

- 熟悉色谱分离原理，理解色谱理论板模型及其中的理论板数和理论板当量高度的物理意义，了解色谱的分类和各种主要色谱方法。
- 掌握凝胶过滤、离子交换和疏水性相互作用等主要生物分离色谱方法的原理、特点和应用。
- 理解梯度洗脱的原理及其在吸附色谱分离过程的重要性。
- 进一步理解高吸附容量和高传质速度对实现高效吸附和色谱分离的重要性，学习总结提高吸附容量和传质速度（降低传质阻力）的途径或方法。
- 了解不同的色谱操作模式和吸附模式，重点学习掌握混合模式色谱方法等重要的生物分离色谱。

色谱用于物质的分离始于 20 世纪初。1903 年，俄国植物学家茨维特（M.C. ЦВЕТ）向碳酸钙填充柱中注入石油醚萃取的植物色素溶液，然后用石油醚冲洗填充柱，发现柱中出现数条相互分离的色带，这些色带是不同颜色的植物色素相互分离后形成的。色谱法（chromatography）的命名就是由此发现开始的。色谱法又称层析法或色层法，本书统一使用色谱这一名称。

大部分色谱以吸附分离为基础，上述碳酸钙即为吸附剂。利用填充柱的色谱分离方法设备简单、操作方便，并且柱色谱过程属于多级分离（分离级数可达 1 万以上），故色谱分离的分辨率极高。根据各种原理进行分离的色谱法不仅普遍应用于物质成分的定量分析与检测，而且广泛应用于物质的制备分离和纯化，是生物下游加工过程最重要的分离技术，特别是蛋白质（抗体、细胞因子、生长因子和酶等）、核酸（质粒 DNA、核酸疫苗）、病毒类疫苗和基因治疗载体等生物医药产品的纯化。

7.1 色谱原理与分类

7.1.1 原理

色谱分离的主体介质由互不相溶的流动相（mobile phase）和固定相（stationary phase）组成。色谱就是根据混合物中的溶质在两相之间分配行为的差别引起的随流动相移动速度的不同进行分离的方法。典型的柱色谱分离设备示于图 7.1。固定相填充于柱内，构成固定床（填充柱），在柱的入口端加入一定量的待分离原料后，连续输入流动相，料液中的溶质在流动相和固定相之间发生扩散传质，产生分配平衡。在固定相上分配系数较大的溶质在固定相上存在的概率大，随流动相移动的速度小。这样，溶质之间由于移动速度的不同而得到分离，利用分析仪器（如紫外光谱检测器）在色谱柱出口处可以检测到各自的浓度峰（图 7.2），又称洗脱曲线（elution curve）或色谱图（chromatogram）。

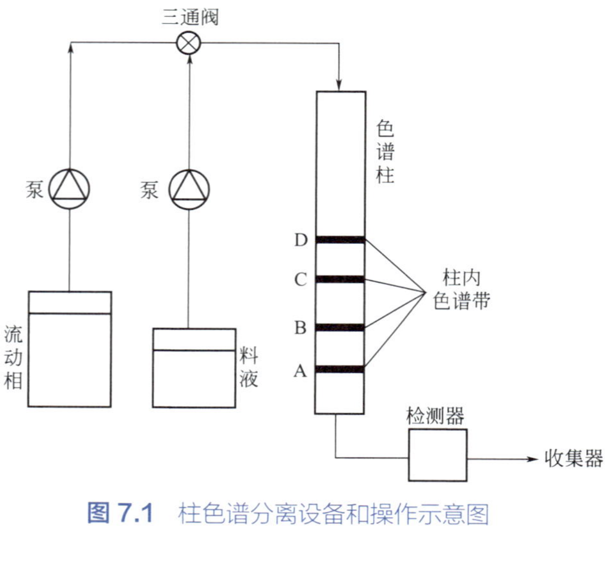

图 7.1 柱色谱分离设备和操作示意图

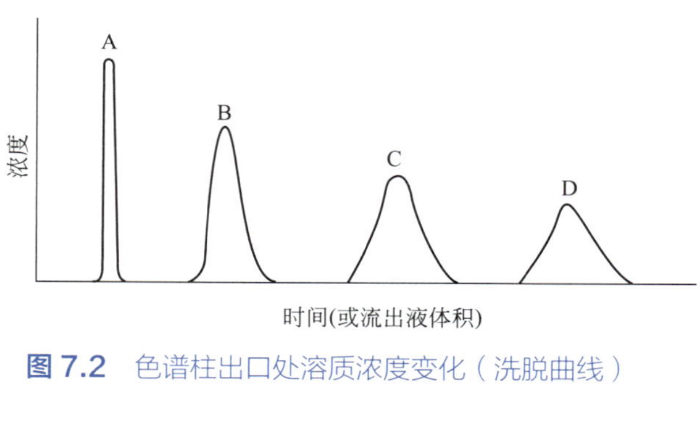

图 7.2 色谱柱出口处溶质浓度变化（洗脱曲线）

7.1.2 分类

7.1.2.1 流动相与固定相

色谱法根据流动相的相态分气相色谱法、液相色谱法和超临界流体色谱法，而固定相有固体、液体和以固体为载体的液体薄层三种。生物物质一般存在于水溶液中，因此，生物分离主要采用液相色谱法（liquid chromatography）。液相色谱亦包括丰富的内容，如凝胶过滤色谱、吸附色谱和分配色谱（固定相为液体，或固定于固体表面的液体薄层）等。

7.1.2.2　固定相的形状

根据固定相或色谱装置形状的不同，液相色谱又分纸色谱（paper chromatography）、薄层色谱（thin-layer chromatography）和柱色谱（column chromatography）。纸色谱和薄层色谱多用于分析目的，而柱色谱不仅分辨率高，而且易于规模放大，适用于大量制备分离，是主要的色谱分析和分离制备技术。图 7.1 即为柱色谱法的设备与操作简图。

7.1.2.3　压力

在以固体（包括以固体为载体的液体薄层）为固定相的液相柱色谱中，根据操作压力（主要是柱两端的压降）又分为低压（压力 <0.5MPa）、中压（压力为 0.5 ～ 4.0MPa）和高压（压力为 4.0 ～ 40MPa）液相色谱。高压液相色谱（high-presure liquid chromatography）使用的色谱介质（固定相）粒径一般为 3 ～ 10μm，传质阻力小，可在较高流速下实现高精度分离，故也称作高效液相色谱（high-performance liquid chromatography，HPLC）。HPLC 主要用于分析，也可用于分离制备。分析化学领域还使用柱效更高的超高压液相色谱或超高效液相色谱（ultra-high performance liquid chromatography，UHPLC），固定相粒径 1.5 ～ 5μm，操作压力可达到 40 ～ 100MPa。但大规模制备分离最常用的是中低压液相色谱。

7.1.2.4　轴向和径向流色谱

一般色谱操作中流动相从柱状固定床的一端输入，沿轴向流向另一端，属于轴向流色谱（图 7.1）。除轴向流色谱外，另一种色谱操作方式称为径向流色谱（radial flow chromatography）。如图 7.3 所示，在柱心设一通透性细管，料液及流动相从柱的圆周引入，从外表面沿径向流向柱心，透过中心管流出。因此，径向流色谱使溶质在半径方向上得到分离。径向流色谱的优点是规模放大时半径不变，通过增大柱高提高处理能力，而增加柱高不会增大压降，对固定相的机械强度要求不高。若柱设备设计合理，径向流色谱的浓度分布可以比轴向流色谱更均匀。因此，在相同处理量的条件下，大规模径向流色谱可获得比轴向流色谱更高的柱效率。所以，径向流色谱更适合于大规模分离过程，但柱设备造价较高，实际应用较普通的轴向流色谱少。

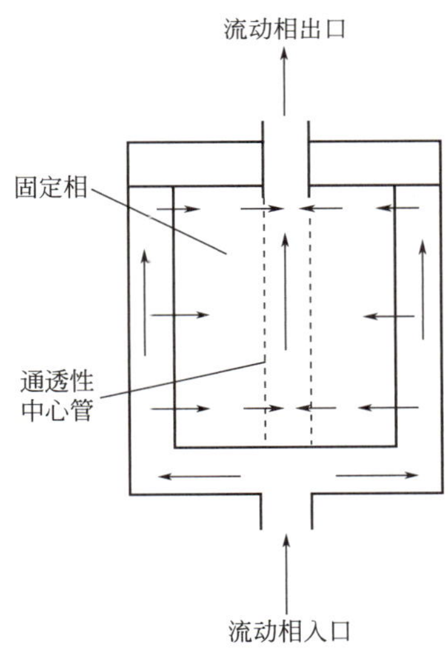

图 7.3　径向流色谱操作示意图

7.1.2.5　分离操作方式

液相色谱根据分离操作方式的不同分为洗脱展开（elution development）、迎头分析（frontal analysis）和置换展开（displacement development）三种。

洗脱展开又称洗脱色谱（elution chromatography）。如图 7.1 所示，料液中的溶质根据其在固定相和流动相（常称作洗脱展开液，简称洗脱液）间分配行为的不同，在色谱柱出口处被展开形成相互分离的色谱峰（图 7.2）。迎头分析法与一般的固定床吸附操作相同，大量料液连续输入色谱柱中，直到在出口处发生溶质穿透（breakthrough）。显然，迎头分析中各个溶质按其在固定相和流动相间分配系数的大小次序穿透，只有最先穿透的（分配系数最小）的组分能以纯粹的状态得到部分回收，之后的流出液均为双组分或双组分以上的混合物。因此，这种操作方法常用于选择性很高的亲和色谱（详见第 8 章），或者目标产物的捕获富集，通常称作结合 - 洗脱色谱（bind-elute chromatogrpahy）。置换展开即置换色谱（displacement chromatography），与洗脱色谱不同的是，置换色谱所采用的洗脱液（流动相）中含有与固定相的亲和作用（结合固定相的能力）比料液中的各个组分都要大的物质，这种物质称为置换剂（displacer）。置换剂将料液中所含溶质按其与固定相亲和力的大小不同从固定相上次序置换（洗脱）下来，彼此得到分离。置换色谱可使溶质区带得到浓缩，适于大量处理稀溶液。

上述三种操作方式中，洗脱展开是最常见的色谱分离法，是本章主要讨论的内容。迎头分析法除了用于色谱过程分析和理论研究，作为结合 - 洗脱色谱模式在生物分离中也常使用。置换色谱具有一般洗脱色谱不可比拟的优势，在本章单独用一节介绍。

7.1.2.6 分配机理

根据溶质和固定相之间的相互作用机理（如液液分配、各种吸附作用），液相色谱法可分为多种，如凝胶过滤色谱、离子交换色谱、疏水性相互作用色谱、混合模式色谱、反相色谱和亲和色谱等。除亲和色谱在第 8 章介绍外，本章将逐一介绍包括置换色谱在内的各种色谱法的原理、特点和应用。

7.2 色谱分离基础

在色谱技术的发展历程中，研究者们提出了多种色谱过程的理论模型，以解释色谱分离现象，指导色谱技术发展，进行色谱设备和色谱介质的设计。从色谱过程热力学和动力学的观点出发，这些理论模型主要分三种，即平衡模型、理论板模型和传质速率模型。

7.2.1 平衡模型

平衡模型假定整个色谱柱中不存在传质阻力，溶质在固定相和流动相中的分配平衡均瞬间完成，即在色谱柱内的任何时刻和位置，固定相和流动相中的溶质浓度（分别为 c_s 和 c_m）均符合分配（吸附）等温式

$$c_s = f(c_m) \tag{7.1}$$

另外，假定流动相的流动为平推流，则色谱柱内溶质的微分物料衡算方程为

$$\varepsilon_c \frac{\partial c_m}{\partial t} + (1-\varepsilon_c)\frac{\partial c_s}{\partial t} + \varepsilon_c u \frac{\partial c_m}{\partial z} = 0 \tag{7.2}$$

式中，u 为流动相的线速度；ε_c 为色谱柱空隙率；t 为时间；z 为流动方向的距离。

将式（7.1）带入式（7.2），经推导可得色谱柱内溶质的移动速度 v 为

$$v = \frac{dz}{dt} = \frac{u}{1 + Ff'(c_m)} \tag{7.3}$$

其中

$$F=\frac{1-\varepsilon_c}{\varepsilon_c}$$

从式（7.3）可得色谱柱内不同浓度的溶质从柱内流出所需的洗脱时间（elution time）t_R 为

$$t_R=\tau[1+Ff'(c_m)] \tag{7.4}$$

式中，$\tau=L/u$，是流动相在色谱柱内的平均停留时间，即流动相通过色谱柱空隙的平均时间；L 为色谱柱长度；t_R 又称溶质的保留时间（retention time）。

利用式（7.4）可以得到洗脱该浓度的溶质所需流动相体积为

$$V_R=V_0[1+Ff'(c_m)] \tag{7.5}$$

式中，V_0 为柱的空隙体积（void volume）；V_R 通称溶质的洗脱体积（elution volume）或保留体积（retention volume）。

若色谱柱的填充体积为 V_t，则式（7.5）又可写成

$$V_R=V_0+f'(c_m)(V_t-V_0) \tag{7.6}$$

若分配平衡符合线性关系式，即

$$c_s=mc_m \tag{7.1a}$$

则 $f'(c_m)=m$，式（7.3）～式（7.6）可分别改写成

$$\frac{dz}{dt}=\frac{u}{1+mF} \tag{7.3a}$$

$$t_R=\tau(1+mF) \tag{7.4a}$$

$$V_R=V_0(1+mF) \tag{7.5a}$$

$$V_R=V_0+m(V_t-V_0) \tag{7.6a}$$

式（7.4a）～式（7.6a）为线性分配平衡情况下洗脱峰的洗脱时间或体积的计算公式。若分配平衡为非线性，则根据式（7.4）～式（7.6），不同浓度的溶质的洗脱时间不同。对于优惠吸附，因为 $f'(c_m)$ 随 c_m 增大而减小，则溶质浓度越高，洗脱时间越短（洗脱体积越小），故洗脱峰的形状如图 7.4 所示，洗脱峰前部出现激波层（shock layer，即溶质浓度从 0 快速增大到最大值的部分），而后部有明显拖尾现象。对于非优惠吸附，洗脱峰恰好与图 7.4 相反，峰前部呈吐舌现象，而尾部出现激波层（即溶质浓度从最大值快速降低到 0 的部分），如图 7.5 所示。同理，对于线性吸附的情况，由于不同浓度的溶质移动速度相同，即洗脱时间（体积）相同，洗脱峰应为对称形状。因此，可以根据洗脱峰的形状判定溶质在固定相上分配（吸附）平衡的种类。

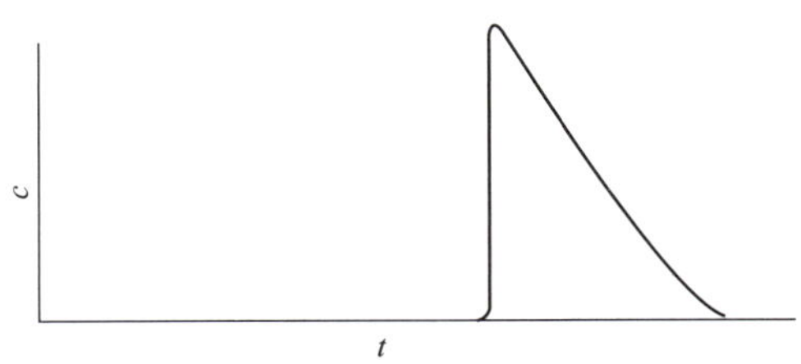

图 7.4 优惠吸附的洗脱曲线

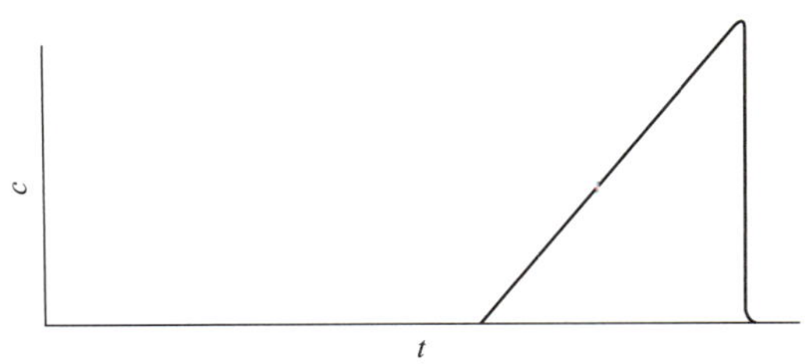

图 7.5 非优惠吸附的洗脱曲线

必须指出的是，平衡模型是非常粗略的。由于存在非理想流动、传质阻力和分散现象，式（7.4）～式（7.6）不能正确表达实际色谱过程中不同浓度溶质的洗脱时间或体积。对于线性分配平衡的情况，式

（7.4a）～式（7.6a）仅表示溶质的平均洗脱时间，即洗脱峰顶点的洗脱时间（因为洗脱峰是近似对称的）；对于非线性分配平衡的情况，平衡模型则不能表达色谱峰的准确位置，仅能通过色谱峰的形状判定分配平衡的优惠或非优惠特性。

7.2.2 理论板模型

在实际色谱过程中，由于存在传质阻力（如固定相表面液膜扩散和内扩散），溶质在两相间的分配平衡不可能瞬间完成。因此，平衡模型仅能显示线性分配平衡情况下柱内色谱带的平均移动速度或洗脱峰的平均停留时间，欲确定洗脱峰的形状，需采用更切合实际的理论模型。

理论板模型认为溶质的分配平衡不能瞬间完成，而需要一定的柱高，即在此柱高内溶质在两相间达到一次平衡。通常将溶质达到一次分配平衡的色谱柱段称为一个理论板（theoretical plate），该色谱柱段的高度称为理论板当量高度（height equivalent to a theoretical plate，HETP ）。设高度为 L 的色谱柱的理论板数为 N，则

$$\text{HETP}=\frac{L}{N} \tag{7.7}$$

图 7.6 表示 N 段理论板中的三个理论板，因为在每一个理论板上溶质分配均达到平衡，所以，对于线性分配平衡

$$c_{\text{s},n}=mc_{\text{m},n} \tag{7.8}$$

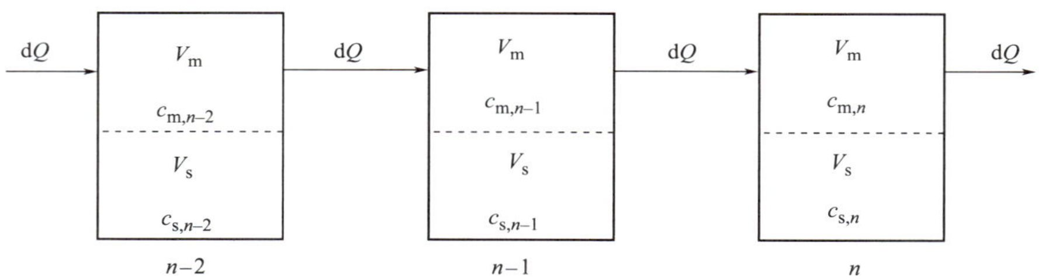

图 7.6 理论板模型示意图

当流动相从色谱柱入口连续流入，流动相流入微分体积 dQ 时，溶质在第 n 段的物料衡算式为

$$(c_{\text{m},n-1}-c_{\text{m},n})\text{d}Q=\frac{V_0}{N}\text{d}c_{\text{m},n}+\frac{V_\text{t}-V_0}{N}\text{d}c_{\text{s},n} \tag{7.9}$$

因为系统中只有流动相流动，到达出口所需时间为 $\tau=L/u$ 。将 $\tau=L/u$ 和式（7.8）带入式（7.9）后整理得

$$c_{\text{m},n-1}-c_{\text{m},n}=\frac{\tau(1+mF)}{N}\frac{\text{d}c_{\text{m},n}}{\text{d}t} \tag{7.10}$$

若进料时间为 t_0，料液中溶质浓度为 c_0，$t>t_0$ 后输入不含溶质的流动相，则式（7.10）的初始和边界条件为

$$\begin{aligned}&c_{\text{m},n}=c_{\text{m},n-1}=0, t=0\\&c_{\text{m},0}=c_{0,}\ 0<t\leqslant t_0\\&c_{\text{m},0}=0, t>t_0\end{aligned} \tag{7.10a}$$

当料液量很小时，可认为料液为脉冲输入，式（7.10）的解即洗脱曲线（洗脱峰）呈 Poisson 分布。如果

N 值很大，则溶质的洗脱曲线可用 Gauss 分布（正规分布）近似，即

$$c_{\mathrm{m},N}=\frac{c_0t_0}{\sqrt{\dfrac{2\pi\tau^2(1+mF)^2}{N}}}\exp\left\{-\frac{[t-\tau(1+mF)]^2}{\dfrac{2\tau^2(1+mF)^2}{N}}\right\} \tag{7.11}$$

或

$$c_{\mathrm{m},N}=\frac{c_0\theta_0}{\sqrt{\dfrac{2\pi(1+mF)^2}{N}}}\exp\left\{-\frac{[\theta-(1+mF)]^2}{\dfrac{2(1+mF)^2}{N}}\right\} \tag{7.12}$$

式中，$\theta=t/\tau$，$\theta_0=t_0/\tau$。

图 7.7 为 Gauss 分布的洗脱曲线示意图。洗脱曲线的各个无量纲特性值如下。

平均洗脱时间 $\theta_\mathrm{R}=t_\mathrm{R}/\tau=1+mF$ （7.4b）

散度（variance） $\sigma_\theta^2=\dfrac{\sigma^2}{\tau^2}=\dfrac{(1+mF)^2}{N}$ （7.13）

底线处切线峰宽 $W=4\sigma_\theta=\dfrac{4(1+mF)}{\sqrt{N}}$ （7.14）

1/2 高度处峰宽 $W_{1/2}=2.354\sigma_\theta$ （7.15）

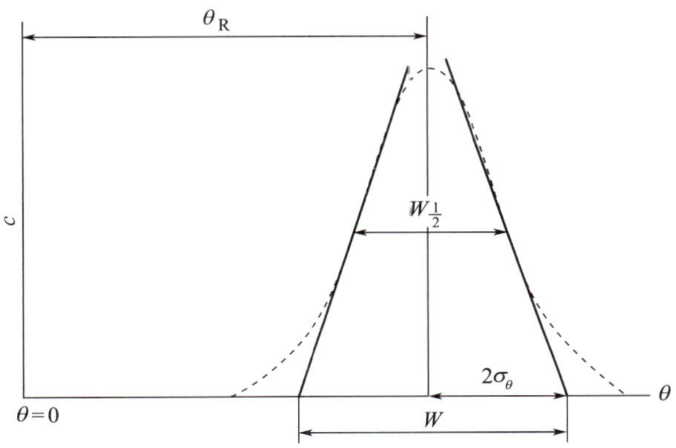

图 7.7 洗脱曲线（Gauss 分布）示意图

从式（7.4b）可知，通过理论板模型所得平均洗脱时间与平衡模型［式（7.4a）］一致。

从式（7.14）和式（7.4b）得

$$N=\frac{\theta_\mathrm{R}^2}{\sigma_\theta^2} \tag{7.16}$$

或

$$N=16\left(\frac{\theta_\mathrm{R}}{W}\right)^2 \tag{7.17}$$

说明理论板数越多，洗脱峰越窄，洗脱时间一定的溶质之间的分离程度越好。利用实测的洗脱峰和式（7.17）可计算色谱柱的理论板数。但是，对于实测的洗脱峰，因为 $W_{1/2}$ 更容易精确测量，理论板数常用下式计算，即将式（7.15）代入式（7.16）得

$$N=5.54\left(\frac{\theta_\mathrm{R}}{W_{1/2}}\right)^2 \tag{7.18}$$

当实测得到理论板数 N 后，即可利用式（7.7）计算色谱柱的理论板当量高度。

7.2.3 传质速率模型

理论板模型仅用一个理论板数或理论板当量高度描述色谱柱的分离性能，使用方便，特别适合于料液浓度很低的分析过程。但是，理论板模型不能确定色谱柱分离性能的影响因素。特别是对于料液浓度

较高的制备分离过程，由于溶质的分配或吸附平衡一般为非线性，理论板模型便显得过于单纯。因此，有必要考虑溶质在流动相和固定相间的传质速率以及流动相的流动状态，建立更完善的理论模型，以分析影响色谱分离的各种因素。传质速率模型（mass transfer rate model）就是考虑溶质在流动相和固定相间的传质速率以及流动相的流动状态的通用速率模型（general rate model）。

轴向扩散模型已在第 6 章介绍［式（6.52）］。考虑液膜传质阻力的轴向扩散模型方程为

$$\frac{\partial c_{\mathrm{m}}}{\partial t}=D_{\mathrm{z}}\frac{\partial^2 c_{\mathrm{m}}}{\partial z^2}-u\frac{\partial c_{\mathrm{m}}}{\partial z}-\frac{6Fk_{\mathrm{f}}(c_{\mathrm{m}}-c_{\mathrm{m}}|_{r=R})}{d_{\mathrm{p}}} \tag{7.19}$$

式中，d_{p} 为固相粒子直径。

球形粒子内的扩散传质用均相扩散模型描述，则其物料衡算方程为

$$\frac{\partial c_{\mathrm{s}}}{\partial t}=D_{\mathrm{e}}\left(\frac{\partial^2 c_{\mathrm{s}}}{\partial r^2}+\frac{2}{r}\frac{\partial c_{\mathrm{s}}}{\partial r}\right) \tag{7.20}$$

若液固间溶质分配平衡关系符合 Henry 定律，根据式（7.1a），在液固界面处下式成立

$$c_{\mathrm{m}}|_{r=R}=\frac{c_{\mathrm{s}}|_{r=R}}{m} \tag{7.21}$$

上述微分方程中，$c_{\mathrm{m}}=c_{\mathrm{m}}(z,t)$，$c_{\mathrm{s}}=c_{\mathrm{s}}(z,r,t)$，初始和边界条件为

$$\begin{aligned}
&c_{\mathrm{m}}=c_{\mathrm{s}}=0,\ t=0,\ z\geqslant 0\\
&c_{\mathrm{m}}=c_0,\ 0\leqslant t\leqslant t_0,\ z=0\\
&c_{\mathrm{m}}=0,\ t>t_0,\ z=0\\
&c_{\mathrm{m}}=0,\ z=\infty\\
&k_{\mathrm{f}}(c_{\mathrm{m}}-c_{\mathrm{m}}|_{r=R})=D_{\mathrm{e}}\left.\frac{\mathrm{d}c_{\mathrm{s}}}{\mathrm{d}r}\right|_{r=R},\ t>0\\
&\frac{\partial c_{\mathrm{s}}}{\partial r}=0,\ t>0,\ r=0
\end{aligned} \tag{7.22}$$

利用 Laplace 变换对上述微分方程求解，可得溶质浓度的 Laplace 区域解，通过矩量分析法即可确定洗脱曲线的平均停留时间和散度与操作参数的关系。洗脱曲线的 n 阶原点矩 μ_n' 和 n 阶中心矩 μ_n 分别定义为

$$\mu_n'=\frac{\int_0^{\infty}t^n c(z,t)\mathrm{d}t}{\int_0^{\infty}c(z,t)\mathrm{d}t} \tag{7.23}$$

$$\mu_n=\frac{\int_0^{\infty}(t-\mu_1)^n c(z,t)\mathrm{d}t}{\int_0^{\infty}c(z,t)\mathrm{d}t} \tag{7.24}$$

μ_1' 为洗脱曲线的一阶原点矩（first absolute moment），即平均停留时间，为对称洗脱峰的洗脱时间；二阶中心矩（second central moment）μ_2 表示洗脱曲线的散度，即

$$\mu_2=\sigma^2 \tag{7.25}$$

根据 Laplace 变换的定义

$$\bar{c}(z,s)=\int_0^{+\infty}c(z,t)\exp(-st)\mathrm{d}t \tag{7.26}$$

可知在 Laplace 区域内洗脱曲线的 n 阶原点矩为

$$\mu_n' = \frac{(-1)^n \lim\limits_{s\to 0}\left(\dfrac{\mathrm{d}}{\mathrm{d}s}\right)^n \bar{c}(z,s)}{\lim\limits_{s\to 0}\bar{c}(z,s)} \tag{7.27}$$

从式（7.24）得

$$\mu_2 = \mu_2' - (\mu_1')^2 \tag{7.28}$$

故利用 Laplace 变换的定义式（7.26），可得式（7.19）～式（7.22）的 Laplace 区域的解 $\bar{c}(z,s)$，进而利用式（7.27）和式（7.28）得到 μ_1' 和 μ_2。

$$\mu_1' = t_{\mathrm{R}} = \tau(1+mF) + \frac{t_0}{2} \tag{7.29}$$

$$\mu_2 = \sigma^2 = 2\tau\left[\frac{D_{\mathrm{z}}(1+mF)^2}{u^2} + \frac{mFd_{\mathrm{p}}^2}{60}\left(\frac{1}{D_{\mathrm{e}}} + \frac{10m}{d_{\mathrm{p}}k_{\mathrm{f}}}\right)\right] + \frac{t_0^2}{12} \tag{7.30}$$

若忽略进料时间 t_0，式（7.29）表示的平均保留时间（洗脱时间）与平衡模型和理论板模型是一致的。

从式（7.7）和式（7.16）得

$$\mathrm{HETP} = \frac{L\mu_2}{(\mu_1')^2} \tag{7.31}$$

利用式（7.29）～式（7.31）可计算色谱柱的理论板当量高度。忽略式（7.29）和式（7.30）中的 t_0 项，则

$$\mathrm{HETP} = \frac{2D_{\mathrm{z}}}{u} + \frac{mFud_{\mathrm{p}}^2}{30(1+mF)^2}\left(\frac{1}{D_{\mathrm{e}}} + \frac{10m}{d_{\mathrm{p}}k_{\mathrm{f}}}\right) \tag{7.32}$$

若液膜传质阻力可以忽略（$k_{\mathrm{f}} \to \infty$），则式（7.32）简化为下式

$$\mathrm{HETP} = \frac{2D_{\mathrm{z}}}{u} + \frac{mFud_{\mathrm{p}}^2}{30D_{\mathrm{e}}(1+mF)^2} \tag{7.32a}$$

上式常称为 van Deemter 方程 [1]。其中右侧第一项中的轴向扩散系数取决于溶质的分子扩散系数和流动相在固定相粒子间隙流动时的流速不均匀现象（如滞留、沟流等）。前者与流速无关，反映了 HETP 与 u 成反比；后者在液相色谱的操作条件下基本上与 ud_{p} 成正比，反映了 HETP 与 u 无关。右侧第二项反映内扩散和液膜传质阻力对 HETP 的贡献，与 u 成正比。因此，式（7.32）可改写成 van Deemter 方程的一般形式

$$\mathrm{HETP} = \frac{A}{u} + B + Cu \tag{7.33}$$

式中，A、B、C 为与 u 无关的常数。

从式（7.33）可知，存在某一流速使 HETP 最小，如图 7.8 所示。在此流速下色谱柱的理论板数最大，分离效果最好。

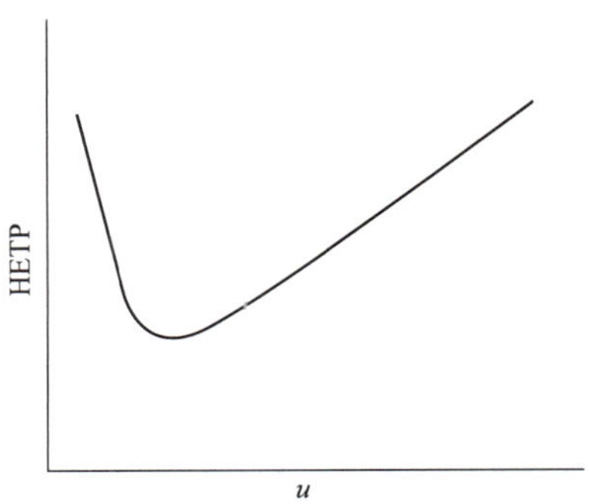

图 7.8　HETP 与流速的关系

在液相色谱的操作条件下，一般分子扩散的影响可忽略不计［即式（7.33）中的 A 近似为零］。因此，为提高分离效果，可通过降低流速 u 或减小固定相粒径［即式（7.33）中的 C 值］来降低 HETP，提高理论板数。由于降低流速意味着增加分离时间，故采用减小粒径的方法可同时保证操作的高速度和分离的高精度，这就是高效液相色谱（HPLC）和超高效液相色谱（UHPLC）的理论基础。HPLC 及 UHPLC 的固定相不仅粒径小，而且扩散路径短（D_{e} 值大），很短的色谱柱就具

有很大的理论板数，对高速度、高精度的分析和分离非常有利。

7.2.4 分离度

色谱分离中，为表达两个洗脱位置相邻的溶质相互分离的程度，经常应用分离度（resolution）的概念。分离度又称分辨率，其定义如下

$$R_s = \frac{2(\theta_{R2} - \theta_{R1})}{W_1 + W_2} \tag{7.34}$$

式中，下标 1 和 2 分别代表两个前后相邻的洗脱峰。

因此，分离度是两个相邻洗脱峰之间的距离与两个峰宽的代数平均值之比。当洗脱峰的形状为 Gauss 分布时，利用分离度很容易判断两个相邻洗脱峰的分离程度。很明显，增大峰间距离或降低峰宽可提高溶质之间的分离度。

假定洗脱曲线为 Gauss 分布，分配平衡关系为线性，并且利用两种溶质测得的理论板数相等，将式（7.4b）和式（7.14）代入式（7.34），得到

$$R_s = \frac{F(m_2 - m_1)N^{1/2}}{2(2 + m_1F + m_2F)} \tag{7.35}$$

对于两个相邻的洗脱组分，可假定两个洗脱峰宽和分配系数近似相等，即 $W_1=W_2$，$m_1=m_2$，从而上式简化为

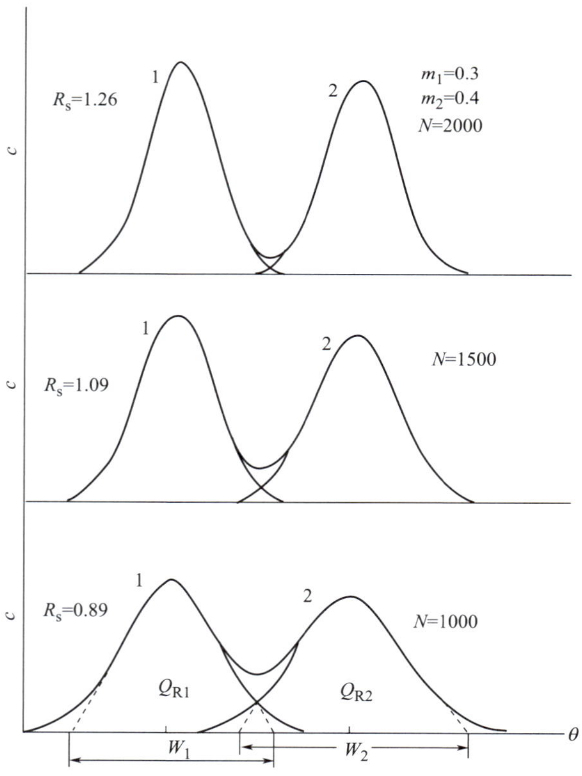

图 7.9 两个相邻的洗脱峰及其分离度

（ε_c =0.35，F=1.86）

$$R_s = \frac{F(m_2 - m_1)N^{1/2}}{4(1 + m_2F)} \tag{7.35a}$$

将式（7.7）代入上式得

$$R_s = \frac{F(m_2 - m_1)L^{1/2}}{4(1 + m_2F)\mathrm{HETP}^{1/2}} \tag{7.36}$$

图 7.9 表示三种理论板数情况下两种溶质的分离度。可以看出，当 R_s>1 时，溶质的分离已较好。一般 R_s 值在 1 ～ 1.5 之间即可认为溶质间实现了良好的色谱分离。

另外，经常采用容量因子（capacity factor）和选择性（selectivity）为参数描述色谱柱的分离性能。容量因子（k'）是固定相与流动相间溶质分配量之比，所以

$$k' = mF \tag{7.37}$$

选择性（α）为洗脱峰相邻的两种溶质的容量因子之比

$$\alpha = \frac{k_2'}{k_1'} \tag{7.38}$$

将式（7.37）代入式（7.35a）得

$$R_s = \frac{k_2' - k_1'}{4(1+k_2')} N^{1/2} \tag{7.39}$$

将式（7.38）代入上式得

$$R_s = \frac{1}{4}\left(\frac{\alpha - 1}{\alpha}\right) N^{1/2} \left(\frac{k_2'}{1+k_2'}\right) \tag{7.40}$$

因此，分离度随理论板数的增加而增大，当两种溶质的分配系数（或容量因子）相差较小（即分离选择性较小）时，需要较大的理论板数才能获得足够大的分离度。

7.3　凝胶过滤色谱

7.3.1　原理与操作

凝胶过滤色谱（gel filtration chromatography，GFC）利用凝胶粒子（通常称为凝胶过滤介质）为固定相，是根据料液中溶质分子量的差别进行分离的液相色谱法。凝胶过滤色谱又称尺寸排阻色谱（size exclusion chromatography，SEC）。如图 7.10 所示，在装填具有一定孔径分布的凝胶过滤介质的色谱柱中，料液中溶质 1 的分子量很大，不能进入凝胶的细孔中，因而从凝胶间的床层空隙流过，洗脱体积为色谱柱的空隙体积 V_0；对于溶质 4，其分子量很小，能够进入凝胶的所有细孔中，因而其洗脱体积接近柱体积 V_t；分子量介于溶质 1 和溶质 4 之间的溶质 2 和 3 可进入凝胶的部分细孔中，故其洗脱体积介于 V_0 和 V_t 之间，根据分子量的差别（溶质 2 的分子量大于溶质 3）顺序洗脱（图 7.11）。分子量大于溶质 1 和小于溶质 4 的溶质的洗脱体积分别与溶质 1 和溶质 4 相同，即分别为 V_0 和接近 V_t。

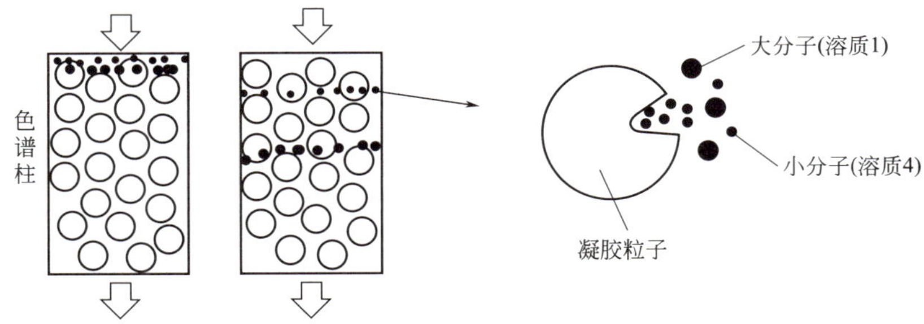

图 7.10　GFC 的分离原理

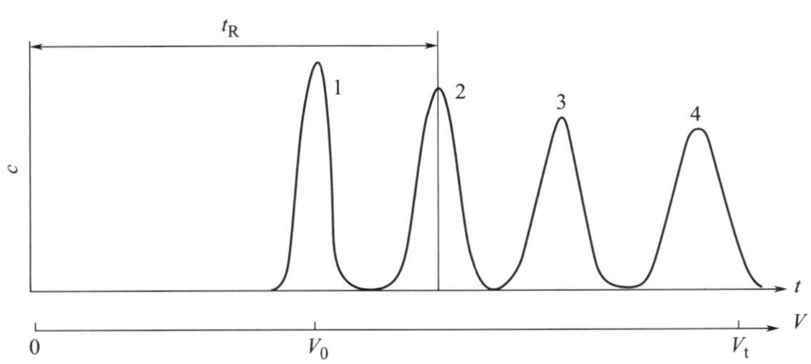

图 7.11　GFC 的洗脱曲线

显然，GFC 可分离洗脱体积介于 V_0 和 V_t 之间的溶质，即式（7.4a）～式（7.6a）中的分配系数为 $0 \leqslant m<1$。因此，GFC 的分离精度有限，料液的处理量也很小。例如，如果 A、B 两种溶质的分配系数分别为 m_A 和 m_B（$m_A<m_B$），则根据式（7.6a），两个洗脱峰之间的距离为

$$V_{R,B}-V_{R,A}=(V_t-V_0)(m_B-m_A) \tag{7.41}$$

式中，$V_{R,A}$ 和 $V_{R,B}$ 分别为溶质 A 和 B 的洗脱体积。

可见，只有当料液体积小于 $V_{R,B}-V_{R,A}$ 时，A、B 两种溶质才有可能得到完全分离。

GFC 操作中溶质的分配系数 m 只是分子量、分子形状和凝胶结构（孔径分布）的函数，与所用洗脱液的 pH 值和离了强度等物性无关，即在一般的色谱操作条件下，分子量一定的溶质的分配系数为常数，为凝胶介质对该溶质的有效孔隙率 ε_p。从 6.3.2 节之表 6.6 可知，ε_p 随蛋白质分子量的增大而降低，即蛋白质在凝胶介质中的分配系数随分子量的增大而减小。因此，GFC 操作一般采用组成一定的洗脱液进行洗脱展开，这种洗脱法称为恒洗脱液洗脱，简称恒定洗脱（isocratic elution）。

GFC 过程的轴向模型方程为式（7.19），用孔扩散模型描述溶质的内扩散，则有

$$\varepsilon_p\frac{\partial c_s}{\partial t}=D_e\left(\frac{\partial^2 c_s}{\partial r^2}+\frac{2}{r}\frac{\partial c_s}{\partial r}\right) \tag{7.42}$$

式中，D_e 为有效孔扩散系数。

$$D_e=\varepsilon_p D_p \tag{7.43}$$

式（7.19）和式（7.42）的初始和边界条件与式（7.22）相同。求解该微分方程组，得到的一阶原点距、二阶中心距和 HETP 表达式如下

$$\mu_1'=t_R=\tau(1+\varepsilon_p F)+\frac{t_0}{2} \tag{7.44}$$

$$\mu_2=2\tau\left[\frac{D_z(1+\varepsilon_p F)^2}{u^2}+\frac{\varepsilon_p^2 F d_p^2}{60}\left(\frac{1}{D_e}+\frac{10}{d_p k_f}\right)\right]+\frac{t_0^2}{12} \tag{7.45}$$

$$\text{HETP}=\frac{2D_z}{u}+\frac{\varepsilon_p^2 F u d_p^2}{30(1+\varepsilon_p F)^2}\left(\frac{1}{D_e}+\frac{10}{d_p k_f}\right) \tag{7.46}$$

若液膜传质阻力可以忽略（$k_f\to\infty$），则式（7.46）简化为下式

$$\text{HETP}=\frac{2D_z}{u}+\frac{\varepsilon_p^2 F u d_p^2}{30D_e(1+\varepsilon_p F)^2} \tag{7.46a}$$

式（7.46）为利用孔扩散模型推导的 GFC 的 HETP 表达式，而式（7.32）可看作是利用均相扩散模型推导的 GFC 的 HETP 表达式，其中的分配系数即凝胶过滤介质的孔隙率。

7.3.2 凝胶过滤色谱介质

7.3.2.1 介质的种类

凝胶过滤色谱常用于蛋白质等生物大分子的分级分离和除盐，因此，良好的凝胶过滤介质应满足以下要求：

① 亲水性大，表面介质惰性，即介质与溶质之间不发生任何化学或物理相互作用。

② 化学稳定性高，在较宽的 pH 值和离子强度范围以及化学试剂中保持稳定，使用寿命长。

③ 具有一定的孔径分布范围。

④ 具有良好的机械强度，允许较高的操作压力（流速）。

商品化的凝胶过滤介质除部分软凝胶外，大部分均能满足上述要求。其中应用最多的是交联葡聚糖凝胶。葡聚糖是葡萄糖分子以 α-1,6- 糖苷键连接而成的高分子聚合物，又称右旋糖酐。制备过程中利用环氧氯丙烷（epichlorohydrin）等作为交联剂，交联剂用量越大，交联度就越高，凝胶的网状结构越紧密，吸水量越小，排阻的分子尺寸（分子量）也越小。图 7.12 为交联葡聚糖凝胶的网状结构示意图，其中的曲线条表示葡聚糖凝胶纤维。国外的代表性交联葡聚糖凝胶介质有 Sephadex（Cytiva，美国思拓凡公司），按交联度大小，分 G10 ～ G200 多种型号，机械强度较低。该公司还有多种高强度混合型葡聚糖介质产品。国产的交联葡聚糖介质产品有中科森辉的 Upsepdex PG 和 GL 系列、苏州纳微科技公司的 NW Dex-G25 系列、百林科医药科技公司的 PureDex 系列和博格隆生物技术公司的 Chromdex 系列等。

图 7.12　交联葡聚糖凝胶的网状结构

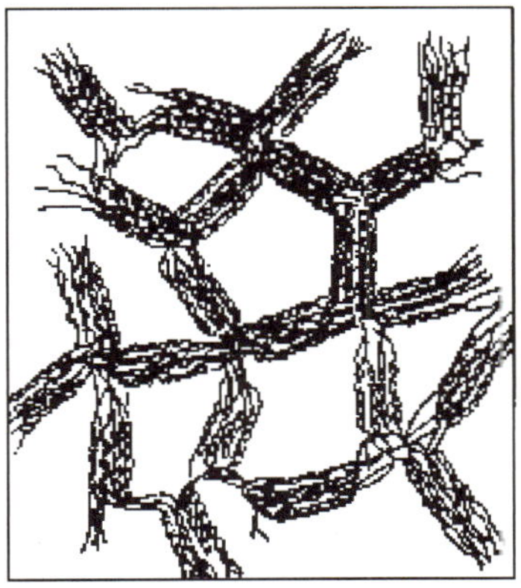

图 7.13　琼脂糖凝胶的骨架结构

琼脂糖凝胶是另一种较常使用的凝胶过滤介质，其骨架结构如图 7.13 所示。琼脂糖是 D- 半乳糖和 3,6- 脱水 -L- 半乳糖交替连接的直链多糖，是琼脂的构成成分之一。Sepharose（Cytiva）是常用的琼脂糖凝胶品牌之一，其中 Cytiva 的 Sepharose CL-4B 和 CL-6B 是利用环氧氯丙烷交联制备的琼脂糖凝胶，凝胶浓度分别为 4% 和 6%，机械强度比未交联的 Sepharose 4B 和 6B 高。该公司的 Sepharose FF 系列产品的机械性能较大，综合性能更好。Superdex 凝胶（Cytiva）是将葡聚糖共价交联到高度交联的琼脂糖珠体上制备的刚性凝胶，分离制备级凝胶的粒径为 24 ～ 44μ m，分离精度高（每米色谱柱的理论板数可达 15000 ～ 20000），适用于高效液相色谱。此外，Superose（Cytiva）是经二次交联制备的刚性琼脂糖凝胶，常用于高效吸附色谱的载体。

国产琼脂糖凝胶过滤介质有苏州纳微科技的 NW Rose4/6 FF 系列和 NW Super 系列、百林科的 Chromstar 6FF 和 Geldex PG 系列、博格隆的 Bestarose 系列等。各型号或系列产品均与对应的国外产品性能相当。

除凝胶过滤色谱外，琼脂糖凝胶经化学修饰后主要用于各种吸附色谱的固定相。

TSK 凝胶（Tosoh，日本东曹株式会社）是利用亲水性高分子合成制备的凝胶过滤介质，有较高的机械强度，其中 HW 系列为半刚性凝胶，适用于中压液相色谱；PW 系列机械强度更高，适用于高压液相色谱。TSK 凝胶经化学修饰后也常用于吸附色谱载体。

部分商品化的凝胶过滤色谱介质列于表 7.1，各种介质的详细性能可参考有关产品目录，各产品适用于水溶性生物分子特别是蛋白质、核酸、病毒颗粒等产品的分离纯化和脱盐等，但适用的产品种类和分子量等有所不同，可根据公司推荐进行初步选择。

表 7.1 常用的凝胶过滤色谱介质

商品名	基质	制造厂商	商品名	基质	制造厂商
Sephadex G 系列	交联葡聚糖	Cytiva	Chromdex 系列	交联葡聚糖	博格隆
Sepharose 系列	交联琼脂糖	Cytiva	Sengarose 系列	交联琼脂糖	中科森辉
Sephacryl S 系列	聚丙烯酰胺 - 葡聚糖	Cytiva	NW Rose4/6 FF, NW Super 系列	交联琼脂糖	苏州纳微科技
Superdex 系列	高交联琼脂糖 - 葡聚糖	Cytiva	Chromstar 6FF, Geldex PG 系列	交联琼脂糖	百林科
Superose 系列	高交联琼脂糖	Cytiva	Bestarose 系列	交联琼脂糖	博格隆
Upsepsex PG 和 GL 系列	交联葡聚糖	中科森辉	TSKgel SW 系列	硅胶	Tosoh
NW Dex-G25 系列	交联葡聚糖	苏州纳微科技	TSKgel Toyopearl HW 系列	亲水性聚乙烯醇	Tosoh
PureDex 系列	交联葡聚糖	百林科			

7.3.2.2 凝胶特性参数

表征凝胶特性的参数主要有下列各项。

（1）排阻极限（exclusion limit）：凝胶过滤介质的排阻极限是指不能扩散到凝胶网络内部的最小分子的分子质量。不同的凝胶过滤介质品牌具有不同的排阻极限，例如，Sephadex G50 的排阻极限是 30kDa，即分子质量大于该数值的分子不能进入凝胶网络中，其洗脱体积为 V_0（图 7.11）。

（2）分级范围（fractionation range）：即能为凝胶阻滞并且相互之间可以得到分离的溶质的分子质量范围。Sephadex G50 的分级范围为 1.5 ～ 30kDa。

（3）凝胶粒径（gel size）：凝胶一般为球形，其粒径大小对分离度有重要影响。粒径越小，HETP 越小，分辨率越大。凝胶粒径多用筛目或微米表示。软凝胶的耐压能力低，故制备的粒径较大，一般为 50 ～ 150μm（300 ～ 100 目）；硬凝胶的耐压能力较强，故制备的粒径较小，一般为 5 ～ 50μm。例如，Sepharose 和 Sephadex 系列软凝胶的粒径分布范围为 45 ～ 165μm，而 Superose 和 TSKgel Toyopearl HW 系列的硬度较大，可小到 20 ～ 40μm，甚至 6 ～ 10μm。

（4）空隙体积（void volume）：指色谱柱中凝胶之间空隙的体积，即 V_0 值。空隙体积可用分子质量大于排阻极限的溶质测定，一般使用平均分子质量为 2000kDa 的水溶性蓝色葡聚糖（blue dextran）。空隙体积与柱体积的比值为空隙率（voidage）。

（5）溶胀率（swelling ratio）：某些市售的干燥凝胶颗粒（如 Sephadex G 系列），使用前要用水溶液进行溶胀处理，溶胀后每克干凝胶所吸收水分的百分数称为溶胀率，即

$$\text{溶胀率}=\frac{\text{溶胀处理后质量}-\text{干燥质量}}{\text{干燥质量}}\times100\%$$

Sephadex G50 的溶胀率为 500%±30%。Sephadex G 系列中的凝胶型号与此溶胀率有关。

（6）床体积（bed volume）：也是针对以干燥状态购入的凝胶粉末而言。凝胶干粉的床体积指 1g 干胶粉末充分溶胀后所占有的体积。Sephadex G50 的床体积为 9 ～ 11mL/g 干胶。凝胶的床体积可用于估算装满一定体积的色谱柱所需的凝胶干粉量。

对于商品化的凝胶过滤介质，厂商的产品目录中一般均给出其凝胶的各种性质，如分级范围、粒径、流速与压力的关系等，可参考使用。

7.3.3 影响分离的因素

如式（7.36）所示，HETP 是影响溶质之间分离度的重要因素。因此，研究各种因素对 HETP 的影响，

可以理解各种因素影响分离特性的行为。

7.3.3.1　线速度

图 7.14 表示 HETP 与流动相线速度的关系[2]，实验所用凝胶过滤介质为 Toyopearl HW40F 和 HW55F，粒径为 44μm。可以看出，除 NaCl 外，其它各种溶质（蛋白质、维生素 B_{12}）的 HETP 与 u 之间呈线性关系。因为 HW40F 凝胶的排阻极限小，该凝胶色谱柱中蛋白质的分配系数 m=0，因此式（7.32）变为 HETP=$2D_z/u$，约为常数（因为 $D_z \propto ud_p$）。HW55F 凝胶的排阻极限较大，该凝胶柱中 m>0，故从式（7.32）右侧第二项可知，HETP 随 u 线性增大，且在 u=0 处直线交于一点（即 HETP=$2D_z/u$）。当 u<0.2cm/min 时，NaCl 的 HETP 随流速降低急剧增大，主要是由于分子扩散的影响。

设无量纲参数

$$h = \mathrm{HETP}/d_p \text{（无量纲理论板当量高度）}$$

$$v = ud_p/D_m \text{（无量纲线速度）}$$

$$P = ud_p/D_z \text{（轴向扩散强度的倒数）}$$

$$\gamma_s = D_e/D_m$$

将上述参数导入式（7.32a），得到理论板当量高度的无量纲表达式

$$h = \frac{2}{P} + \frac{mF}{(1+mF)^2}\frac{v}{30\gamma_s} = A + Bv \tag{7.47}$$

采用不同粒径的凝胶过滤介质和操作温度测定不同流速下的 HETP 值，所得结果用式（7.47）关联，得到图 7.15[2]。可以看出，实验结果基本在距离很近的两条直线之间，说明式（7.47）较好地表达了无量纲线速度对无量纲理论板当量高度的影响。此外，当 v=0 时，h=2～3，即 HETP 为凝胶粒径的 2～3 倍。

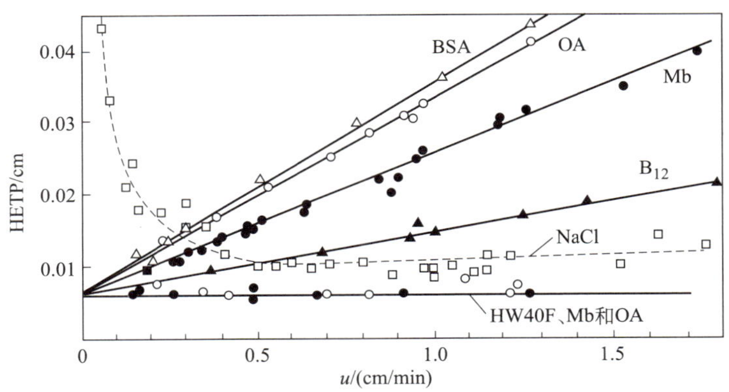

图 7.14　GFC 的 HETP 与线速度的关系（20℃）

色谱柱：ϕ16mm×300mm；HW55F：Toyopearl HW55F，d_p=44μm（未标注凝胶介质的数据均用此介质获得）；HW40F：Toyopearl HW40F，d_p=44μm

BSA—牛血清白蛋白；OA—蛋清白蛋白；Mb—肌红蛋白；B_{12}—维生素 B_{12}

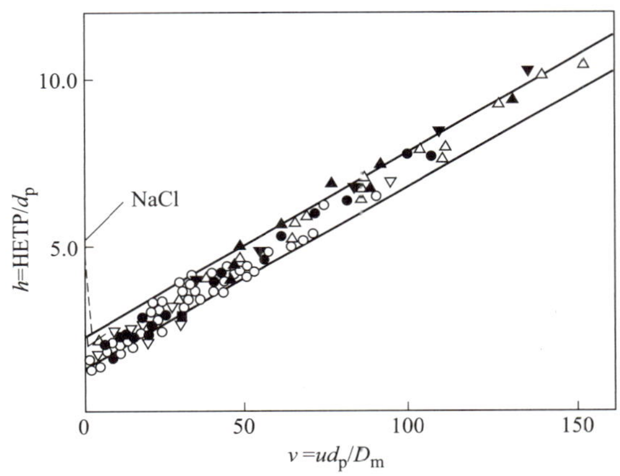

图 7.15　GFC 的无量纲理论板当量高度与无量纲线速度的关系

色谱柱及料液同图 7.14；温度：10～40℃；凝胶粒径：35～75μm

7.3.3.2　料液体积

若不省略式（7.29）和式（7.30）中的 t_0 项，即将

$$\mu_1' = t_R + \frac{t_0}{2}$$

和

$$\mu_2 = \sigma_0^2 + \frac{t_0^2}{12}$$

代入式（7.31），可得下式

$$\text{HETP} = \frac{L(\sigma_0^2 + t_0^2/12)}{(t_R + t_0/2)^2} \tag{7.48}$$

式（7.48）表示料液体积对 HETP 的影响，结果示于图 7.16[3]。图中用无量纲进料时间（t_0/τ）表示料液体积，实线为利用式（7.48）计算的结果。在一定料液体积范围内 HETP 为常数，之后 HETP 随料液体积增大而急剧增大，计算结果与实验值基本一致。该结果表明，为得到较高的分离度，料液体积需根据溶质之间分配系数的差别控制在适当的范围内，在不影响分离度的前提下取最大值。

7.3.3.3　料液浓度

根据 GFC 的分离原理，溶质的洗脱时间 t_R 和 HETP 应与料液浓度无关。但实际分离操作中发现，当料液浓度较高时，洗脱曲线常呈现不对称形状，如出现吐舌或拖尾，甚至出现分裂的两个峰，使 HETP 急剧增大。出现这种现象的主要原因是料液区和流动相的黏度差引起的。特别是对于高效色谱柱，当添加浓缩料液时，这种现象更加显著。经验表明，料液与流动相的黏度比需小于 2，以避免不规则洗脱曲线的出现，影响分离效果。

7.3.3.4　分子量与分配系数的关系

GFC 中溶质的分配系数在分级范围内随分子量的对数值增大而线性减小，如图 7.17 所示。因此，分配系数与分子量 M_r 之间存在如下关系

$$m = a - b\lg M_r \tag{7.49}$$

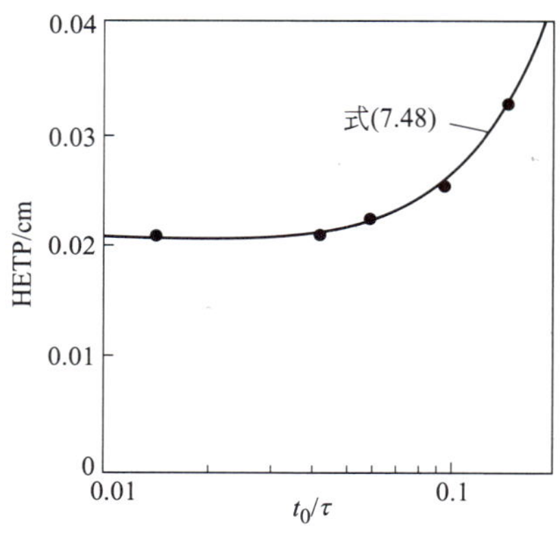

图 7.16　料液体积对 HETP 的影响

色谱柱：ϕ22mm×300mm；Toyopearl HW 55F，d_p=44μm；料液：1mg/mL 肌红蛋白；u=0.87cm/min

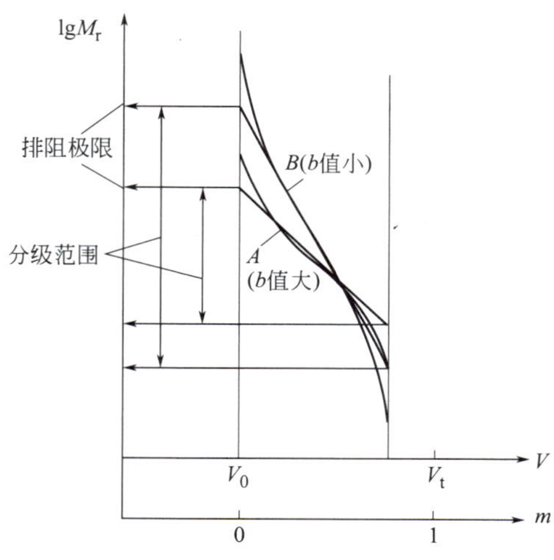

图 7.17　GFC 柱中溶质分配系数与分子量的关系

将式（7.47）和式（7.49）代入式（7.36），得到下式

$$R_s = \frac{FbL^{1/2}\lg(M_{r1}/M_{r2})}{4[(1+m_1F)^2(Ad_p + Bud_p^2/D_m)]^{1/2}} \tag{7.50}$$

从式（7.50）可以看出，b 值越大，即凝胶的分级范围越小，分离度越大。因此，应用 GFC 进行分离，根据混合物中溶质的分子量选择分级范围较小的凝胶过滤介质，对提高分离度或料液处理量是非常重要的。

7.3.3.5　凝胶粒径

从式（7.32）可知，凝胶粒径越小，HETP 越小。因此，利用小粒径凝胶是提高色谱柱效的最佳途径，任何色谱过程都是如此。此外，从式（7.47）可知，如果 d_p 降到 1/10 而保持 h 值和 v 值不变，流速 u 可提高 10 倍，此时 HETP（$=hd_p$）亦降到 1/10。也就是说，减少粒径，不仅柱效增大，分离度提高，而且可以提高分离速度。但实际上，由于固定相和色谱设备的耐压能力有限，不可能大幅度提高流速，而通常在固定相或设备允许的压力范围内采用最大限度的流速，使柱效保持在较高的水平，提高溶质之间的分离度。

7.3.4　凝胶过滤色谱的应用

7.3.4.1　分离纯化

GFC 可用于分子量从几百到 10^6 数量级的物质的分离纯化，是蛋白质、肽、脂质、抗生素、糖类、核酸以及病毒（50 ～ 400nm）的分离与分析中频繁使用的液相色谱法。

此外，GFC 还可用于医药产业中无热原水的制备以及低分子生物制剂中抗原性杂质的除去。例如，青霉素的致敏作用一般认为是产品中存在的一些高分子杂质所致，如青霉素聚合物和青霉素降解产物青霉烯酸与蛋白质相结合形成的青霉噻唑蛋白，它们都是具有强烈致敏性的全抗原。利用 Sephadex G25 凝胶柱处理青霉素溶液可除去这类高分子杂质。

7.3.4.2　脱盐

GFC 在生物分离领域的另一主要用途是生物大分子溶液的脱盐，以及除去其中的低分子量物质。例如，经过盐析沉淀获得的蛋白质溶液中盐浓度很高，一般不能直接进行离子交换色谱分离，可首先用 GFC 脱盐。此外，GFC 还用于溶解目标产物的缓冲液的交换。生物物质的分离纯化需要多步操作，上一步操作所用缓冲液有时不适合于下一步单元操作的有效实施（例如，某些盐离子抑制蛋白质在亲和吸附剂上的吸附），必须进行缓冲液的交换。若将缓冲液 A 换成缓冲液 B，可先用 B 液冲洗 GFC 柱，上样后用 B 液洗脱，即可完成缓冲液的交换。

7.3.4.3　分子量的测定

在凝胶过滤介质的分级范围内蛋白质的分配系数（或洗脱体积）与分子量的对数成线性关系，所以 GFC 可用于未知物质分子量的测定。首先用标准蛋白质如细胞色素 C（12500，指分子量，下同）、肌红蛋白（16900）、胰凝乳蛋白酶（23200）、卵白蛋白（45000）和血红蛋白（64500）等分别进行凝胶过滤

色谱实验，确定分配系数与分子量的关系式（7.49）。然后测定未知物质的洗脱体积（分配系数），就可推算其分子量。不过，GFC 仅对球形分子的测量精度较高，对分子形状为棒状的物质，测量值会小于实际值。

7.3.5 凝胶过滤色谱的特点

与其它色谱法相比，GFC 的最大特点是操作简便，凝胶过滤介质相对价廉易得，适合于大规模分离纯化过程。因此，GFC 在生物大分子的分离纯化过程中应用最为普遍，尤其被广泛应用于分离纯化过程的初级阶段以及最后成品化前的脱盐。

GFC 的具体优点如下：

（1）溶质与介质不发生任何形式的相互作用，因此可采用恒定洗脱法洗脱展开，操作条件温和，产品收率可接近 100%。

（2）每批分离操作结束后不需要进行苛刻介质清洗或再生，故容易实施循环操作，提高产品纯度。

（3）作为脱盐手段，GFC 比透析法速度快，精度高；与超滤法相比，剪切应力小，蛋白质活性收率高。

（4）分离机理简单，操作参数少，容易规模放大。

与后述的其它色谱法相比，GFC 的不足之处在于：

（1）仅根据溶质之间分子量的差别进行分离，选择性低，料液处理量小，一般为柱体积的 5%。

（2）经 GFC 洗脱展开后产品被稀释，因此需要在具有浓缩作用的单元操作（如超滤、离子交换和亲和色谱等）后使用。

7.4 离子交换色谱

7.4.1 原理与操作

离子交换（ion exchange）早在 19 世纪 50 年代就作为一种化学计量过程（stoichilmetric process）用于描述电解质溶液与沸石、砂石、黏土的相互作用。活跃的基础研究促进了离子交换树脂（ion-exchange resin）和分离技术的发展，并最终成为大规模工业生产技术，并于 20 世纪 40 ～ 50 年代应用于氨基酸和抗生素等生物分子的分离纯化[4]。

离子交换色谱（ion-exchange chromatography，IEC）是利用离子交换剂为固定相，根据荷电溶质与离子交换剂之间静电相互作用力的差别进行溶质分离的洗脱色谱法。根据 6.2.2 节介绍的离子交换平衡理论［式（6.18）］，荷电溶质在离子交换剂上的分配系数可用下式表示

$$m(I)=\frac{A}{I^{B}}+m_{\infty} \tag{7.51}$$

式中，I 为流动相的离子强度；A 和 B 为常数；m_{∞} 为离子强度无限大时溶质的分配系数，是静电相互作用以外的非特异性吸附引起的溶质在离子交换剂上的吸附。

对于不同的溶质，式（7.51）中的常数 A 和 B 不同，即在离子交换剂上的吸附行为不同，因此在洗脱过程中彼此之间得到分离。

第 6 章的表 6.2 中列出了主要的离子交换基，其中常用于蛋白质等生物分子离子交换吸附色谱的阴离

子交换基有 DEAE（二乙胺乙基，适用范围 pH<8.6）和 Q（季铵乙基）；阳离子交换基为 CM（羧甲基，适用范围 pH>4）和 SP（磺丙基）。表 7.1 中所列的各种凝胶过滤色谱介质键合上述离子交换基，即可制备相应的离子交换剂。国内外各公司也制售专门的离子交换介质。常用于制备离子交换剂的介质有交联琼脂糖、交联葡聚糖、硅胶、纤维素和各种合成高分子介质，第 6 章的表 6.3 给出了常用的离子交换剂及其特性。

对于蛋白质等两性电解质，式（7.51）中的常数 A 和 B 为 pH 值的函数。在物理意义上，B 为溶质的静电荷数与离子交换基的离子价数之比（详见 6.2.2 节）。由于蛋白质等生物大分子为多价电解质，在 pH 值偏离等电点的溶液中净电荷数常为两位数以上，故 B 值比较大。这样，一方面蛋白质的分配系数对离子强度非常敏感，即离子强度的微小改变，就会引起分配系数的很大变化；另一方面，不同蛋白质的 B 值可能相差很大，即在同一离子强度下不同蛋白质分配系数可能相差非常大（几个数量级）。因此，如果采用离子强度不变的流动相进行恒定洗脱，根据式（7.6a），两种蛋白质的洗脱体积相差很大（图 7.18），甚至分配系数大的蛋白质很难洗脱，造成洗脱剂的大量消耗和洗脱时间的大幅度增加。所以，IEC 操作很少采用恒定洗脱法，而多采用流动相离子强度线性增大的线性梯度洗脱法（linear gradient elution）或离子强度阶跃增大的阶跃梯度洗脱法（step gradient elution），后者也称逐次洗脱法（stepwise elution）。

线性梯度洗脱过程中，流动相的离子强度线性增大，因此溶质的分配系数连续降低，移动速度逐渐增大［式（7.3）］，使恒定洗脱条件下难于洗脱的溶质 B（图 7.18）在较小的流动相体积下洗脱（图 7.19）。显然，通过改变流动相离子强度的增大速度（即浓度梯度），可调节溶质的洗脱体积，即溶质洗脱峰之间的距离，在改善分离度的同时缩短分离操作时间。

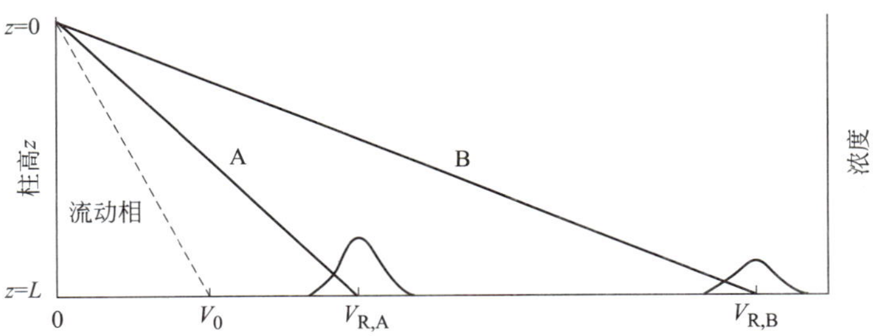

图 7.18　恒定洗脱过程中溶质 A 和 B 在 IEC 柱内的移动和洗脱曲线

溶质移动速度一定，柱内溶质之间距离逐渐增大

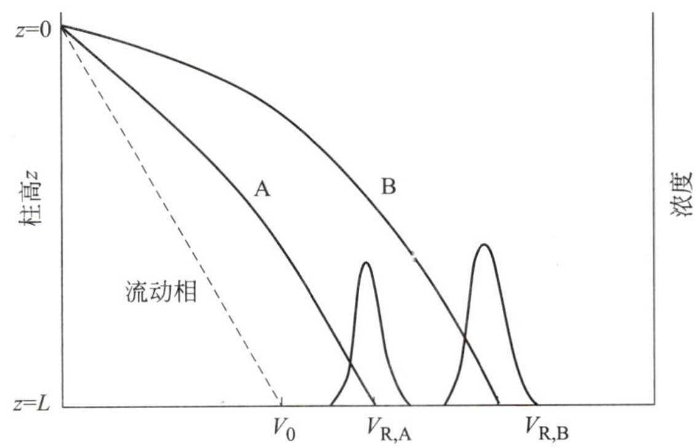

图 7.19　线性梯度洗脱过程中溶质 A 和 B 在 IEC 柱内的移动和洗脱曲线

溶质的移动速度不断增大，直至与流动相流速相同（$m \to 0$）

逐次洗脱过程中，流动相的离子强度阶跃增大，因此溶质的分配系数的降低和移动速度的增大也是阶段式的。如果流动相离子强度的阶跃速度很快（即在每种离子强度下的洗脱操作时间都很短），逐次洗脱就接近线性梯度洗脱；反之则接近恒定洗脱。因此，逐次洗脱是介于恒定洗脱和线性梯度洗脱之间的一种洗脱法。

在线性梯度洗脱和逐次洗脱过程中，IEC 柱内溶质区带后部的离子强度高于前部，因此区带后部的移动速度高于前部，溶质在洗脱过程中得到浓缩。GFC 之外的色谱操作多采用线性梯度洗脱法或逐次洗脱法，只是流动相组成的变化情况各不相同。线性梯度洗脱法和逐次洗脱法相互比较，各有优缺点如下。

（1）线性梯度洗脱法

① 优点：流动相离子强度（盐浓度）连续增大，不出现干扰峰，操作范围广。

② 缺点：需要特殊的调配浓度梯度的设备。但一般的市售色谱分离设备均有多组液泵，容易构建线性浓度梯度洗脱条件。

（2）逐次洗脱法

① 优点：利用切换不同盐浓度的流动相溶液进行洗脱，不需要特殊梯度设备，操作简便。

② 缺点：因为流动相浓度不连续变化，容易出现干扰峰。此外，容易出现多组分洗脱峰重叠的现象，因此洗脱操作参数（如盐浓度、体积）的设计较困难。

综合上述两种洗脱法的特点，在实际色谱操作中，如果料液组成未知，一般应首先采用线性梯度洗脱法，确定各种组分的分配特性以及色谱操作的条件。

7.4.2 线性梯度洗脱色谱

7.4.2.1 洗脱时间

线性梯度洗脱过程中，IEC 柱内离子强度（盐浓度）不断增大，溶质的分配系数按式（7.51）不断减小，移动速度则按式（7.3b）逐渐增大。

$$\frac{\mathrm{d}z_{\mathrm{p}}}{\mathrm{d}t}=\frac{u}{1+Fm(I)} \tag{7.3b}$$

式中，z_{p} 为柱内色谱带所处位置距入口的距离。

由于在操作过程中 $m(I)$ 并非常数，而是操作时间（离子强度）的函数，因此式（7.3b）不能简单积分得到式（7.4a），即式（7.4a）不再适用于线性梯度洗脱时间的计算。当分配系数与离子强度的关系［即式（7.51）］已知，并且 IEC 柱内离子强度与操作时间（t）和距柱入口的距离（z）之间的关系 $I=I(z,\ t)$ 确定后，可对式（7.3b）积分，计算溶质的洗脱时间。但是，确定分配系数与离子强度之间的关系需要大量实验，并且只有 $m=m(I)$ 为简单函数时式（7.3b）的积分才有分析解，否则只有依赖数值计算。为了避免直接利用式（7.3b）计算 t_{R} 的复杂过程，Yamamoto 等提出了比较简便的方法[5]，简介如下。

离子交换色谱过程涉及盐离子和目标溶质（如蛋白质）的传质过程。根据 6.3 节介绍的固相传质动力学理论和扩散系数数据可知，盐离子的扩散系数比蛋白质高约两个数量级。因此，与蛋白质相比，IEC 柱内盐离子在固定相粒子内传质速度非常快，可认为液固相之间离子的分配处于平衡状态，分配系数为 m_{I}，则

$$I_{\mathrm{s}}=m_{\mathrm{I}}I \tag{7.52}$$

式中，I 和 I_{s} 分别为流动相和固定相中的离子强度。

利用轴向扩散模型建立 IEC 柱内离子强度的物料衡算方程，得到

$$\frac{\partial I}{\partial t}=D_{z\mathrm{I}}\frac{\partial^2 I}{\partial z^2}-u\frac{\partial I}{\partial z}-F\frac{\partial I_{\mathrm{s}}}{\partial t} \tag{7.53}$$

式中，$D_{z\mathrm{I}}$ 为盐离子的轴向扩散系数。

假定线性梯度洗脱条件下 IEC 柱内轴向盐浓度分布为线性，则

$$\frac{\partial I}{\partial z}=\text{常数}；\quad \frac{\partial^2 I}{\partial z^2}=0 \tag{7.54}$$

因此，从式（7.52）～式（7.54）得到

$$\frac{\partial I}{\partial t}=-\frac{u}{1+Fm_{\mathrm{I}}}\frac{\partial I}{\partial z} \tag{7.55}$$

设流动相的离子强度梯度为 $\Delta I/\Delta V$（mol/L²），则柱内任一位置的离子强度变化速率为

$$\frac{\partial I}{\partial t}=\frac{\Delta I}{\Delta V}Q \tag{7.56}$$

式中，Q 为流动相的流速，L/s。

将式（7.56）代入式（7.55）后积分，可得柱内任一位置处的离子强度为

$$I=I_0+\frac{\Delta I}{\Delta V}Q\left[t-\frac{(1+Fm_1)z}{u}\right] \tag{7.57}$$

式中，I_0 为流动相的初始离子强度。

用 z_p 表示溶质洗脱峰的位置，因为

$$\frac{\mathrm{d}I}{\mathrm{d}z_p}=\frac{\partial I}{\partial t}\frac{\mathrm{d}t}{\mathrm{d}z_p}+\frac{\partial I}{\partial z_p} \tag{7.58}$$

并且 $\partial I/\partial z_p=\partial I/\partial z$，故将式（7.3b）和式（7.55）代入式（7.56）得

$$\frac{\mathrm{d}I}{\mathrm{d}z_p}=-\frac{[m(I)-m_1]F}{1+Fm_1}\frac{\partial I}{\partial z} \tag{7.59}$$

对式（7.57）取微分 $\partial I/\partial z$ 并代入式（7.59）得

$$\frac{\mathrm{d}I}{\mathrm{d}z_p}=\frac{\Delta I}{\Delta V}\frac{QF}{u}[m(I)-m_1] \tag{7.60}$$

积分上式得

$$\int_{I_0}^{I_p}\frac{\mathrm{d}I}{m(I)-m_1}=\frac{\Delta I}{\Delta V}(V_t-V_0) \tag{7.61}$$

式中，I_p 为溶质洗脱位置处的离子强度。

式（7.61）右侧为离子强度梯度与柱内固相体积的积，用 GH 表示，即

$$\mathrm{GH}=\frac{\Delta I}{\Delta V}(V_t-V_0) \tag{7.62}$$

则

$$\mathrm{GH}=\int_{I_0}^{I_p}\frac{\mathrm{d}I}{m(I)-m_1} \tag{7.63}$$

式（7.63）明确表达了 GH 与 I_p 之间的函数关系。利用小型 IEC 柱在不同流动相离子强度梯度（$\Delta I/\Delta V$）下测定溶质洗脱位置的离子强度 I_p 值，可获得 GH 与 I_p 之间的关系曲线。图 7.20 即为实测的 GH 与 I_p 的关系线图 [6]，利用此线图，可推算任何规模的 IEC 柱（V_t-V_0 值已知）在任何流速和离子强度梯度（$\Delta I/\Delta V$）条件下的 I_p 值。

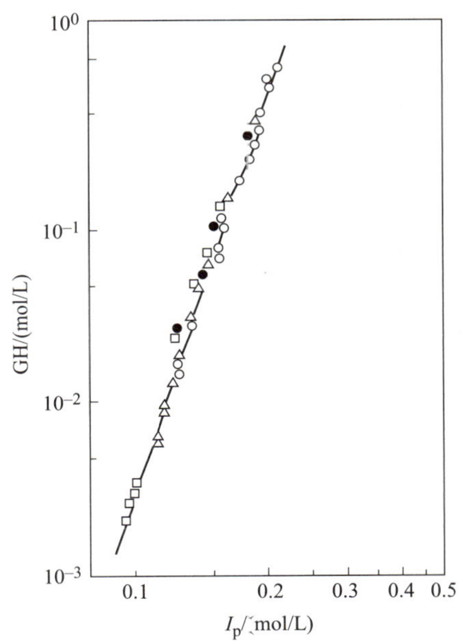

图 7.20　线性浓度梯度洗脱条件下洗脱位置处离子强度（I_p）与 GH 的关系

IEC 柱：ϕ16mm×150mm，DEAE-Toyopearl 650

料液：1mg/mL 卵清白蛋白，5mL；

流动相：I_0=0.04mol/L；pH=7.7

○—d_p=65μm，u=2.1cm/min；

●—d_p=40μm，u=3.3cm/min；

△—d_p=65μm，u=2.3cm/min；

□—d_p=65μm，u=2.6cm/min

另外，在式（7.57）中，因为 $z=L$ 和 $t=t_R$ 时，$I=I_p$，所以

$$t_R=\frac{I_p-I_0}{(\Delta I/\Delta V)F}+\frac{L(1+Fm_1)}{u} \tag{7.64}$$

或

$$t_R=\frac{L}{u}\left[\frac{I_p-I_0}{(\Delta I/\Delta V)V_0}+1+Fm_1\right] \tag{7.64a}$$

利用 GH 与 I_p 关系线图和式（7.64）或式（7.64a）可推算溶质的洗脱时间。

GH 与 I_p 关系线图的另一用途是确定溶质的吸附平衡关系。对式（7.63）取微分 d(GH)/dI_p，得到

$$\frac{\mathrm{d(GH)}}{\mathrm{d}I_{\mathrm{p}}}=\frac{1}{m(I_{\mathrm{p}})-m_{\mathrm{I}}} \tag{7.65}$$

因此，在不同 I_p 值处测算 GH 与 I_p 关系线图的斜率，即 d(GH)/dI_p，即可确定 $m(I)$ 与 I 之间的关系。

Yamamoto 等的实验结果证明，利用 GH 与 I_p 关系线图，无论是推算洗脱时间还是吸附平衡关系，都与实测结果保持一致。

7.4.2.2 分离度

由于线性梯度洗脱条件下溶质的分配系数为操作时间和位置的函数，洗脱曲线的峰宽和溶质之间的分离度不能利用式（7.14）及式（7.35）和式（7.36）计算。虽然从理论上可分别对溶质和盐建立如式（7.19）～式（7.22）的微分物料衡算方程，并配以相应的初始和边界条件，通过数值计算确定洗脱曲线，进而求算分离度，但这一过程相当复杂，实际应用很不方便。

如前所述，在线性梯度洗脱条件下，IEC 柱内溶质区带的后部移动速度高于前部，即线性梯度洗脱具有区带浓缩作用；另一方面，与其它色谱操作过程一样，由于轴向返混和传质阻力的影响，溶质区带在洗脱过程中不断分散。这是两种方向相反的作用。在洗脱操作的初期，后者占主导地位，区带宽度不断增加。随着区带宽度的增加（即区带前后距离增大），区带前后溶质的移动速度差增大，即区带浓缩作用增大。当区带宽度增大到一定值以后，浓缩与分散作用达到平衡，区带将以一定的宽度向下移动，达到准稳态（quasi-steady state）。基于准稳态假设，并假定盐的分配系数为常数（与盐浓度和蛋白质溶质的存在无关），溶质的移动速度为 $u/[1+Fm(I_p)]$，Yamamoto 等利用理论板模型推导出如下洗脱曲线峰宽（体积单位）公式[5,7]

$$W_{\mathrm{V}}=\left\{\frac{8[1+Fm(I_{\mathrm{p}})]^3V_0}{(\Delta I/\Delta V)FN(1+Fm_{\mathrm{I}})J}\right\}^{1/2} \tag{7.66}$$

其中

$$J=\left|\frac{\mathrm{d}m(I)}{\mathrm{d}I}\right|_{I=I_{\mathrm{p}}} \tag{7.67}$$

由式（7.57）得溶质洗脱位置处的离子强度为

$$I_{\mathrm{p}}=I_0+\frac{\Delta I}{\Delta V}(V_{\mathrm{R}}-V_{\mathrm{I}}) \tag{7.68}$$

式中，V_I 为用作流动相的盐的洗脱体积。

根据式（7.62），得到两个相邻溶质之间的洗脱距离为

$$V_{\mathrm{R2}}-V_{\mathrm{R1}}=\frac{I_{\mathrm{p2}}-I_{\mathrm{p1}}}{\Delta I/\Delta V} \tag{7.69}$$

将分离度的定义式（7.34）右侧各变量用体积表示，则

$$R_{\mathrm{s}}=\frac{2(V_{\mathrm{R2}}-V_{\mathrm{R1}})}{W_{\mathrm{V1}}+W_{\mathrm{V2}}} \tag{7.34a}$$

设 $W_{V1}=W_{V2}$，并将式（7.66）和式（7.69）代入上式得

$$R_s = \frac{(I_{p2} - I_{p1})[LF(1+Fm_1)J]^{1/2}}{[1+Fm_1(I)]^{3/2}[8V_0(\Delta I / \Delta V)\mathrm{HETP}_1]^{1/2}} \tag{7.70}$$

所以

$$R_s \propto \left[\frac{L}{(\Delta I / \Delta V)V_0\mathrm{HETP}}\right]^{1/2} \propto \left[\frac{1}{(\Delta I / \Delta V)A_c\mathrm{HETP}}\right]^{1/2} \tag{7.71}$$

式中，A_c 为 IEC 柱的截面积。

式（7.71）表明了影响分离度的各种因素。HETP 是 u 和 d_p 的函数，其与流速之间的无量纲关系为式（7.47）。在 IEC 操作中，一般流速远高于 GFC，式（7.47）中的无量纲流速一般为 200 ～ 400，而 GFC 为 20 ～ 150。因此，对于 IEC 操作，式（7.47）中常数 A 的作用很小，可以忽略不计，所以

$$\mathrm{HETP} \propto \frac{ud_p^2}{D_m} \tag{7.72}$$

将式（7.72）代入式（7.71），并用 $\mathrm{GH}=(\Delta I / \Delta V)(V_t-V_0)$ 代替 $(\Delta I / \Delta V)V_0$，得到

$$R_s \propto \left(\frac{D_m L I_a}{\mathrm{GH}ud_p^2}\right)^{1/2} \tag{7.73}$$

式中，I_a 为使该式右侧无量纲的量纲常数，其数值为 1。

从式（7.71）和式（7.73）可以看出：

① 当离子强度梯度 $\Delta I / \Delta V$ 一定时，分离度与柱高无关。这一结果可用图 7.19 解释：洗脱开始一段时间后，由于离子强度上升，各个溶质区带的移动速度接近，在此柱高以上，继续增加柱高，区带之间的距离不再改变，并且在准稳态下各区带宽度不变，因此分离度不随柱高改变。欲使分离度随 L 增大，必须随柱高 L 的增加，相应降低离子强度梯度［即保持 $\mathrm{GH}=(\Delta I / \Delta V)(V_t-V_0)=(\Delta I / \Delta V)(1-\varepsilon_c)A_cL$ 值不变］。

② 当柱高一定时，分离度随离子强度梯度的降低而增大。

③ u 和 d_p 对分离度的影响同 GFC，即分离度与 $d_p u^{1/2}$ 成反比。另外，分离度与 $D_m^{1/2}$ 成正比。

7.4.3　逐次洗脱色谱

逐次洗脱过程中，流动相的盐浓度不连续改变，因此过程的理论分析更加复杂。不过，逐次洗脱作为介于恒定洗脱和线性梯度洗脱之间的洗脱分离手段，IEC 柱内溶质区带移动行为可大致分为两种。如图 7.21 所示，在某一流动相盐浓度下，不同溶质的分配系数可能大于零或等于零，即在固定相离子交换剂上有吸附（如图中溶质 A）或无吸附（如图中溶质 B）。溶质 A 的区带按其在固定相上的分配系数以低于流动相流速的速度移动，相当于恒定洗脱的情况，区带宽度不断增大；由于溶质 B 在该盐浓度下完全脱附，因此其移动速度与流动相相同，区带位置一直处于洗脱液的最前端，即盐浓度梯度非常大的区域内，相当于梯度非常大的线性梯度洗脱，得到的洗脱溶质被高度浓缩。因此，在逐次洗脱过程中，如果盐浓度的阶跃变化设置合理，可以使目标溶质得到高度浓缩。反之，如果阶跃变化设置不合理，盐浓度过高时会使许多溶质同时洗脱，溶质之间得不到分离。

7.4.4　聚合物接枝型离子交换色谱

常用 IEC 介质的配基一般都直接键合到固定相的表面，与目标分子发生结合作用的功能基团（离子

交换基团）与表面之间利用很短的分子链相联，即所谓的“表面配基型”介质［图 7.22（a）］。另一类色谱介质的配基主要存在于键合在介质表面的聚合物分子链，称作“聚合物接枝型”介质［图 7.22（b）］。如果两种类型的配基混合存在，则称作“表面 - 接枝混合型”介质［图 7.22（c）］[8]。

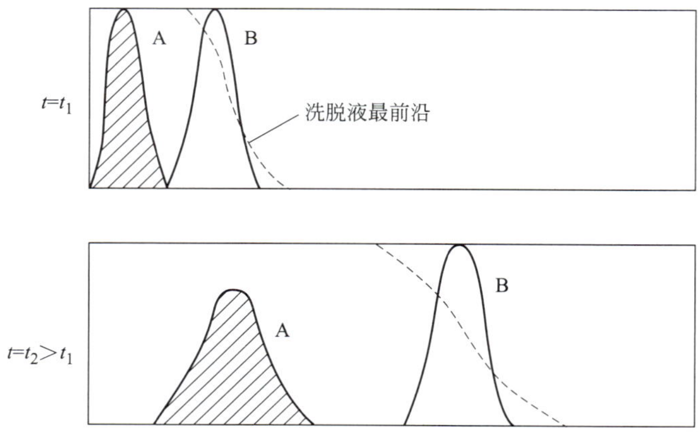

图 7.21 逐次洗脱过程中溶质区带的移动行为

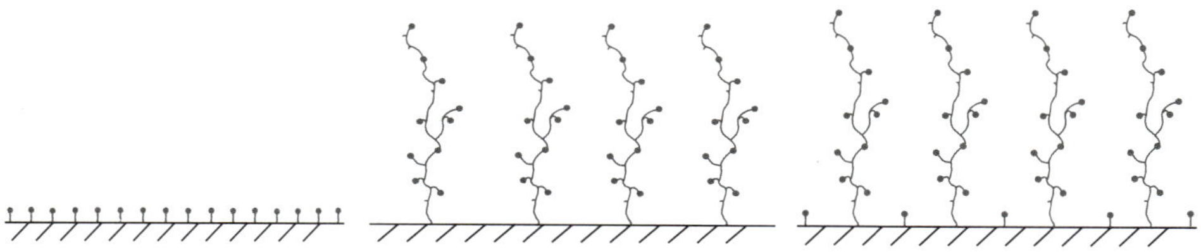

图 7.22 三种类型的 IEC 介质表面形态示意图（圆点表示离子交换基团）

不管是聚合物接枝型还是表面 - 接枝混合型介质，因为接枝聚合物的存在，在介质孔内表面构成三维立体的吸附空间，故吸附容量显著高于表面配基型介质。同时，柔性聚合物链上吸附的蛋白质分子可以通过链的摆动从一个聚合物链传递到相邻的聚合物链，即发生链传递（chain delivery）现象[8-12]。链传递可以显著提高蛋白质的传质速率，有效传质速率可以达到普通表面配基型介质的 2 ～ 10 倍。色谱分离过程因为传质阻力的存在且吸附时间有限，动态吸附容量（dynamic binding capacity，DBC）远低于平衡吸附容量（equilibrium binding capacity，EBC）（吸附时间充分长，达到吸附平衡的吸附量）。接枝型 IEC 过程不仅三维吸附空间使 EBC 较大，而且快速传质使 DBC 显著高于传统的表面配基型介质。

葡聚糖接枝型 IEC 介质是应用较早的聚合物接枝型介质，市售商品有 Sepharose XL 系列（Cytiva），属于表面 - 接枝混合型 IEC 介质［图 7.22（c）］。国内各色谱介质公司也有各种接枝型色谱 IEC 介质产品。Yu 和 Sun 系统研究了聚乙烯亚胺和葡聚糖接枝型 IEC 介质的吸附特性和影响因素[8,9,11,12]，包括混合型表面 DEAE 配基和葡聚糖接枝 DEAE 配基之间的相互关系。研究表明，在混合型配基表面上，表面配基在两个聚合物链之间起“中转站”的作用，在适当的配基密度下可有效促进吸附蛋白质的链传递[12]。

需要指出的是，聚合物接枝介质主要适用于 IEC 色谱，对其他吸附模式（如疏水性相互作用色谱和亲和色谱等），很多情况下并不适用。这是因为，IEC 介质中聚合物链上的离子交换基团之间静电排斥，聚合物链可充分伸展，对溶质的三维吸附和链传递均有利。但对于疏水性相互作用色谱或亲和色谱，配基之间存在相互吸引作用，造成聚合物链彼此束缚，甚至发生聚合物链“坍塌”，不能像 IEC 介质那样有效发挥三维吸附和链传递[13]。

7.4.5 离子交换色谱的应用及特点

如果说 GFC 主要用于生物产物的初步纯化和中后期的脱盐，IEC 是则蛋白质、肽和核酸等生物产物的主要分离纯化手段。这主要是由于 IEC 基于离子交换的原理分离纯化生物产物，不仅具有通用性，而且选择性远高于 GFC。归纳而言，IEC 具有如下特点：

① 料液处理量大，在适宜的操作条件下，分离过程具有浓缩作用。

② 应用范围广泛，优化操作条件可大幅度提高分离的选择性，所需柱长较短，并可在较高流速下操作。

③ 吸附作用机理明确，非特异性吸附小，产品回收率高。

④ 离子交换剂种类多，选择余地大，价格也远低于亲和吸附剂（见第 8 章）。

但是，如前所述，IEC 的操作变量远多于 GFC，影响分离特性的因素非常复杂。这种复杂性给目标产物的选择性高度纯化带来了机遇，同时也增加了过程设计和规模放大的难度。小型色谱柱的实验数据一般不能直接用于规模（包括柱体积和处理量）放大，而必须实施必要的探索性实验。

另外，需要特别强调的是，蛋白质等生物大分子吸附操作要在适宜的 pH 值和离子强度下进行，即料液和 IEC 平衡液的 pH 值和离子强度要保证目标蛋白质发生高容量和快速的吸附（具有高动态吸附容量）。pH 值自不必说，必须保证目标蛋白质与离子交换剂带相反电荷；而料液的离子强度一般在 0.05 ～ 0.15mol/L 比较合适，具体数值与目标蛋白质在料液 pH 下的带电荷数有关。目标蛋白质的净电荷数越大，离子强度也应适当增大，以保证目标蛋白质的结合强度适中。离子强度过高则吸附作用很弱，不利于分离；若离子强度很低，则蛋白质的吸附强度过大［式（7.51）］，吸附的蛋白质很难移动，即吸附蛋白质基本不发生表面扩散。若是接枝聚合物配基的 IEC，则基本不会发生链传递现象。在这种情况下，蛋白质的传质速度很低，即使平衡吸附容量很大，动态吸附容量也会很小。另一方面，因为吸附的蛋白质不移动，堵塞介质孔的入口处，对后续蛋白质分子造成静电排阻作用（electrostatic exclusion）[14,15]，吸附就会更加缓慢，造成动态吸附容量极低。静电排阻现象对高分子量蛋白质（如抗体）尤其明显，并且孔径越小越容易发生。

7.5 疏水性相互作用色谱

7.5.1 原理

疏水性相互作用色谱（hydrophobic interaction chromatography，HIC）利用表面偶联弱疏水性基团（疏水性配基）的疏水性吸附剂为固定相，是根据蛋白质与疏水性吸附剂之间的弱疏水性相互作用的差别进行蛋白质类生物大分子分离纯化的洗脱色谱法，由瑞典学者首先提出用于蛋白质的色谱分离[16,17]。

亲水性蛋白质表面均含有一定量的疏水性基团，疏水性氨基酸（如酪氨酸、苯丙氨酸等）含量较多的蛋白质疏水性基团多，疏水性也大。尽管在水溶液中蛋白质具有将疏水性基团折叠在分子内部而表面显露极性和荷电基团的趋势，但总会有一些疏水性基团或极性基团的疏水部位暴露在蛋白质表面。这部分疏水性基团可与固定相表面偶联的短链烷基、苯基等弱疏水性基发生疏水性相互作用，被固定相（疏水性吸附剂）所吸附。根据第 3 章介绍的蛋白质盐析沉淀原理，在离子强度较高的盐析盐溶液中，蛋白质表面疏水部位的水化层被破坏，裸露出疏水部位，疏水性相互作用增大。所以，蛋白质在疏水性吸附剂上的分配系数随流动相盐析盐浓度（离子强度）的提高而增大[18]。因此，HIC 与 IEC 不同，蛋白质的吸附（进料）需在高浓度盐析盐溶液中进行，洗脱则主要采用降低流动相盐析盐浓度的线性梯度洗脱法或逐次洗脱法。根据 HIC 的这一特点，上节介绍的 IEC 线性梯度洗脱过程中溶质洗脱时间［式（7.64）］的推算方法以及有关影响分离度因素［式（7.73）］的讨论均适用于 HIC 的线性梯度洗脱过程[5-7]。图 7.23 是证明式（7.73）适用于 HIC 线性梯度洗脱过程的实验结果[7]。

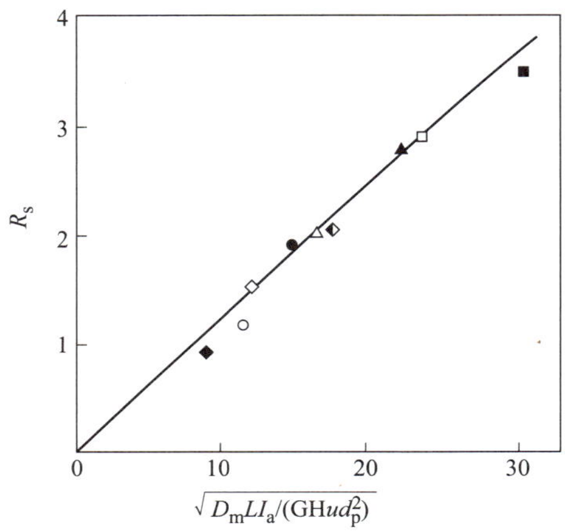

图 7.23 HIC 线性梯度洗脱过程分离度与式（7.73）右侧的线性关系

HIC 柱：ϕ16mm，Butyl Toyopearl 650S，d_p=37μm；u=1.7 ～ 1.9cm/min

L=7.5cm，GH(mol/L)：◇—0.06；◆—0.12；◆—0.24

L=15.0cm，GH(mol/L)：□—0.06；△—0.12；○—0.24

L=30.0cm，GH(mol/L)：■—0.06；▲—0.12；●—0.24

7.5.2 疏水性吸附剂

表 7.1 所列的各种凝胶过滤介质经偶联疏水性配基后均可用作疏水性吸附剂。常用的疏水性配基主要有苯基、短链烷基（C_3 ～ C_8）、烷氨基、聚乙二醇和聚醚等。因疏水性吸附作用与配基的疏水性（疏水链长度）和配基密度成正比，故配基修饰密度应根据配基的疏水性而异，疏水性高的配基应较疏水性低的配基修饰密度低。一般配基修饰密度在 10 ～ 40μmol/mL 之间。配基修饰密度过小则疏水性吸附作用不足，密度过大则洗脱困难。

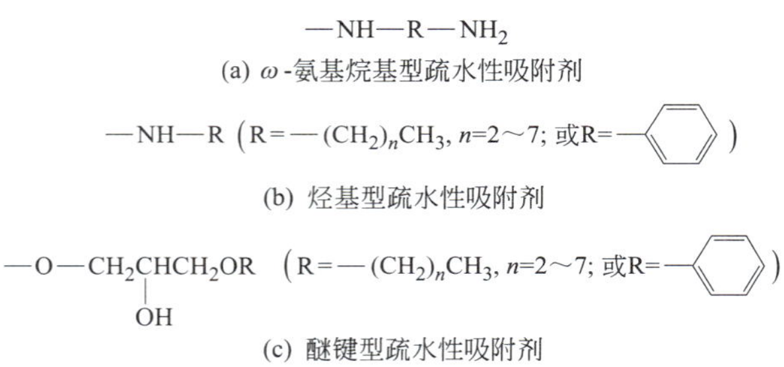

图 7.24 主要疏水性吸附剂配基的分子结构

疏水性配基与亲水性固定相粒子之间的偶联主要利用氨基结合或醚键结合，形成图 7.24 所示的各种疏水性吸附剂，其中 R 表示疏水配基。图 7.24（a）的末端氨基以及（a）和（b）的键合亚氨基显弱碱性，在中性 pH 值范围内带正电荷，因此，这类疏水性吸附剂除疏水性吸附外，还可能存在静电吸附（离子交换）作用。图 7.24（c）的吸附剂利用醚键结合，不引入荷电基团，对蛋白质仅产生疏水性吸附作用。表 7.2 为部分商品化疏水性吸附剂。除广泛应用的国外产品外，近年国内各类色谱介质产品也得到广泛应用，如中科森辉、苏州纳微科技、博格隆和百林科公司均有系列 HIC 介质。

表 7.2 部分商品化疏水性吸附剂

吸附剂	配基	基质	粒度 / μm	吸附剂	配基	基质	粒度 / μm
Phenyl Superose	苯基	高交联琼脂糖	13	TSK gel Butyl Toyopearl 650	丁基	亲水性聚乙烯醇	40, 90
Octyl Sepharose CL-4B	辛基	交联琼脂糖	45 ～ 165	TSK gel Phenyl 5-PW	苯基	亲水性聚乙烯醇	10
Phenyl Sepharose FF	苯基	高交联琼脂糖	45 ～ 165	TSK gel Ether 5-PW	聚醚	亲水性聚乙烯	10
Butyl Sepharose FF	丁基	高交联琼脂糖	45 ～ 165	SepaBeads FP-BU 13	丁基	聚乙烯	13
Octyl Sepharose FF	辛基	高交联琼脂糖	45 ～ 165	SepaBeads FP-OT 13	辛基	聚乙烯	13
Phenyl Sepharose HP	苯基	高交联琼脂糖	34	SepaBeads FP-DA 13	辛基	聚乙烯	13

7.5.3 色谱操作

7.5.3.1 影响疏水性吸附的因素

蛋白质的疏水性与其荷电性质相比复杂得多，不易定量掌握。除疏水性吸附剂的性质（疏水性配基的结构和修饰密度）外，流动相的组成以及操作温度对蛋白质疏水性吸附的强弱均有重要影响。

（1）盐的种类和浓度　如第 1 章所述，盐的种类对水化层的稳定性影响显著。具有稳定水化层作用的离液离子（chaotropic ion）（如 SCN^-、ClO_4^- 和 I^-）与水分子作用弱，在其存在下非极性表面的水化层较稳定，疏水性相互作用弱。而亲液离子（kosmotropic ion）（如 SO_4^{2-}、HPO_4^{2-}）与水分子作用强，可以剥夺非极性表面的水化层，使表面的疏水性基团暴露，从而增强这些分子间的疏水性相互作用。因此，HIC 色谱过程主要利用 Na_2SO_4 或 $(NH_4)_2SO_4$ 等盐析盐调节料液溶液离子强度，在较高的盐析盐浓度下进料液，吸附蛋白质，之后通过降低盐析盐浓度进行梯度洗脱。通过添加离液离子也可强化疏水性洗脱。

（2）其他降低疏水性作用的物质　除离液离子外，乙二醇和丙三醇等含羟基的物质也具有影响非极性表面水化的作用，降低蛋白质的疏水性吸附作用，经常用作洗脱促进剂，洗脱疏水吸附强烈、仅靠降低盐析盐浓度难于洗脱的高疏水性蛋白质。

表面活性剂可与吸附剂及蛋白质的疏水部位结合，从而减弱蛋白质的疏水性吸附。根据这一原理，难溶于水的膜蛋白可添加一定量的表面活性剂使其溶解，利用 HIC 法进行洗脱分离。但此时选用表面活性剂的种类和浓度应当适宜：浓度过小则膜蛋白不溶解，过大则抑制蛋白质的吸附。

（3）温度　一般吸附为放热过程，温度降低则吸附结合常数增大。但疏水性吸附与一般吸附相反，吸附结合作用随温度升高而增大。其原因如第 1 章和第 3 章所述，蛋白质疏水部位的失水有利于疏水性吸附，而失水是吸热过程，即疏水性吸附为吸热过程，$\Delta H > 0$。因为

$$\frac{\mathrm{d}\ln K}{\mathrm{d}T} = \frac{\Delta H}{RT^2} \tag{7.74}$$

所以吸附平衡常数 K 随温度升高而增大。

7.5.3.2 蛋白质的分离

HIC 基于疏水性吸附分离纯化蛋白质类生物大分子，与 IEC 的离子交换作用完全不同。因此，HIC 不仅是一种有效的分离纯化手段，而且还可与 IEC 互补短长，分离纯化利用 IEC 难于分离的蛋白质。但是，由于疏水性相互作用机理比较复杂，吸附剂的选择和洗脱分离条件不易掌握。例如，鼠肝细胞色素 C 氧化酶与疏水性吸附剂的相互作用不能单纯地用疏水性吸附来解释：该酶可被 Octyl Sepharose 完全吸附，而用疏水性更大的 Decyl Sepharose 为吸附剂时，吸附作用降低。因此，在利用 HIC 分离蛋白质的混合物时，需事先利用各种小型预装柱进行吸附与洗脱实验，确定最佳吸附剂和洗脱分离溶剂。

7.5.4 疏水性相互作用色谱的特点

HIC 主要用于蛋白质类生物大分子分离纯化。虽然 HIC 不如 IEC 应用普遍，但可作为 IEC 的补充工具。如果使用方法得当，HIC 具有与 IEC 相近的分离效率。归纳而言，HIC 具有如下特点。

① 由于在高浓度盐溶液中疏水性吸附作用较大，因此 HIC 可直接分离盐析后的蛋白质溶液。

② 可通过调节疏水配基链长和密度调节吸附力，因此可根据目标产物的性质选择适宜的吸附剂。

③ 疏水性吸附剂种类较多，选择余地大，价格与离子交换剂相当。

7.6 混合模式色谱

7.6.1 原理和配基

混合模式色谱（mixed-mode chromatography，MMC）也称多模式色谱（multimodal chromatography）[19-21]。顾名思义，MMC 的配基不同于上述离子交换和疏水相互作用色谱的单一作用配基，而是可以与蛋白质等目标分子同时发生多种作用，如静电相互作用、疏水性相互作用、氢键和配位键等。因此，混合模式配基通常含有疏水性基团（脂肪链或芳香环）、可离子化基团（氨基、羧基或磺酸基）及氢键的受体和供体基团（羧基、氨基、羟基和酰氨基等），因此，MMC 可以通过多种相互作用，根据分离目标在荷电性质、疏水性和极性（例如，可形成氢键基团种类）等多方面差异，实现对复杂样品的分离。正因如此，MMC 的操作范围更大，即可在较宽的离子强度和 pH 范围进行吸附操作，而洗脱主要通过改变 pH 值使配基对蛋白质产生静电排斥作用。若配基选择合适，MMC 可能展示更高的选择性、吸附容量和分离效率。但需要指出的是，MMC 过程涉及多种分子间相互作用，但这些作用并非同时发生，发生的各种作用也并非发挥同等作用。

由 MMC 的特性可知，配基是 MMC 的核心。将 MMC 配基偶联到亲水性介质表面（如琼脂糖凝胶）即构成 MMC 介质或 MMC 吸附剂。根据配基的结构和作用不同，MMC 配基主要有三种类型，包括离子交换 - 疏水混合型、疏水性电荷诱导型和亲硫 - 疏水混合型，图 7.25 为这三种类型的典型示例，实际配基的种类很多，特别是第一类 [19]。

离子交换 - 疏水混合型包括阴离子交换型和阳离子交换型。在 MMC 吸附过程中，当料液的离子强度较低时，起主要作用的是静电相互作用。随离子强度增大，静电作用逐渐减弱，而疏水作用增强。当离子强度较高时，静电作用基本被屏蔽，疏水作用占主导地位。因此，在较宽的离子强度范围内，静电和疏水作用此消彼长，吸附作用保持在较高的水平，蛋白质的吸附容量较大。因此，MMC 操作的离子强度范围比 IEC 或 HIC 均大很多，并且两种作用协同发生，可以提高介质对目标分子结合的选择性。

疏水性电荷诱导型配基是一种含有可离子化基团的疏水性配基，疏水作用是吸附的主要作用力，可离子化基团与目标分子间发生氢键，但对吸附的贡献较小。在中性 pH 条件下，配基基本不带电荷，主要通过疏水性相互作用吸附目标分子。可离子化基团通常是含氮杂环类化合物［图 7.25（b）］，解离常数 pK_a 值为 4 ～ 6，当 pH 降低至 pK_a 以下时，配基上的氮原子质子化（带正电荷），此时蛋白质也带正电荷，故配基通过诱导静电排斥作用洗脱吸附的蛋白质。因此，这种 MMC 又称疏水性电荷诱导色谱（hydrophobic charge induction chromatography, HCIC）[22,23]。

亲硫 - 疏水混合型配基兼具亲硫和疏水性相互作用。图 7.25（c）所示的 2- 巯基吡啶中，硫醚中的硫原子为电子富集区，可作为电子供体与目标分子表面的电子受体位点产生特异性结合作用。亲硫 - 疏水混合型 MMC 的吸附条件与 HIC 相近。由于疏水基团带有可离子化基团，洗脱则主要采用改变 pH 的方式进行。利用 2- 巯基吡啶为配基时，降低 pH 可产生电荷诱导效应，通过静电排斥作用使吸附的蛋白质洗脱。

MMC 配基种类繁多 [17]，市售的 MMC 介质也有多种产品。除广泛应用的国外产品外 [18]，国内色谱填料企业（如中科森辉、苏州纳微科技、博格隆和百林科公司等）也制售各种高性能的 MMC 介质，性能与国外品牌相当。聚合物接枝配基也适用于制备 MMC 介质，例如，聚 (4- 乙烯吡啶)［poly(4-vinylpyridine)］接枝琼脂糖凝胶的蛋白质吸附行为表现出耐盐性和高容量，在较温和的 pH 条件下（pH4 ～ 4.5）即可洗

脱 [24]。聚合物接枝型 MMC 介质也有市售商品供选择使用。

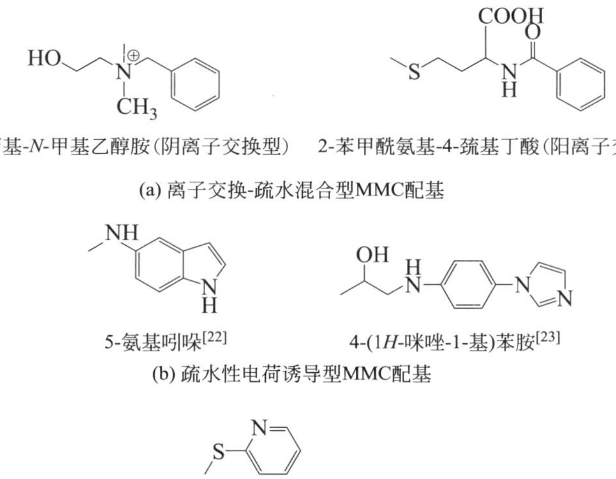

N-苄基-N-甲基乙醇胺(阴离子交换型)　2-苯甲酰氨基-4-巯基丁酸(阳离子交换型)

(a) 离子交换-疏水混合型MMC配基

5-氨基吲哚[22]　4-(1*H*-咪唑-1-基)苯胺[23]

(b) 疏水性电荷诱导型MMC配基

(c) 亲硫-疏水混合型MMC配基(2-巯基吡啶)

图 7.25　三类 MMC 配基示例

7.6.2　特点和应用

通过上述 MMC 原理及配基的阐述可知，与 IEC 和 HIC 等传统的吸附色谱相比，MMC 的特点可以概括为以下几个方面。

（1）操作范围广　吸附可在较宽的离子强度和 pH 范围内操作，保持较高的吸附容量和选择性。因此，MMC 分离过程对料液要求较低。某些盐浓度较高或 pH 不适的料液，利用 IEC 分离时需要稀释或脱盐处理，并需要调节 pH；利用 HIC 时则需要额外添加盐析盐，增大盐浓度以适应 HIC 吸附的要求（否则吸附容量太低）。与此对比，MMC 在一定程度上具有非盐浓度依赖性，在较大盐浓度和 pH 范围内 MMC 通过静电和疏水作用等吸附目标分子，保持较高的吸附容量，故不需要对料液环境进行调整，或者所需调整的程度较小。

MMC 的非盐浓度依赖性使其在中等盐浓度范围内操作，分离条件较温和，回收产物的脱盐处理也相对容易。

（2）选择性高　MMC 组合静电作用、氢键、疏水性相互作用和配位键等多种分子间作用机制吸附目标分子，故对混合料液中性质各异的分子的识别能力更强，分离的选择性高于传统的 IEC 或 HIC。

（3）静电排斥洗脱　一些杂环类配基（如吡啶、咪唑、吲哚等）本身具有一定的疏水性，虽然这些基团的疏水性较低（低于一般的 HIC 配基），但在高配基浓度下也可产生很高的吸附容量。此外，这类 MMC 配基含有的杂环氮原子为可离子化基团，当 pH 降低至 pK_a 以下时，配基上的氮原子质子化，通过诱导静电排斥作用洗脱吸附的蛋白质。其他非电荷诱导型 MMC 大多也是通过利用静电排斥作用洗脱的，根据目标分子的性质（等电点以及对酸碱的耐受能力），洗脱液可采用酸性或碱性溶液。

（4）集成分离　MMC 的多模式吸附特性赋予其具有一定的集成分离（integrated separation）特性，通过吸附和洗脱的选择性提高分离效率 [23]，杂质去除能力优于 IEC 和 HIC。因此利用 MMC 进行生物分离能够减少分离步骤，从而提高产品收率和降低成本。

（5）配基多样性　MMC 利用不同性质的化学基团（主要是离子基团或可离子化基团与疏水性基团组

合）组合而成，故可产生非常庞大的 MMC 配基库，数量远高于 IEC 和 HIC 配基，配基种类和功能基团的选择具有很大的灵活性。还可以像亲和配基那样进行理性设计（见第 8 章），通过调配功能基团类型、组合和位置等化学结构，提高目标分子选择性。

MMC 是近十余年来生物分离领域研究和应用的焦点之一，在蛋白质特别是抗体纯化领域受到广泛重视。抗体是一种疏水性生物大分子，特别是双抗分子的疏水性更强，分离过程中容易发生聚集，有些产品中聚集体的比例可达到 50% 以上。因此，聚集体的去除是抗体纯化领域的难点之一。研究表明，很多 MMC 介质都可用于去除抗体中的高聚物，MMC 介质的疏水性和离子交换特性赋予其具有结合抗体高聚物的先天优势。

7.7 羟基磷灰石色谱

羟基磷灰石色谱（hydroxyapatite chromatogrpahy）是利用羟基磷灰石（hydroxyapatite，HAP）为固定相的一种吸附色谱方法。HAP 是一种磷酸钙晶体，基本分子结构为 $Ca_{10}(PO_4)_6(OH)_2$。利用 HAP 的片状晶体颗粒为固定相分离纯化蛋白质的液相色谱技术最早由 Tiselius 等于 1956 年提出 [25]，20 世纪 70 年代以后取得迅速发展。一般认为，HAP 的吸附主要基于钙离子和磷酸根离子的静电引力，即在 HAP 晶体表面存在两种不同的吸附晶面，各存在吸附点 C 和 P，前者起阴离子交换作用，后者起阳离子交换作用。因此，在中性 pH 环境下酸性蛋白质（pI<7）主要吸附于 C 点，碱性蛋白质（pI>7）主要吸附于 P 点。利用磷酸盐缓冲液（K_2HPO_4+KH_2PO_4）为流动相洗脱展开时，磷酸根离子在 C 点竞争性吸附，交换出酸性蛋白质，而 K^+在 P 点竞争性吸附，交换出碱性蛋白质。所以 HAP 色谱通常以磷酸盐缓冲液为流动相，采用提高盐浓度的线性梯度洗脱法。因为 HAP 的吸附基于两种不同的静电作用，也可归类为 MMC 介质。

早期的 HAP 吸附剂多为 Tiselius 型片状晶体，HAP 色谱柱效较低。1986 年后出现球形 HAP 吸附剂，使 HAP 色谱高效化。商品化的 HAP 吸附剂或其预装柱种类很多，我国的科研机构也开发了球形 HAP 吸附剂制造技术 [26]。苏州纳微科技公司生产球形 HAP 介质。

由于 HAP 晶体表面结构特别，吸附机理特殊，因此可用于识别 DNA 及 RNA 的单链和双链，分离 IEC 和 HIC 难于分离的蛋白质物系。例如，人肿瘤坏死因子（human tumour necrosis factors，hTNF）的构成蛋白质分子差异很小，利用 IEC 法、高效 RPLC 法和电泳法只能得到一个洗脱峰或电泳带，而利用 HAP 色谱可分离得到 4 个洗脱峰 [27]。

HAP 吸附剂价格便宜，低于离子交换剂，适用于大规模分离纯化过程，已成为单克隆抗体纯化的有效手段。

7.8 色谱聚焦

7.8.1 原理与操作

色谱聚焦（chromatofocusing）是基于离子交换的原理，根据两性电解质分子间等电点的差别进行分离纯化的洗脱色谱法，可用于蛋白质、多肽和核酸等生物大分子的分离纯化。

色谱聚焦利用离子交换剂为固定相，因此是一种离子交换色谱法。但是，与一般 IEC 所不同的是，色谱聚焦利用在较宽 pH 值范围内具有缓冲作用的多缓冲离子交换剂（polybuffer exchanger）为固定相，同时利用在较宽 pH 值范围内具有缓冲作用的多缓冲剂（polybuffer）为流动相。所以，当向色谱柱内输入与柱内初始 pH 值不同的多缓冲剂时，柱内 pH 值缓慢改变，在轴向形成连续的 pH 梯度，使料液中的溶质依据各自的等电点或者吸附，或者脱附，逐次向下移动，彼此之间得到分离。

下面以阴离子交换剂为固定相的情况为例，介绍色谱聚焦的分离原理。

设料液中含有 A、B 两种蛋白质，等电点分别为 pI_A 和 pI_B，并且 $pI_A>pI_B$。首先用 pH 值高于 pI_A 的缓冲剂（pH 值为 pH_0）冲洗色谱柱，使柱内 pH 值为 pH_0，然后加一定体积的料液。由于 $pH_0>pI_A>pI_B$，所以 A 和 B 均带负电荷，被阴离子交换剂吸附。加料液后，用已将 pH 值调节到小于 pI_3 的多缓冲剂（pH 值为 pH_e）为流动相进行洗脱，使柱内形成 pH 梯度。如图 7.26 所示，入口处 pH 值逐渐降低。当入口处 pH 值降到 $pI_B<pH<pI_A$ 时（图中时间 t_1），A 带正电荷而从离子交换剂上脱附，开始向下（出口端）移动。因为从入口向下 pH 值逐渐增大，所以当 A 下移至 pH ≥ pI_A 处时因为又被吸附而停止下移。此时 B 仍带负电荷，被吸附在入口处。当入口 pH 值降至 $pH<pI_B$ 时（图中时间 t_2），B 也开始下移，直至 pH ≥ pI_B 处停止。此时 A 和 B 已有所分离。这样，A 按图中实心圆的次序向出口移动，B 按图中空心圆的次序向出口移动。当出口 pH 值降至溶质的等电点时，溶质从柱内洗脱出来。图中 A 的洗脱时间为 t_4，B 的洗脱时间为 t_5（$t_5>t_4$），彼此之间得到分离。在洗脱过程中，由于溶质区带后部 pH 值低于前部，所以区带后部总是先于前部开始移动，区带受到压缩。因此，色谱聚焦具有浓缩溶质的作用。

图 7.27 是与图 7.26 相对应的色谱聚焦洗脱曲线及柱出口溶液 pH 值随时间的变化。

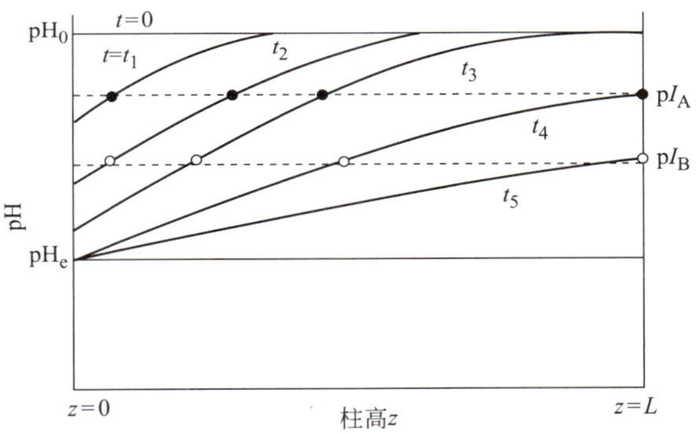

图 7.26 色谱聚焦柱内 pH 梯度和溶质位置随时间变化过程示意图

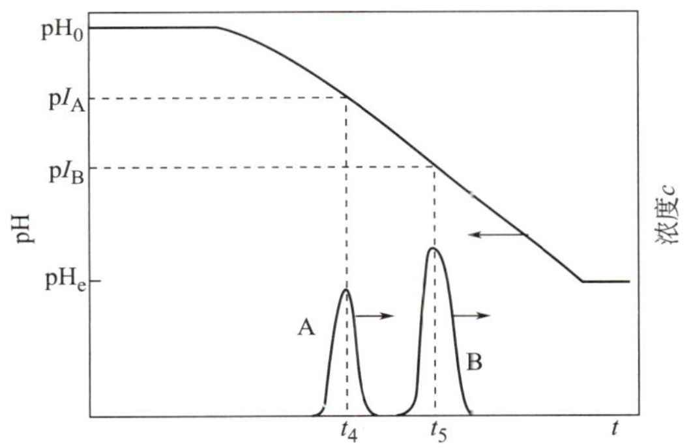

图 7.27 洗脱曲线及色谱柱出口 pH 值的变化

7.8.2 多缓冲剂与多缓冲离子交换剂

多缓冲剂是两性电解质缓冲剂，由分子量大小不一的多种组分构成，每种构成成分均为多羧基多氨基化合物，存在各自的等电点。常用的多缓冲剂有 GE Healthcare 公司生产的 Polybuffer 96、Polybuffer 74 和 Pharmalyte，缓冲 pH 值范围分别为 pH=9 ～ 6、pH=7 ～ 4 和 pH=10.5 ～ 8。在相应的缓冲 pH 值范围内，各种多缓冲剂具有均衡的缓冲容量，在色谱聚焦操作中提供平滑的 pH 梯度。

多缓冲离子交换剂可利用普通的凝胶过滤介质偶联特殊的离子交换基制备，如 GE Healthcare 公司生产的 Polybuffer exchanger PBE 系列（PBE118 和 94）即为以 Sepharose 6B 为载体的阴离子交换剂，前者与 Pharmalyte 匹配使用，后者与 Polybuffer 96 和 Polybuffer 74 匹配使用。GE Healthcare 生产的另一种多缓冲离子交换剂为 Mono P，其离子交换基为具有不同 pK_a 值的弱碱性氨基。Mono P 可与上述三种多缓冲剂匹配使用，粒径仅 10μm，用作高效色谱聚焦柱的固定相。

7.8.3 色谱聚焦的应用

色谱聚焦需使用特殊的固定相和流动相，难于应用在大规模分离纯化过程，主要用于生化实验规模的样品制备或成分分析。但作为一种蛋白质分离纯化手段，色谱聚焦的分辨率极高，峰宽可小到 0.02 ～ 0.05pH 单位，可分离等电点相差仅 0.02 的蛋白质。

7.9 置换色谱

上面介绍的各种色谱操作模式均属于洗脱色谱。除凝胶过滤色谱外，各种洗脱色谱操作均通过改变流动相的组成（如离子强度、pH 值等）连续（线性梯度洗脱）或阶跃（逐次洗脱）减弱溶质与固定相之间的相互作用，使溶质得到洗脱分离。洗脱色谱操作简便，是最常用的色谱分离方法。另一种色谱分离模式是置换色谱（displacement chromatography，DC）。置换色谱的概念早在 20 世纪 30 年代就已提出。1943 年 Tiselius 证明置换色谱能够克服洗脱色谱的许多缺点 [28]，引起工业界的重视。第二次世界大战期间美国的曼哈顿计划（Manhattan project）曾将其用于稀土氧化物的分离纯化 [29]，是置换色谱的最早应用。1960 年代末以后，有学者开始应用理想色谱模型研究置换色谱理论，解释置换色谱的实验现象。近二十年来，由于数值计算方法和计算机技术的进步，置换色谱的非线性理论和应用研究均取得了重要进展 [30,31]。大量研究表明，本章介绍的各种色谱方法，包括离子交换色谱 [30-32]、疏水性相互作用色谱 [33]、反相色谱 [34]、羟基磷灰石色谱 [35] 以及亲和色谱 [36]（见第 8 章）均可采用置换色谱操作模式。

置换色谱基于置换剂与吸附质间在吸附剂表面的竞争性吸附。在置换色谱操作中，色谱柱首先用适于溶质吸附的流动相（又称载液，carrier）平衡，然后添加一定量的料液，使溶质吸附在色谱柱入口。在进料的过程中，料液中各溶质由于吸附作用而得到浓缩，并由于溶质间吸附作用不同，它们之间得到部分分离。之后，连续输入含有置换剂的溶液。置换剂与固定相表面结合位点（如离子交换基、疏水性配基、固定化金属离子、色素配基和羟基磷灰石等）的亲和力比料液中的各个组分都要高（即其吸附等温线近似矩形），故与料液中的各个组分竞争固定相的结合位点，将吸附的溶质置换下来。在此条件下，置换剂前沿推动被置换下来的料液溶质向出口方向移动，同时竞争不断减少的被料液溶质占据的吸附位点。与此同时，吸附作用较强的料液溶质也会推动吸附作用较弱的料液溶质向出口移动（即前者是后者的置换剂）。最后，如果色谱柱足够长，在优惠吸附系统中，各溶质组分按其与固定相亲和力的大小顺序形成彼此相连的纯组分区带，在置换剂的驱动下向出口移动。置换剂的移动速度一定，故各溶质区带的移动速度也为定值，即形成“等速置换列”（isotachic displacement train），也称作“成比例的等速状态”（scaled isotachic state）。在置换列中，如果一种组分由于某种原因进入其前面或后部的溶质区带，则由于其与其前后区带中的溶质对固定相的亲和力不同，会重新回到它自己的区带：如果进入它前面的溶质区带，它的吸附作用大于该区带溶质，移动速度降低；如果进入它后面的溶质区带，它的吸附作用小于该区带溶质，移动速度增大。因此，置换色谱具有自浓缩作用（self-sharpening）。在理想在状态下（即传质和吸附速率无限大，液相流动为平推流），进料形成的矩形波会得到维持，等速置换列为彼此相连的矩形波（图 7.28）。但实际过程中存在传质阻力和非理想流动，造成区带的分散。热力学的自浓缩作用抵御传质阻力和非理想流动的分散作用，使“等速置换列”得以维持，但各区带的前后会形成激波层（shock layer）（图 7.29），区带间存在部分混合。从图 7.29 还可以看出，典型的置换色谱区带是平坦的高浓度带（concentration plateau），而非一般洗脱色谱的尖峰（peak）[37]。

当等速置换列形成后，置换列的继续运行不会改变分离效果。因此，针对一个特定的分离系统（料液、置换剂、吸附剂），置换色谱柱长存在最佳值，以能够形成等速置换色谱列的柱长为宜。过长的色谱柱只会增加背压和分离成本。

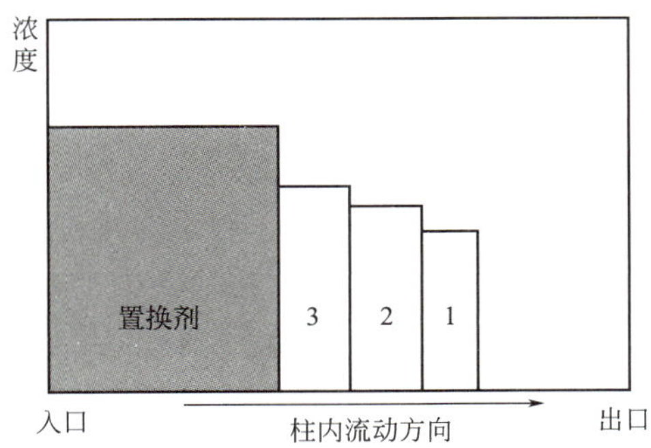

图 7.28　色谱柱内形成的“理想的”矩形置换色谱列

数字表示料液组分（吸附作用 1<2<3< 置换剂）

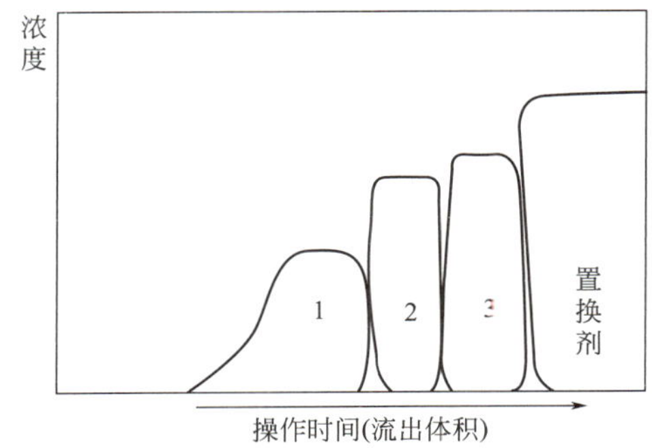

图 7.29　置换色谱柱出口的浓度分布曲线

置换剂完全穿透色谱柱后，即可停止输入置换剂，进行色谱柱的再生和载液平衡。整个置换色谱分离操作流程示于图 7.30[29]。

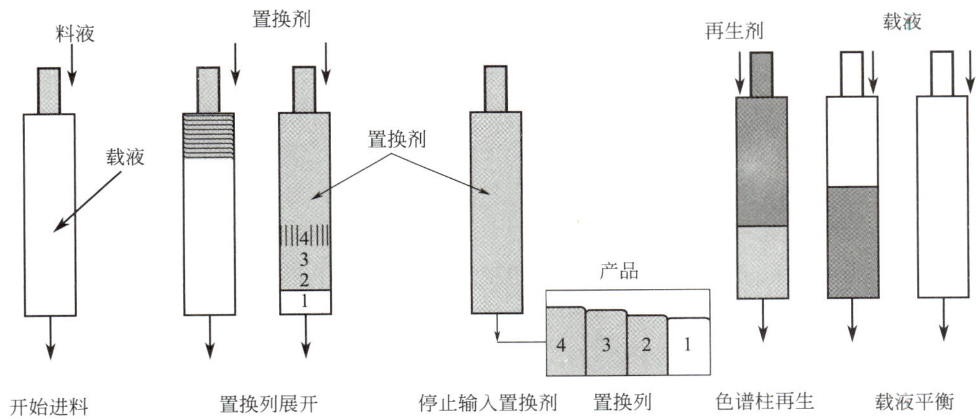

图 7.30　置换色谱分离操作流程示意图

根据置换色谱原理，归纳其具有如下优势：

① 与一般的洗脱色谱经常出现的脱尾现象相比，置换列中各溶质区带的边界陡直，因此置换色谱的分辨率高。

② 置换色谱具有浓缩作用，并可通过调节置换剂浓度控制分离产品的浓度，处理量大，特别适用于处理稀料液。

③ 置换列中各组分区带紧密相连，色谱柱（固定相）利用率高，流动相用量少。

④ 与亲和色谱（见第 8 章）专一性纯化单一目标产物相比，置换色谱同时实现多个目标产物的分离纯化，适于含有多个目标产物的料液的分离。

⑤ 与梯度洗脱色谱相比，置换色谱过程中料液、置换剂和再生剂均以简单阶跃函数的形式输入，容易进行连续色谱分离。

尽管置换色谱具有诸多优点，但相对于洗脱色谱而言，其在生物分离中的应用还很少。主要原因有以下几个方面。

① 置换列的检测与控制比较困难。置换列中浓缩的组分区带紧密相连，离开色谱柱后容易发生混合，因此不能进行在线分析，需要在色谱柱出口直接分取样品进行离线分析。

② 置换列中各高度浓缩的组分紧密相连，需要较高的色谱效率（HETP 值小）。因此，一般置换色谱使用的吸附剂粒径较小，并需在较低的流速下操作，减少激波层区带间的混合。通常置换色谱流速是洗脱色谱流速的 10% ～ 50%。

③ 置换色谱为典型的非线性色谱，其过程理论和模拟放大方法有待进一步发展。

④ 置换剂的选择和开发是限制置换色谱发展的主要技术问题。

置换色谱中研究最多的是离子交换置换色谱（IEDC）。传统的观点认为，置换剂需要与固定相载体进行多位点结合才能发挥良好的置换剂作用。因此 IEDC 的置换剂多用分子量较高的聚离子化合物（polyions）。聚离子型置换剂具有一定的分子量分布和（或）离子基团密度分布，故亲和性不均一。亲和性较低的置换剂组分会造成溶质区带的污染。20 世纪 90 年代以后，研究者们尝试开发了一些小分子置换剂（low molecular mass displacers）。研究表明，置换剂对固定相的亲和性比其分子尺寸更重要，因此，只要小分子具有足够大的亲和性，就可发挥良好的置换作用。小分子置换剂的稳定性、均一性、溶解性和生物相容性较好，并且容易从生物大分子混合物中分离除去，是置换剂的发展方向。

与洗脱色谱相比，置换色谱有独特的优势，但对于复杂的分离体系，置换色谱在置换剂的选择和分离条件的优化等方面存在较大困难和不确定性，限制了其发展和应用。此外，由于置换剂的吸附作用很强，吸附剂的洗脱再生也是技术难点之一。在上述 MMC 模式下的置换色谱过程可利用改变 pH 来洗脱置换剂[38,39]，比基于 IEC 或 HIC 的置换色谱具有一定优势。

7.10 反相色谱

反相色谱（reversed-phase liquid chromatography，RPLC）利用表面非极性的反相介质为固定相，极性有机溶剂的水溶液为流动相，是根据溶质极性（疏水性）的差别进行分离纯化的洗脱色谱法。与前述 HIC 类似，RPLC 中溶质亦通过疏水性相互作用分配于固定相表面。但是 RPLC 固定相表面完全被非极性基团所覆盖，表现强烈的疏水性。因此，必须采用极性有机溶剂（如甲醇、乙腈等）或其水溶液进行溶质的洗脱分离。

RPLC 主要用于分子量低于 5000，特别是 1000 以下的非极性小分子物质的分析和纯化，也可用于部分分子量较小的蛋白质（如胰岛素）等生物大分子的分析和纯化。由于反相介质表面的疏水性高，并且流动相为极性有机溶剂，生物活性大分子在 RPLC 分离过程中容易变性失活。所以，以回收生物活性蛋白质为目的时，应注意选用适宜的反相介质和流动相。

溶质在反相介质上的分配系数取决于溶质的疏水性，一般疏水性越大，分配系数越大。例如，烃类化合物的分配系数与其分子所含碳原子数成正比。与其它色谱法一样，当固定相一定时，可通过调节流动相的组成调整溶质的分配系数。流动相的极性越大，溶质的分配系数越大。因此 RPLC 多采用降低流动相极性（水含量）的线性梯度洗脱法。

反相介质的商品种类繁多，其中最具代表性的是以硅胶为载体，通过硅烷化反应在硅胶表面键合非极性分子层制备。硅烷化反应式为

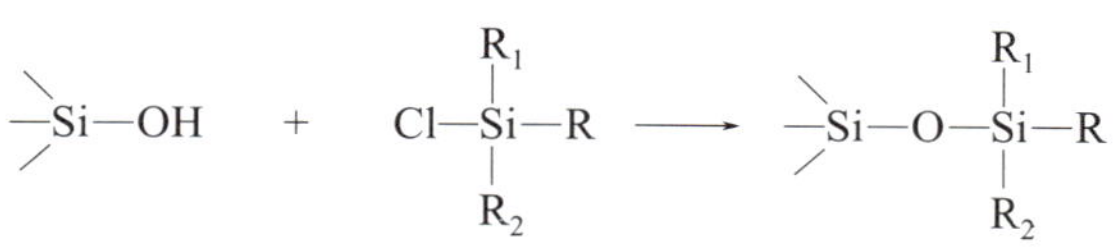

硅胶　　硅烷化试剂　　反相介质

硅烷化试剂中的 R_1 和 R_2 多为甲基，R 为 C_4、C_8、C_{18} 烷基或苯基，其中利用 C_{18} 硅烷化试剂制备的反相介质最多，通称 ODS（octadecyl silica），其次是 C_8 和 C_4。上述硅烷化反应的转化率只能达到约 45%，即硅胶表面尚残留约 55% 的硅羟基。残留的硅羟基可采用反应活性高的三甲基氯硅烷覆盖（capping），使表面达到完全非极性。为提高 ODS 的性能，在利用 C_{18} 硅烷化试剂反应前，常利用 1,3- 二氯四甲基二硅烷 $\{[(CH_3)_2SiCl]_2O\}$ 首先与硅胶反应，进行预覆盖（precapping）。通过控制反应时间和温度，可获得性能稳定的反相介质。

除硅胶外，高分子聚合物也可作为反相介质的载体，如 TSK gel Octadecy1-4PW 和 TSK gel Octadecy1-NPR（聚丙烯酸酯 -C_{18}）等。

反相介质性能稳定，分离效率高，可分离蛋白质、肽、氨基酸、核酸、甾类、脂类、脂肪酸、糖类、植物碱等含有非极性基团的各种物质。因此，RPLC 作为定量分析手段，广泛应用于科学研究、临床诊断、工业检测和环境保护等各个行业。作为产品纯化制备手段，由于反相介质与其分离的对象相比价格较高，多限于实验室规模的应用，在大规模工业生产中应用较少。

7.11　流通色谱

流通色谱（flow-through chromatography）指利用含有对流孔（convective pores）的介质为固定相的液相色谱法，其分离模式包括各种吸附色谱，如离子交换色谱、疏水性相互作用色谱、亲和色谱和反相色谱等。

传统的吸附色谱介质的孔径较小，一般在 100nm 以下。其中生物大分子吸附介质的孔径较大，一般为 30 ～ 100nm。介质的孔径越小，比表面积越大，分子尺寸与介质孔径相适应的目标溶质的吸附容量越高。但是，由于介质孔径较小，流体阻力大，在通常的色谱操作压力下流体不能对流进入固相介质的孔内。所以，固相介质内部的传质仅靠溶质的内扩散来完成。如 6.3.2 节所述，液相中溶质的扩散系数很小，尤其是生物大分子，在固相中的阻滞扩散系数更小，固相传质速率很低。因此，传统吸附色谱的柱效随流速增大而迅速下降，动态吸附容量也随流速增大而迅速降低。为获得较大的色谱分辨率和动态容量，传统色谱只能在适当低的流速下操作。即使是使用粒径数微米的高效液相色谱，分析柱的流速一般不超过 500cm/h，大规模制备分离受操作压力的限制，流速更低。

为解决色谱技术存在的分辨率和操作速度之间的矛盾，长期以来，色谱介质一直是色谱技术研究的核心内容。对于制备色谱而言，理想的介质至少应具备如下条件，即吸附容量大、分辨率高、操作流速快，以满足分离过程通量大、收率高和纯化效果好等要求。1990 年前后，Afeyan 等 [40-42] 开发了同时具有对流孔和扩散孔的双分散孔介质（bidisperse porous media）（图 7.31[40]），又称灌注色谱（perfusion chromatography）介质。这种商品名为 POROS（美国 PerSeptive Biosystems 公司）的双分散孔色谱介质内部分布着两种结构的孔隙，一种是贯穿整个颗粒的特大孔，孔径为 600 ～ 800nm，称为穿透孔（flow-through pores）或对流孔（convective pores）；另一种是连接这些特大孔的较小一些的孔，孔径为 50~100nm，称为连接孔或扩散孔（diffusive pores）。POROS 的骨架由苯乙烯和二乙烯基苯的共聚物构成，介质的化学性质和机械性能稳定，表面亲水化后可制成各种色谱模式的吸附介质（离子交换、疏水性吸附、亲和吸附和反相介质等。其中前三种介质的孔表面覆有葡聚糖等亲水性多糖，保证介质表面的亲

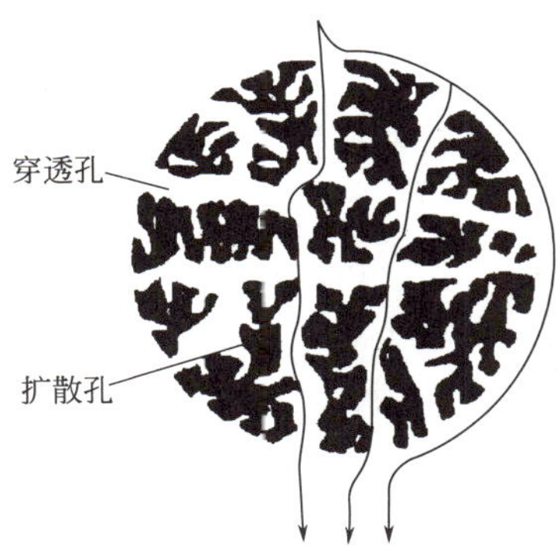

图 7.31　双分散孔介质的孔道结构示意图

线条和箭头表示流动相的流动轨迹和方向

水性和键合相应的配基）。利用 POROS 介质的色谱过程中，流动相和溶质可对流通过流通孔，大大降低了介质内扩散传质阻力，可在高流速下进行色谱操作，保持色谱的高分辨率和动态吸附容量[43-45]。由于色谱过程中流动相可对流通过吸附剂粒子，这类色谱介质又称流通孔介质（flow-through media），相应的色谱方法通称流通色谱[46]。

利用双分散孔的流通色谱过程分离速度快、色谱效率高。Afeyan 等[43]建立了简单的模型来描述流通色谱过程中流速、传质、柱效等因素之间的关系。对于 POROS 粒子，色谱操作线速度超过 300cm/h 时，穿透孔内对流流动即占主导地位。因为流体以对流形式透过穿透孔，并且扩散孔道很短（小于 1μm），在如此高的流速下操作并不影响灌注色谱的柱效。从式（7.32）可知，在高流速下表面液膜传质阻力可以忽略不计，HETP 可用下式近似

$$\text{HETP}=C'\frac{d_{\text{p}}^{2}u}{D_{\text{e}}} \tag{7.75}$$

式中，C' 为常数。

在粒子内溶质以对流和扩散两种形式移动，因此式（7.75）中的有效扩散系数可用下式近似

$$D_{\text{e}}=D+\frac{u_{\text{pore}}d_{\text{p}}}{2} \tag{7.76}$$

式中，D 为扩散孔内的扩散系数；u_{pore} 为穿透孔内的流速。

在灌注色谱操作范围内，因为流速较高，式（7.76）右侧第二项占主导地位，所以

$$D_{\text{e}}\approx\frac{u_{\text{pore}}d_{\text{p}}}{2} \tag{7.77}$$

对于一定的流通孔介质，u_{pore} 与操作线速度的关系为

$$u_{\text{pore}}=\lambda u \tag{7.78}$$

式中，λ 为常数。

将式（7.77）和式（7.78）代入式（7.75）得

$$\text{HETP}=C'\frac{2d_{\text{p}}^{2}u}{\lambda u d_{\text{p}}}=C''d_{\text{p}} \tag{7.79}$$

即 HETP 仅是粒径的函数，与流速无关。式（7.79）解释了流通色谱在高流速下操作而不影响柱效的原因。在利用 POROS 介质的流通色谱操作范围内（500 ～ 5000cm/h）这一结论一般是成立的，但当流速更高时，内扩散的影响会再次出现，HETP 随流速增大而增大。

因此，流通色谱的最大特点是分离速度快，分辨率高。一般流通色谱可在数分钟内完成，而利用 HPLC 则需数十分钟到一小时。例如，利用 POROSQ/H 离子交换色谱柱，5min 即可完全分离牛血清白蛋白（BSA）和铁传递蛋白，而且每 5min 循环 1 次；利用 1mL 柱体积的色谱柱可在 1d 内得到 5g 血清蛋白质[44]。

膜色谱（membrane chromatogrpahy）利用微孔膜（见第 4 章）为吸附介质，配基（离子交换、疏水或亲和配基）修饰在微孔内，流动相对流通过膜孔，其中的溶质主要通过对流传质与配基结合。因此膜色谱也是一种流通色谱方法（详见第 8 章的亲和膜色谱）。但是，因为普通微滤膜的厚度很小，一般为 10 ～ 100μm。故膜色谱的理论板数很低，造成吸附效率低和清洗过程吸附的目标产物容易损失等问题。为解决这一问题，可以将多张平板膜叠加，提高柱高和柱效，但这样会增大操作压力。作者于 2009 年提出了“具有直通有序对流孔道的多孔整体柱”（monolithic column with a porous skeleton and straightforward and ordered convective flow channels）概念[47]。该理想型“流通整体柱”（图 7.32）可看做一种特殊的“小

而厚”的膜材料，微米级（2 ～ 5μm）直线贯通孔道可保证高流速下的低操作压力；同时，孔壁骨架含有微滤膜所没有的扩散孔（10 ～ 100nm），丰富的扩散孔保证了整体柱具有很大的比表面积和远高于微滤膜的静态吸附容量；此外，流通孔道之间的微米级（1 ～ 5μm）厚度的孔壁骨架使溶质扩散距离很小，即传质阻力很低，从而可实现高流速、高容量且低压力的分离工程目标。

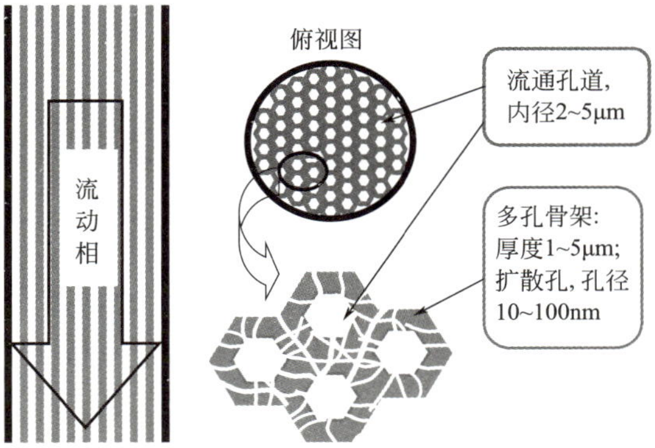

图 7.32 理想型“流通整体柱”概念图

习题

1. 某凝胶过滤介质的排阻极限为 200kDa，填充柱体积为 100mL，用其测得 A 和 B 两种蛋白质的洗脱体积分别为 58mL 和 64mL，分子质量 2000kDa 的蓝色葡聚糖的洗脱体积为 40mL。

（1）试计算 A 和 B 的分配系数；

（2）若在某流速下用 A 和 B 两种蛋白质溶液测得该凝胶过滤色谱柱的理论板当量高度均为 0.3mm，且洗脱曲线呈 Gauss 分布，在此流速下要使微量的 AB 混合溶液的分离度达到 1.3，此 GFC 柱的最小填充高度应为多少？

2. 若利用第 1 题计算得到的凝胶过滤色谱柱（体积为 100mL）分离 A 和 B 的混合物，流速不变，试计算进料量分别为 1、2、5、10 和 20mL 时，A 和 B 的分离度。

3. 有两种球形蛋白质 A 和 B，分子质量分别为：A=150kDa，B=200kDa。问：当利用某凝胶过滤色谱柱分离 A 和 B 的混合液时，A 和 B 的洗脱顺序（洗脱体积大小或时间长短）如何？（提示：注意讨论凝胶介质的排阻极限）

4. 试分析：

（1）蛋白质离子交换吸附的强度与其所在溶液离子强度的关系如何？为什么？

（2）蛋白质疏水性吸附的强度与其所在溶液离子强度的关系如何？为什么？

（3）基于上述两种吸附强度与离子强度的关系，在离子交换色谱和疏水性相互作用色谱中，应如何设计料液的盐以及流动相盐浓度的变化梯度？

5. 蛋白质离子交换色谱分离操作通常采用线性梯度洗脱，分离不同蛋白质。结合离子交换色谱的原理和蛋白质的性质，解释采用线性梯度洗脱的原因。

6. 图示和文字说明线性梯度洗脱时离子交换色谱柱内溶质位置随时间变化的情况。

7. 采用逐次洗脱的离子交换色谱分离蛋白质时，有时会在出口处检测到干扰峰。例如，料液中仅有一个蛋白质组分，而检测到两个洗脱峰，其中之一是干扰峰。试从蛋白质在离子交换柱中分配平衡和移动速度与洗脱剂浓度关系的角度，解释干扰峰出现的原因。

8. 简述多孔离子交换介质吸附蛋白质过程的静电排阻机理及其对吸附动力学的影响，并图示说明。
9. 图示说明蛋白质在聚合物接枝配基的离子交换吸附过程中的链传递现象。
10. 除离子交换色谱外，其他吸附模式的色谱过程中，吸附蛋白质不易发生链传递现象，为什么？
11. 蛋白质疏水性相互作用色谱中：

（1）若提高色谱操作温度，蛋白质的洗脱体积将如何改变？

（2）若在流动相中添加较低浓度的脲（尿素），蛋白质的洗脱体积将如何改变？若要产生类似的效果，还可采用添加哪些溶质？

12. 分析用于蛋白质分离的色谱介质（如离子交换剂、疏水性吸附剂等）的配基密度为什么不能过高？
13. 利用疏水性相互作用色谱分离 A 和 B 的混合物时，在某操作条件下 A 和 B 的分离度不理想。试分析应如何改善操作条件，并说明理由。
14. 第 13 题中，若操作条件不变，试分析应如何选择色谱柱（包括介质），并说明理由。
15. 为提高混合模式色谱的吸附容量，配基密度可达到100μmol/mL 介质，远高于疏水性相互作用色谱介质。为什么混合模式色谱介质的配基密度可以远高于疏水性相互作用色谱？
16. 分析混合模式色谱中盐浓度对蛋白质吸附容量的影响。
17. 为什么说羟基磷灰石色谱也是一种混合模式色谱？
18. 置换剂的吸附作用很强，将置换剂从吸附剂上洗脱下来（再生吸附剂）比较困难。混合模式色谱的置换色谱过程可利用改变 pH 来洗脱置换剂，是基于什么原理？
19. 解释线性梯度洗脱的反相色谱中溶质得到浓缩的机理。
20. 流通色谱过程中，扩散孔中的传质速度是否因对流孔的存在而变大？

参考文献

[1] Guiochon G, Shirazi S G, Katti A M. Fundamentals of Preparative and Nonlinear Chromatography. Boston: Academic Press, 1994.

[2] Yamamoto S, Nomura M, Sano Y. Factors affecting the relationship between the plate height and the linear mobile phase velocity in gel filtration chromatography of proteins. J Chromatogr, 1987, **394**: 363-367.

[3] Yamamoto S, Nomura M, Sano Y. Scaling up of medium-performance gel filtration chromatography of proteins. J Chem Eng Japan, 1986, **19**: 227-231.

[4] Poole C F, Yu L, Sun Y. Concepts and mile stones in the developmentof ion-exchange chromatography// Pavel N Nesterenko, Colin F Poole, Yan Sun (co-eds). Ion-Exchange Chromatography and Related Techniques: Chapter 1. Amsterdam Netherlands: Elsevier, 2024: 1-23.

[5] Yamamoto S, Nakanishi K, Matsuno R, Kamikubo T. Ion exchange chromatography of proteins - prediction of elution curves and operating conditions. Ⅰ. Theoretical considerations. Biotechnol Bioeng, 1983, **25**: 1465-1483.

[6] Yamamoto S, Nomura M, Sano Y. Adsorption chromatography of proteins: Determination of optimum conditions. AIChE J, 1987, **33**: 1426-1434.

[7] Yamamoto S, Nomura M, Sano Y. Resolution of proteins in linear gradient elution ion-exchange and hydrophobic interaction chromatography. J Chromatogr, 1987, **409**: 101-110.

[8] Yu L, Sun Y. Recent advances in protein chromatography with polymer-grafted media. J Chromatogr A, 2021, **1638**: 461865.

[9] Yu L, Tao S-P, Dong X-Y, Sun Y. Protein adsorption to poly(ethylenimine)-modified Sepharose FF: Ⅰ. A critical ionic capacity

for drastically enhanced capacity and uptake kinetics. J Chromatogr A, 2013, **1305**: 76-84.

[10] Tao Y, Carta G, Ferreira G, et al. Adsorption of deamidated antibody variants on macroporous and dextran-grafted cation exchangers: Ⅱ. Adsorption kinetics. J Chromatogr A, 2011, **1218**: 1530-1537.

[11] Yu L, Chu M, Liu N, Sun Y. Protein adsorption to poly(ethylenimine)-modified Sepharose FF: Ⅸ. Further studies on counterion effects and behavior in therapeutic protein separation. J Chromatogr A, 2025, **1741**: 465613.

[12] Yu L, Gong L, Bai S, Sun Y. Surface DEAE groups facilitate protein transport on polymer chains in DEAE-modified-and-DEAE-dextran-grafted resins. AIChE J, 2016, **62**: 3812-3819.

[13] Liu N, Wang Z, Liu X, Yu L, Sun Y. Characterization of novel mixed-mode protein adsorbents fabricated from benzoyl-modified polyethyleneimine-grafted Sepharose. J Chromatogr A, 2014, **1372**: 157-165.

[14] Zhang S-P, Sun Y. Further studies on the contribution of electrostatic and hydrophobic interactions to protein adsorption on dye-ligand adsorbents. Biotechnol Bioeng, 2001, **75**: 710-717.

[15] Harinaraya C, Mueller J, Ljunglöf A, Fahrner R, Van Alstine J, van Reis R. An exclusion mechanism in ion exchange chromatography. Biotechnol Bioeng, 2006, **95**: 775-787.

[16] Hjerten S. General aspects of hydrophobic interaction chromatography. J Chromatogr, 1973, **87**: 325-331.

[17] Porath J, Sundberg L, Fornstedt N, Olsson I. Salting-out in amphiphilic gels as a new approach to hydrophobic adsorption. Nature, 1973, **245** (5426): 465-466.

[18] Chen J, Sun Y. Modeling of the salt effects on hydrophobic adsorption equilibrium of protein. J Chromatogr A, 2003, **992**: 29-40.

[19] Zhao G F, Dong X Y, Sun Y. Ligands for mixed-mode protein chromatography: principles, characteristics and design. J Biotechnol, 2009, **144**: 3-11.

[20] Santarelli X, Cabanne C. Separation of proteinsbymixed-mode chromatography//Pavel N Nesterenko, Colin F Poole, Yan Sun (co-eds). Ion-Exchange Chromatography and Related Techniques: Chapter 22. Amsterdam Netherlands: Elsevier, 2024: 461-472.

[21] Chung W K, Freed A S, Holstein M A, McCallum S A, Cramer S M. Evaluation of protein adsorption and preferred binding regions in multimodal chromatography using NMR. Proc Natl Acad Sci U S A, 2010, **28**: 16811-16816.

[22] Zhao G F, Peng G, Li F, Shi Q H, Sun Y. 5-Aminoindole, a new ligand for hydrophobic charge induction chromatography. J Chromatogr A, 2008, **1211**: 90-98.

[23] Shi Q H, Cheng Z, Sun Y. 4-(1*H*-imidazol-1-yl) aniline: a new ligand of mixed-mode chromatography for antibody purification. J Chromatogr A, 2009, **1216**: 6081-6087.

[24] Li Y, Sun Y. Poly(4-vinylpyridine): A polymeric ligand for mixed-mode protein chromatography. J Chromatogr A, 2014, **1373**: 97-105.

[25] Tiselius A, Hjerten S, Levin O. Protein chromatography on calcium phosphate columns. Arch Biochem and Biophys, 1956, **65**: 156-163.

[26] 余贤真, 周纯益. 液相色谱用填充材料——羟基磷灰石//刘国诠主编. 生物工程下游技术. 2版. 北京: 化学工业出版社, 2003: 265-276.

[27] Kawasaki T. Specification of the adsorption model in hydroxyapatite chromatography. Ⅲ Competition model in gradient chromatography and another relevant model. Sep Sci Technol, 1988, **23**: 1105-1117.

[28] Tiselius A. Studies uber adsorptionsanalyse Ⅰ. Kolloid Z, 1943, **105**: 101-111.

[29] Freitag R. Displacement chromatography: Application to downstream processing in biotechnology//Subramanian G (ed.). Bioseparation and Bioprocessing. A Handbook: Vol. Ⅰ. Weinheim: Wiley-VCH, 1998: 89-112.

[30] Brooks C A, Cramer S M. Steric mass-action ion exchange: displacement profiles and induced salt gradients. AIChE J, 1992, **38**: 1969-1978.

[31] Nakarajan V, Cramer S M. Modeling shock layers in ion-exchange displacement chromatography. AIChE J, 1999, **45**: 27-37.

[32] Nakarajan V, Ghose S, Cramer S M. Comparison of linear gradient and displacement separations in ion-exchange systems. Biotechnol Bioeng, 2002, **78**: 365-375.

[33] Shukla A, Sunasara K M, Rupp R G, Cramer S M. Hydrophobic displacement chromatography of proteins. Biotechnol Bioeng, 2000, **68**: 672-680.

[34] Husband D L, Mant C T, Hodges R S. Development of simultaneous purification methodology for multiple synthetic peptides by reversed-phase sample displacement chromatography. J Chromatogr A, 2000, **893**: 81-94.

[35] Vogt S, Freitag R. Comparison of anion exchange and hydroxyapatite displacement chromatography for the isolation of whey proteins. J Chromatogr A, 1997, **760**: 125-137.

[36] Vunnum S, Gallant S, Cramer S M. Immobilized metal affinity chromatography: Displacer characterization of traditional mobile phase modifiers. Biotechnol Prog, 1996, **12**: 84-91.

[37] Zhao G, Sun Y. Displacement chromatography with ion-exchangers//Pavel N Nesterenko, Colin F Poole, Yan Sun (co-eds). Ion-Exchange Chromatography and Related Techniques: Chapter 10. Amsterdam Netherlands: Elsevier, 2024: 211-225.

[38] Zhao G F, Sun Y. Displacement chromatography of proteins on hydrophobic charge induction adsorbent column. J Chromatogr A, 2007, **1165**: 109-115.

[39] Zhao G F, Zhang L, Bai S, Sun Y. Analysis of hydrophobic charge induction displacement chromatography by visualization with confocal laser scanning microscopy. Sep Purif Technol, 2011, **82C**: 138-147.

[40] Afeyan N B, Fulton S P, Gordon N F, Mazsaroff I, Várady L, Regnier F E. Perfusion chromatography: an approach to purifying biomolecules. Bio/Technology, 1990, **8**: 203-206.

[41] Afeyan N B, Regnier F E, Dean R C. Perfusive Chromatography. US Pat 5019270. 1991.

[42] Regnier F E. Perfusion chromatography. Nature, 1991, **350**: 634.

[43] Afeyan N B, Gordon N F, Mazsaroff I, Várady L, Fulton S P. Flow-through particles for the high performance liquid chromatographic separation of biomolecules: perfusion chromatography. J Chromatogr, 1990, **519**: 1-29.

[44] Afeyan N B, Fulton S P, Regnier F E. Perfusion chromatography packing materials for proteins and peptides. J Chromatogr, 1991, **544**: 267-279.

[45] García M C, Torre M, Marina M L. Characterization of commercial soybean products by conventional and perfusion reversed-phase high-performance liquid chromatography and multivariate analysis. J Chromatogr A, 2000, **881**: 47-57.

[46] Collins W E. Protein separation with flow-through chromatography. Sep Purif Methods, 1997, **26**: 215-253.

[47] Sun Y, Liu F F, Shi Q H. Approaches to high-performance preparative chromatography of proteins, in Biotechnology in China I. From Bioreaction to Bioseparation and Bioremediation. Advances in Biochemical Engineering/Biotechnology, 2009, **113**: 217-254.

第 8 章　亲和色谱

为什么学习亲和色谱?

亲和色谱基于亲和配基与目标分子的特异性结合作用，在分离选择性方面远高于其他吸附色谱。当利用特异性很高的生物配基（如抗体、蛋白 A）时，亲和色谱选择性高的优势尤其明显。但是，除生物配基外，其他小分子配基（如色素、氨基酸）在选择性方面尚不尽如人意；天然亲和配基（如抗体、蛋白 A）存在来源有限、价格昂贵、稳定性低、具有免疫原性等问题；此外，很多蛋白质缺乏合适的亲和配基，限制了亲和色谱的应用。因此，亲和配基的发现和设计是亲和色谱应用和发展的核心问题。近年来人工智能技术飞速发展，为蛋白质结构解析和蛋白质及其配基设计等开辟了广阔的发展空间。预期将有更多性能（亲和性、特异性）更优且成本更低的亲和配基被发现或设计，不仅大幅度提高现有亲和分离过程（如抗体纯化）效率，而且应用于更多产品的分离纯化过程，如疫苗（含病毒疫苗、基因重组疫苗、核酸疫苗等）、基因治疗载体（病毒、核酸）等。

亲和色谱的另一支柱是载体，包括球形微粒、膜介质和整体柱等。如第 7 章总结中所述，在高流速且较低操作压力下实现高容量吸附，是色谱介质发展的目标。第 7 章介绍的流通色谱和膜色谱是对这一目标的有力诠释。设计开发满足不同性质和尺度（如蛋白质、核酸、病毒、细胞等）的高性能载体，并与亲和配基相结合，将极大促进生物分离技术的发展。

此外，由于亲和结合作用的高选择性，将亲和配基引入其他选择性较低分离技术，可提高相应技术的分离效率。基于这一原理，已相继提出了亲和萃取或分配及亲和沉淀等亲和分离方法。这些亲和分离方法可能在特定场景发挥替代亲和色谱的作用。

学习目标

- 熟悉亲和色谱原理和一般操作方法，掌握主要亲和色谱的使用和操作方法，如固定化金属离子亲和色谱和蛋白 A 色谱。
- 了解各种生物大分子的亲和配基，掌握主要蛋白质的亲和配基（如抗体的亲和配基蛋白 A 等）和常用亲和配基（如固定化金属离子）的性质。
- 了解亲和配基筛选和设计的一般方法，理解人工智能技术在未来蛋白质结构分析和配基设计中的重要性。
- 熟悉亲和标签融合蛋白在蛋白质产品表达生产中的重要地位，了解主要亲和标签及其应用。
- 了解膜色谱的原理及其与一般固定床吸附色谱相比所具有的优势和存在的问题。

生物物质，特别是酶和抗体等蛋白质，具有识别特定物质并与该物质的分子相结合的能力。这种识别并结合的能力具有排他性，即生物分子能够区分结构和性质非常相近的其它分子，选择性地与其中某一种分子相结合。生物分子间的这种特异性相互作用称为生物亲和作用（bioaffinity）或简称亲和作用（affinity），通过亲和作用发生的结合是一种特异性结合（specific binding），也称亲和结合（affinity binding）。两个亲和结合的分子称为亲和作用分子对。利用生物分子间的这种特异性结合作用的原理进行生物物质分离纯化的技术称为亲和分离（affinity separation）或亲和纯化（affinity purification），其典型代表为亲和色谱（affinity chromatography）。

利用生物亲和作用的原理纯化蛋白质的报道最早见于 1910 年，当时发现不溶性淀粉可以选择性吸附 α - 淀粉酶，这是一种底物与酶的特异性相互作用。但有意识地利用生物亲和作用纯化蛋白质的研究始于 20 世纪 50 年代初，1951 年 Campbell 等 [1] 利用半抗原修饰纤维素制备的载体为亲和吸附介质（affinity adsorbent）从血清中纯化了抗体。但由于亲和吸附介质制备技术的障碍，亲和纯化技术的实用化进程缓慢，直到 1967 年 Axen 等 [2] 和 Cuatrecasas 等 [3] 开发了利用溴化腈活化琼脂糖凝胶制备亲和吸附介质的方法，才使亲和纯化技术从实验室研究走向实际应用，亲和色谱这一名称也是在此时首次出现。20 世纪 80 年代以后，利用生物亲和作用的高度特异性与其它分离技术如膜分离、双水相萃取、反胶团萃取、沉淀分级和电泳等相结合，相继出现了亲和过滤、亲和分配、亲和反胶团萃取、亲和沉淀和亲和电泳等亲和纯化技术。但除亲和色谱外，其它亲和纯化技术尚未达到实用化的阶段。

8.1 生物亲和作用和亲和色谱

8.1.1 亲和作用的本质

affinity 一词源于拉丁语的 affinitus，原意为结婚或亲缘关系。因此在化学或生物化学中，affinity 可以理解为分子之间的结合作用。实际上，亲和作用不只限于生物物质之间，对于非常简单的化合物，如 Na^+ 和 Cl^- 通过静电作用相互吸引的现象也是一种亲和作用。因此，亲和作用是自然界普遍存在的现象，只是生物分子间的亲和作用具有更高的特异性或选择性。在本章中，如不特殊说明，亲和作用均指生物分子间的特异性结合作用。生物亲和作用是生命诞生、维持与延续的重要基础，而亲和纯化技术仅仅是人为利用生物亲和作用的手段之一。

参与亲和作用的两个分子（或物质）中，其中之一为蛋白质的情况占绝大多数，或者两者均为蛋白质。蛋白质是高分子化合物，种类繁多，结构复杂。因此，蛋白质参与亲和作用的机理尚不完全清楚。一般认为，蛋白质的立体结构中含有某些参与亲和结合的部位，这些结合部位呈凹陷或凸起的结构，能与该蛋白质发生亲和作用的分子恰好可以进入此凹陷结构中，或者该蛋白质的凸起部位恰好能够进入与其发生亲和作用的分子（一般也是蛋白质）的凹陷部位，就像钥匙和锁孔的关系一样。蛋白质分子表面的凹陷或凸起部位与整个蛋白质分子相比要小得多。例如，球形蛋白质的直径一般为几纳米到十几纳米，而结合部位的直径一般为 1 ～ 2nm。由于不是整个分子或物质参与亲和结合，亲和作用的分子（物质）对可以是：小分子 - 大分子、小分子 - 病毒、小分子 - 细胞、大分子 - 大分子、大分子 - 病毒、大分子 - 细胞、细胞 - 细胞。对于病毒或细胞参与的亲和作用，是其构成成分中的某个分子（蛋白质、多糖、核酸等）实际参与结合作用。

具有亲和作用的分子（物质）对之间具有“钥匙”和“锁孔”的关系是产生亲和结合作用的必要条件，但并不充分。除此之外，还需要分子或原子水平的各种相互作用才能完整地体现亲和结合作用，如图 8.1 所示。

第 1 章介绍的各种分子间相互作用均可参与亲和作用，特别是静电相互作用、氢键和疏水性相互作用。

8.1.1.1　静电相互作用

亲和作用分子对的结合部位上带有相反电荷时，产生静电引力。在中性 pH 值下，蛋白质分子上的天冬氨酸、谷氨酸和半胱氨酸等酸性氨基酸残基带负电荷，而精氨酸、赖氨酸和组氨酸等碱性氨基酸残基带正电荷。此外 N 末端氨基酸的 α- 氨基带正电荷，C 末端氨基酸的羧基带负电荷。因为静电相互作用与距离的平方成反比，如满足“钥匙”和“锁孔”的关系，在近距离发生的静电引力是很强烈的。

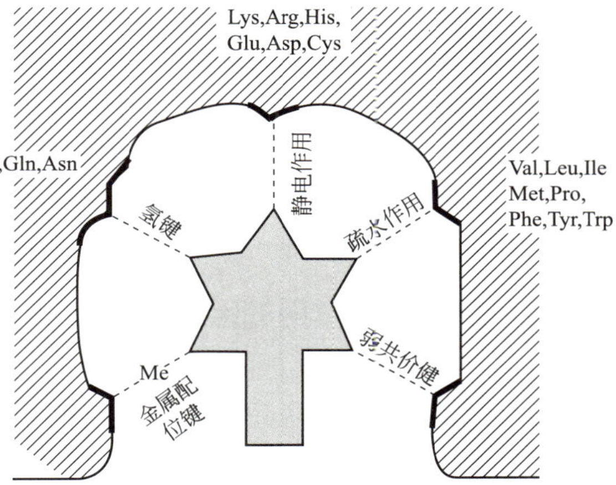

图 8.1　蛋白质的结合部位及各种结合作用力

记号表示参与结合作用的氨基酸残基

8.1.1.2　氢键

如果亲和作用分子对的一个分子中含有氧原子或氮原子，结合部位之间可以产生氢键，即形成 O…H—O（0.26nm）或 O…H—N（0.28 ～ 0.30nm）。由于氧和氧或氧和氮原子与氢原子必须基本排列在一条直线上，并且原子之间的距离达到一定程度时才能产生氢键，因此氢键的产生与否受结合部位之间位置关系的严格制约。

8.1.1.3　疏水性相互作用

如果亲和作用分子对的一个分子中含有芳香环或烃基链等疏水基，另一方的结合部位上也含有疏水区，则两者之间可发生疏水性相互作用。例如蛋白质的缬氨酸、亮氨酸、异亮氨酸、甲硫氨酸和脯氨酸等氨基酸残基含有碳氢链，苯丙氨酸、酪氨酸和色氨酸残基含有芳香环，这些氨基酸残基如暴露在结合部位，则与另一分子的疏水基发生疏水性相互作用。

8.1.1.4　配位键

如果两个分子均与同一金属原子配位，则两者之间可通过金属配位键间接结合。例如羧肽酶（carboxypeptidase）与其底物的结合需要通过锌原子产生配位键。过渡金属离子 Cu^{2+}、Zn^{2+} 和 Ni^{2+} 等可与组氨酸的咪唑基产生配位键，形成金属螯合结构。

8.1.1.5　弱共价键

弱共价键是指结合力较弱的可逆共价键，如氨基与甲酰基之间形成的 Schiff 碱（Schiff base），醛基与羟基之间形成的半缩醛基（hemiacetal）均为可逆共价键，在适当的条件下容易解离。当亲和作用分子对之间满足形成弱共价键的条件时可能形成弱共价键。利用巯基间的氧化还原反应产生二硫键的色谱方法通常称作共价色谱（covalent chromatography）。

8.1.1.6　π-π 堆叠作用

π-π 堆叠作用发生在芳香环之间，蛋白质中的苯丙氨酸含有苯环，常参与 π-π 堆叠作用。含有芳香环的分子可以蛋白质分子中的苯丙氨酸位点发生 π-π 堆叠作用。

由此可见，生物亲和作用是一种复杂的生物现象，除具备“钥匙”和“锁孔”的关系外，还需同时存在多种分子间相互作用（并非上述所有作用同时发生），这也是亲和作用特异性高的主要原因。此外，当蛋白质分子发生亲和结合时，蛋白质的分子形态往往发生变化，就像酶与底物结合过程产生的诱导契合（induced-fit）现象[4]。这也是产生亲和结合作用的重要原因。

8.1.2 影响亲和作用的因素

8.1.2.1 离子强度

如果亲和结合作用主要源于静电引力，则提高离子强度无疑会减弱或完全破坏亲和作用。由于氢键和 π-π 堆叠作用同样基于静电相互作用，因此提高离子强度也会降低或消除氢键及 π-π 堆叠作用。

与静电引力相反，疏水性相互作用随盐析盐（如 Na_2SO_4 和 NaCl 等）浓度提高而增大。因此，当亲和结合作用主要源于疏水性相互作用时，添加盐析盐增大离子强度则可提高亲和结合作用。

在亲和分离操作中，如果亲和吸附的目标分子可用提高离子强度的方式解离，说明静电相互作用和氢键等在亲和结合中占主导地位。

8.1.2.2 pH 值

蛋白质为多价两性电解质，含有许多解离基团，不同解离基团的解离常数（pK_a）不同。例如，25℃下 C 末端的 α - 羧基的 pK_a 为 3.4 ～ 3.8，N 末端的 α- 氨基的 pK_a 为 7.4 ～ 7.5，天冬氨酸的 β- 羧基的 pK_a 为 3.9 ～ 4.0，赖氨基的 ε- 氨基的 pK_a 为 10.0 ～ 10.4。如果蛋白质的结合部位存在羧基，则在 pH 值等于该羧基的 pK_a 值时，该羧基的 50% 带负电荷；当 pH 值高于 pK_a 值一个 pH 单位时，则该羧基的 90% 带负电荷；反之，如果 pH 值低于 pK_a 值一个 pH 单位，则该羧基仅有 10% 带负电荷。因此，如果亲和结合的两个分子均为电解质，并且静电引力对亲和结合作用的贡献较大，pH 值会显著影响亲和作用，即在适当的 pH 值下亲和结合作用较高，而在其它 pH 值下亲和结合作用减弱或完全消失。在实际的亲和分离操作中，溶液 pH 值的选择是非常重要的。

如果亲和结合的两个分子均为弱电解质（例如，均为蛋白质），在酸性（pH<4）或碱性（pH>10）条件下均带正电荷或负电荷。带同种电荷的两个分子相互静电排斥，发生解离。这是第 7 章中混合模式色谱洗脱的一种常用方法，在亲和色谱中也常用。即在亲和色谱中，如果疏水性相互作用在亲和结合中占主导地位，需要利用酸性或碱性溶液洗脱被亲和吸附的目标分子。具体采用的 pH 值视目标分子的酸碱耐受性及其解离程度与 pH 的关系确定。

8.1.2.3 变性剂和离液离子

脲（urea）和盐酸胍（guanidinohydrochloric acid）的存在可抑制氢键的形成，破坏疏水性相互作用。因此，如果亲和结合作用中存在较强的疏水性作用，则加入脲或盐酸胍可减弱亲和作用。但是，脲和盐酸胍是蛋白质的变性剂，高浓度（>4mol/L）下容易引起蛋白质的变性。

另外，在 SCN^-、I^- 和 ClO_4^- 等离子半径较大的离液离子存在下，疏水性相互作用降低。因此，如果疏水性相互作用对亲和结合的贡献较大，添加这些离子会降低亲和结合作用，产生解离效果。

8.1.2.4　温度

由于温度升高使分子和原子的热运动加剧，结合部位的静电作用、氢键及金属配位键减弱。但温度上升可使疏水性相互作用增强（详见 1.5 节）。

8.1.2.5　螯合剂

如果亲和结合作用源于亲和分子对与金属离子形成的配位键，则加入乙二胺四乙酸（EDTA）等螯合剂除去金属离子，会使亲和结合作用消失。

8.1.3　亲和作用体系

生物物质中最熟知和常见的亲和作用体系（affinity system）之一是酶与其底物，酶反应的底物特异性即反映在一种酶仅与特定的物质（底物）相结合并催化该物质发生特定反应。此外，酶反应的可逆竞争性抑制剂和底物一样与酶的活性部位结合，抑制酶的活性。由于酶反应的产物来自底物，与底物具有某种相似性，也往往成为酶反应的抑制剂。需要辅酶（如烟酰胺腺嘌呤二核苷酸，NAD；烟酰胺腺嘌呤二核苷酸磷酸盐，NADP）参与酶反应的各种辅酶依赖型酶可与对应的辅酶发生可逆性结合；含有糖基的酶或蛋白质分子通过糖基与植物凝集素结合；酶或蛋白质作为抗原可与其抗体结合。上述这些都是与酶或蛋白质有关的亲和作用体系。

必须指出，不同亲和作用体系的特异性是各不相同的。例如，抗原与其单克隆抗体的结合基本上是一对一的关系，即该单克隆抗体不能与其它抗原结合，这种亲和作用具有高度特异性。对于大多数亲和体系，亲和作用均不具备绝对的特异性。例如，外源凝集素可与任何含有糖基的蛋白质结合，这类亲和体系属于群特异亲和体系。表 8.1 自上而下大致按特异性的高低列出了各种常用于亲和分离的亲和作用体系（亲和作用分子对）。

表 8.1　主要亲和作用体系

特异性	亲和作用分子对		特异性	亲和作用分子对	
	A	B		A	B
高特异性	抗原	单克隆抗体	群特异性	凝集素	糖、糖蛋白、细胞（表面受体）
	激素	受体蛋白		酶、蛋白质	肝素
	核酸	互补碱基链段、核酸结合蛋白、小分子		酶、蛋白质	活性染料（色素）
	酶	底物、产物、抑制剂		酶、蛋白质	过渡金属离子（Cu^{2+}、Zn^{2+}、Ni^{2+}、Co^{2+} 等）
群特异性	免疫球蛋白	蛋白 A、蛋白 G、蛋白 L		酶、蛋白质	氨基酸（组氨酸等）
	酶	辅酶			

将具有亲和作用的两种分子中的一种分子与固体粒子或可溶性物质共价偶联，可特异性吸附或结合另一种分子，使另一种分子（通称为目标产物）容易从混合物中得到选择性分离纯化，亲和色谱等亲和纯化技术正是基于这一原理。在亲和纯化中，一般将亲和作用分子对中被固定的分子称为其亲和结合对象（一般为蛋白质）的配基（ligand）。用 L 表示配基，E 表示蛋白质，则亲和结合平衡可表示为

$$E + L \Longleftrightarrow E \cdot L \tag{8.1}$$

其中，$E \cdot L$ 为蛋白质与配基形成的复合体。上述结合反应的解离常数 K_d 为

$$K_d = \frac{[E][L]}{[E \cdot L]} \tag{8.2}$$

第8章

结合常数 K_{eq} 为

$$K_{eq}=\frac{[E\cdot L]}{[E][L]} \tag{8.3}$$

式中，[E]、[L] 和 [E · L] 分别表示蛋白质、配基和其复合体的平衡浓度。

结合常数越大，或解离常数越小，表示亲和结合作用越强。适用于亲和吸附分离的亲和体系的结合常数范围为 $10^4 \sim 10^8$L/mol。有些亲和体系的结合常数很高，例如，生物素（biotin）与抗生物蛋白（avidin）的结合常数达 10^{15}L/mol，其亲和结合基本上是不可逆的。结合常数过大会使目标产物很难洗脱回收，但结合常数最低不能小于 10^3L/mol，否则结合作用太弱，在色谱分离过程中容易解离流失，收率较低。

8.1.4 亲和色谱

亲和色谱是利用亲和吸附作用分离纯化生物物质的液相色谱法，除配基的特异性和结合作用强度与第 7 章所述的一般吸附色谱不同外，分离原理并无本质的区别。但正是由于亲和配基的特异性远高于一般的吸附色谱，亲和色谱操作与一般吸附色谱有明显不同。

亲和色谱的固定相是键合亲和配基的亲和吸附介质（亲和吸附剂）。由于目标产物基于生物亲和作用吸附在固定相上，具有高度的选择性，因此，亲和色谱操作与一般的固定床吸附操作方式相似，多采用断通式前端分析法，也称结合 - 洗脱色谱（bind-elute chromatography）。如图 8.2 所示，一般亲和色谱操作分进料（feedstock loading）、杂质清洗（impurity washing）、目标产物洗脱（product elution）和色谱柱再生（column regeneration）4 个步骤。首先，含有目标产物的料液连续通入色谱柱，直至目标产物在色谱柱出口穿透（或将要穿透）为止［图 8.2（a）］；然后利用与溶解原料的溶液组成相同的缓冲液为清洗液，清洗色谱柱，除去不被吸附（或吸附很弱）的杂质（蛋白质、核酸等）［图 8.2（b）］；清洗完毕后，利用可使目标产物从配基上解离的溶液（洗脱液）洗脱目标产物，即得到纯化的产物［图 8.2（c）］；最后，为分离纯化下一批料液，利用清洗液清洗再生色谱柱，使色谱柱的物理环境（如 pH 值和离子强度等）适合于目标产物的亲和吸附［图 8.2（d）］。图 8.3 是分离操作过程中色谱柱出口浓度变化示意图，其中 a ～ c 分别对应于吸附、清洗和洗脱三个操作步骤。

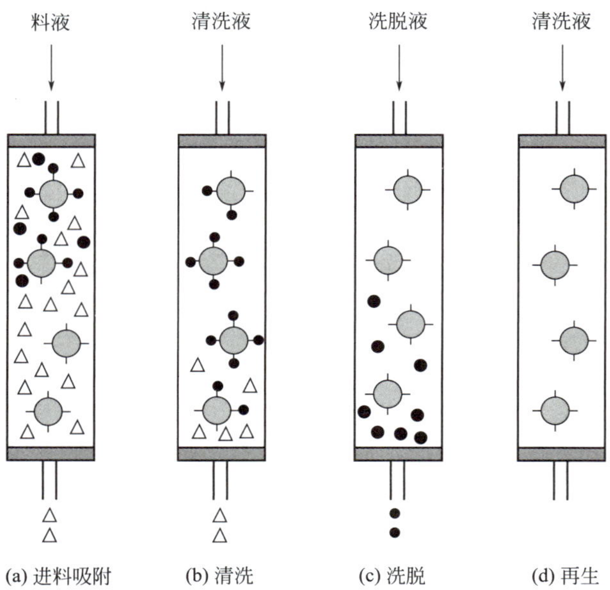

图 8.2 亲和色谱操作示意图

●—目标产物；△—杂质

如果亲和吸附的选择性较低，亲和吸附剂可能同时吸附两种以上的蛋白质。此时可根据不同蛋白质的亲和结合常数的差别进行线性梯度洗脱或逐次洗脱操作，与离子交换色谱操作类似。为使各种吸附蛋白质之间得到良好的分离，一般进料量较小，远低于目标产物发生穿透所需的进料量。例如 [5]，以活性染料为配基分离脱氢酶时，因为料液中含有苹果酸脱氢酶和 3- 羟基酪酸脱氢酶，而两种脱氢酶与染料配基的亲和作用不同，并且随盐浓度增大而降低，可以采用逐渐增大盐浓度的线性梯度洗脱法或采用盐溶液和含 NADH（还原型辅酶 Ⅰ）的逐次洗脱法分离两种脱氢酶。

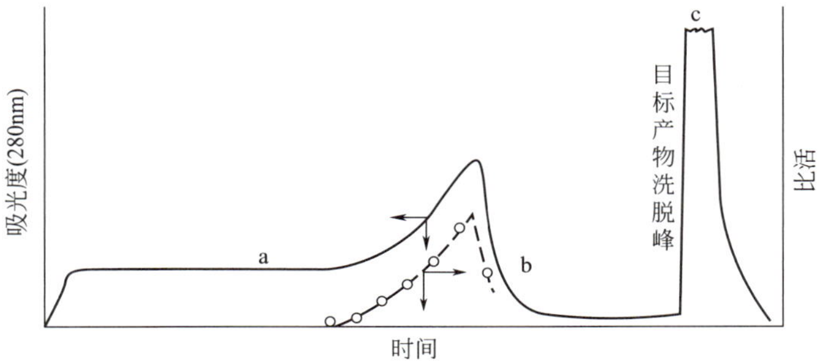

图 8.3　亲和色谱柱出口流出液中目标产物与总蛋白质浓度变化

○—目标产物（比活）

8.2　亲和配基

8.2.1　常用的亲和配基

8.2.1.1　抗体和纳米抗体

（1）抗体　利用抗体为配基的亲和色谱又称免疫亲和色谱（immunoaffinity chromatography）。抗体与抗原之间具有高度特异性，并且结合作用强，结合常数一般为 10^7 ～ 10^{12}L/mol。因此，利用免疫亲和色谱法，特别是以单抗为配基的免疫亲和色谱法是高度纯化蛋白质类生物大分子的有效手段。

单抗一般利用动物免疫实验从动物腹水中获得，或者通过动物细胞培养生产。因此，单抗本身就是一种昂贵的生物活性物质，故免疫亲和色谱很难大规模使用，主要应用于免疫分析或生物诊疗。但是，对于产量较小且价格昂贵的基因工程药物，如组织纤溶酶原激活剂（tissue-type plasminogen activator，t-PA）和干扰素（interferon）的分离纯化，单抗免疫亲和色谱法的确是非常有效的纯化手段，也是工业生产这些药物的主要分离技术之一。

与单抗相比，多克隆抗体的特异性要低得多。利用多克隆抗体为配基时，只要选择适当的洗脱条件，也可实现高度纯化。

（2）纳米抗体　1993 年 Hamers-Casterman 等发现羊驼外周血液中存在一种天然缺失轻链的抗体，只包含一个重链可变区（VHH）和两个常规的 CH2 与 CH3 区[6]。1997 年，Ghahroudi 等通过抗原免疫单峰骆驼克隆其 VHH，得到单域抗体，进而筛选得到了分别与破伤风毒素和溶菌酶特异性结合的 VHH[7]。VHH 的分子质量为 15kDa，晶体尺寸为 2.5nm×4.0nm。VHH 结构具有与原重链抗体相当的结构稳定性以及与抗原的结合活性，是已知的可结合目标抗原的最小单位，故称作纳米抗体（nanobody）。

纳米抗体的分子量小（只有普通抗体的 1/10），亲和结合作用强，温度和酸碱稳定性均远高于普通抗体，易于大规模生产，可替代普通抗体用于疾病治疗、分子成像和亲和色谱，包括免疫检测和制备分离。因为纳米抗体的分子量很小，可通过建立生物或化学文库的方法筛选对目标分子具有高亲和性的纳米抗体（见 8.2.2 节）。

8.2.1.2　抗体的配基

抗体是最重要的一类生物大分子药物，故其亲和纯化技术得到广泛深入的研究和应用。目前广泛应用的抗体纯化的亲和配基主要是基于蛋白 A、蛋白 G 和蛋白 L 等天然蛋白质的重组蛋白质分子 [8]。

（1）蛋白 A　蛋白 A（protein A）为分子质量约 42kDa 的蛋白质，存在于黄色葡萄球菌（*Staphylococcus aureus*）的细胞壁中，占该细胞壁构成成分的约 5%。蛋白 A 与动物免疫球蛋白 G（immunogloblin G，IgG，主要是 IgG1、IgG2 和 IgG4）具有很强的亲和结合作用，结合部位为 IgG 分子的 Fc 片段（Y 字形 IgG 分子的主干部分）。蛋白 A 与 IgG3 的结合作用很弱。每个蛋白 A 分子上含有 5 个高度同源的 Fc 片段结合域（从 N 端开始依次为 E、D、A、B、C），每个结构域都是由 58 个氨基酸组成的三个反向平行的 α 螺旋结构。蛋白 A 也与 VH3 家族成员的重链可变区（VH）结合。除 IgG 外，蛋白 A 与人 IgM 和人 IgA 也有亲和结合作用，但结合力较弱。

蛋白 A 不与抗体（IgG）的抗原结合部位结合，而且任何抗体的 Fc 片段的结构都非常相似。因此，蛋白 A 可作为各种抗体的亲和配基，但与不同抗体的结合常数有所不同。此外，蛋白 A 与抗体结合并不影响抗体与抗原的结合能力，因此蛋白 A 色谱（protein A chromatogrpahy）也可用于分离抗原 - 抗体的免疫复合体。此外蛋白 A 色谱还是捕获 Fc 融合蛋白质药物的主要色谱方法 [8,9]。

蛋白 A 色谱是抗体下游纯化过程的核心步骤，为进一步利用离子交换色谱纯化奠定基础（图 8.4）。蛋白 A 色谱的吸附在中性 pH 下进行，吸附抗体的洗脱通常采用酸性缓冲液（pH2.5 ～ 3.0），洗脱产品中去除了原料中的大部分宿主细胞蛋白质和核酸。后续利用两步离子交换色谱进一步纯化，并进行除病毒操作。

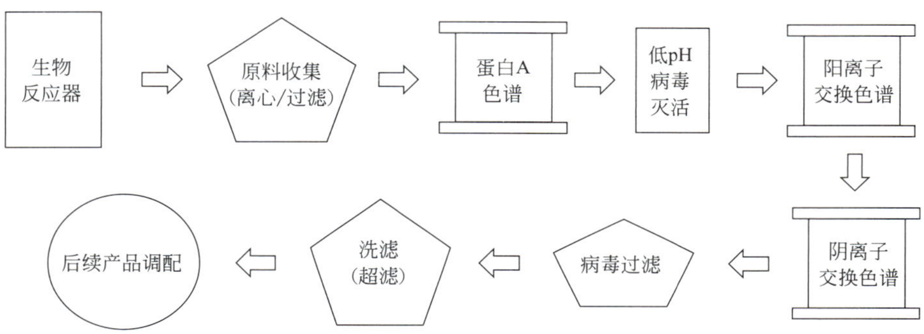

图 8.4　抗体的下游制备流程及蛋白 A 色谱的重要地位

蛋白 A 色谱柱的再生需要利用碱性溶液（例如，0.1mol/L NaOH）。天然蛋白 A 的耐碱性较差，造成蛋白 A 色谱的使用寿命较低。为提高蛋白 A 色谱的耐碱性，已设计开发了多种重组蛋白 A 配基，目前市售的蛋白 A 色谱介质多为重组蛋白 A 产品，主要是基于 B 结构域（58 个氨基酸）的 G29A 突变体。在蛋白 A 的 5 个 Fc 结合结构域中，B 结构域的同源性最高，其与 IgG 的结合形式为螺旋 1 和螺旋 2 上的 11 个氨基酸与 IgG 的 Fc 片段结合，螺旋 3 对 B 结构域起支撑作用。研究发现，B 结构域的 Asn28Gly29 是对碱性条件敏感的氨基酸序列，将 G29 突变成丙氨酸后，得到的 G29A 结构域的耐碱性显著提高，该突变序列称为 Z 结构域，简称 Z 域（Z domain）。基于 Z 域及其进一步突变改造的多肽的重复序列融合蛋白质是当前蛋白 A 色谱介质产品的主流。考虑介质的吸附容量、稳定性和生产成本等因素，一般利用 3 ～ 6 个 Z 域的融合蛋白质作为蛋白 A 亲和配基。

（2）蛋白 G　蛋白 G（protein G）是一种源自链球菌的细胞壁蛋白质，分子质量约 60kDa。蛋白 G 能够特异性地结合 IgG 的 Fc 区域，并与多种亚型的 IgG（如 IgG1、IgG2、IgG3 和 IgG4）结合，但不与 IgM 和 IgA 结合。此外，蛋白 G 也能结合到 Fab 区域，因此可用于纯化 IgG1 的 Fab 片段。与蛋白 A 相比，蛋白 G 的抗体结合作用更强，但在抗体纯化方面的应用不如蛋白 A 广泛。为提高蛋白 G 的性能，已设计开发了一些重组蛋白 G 分子，分子质量约 22 ～ 28kDa。

（3）蛋白 L　蛋白 L（protein L）是一种细菌（*Peptostreptococcus magnus*）表面蛋白质，分子质量 76kDa，与抗体 κ（kappa）轻链（1、3 和 4 亚型）的可变区结合，但不干扰抗原结合。抗体纯化中主要利用重组蛋白 L，只包含抗体结合域，分子质量 36kDa。每个蛋白 L 分子含有 4~5 个高度同源并连续的抗体结合域，结合域具有两个独立的轻链结合位点，可以同时结合两个 Fab。与蛋白 A 相比，除了对抗体的结合位点不同外，蛋白 L 可以结合全部抗体亚型（IgG、IgM、IgY、IgD 和 IgE）。因为大多数 IgG 轻链均为 κ 型，故蛋白 L 色谱广泛应用于不含 Fc 结构域的抗体片段的纯化。

8.2.1.3　凝集素

凝集素（lectin）是与糖特异性结合的蛋白质（酶和抗体除外）的总称，大部分凝集素为多聚体，含有两个以上的糖结合部位，不同的凝集素与糖结合的特异性不同。例如，常用作亲和配基的伴刀豆球蛋白 A（concanavalin A，Con A）与葡萄糖和甘露糖的亲和结合作用较强，而麦芽凝集素（wheat germ agglutinin，WGA）与 *N*- 乙酰葡糖胺（*N*-acetyl-glucosamine）的亲和结合作用较强。

Con A 可用作糖蛋白、多糖、糖脂等含糖生物大分子以及全细胞、细胞膜片段和细胞表面受体蛋白的亲和配基。pH<5.6 时 Con A 为二聚体，分子质量为 52kDa；pH>5.6 时为四聚体，分子质量为 102kDa，每个亚基（subunit）之间通过二硫键结合。因此，在利用 Con A 为配基的亲和色谱操作中，操作条件（如 pH 值、溶液组成）应当适宜，不能使 Con A 的亚基发生解离。

8.2.1.4　酶抑制剂

蛋白酶均存在抑制其活性的物质，这类物质称为酶抑制剂（enzyme inhibitor）。在生物体内蛋白酶的抑制剂可与蛋白酶的活性部位结合，抑制酶的活性，必要时保护生物组织不受蛋白酶的损害。

酶的抑制剂在分子大小和形态上分布较广，有天然的生物大分子，也有小分子化合物。例如胰蛋白酶的天然蛋白质类抑制剂有胰脏蛋白酶抑制剂（pancreatic trypsin inhibitor，PTI）、卵黏蛋白（ovomucoid）和大豆胰蛋白酶抑制剂（soybean trypsin inhibitor，STI）等，小分了抑制剂有苄脒（benzamidine）、精氨酸和赖氨酸。这些抑制剂均可作为亲和纯化胰蛋白酶的配基，但与酶的结合常数各不相同。例如，STI 与胰蛋白酶的结合常数达 10^9L/mol 以上 [10]，而对氨基苄脒（*p*-aminobenzamidine）与胰蛋白酶的结合常数约为 4×10^4L/mol（25℃）[11]。

8.2.1.5　辅酶和磷酸腺苷

各种脱氢酶和激酶需要在辅酶（coenzyme）的存在下表现其生物催化活性，酶和辅酶之间亲和结合作用也可用于酶的亲和纯化。常用的辅酶配基主要有辅酶Ⅰ（烟酰胺腺嘌呤二核苷酸，nicotinamide adenine dinucleotide，NAD）、辅酶Ⅱ（烟酰胺腺嘌呤二核苷酸磷酸，NAD phosphate，NADP）和腺苷三磷酸（adenosine triphosphate，ATP）等。这些辅酶可用相应酶亲和配基。此外，腺苷一磷酸（adenosine 5′-monophosphate，AMP）、腺苷二磷酸（adenosine 2′,5′-diphosphate，ADP）的腺苷部分与上述辅酶的结构类似，与 ATP 依赖酶同样具有亲和结合作用，可用作这些酶的亲和配基。

8.2.1.6　色素配基

三嗪类色素（triazine dyes）是一类分子内含有三嗪环的合成活性染料，与各种需要在 NAD 的存在下表现其生物活性的脱氢酶和激酶具有结合作用。这类色素与 NAD 的结合部位相同，具有抑制酶活性的作用，因此又称为生物模拟色素（biomimetic dye）。利用色素为配基的亲和色谱法一般称作色素亲和色谱（dye-ligand affinity chromatography）。

除脱氢酶和激酶外，三嗪类色素还与很多蛋白质具有结合能力，如血清白蛋白、干扰素、核酸酶、溶菌酶和糖解酶等，用途非常广泛。三嗪类色素与这些蛋白质结合的作用机理很复杂，有些是疏水性相互作用，有些则是疏水性吸附和静电吸附共同作用的结果[12,13]。

三嗪类色素的种类很多，各种色素与蛋白质的亲和结合作用的强弱不同。表 8.2 为部分色素产品及其与蛋白质的亲和结合能力（按五个级别划分）[14]，其中 Cibacron Blue 3GA（又称 Reactive Blue 2）是最常用的活性色素，分子结构为

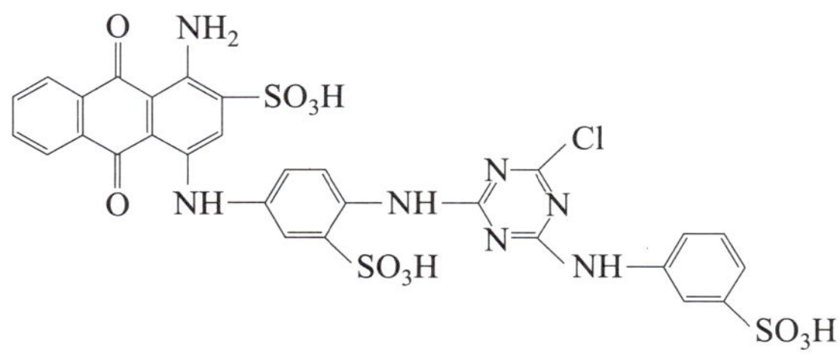

表 8.2 部分三嗪类色素及其与蛋白质的亲和结合能力

色素	亲和结合能力	色素	亲和结合能力
Reactive Yellow 86	1	Reactive Blue 114	4
Reactive Blue 4	2	Reactive Red 4	4
Reactive Blue 2 (Cibacron Blue 3GA)	3	Reactive Brown 10	4
Reactive Red 120	3	Reactive Blue 140	5
Reactive Yellow 2	3	Reactive Green 5	5
Reactive Blue 5	4		

此外，Reactive Red 120（Procion Red H-E3B）、Reactive Blue 4（Procion Blue MX-R）和 Reactive Yellow 2（Procion Yellow H-5G）等也是常用的色素配基。

必须指出，表 8.2 所划分的色素结合能力并不是绝对的，而是根据目标蛋白质的不同有所差异。例如，Procion Red H-E3B 对苹果酸脱氢酶的亲和结合能力比 Procion Blue MX-4GD 强，而对于 3- 羟基酪酸脱氢酶，两者的作用正好相反[5]。三嗪类色素与蛋白质的结合常数为 10^4 ～ 10^7L/mol，一般随离子强度增大而降低[5,12,13]。

8.2.1.7 过渡金属离子

Cu^{2+}、Ni^{2+}、Zn^{2+} 和 Co^{2+} 等过渡金属离子可与 N、S 和 O 等供电原子（electron donor atom）产生配位键，因此可与蛋白质表面的组氨酸（histidine）的咪唑基（imidazole）、半胱氨酸（cysteine）的巯基（mercapto group）和色氨酸（tryptophan）的吲哚基（indole）发生亲和结合作用，其中以组氨酸的咪唑基的结合作用最强。过渡金属离子与咪唑基的结合强弱顺序是 $Cu^{2+}>Ni^{2+}>Zn^{2+}\geqslant Co^{2+}$。

过渡金属离子可通过与亚胺二乙酸（iminodiacetic acid，IDA）或三羧甲基乙二胺［tris(carboxymethyl)-ethylene diamine，TED］形成螯合金属盐固定在固定相粒子表面，用作亲和吸附蛋白质的配基。这种利用金属离子为配基的亲和色谱一般称为金属螯合亲和色谱（metal chelate affinity chromatography）或固定化金属离子亲和色谱（immobilized metal affinity chromatography，IMAC），由 Porath 等[15]于 1973 年首次提出。在各过渡金属离子中，Ni^{2+}的结合作用适中，吸附蛋白质的洗脱也比较容易，是最常用的金属离子。

图 8.5 为利用 IDA 螯合 Cu^{2+} 及其与蛋白质相互作用的示意图。IDA 螯合的 Cu^{2+} 在加入蛋白质之前与

溶剂分子（如水、咪唑）配位。加入蛋白质后，蛋白质置换溶剂分子，与金属离子形成配位键而被吸附。被吸附的蛋白质可利用酸或 Zn^{2+} 溶液（H^+ 或 Zn^{2+} 和固定化金属离子竞争，与蛋白质发生结合作用）洗脱，但常用咪唑溶液（100 ～ 500mmol/L，咪唑与固定化金属离子结合，置换蛋白质）竞争性结合作用洗脱目标蛋白质。色谱柱的再生可用螯合剂（如 EDTA）将金属离子和蛋白质一起脱附，清洗后再重新负载金属离子。

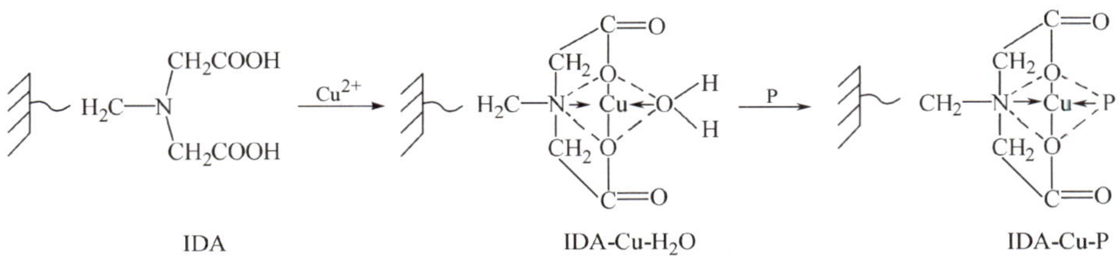

图 8.5 固定化 IDA 与 Cu^{2+} 形成的螯合结构及吸附蛋白质的平面示意图（P 表示蛋白质）

由于大多数蛋白质都含有组氨酸等残基，故 IMAC 用途广泛。不同蛋白质表面组氨酸残基的含量和分布不同，利用其差别引起的结合作用的强弱不同可进行蛋白质的色谱分离。

8.2.1.8 组氨酸

在各种氨基酸中，组氨酸（图 8.6）的性质比较独特：具有弱疏水性、咪唑环为弱电性。因此组氨酸可与蛋白质发生亲和结合作用。虽然这种亲和作用的机理尚不十分清楚，但利用固定化组氨酸吸附蛋白质以及洗脱色谱实验结果表明，静电和疏水性相互作用均有可能参与亲和结合[16]。在盐浓度较低和 pH 值约等于目标蛋白质等电点的溶液中，固定化组氨酸的亲和吸附作用最强，随着盐浓度增大，亲和吸附作用降低。因此，利用组氨酸为配基可亲和分离等电点相差较大的蛋白质，洗脱则可采用增大盐浓度的梯度洗脱法。

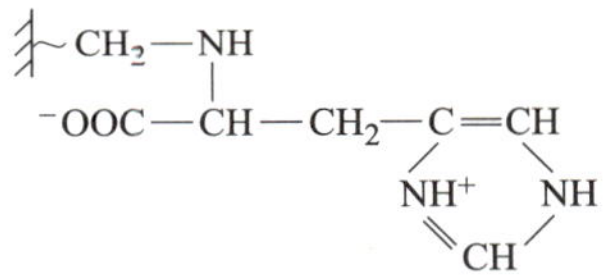

图 8.6 固定化组氨酸

8.2.1.9 肝素

肝素（heparin）因首先从哺乳动物的肝脏中发现而得名，是由葡萄糖胺、L- 艾杜糖醛苷、*N*- 乙酰葡萄糖胺和 D- 葡萄糖醛酸交替组成的黏多糖硫酸酯，呈酸性，分子质量为 5 ～ 30kDa。除肝脏外，肝素也存在于肺、肠等脏器中。肝素具有抗凝血作用，临床用于防治血栓形成或栓塞性疾病等弥漫性血管内凝血。肝素与脂蛋白、脂肪酶、甾体受体、限制性核酸内切酶、抗凝血酶、凝血蛋白质等具有亲和作用，可用作这些物质的亲和配基。肝素的亲和结合作用在中性 pH 值和低浓度盐溶液中较强，随着盐浓度的增大结合作用降低。

8.2.1.10 适配体

适配体（aptamer）也称做核酸适配体或简称适体，是与靶标分子等具有高度亲和作用的单链寡核苷酸分子，通常由 20 ～ 110 个核苷酸构成。利用适配体为亲和配基的亲和色谱方法称为适配体亲和色谱（aptamer affinity chromatography）[17]。

核酸适配体的亲和作用和特异性与抗体相近（特异性低于抗体），但与免疫亲和色谱相比，适配体亲和色谱的核酸配基分子量小，稳定性高，易于大规模制备和应用，成本较低，在分析和分离领域应用广泛。同时，适配体的目标分子非常广泛，已报道的亲和靶标包括稀土元素、小分子、糖类、核苷酸、氨基酸、蛋白质、细胞等。因此，适配体亲和色谱不仅像免疫亲和色谱那样适用于生物大分子及细胞，还可用于小分子和合成高分子聚合物的分离分析。在药物研发领域，适配体亲和色谱可用于快速筛选与特定靶点具有高亲和力的药物分子。因核酸分子易发生酶解，故稳定性是适配体亲和色谱应用的重要问题。

上述亲和配基大部分都有市售的亲和介质，包括第 7 章介绍的各个国内外厂商，如国内的博格隆生物技术公司、中科森辉、苏州纳微科技、百林科医药科技公司以及美国的 Cytiva 和日本 Tosoh 等。配基偶联所用的载体材料主要是琼脂糖或葡聚糖凝胶、硅胶、高分子树脂以及有机 - 无机或有机 - 有机复合载体。

8.2.2 亲和配基的筛选和设计

蛋白质等生物分子在生物体内具有其特异性结合的分子。但很多天然配基因为来源、性质（如分子结构、稳定性）和制备成本等限制，并不能用于色谱分离的亲和配基。在这种情况下，若要采用亲和色谱方法分离这类生物分子，就必须筛选或设计新的特异性结合分子，用于目标分子的亲和分离；此外，现有的天然配基可能在性能（如亲和性、稳定性）和生产成本等方面不尽如人意，需要进行改造或重新进行筛选或设计，发现在性能和生产成本等方面更具优势的新型配基分子。

蛋白质种类数以兆计，但蛋白质数据库中仅收录了约 20 万个实测的蛋白质结构 [18]。在蛋白质结构未知的情况下，需要从含有海量化合物分子结构的组合文库中筛选配基。近年来人工智能（artificial inteligence，AI）技术飞速发展，蛋白质设计能力和结构预测精度显著提高 [19,20]，为利用实测蛋白质结构或计算预测蛋白质结构进行蛋白质配基或药物设计奠定了理论和技术基础。本小节简要介绍主要的配基筛选和设计方法。

8.2.2.1 分子文库及其筛选

目前有多种化合物分子文库。在 20 世纪 80 年代以后，利用固相多肽合成技术建立一系列多肽组合化学文库；同一时期，Smith 报道了噬菌体表面展示（phage surface display）多肽或蛋白质的方法，使多肽库的建立更加便捷 [21]。除了组合化学文库和噬菌体展示文库外，目前能够用于亲和配基高通量筛选的文库技术还包括酵母表面展示文库和 mRNA 展示文库等。这些基于固相合成或基因重组技术构建的分子文库构成了丰富的药物和亲和配基高通量筛选的平台。本小节主要介绍噬菌体展示文库。

目前用于构建噬菌体展示文库的噬菌体种类主要包括丝状噬菌体、λ 噬菌体、T4 噬菌体和 T7 噬菌体等，其中尤以 M13 丝状噬菌体最为常用。在这些噬菌体系统中，融合的氨基酸序列呈现在噬菌体的表面。在文库筛选过程中，重组噬菌体通过与目标蛋白质的结合，富集得到那些表达与目标蛋白质具有高亲和性多肽的噬菌体。

目前常用的商品化噬菌体文库是 M13 噬菌体展示文库。M13 噬菌体是一种特异性感染大肠杆菌的丝状非裂解 DNA 病毒，长约 1μm，直径 10nm。噬菌体表面由包括 p Ⅷ在内的五种衣壳蛋白包裹而成，内部为单链环状 DNA。除衣壳蛋白 p Ⅷ外，其他四种衣壳蛋白主要分布于噬菌体两端。目前大多数噬菌体展示文库是通过将外源序列基因片段融合于衣壳蛋白 p Ⅲ的 N 端实现的，由此形成展示在噬菌体粒子表面的 5 个拷贝。当大肠杆菌被噬菌体感染时，形成一个噬菌体文库，其中每个噬菌体只显示条肽。通常情况下，用于筛选的噬菌体文库往往是通过大肠杆菌发酵扩增的，收集发酵液经细胞破碎、纯化等步骤得到用于筛选的噬菌体。在筛选开始前，需要先将目标蛋白质吸附在多孔板表面，并用惰性蛋白质（如血清白蛋白）充分覆盖目标蛋白质未能完全覆盖的板表面，降低噬菌体的非特异性吸附，然后进行多轮生物淘选（biopanning）[22-24]。1998 年，Krook 等利用十肽噬菌体展示文库五轮筛选与抗体 Fc 片段具有高亲和性的噬菌体 [23]。每一轮筛选过程中，结合的噬菌体分别采用蛋白 A 选择性洗脱和低 pH 值洗脱，最终获得若干与人和猪抗体 Fc 片段有高亲和性的肽配基。Delano 等构建了库容量 4×10^9 的二十肽 M13 噬菌体展示肽库，筛选获得了对抗体 Fc 片段铰链域有高亲和性的肽配基 [24]。Shi 等将噬菌体展示肽库筛选技术应用于新冠病毒（SARS-CoV-2）配基的筛选，获得了广谱结合在病毒受体结合域的血管紧张素转换酶 2 结合基序［angiotensin-converting enzyme 2 (ACE2)-binding motif］的肽配基 [25]。该配基具有一定广谱性，高亲和性结合 SARS-CoV-2 及其 Omicron 变体，可亲和色谱纯化灭活的 SARS-CoV-2 和 Omicron 疫苗。

纳米抗体也可用噬菌体展示技术建立文库。利用佐剂处理的抗原免疫单峰骆驼，经多轮抗原注射以强化免疫，之后收集外周血中的淋巴细胞，从中提取 mRNA，反转录后得到 cDNA 用于噬菌体文库的构建和筛选。

核酸适配体通常利用指数富集的配体系统进化技术（systematic evolution of ligands by exponential enrichment，SELEX）进行大规模筛选 [17]。在构建完成随机核酸库（DNA 或 RNA）的基础上，SELEX 包括筛选、分离和扩增三个步骤的重复过程，与前述的生物淘选过程类似。

8.2.2.2 亲和配基的设计

噬菌体展示文库等生物和化学文库的库容大，可达 $10^{10}\sim10^{12}$ 分子以上，为筛选获得高亲和性配基创造了必要条件。但大库容意味着需要高强度的筛选；同时，大量假阳性的出现也增加了后续分析鉴定的难度。在蛋白质分子结构已知或可预测的情况下，利用生物信息学分析、分子模拟或人工智能方法，可以理性设计小库容的“特异性分子库”，仅含几百乃至几个候选分子，从而可以快速通过进一步的理论计算和实验发现高亲和性配基。另一方面，计算机辅助计算也可快速筛选大容量化合物库，快速识别出潜在的高亲和配基，大幅度缩小实验验证的范围，加速亲和配基的发现过程 [26]。

如果已知目标蛋白质与其天然配基复合物的分子结构，可通过理论分析结合界面的分子间相互作用，确定结合配基上发挥关键结合作用的氨基酸残基及其分子间相互作用、关键氨基酸分布等分子界面细节，进而根据关键氨基酸及其分布建立结合模型，理性设计短肽配基分子库，进而进行计算机辅助筛选和实验验证 [27-29]。这种基于蛋白质 - 配基复合物结构的理性设计方法称为仿生设计（biomimetic design）。Sun 等基于 IgG- 蛋白 A（SpA）复合物的晶体结构［图 8.7（a）］，利用分子动力学模拟和表面作用能分析，研究 IgG- 蛋白 A 的复合物作用界面，确定 SpA 上与 IgG 结合的 6 个关键氨基酸残基（F132、Y133、H137、E143、R146 和 K154），根据其构象和相对位置，构建 SpA 亲和结合模型［图 8.7（b）］，并由此建立了一个仿生肽库，含有 15884 条七肽或八肽 [27]。进一步利用氨基酸定位分析、半柔性分子对接和柔性分子对接等 3 个步骤，逐步将候选肽分子数降低到 15 条。用分子动力学模拟研究分别研究这 15 条肽与 IgG 的结合作用，排除了一条解离的阴性肽，剩余 14 条阳性肽［图 8.7（c）］。最后利用色谱实验分析研究这 15 条肽的实际亲和结合能力，确认分子动力学模拟分析的阴性肽确实没有结合作用，而 14 条阳性肽均有一定结合作用，其中 5 条具有高亲和性（解离常数约 1.5×10^{-6}mol/L），并且与蛋白 A 的结合位点一致（Fc），其肽配基亲和色谱可实现 IgG 和抗体的亲和纯化，性能与蛋白 A 色谱相近 [27,30,31]。该仿生肽配基设计方法还成功应用于病毒样颗粒配基的设计 [32]，在各种病毒及其疫苗配基的设计开发中具有重要应用前景。

近年来，人工智能技术迅速发展，将机器学习等 AI 算法与分子模拟方法结合，可精准实现靶蛋白中结合位点的识别、基于结构的虚拟筛选、蛋白质 - 蛋白质和蛋白质 - 配基结合作用预测和配基设计等 [19,20,33-35]，为生物大分子的配基设计和药物研发开辟了崭新的发展空间。

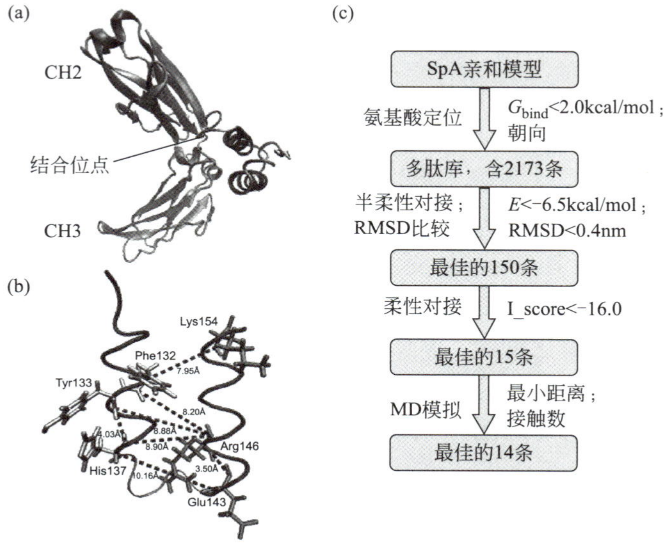

图 8.7 抗体配基的仿生设计（1cal=4.1868J）

8.2.3 融合标签及其配基

将目标蛋白质与其他蛋白质或肽链融合表达构建融合蛋白，是成熟的分子生物学技术。融合蛋白质可提高目标蛋白质的可溶性表达水平，便于分析检测、分离纯化或固定化[4]。在蛋白质纯化方面，将特定的亲和标签（affinity tag）与目标蛋白质融合表达，即可利用该亲和标签的亲和配基色谱进行纯化。可用于蛋白质亲和纯化或固定化的亲和标签种类很多[36]。用于亲和色谱纯化的亲和标签与酶的固定化不同，后者需要很强的结合能力，不考虑结合后的洗脱问题。但亲和色谱标签与其配基的结合能力要适中，并且可通过适当改变 pH 或离子强度等溶液条件进行解离和洗脱。本小节介绍几种常用于亲和色谱纯化的亲和标签及其配基。

8.2.3.1 聚组氨酸

8.2.1.7 节介绍了过渡金属离子对组氨酸（His）的亲和结合作用。将聚组氨酸标签（通常为 6 ～ 10 个连续的 His 残基，6×His 最常用）融合表达在蛋白质的 N 端或 C 端（或两端同时融合），不依赖于蛋白质表面的组氨酸残基，可对融合标签的目标蛋白质产生更强的结合作用，利用固定化金属离子亲和色谱（常用 Ni^{2+}）从众多含有组氨酸残基的杂蛋白中分离纯化融合蛋白质。

因为咪唑基是组氨酸与过渡金属离子结合的主要基团，色谱柱的清洗和洗脱均用咪唑溶液。料液进柱吸附后，先用含低浓度咪唑（20 ～ 50mmol/L）的缓冲液清洗色谱柱，去除弱吸附的杂质，然后用含较高浓度咪唑（100 ～ 500mmol/L）的缓冲液洗脱目标蛋白质。也可用咪唑浓度梯度洗脱或逐次提高咪唑浓度的方式进行洗脱。

8.2.3.2 谷胱甘肽巯基转移酶

谷胱甘肽巯基转移酶（glutathione S-transferase，GST）的分子质量约 26kDa，与谷胱甘肽（γ- 谷氨酰 - 半胱氨酰 - 甘氨酸）具有高亲和性（主要是氢键和疏水相互作用），利用固定化的谷胱甘肽的谷胱甘肽亲和色谱（glutathione affinity chromatography）可纯化 GST 融合蛋白质。

谷胱甘肽和GST之间的结合作用很强，一般需要用10～20mmol/L的还原型谷胱甘肽缓冲液（pH 8.0）进行竞争性洗脱。另外需要注意的是，与聚组氨酸相比，GST 标签的分子量较大，融合表达后可能会影响目标蛋白质的折叠和活性；若融合产品对目标蛋白质的活性或功能（例如，作为药物可能产生免疫原性）有影响，需要用蛋白酶切割去除。为此，需要在 GST 标签和目标蛋白质之间引入蛋白酶识别序列，便于蛋白酶的准确识别切割。切割后仍采用谷胱甘肽亲和色谱纯化，GST 标签被吸附，流出液为目标产品。

8.2.3.3　蛋白 A 与 IgG 亲和作用的拓展

利用蛋白 A 与 IgG 的亲和作用有两种形式。首先是 Fc 标签，上面已经介绍，Fc 作为融合标签是一种常用的蛋白质药物表达形式，可用蛋白 A 色谱纯化。与此相对应，利用蛋白 A 为融合标签，以 IgG/Fc 为配基进行融合蛋白质的亲和色谱纯化早在 20 世纪 80 年代就已开发应用[37,38]。利用前述的 Z 域，将两条 Z 域以连接肽（常用柔性肽 GGGGS）连接，即构成标签（ZZ-Tag）。因为亲和作用原理与蛋白 A 色谱相同，这类融合蛋白纯化过程的色谱操作也基本一样。

8.2.3.4　硅胶结合肽

硅胶结合肽（silica-binding peptide，SiBP）是富含正电荷的短肽，通常由 10 ～ 20 个氨基酸组成。SiBP 有多种变体，常见的有 DSARGFKKPGK（Car9）、SGRARAQRQSSRGR、GRARAQRQSSRGR（CotB1p）和 SSKKSGSYSGSKGSKRRIL 等序列。硅胶表面呈负电特性，硅胶表面即构成 SiBP 的“配基”。不同 SiBP 分子与硅胶表面的结合作用不同，大部分都很强，构成不可逆吸附，常用于融合酶的固定化[39]。结合较弱的 SiBP 也可用于融合蛋白质的亲和色谱纯化[36]。SiBP 亲和色谱的洗脱利用酸性 pH 溶液。

8.2.3.5　碳水化合物结合蛋白（结构域）

碳水化合物结合肽标签主要有麦芽糖结合蛋白（maltose-binding protein，MBP，约 40 kDa）、几丁质结合域（chitin-binding domain，ChBD，5 ～ 20kDa）和纤维素结合域（cellulose-binding domain，CeBD，4 ～ 35kDa），对应的配基为 MBP- 直链淀粉（amylose）、ChBD- 几丁质（chitin）、CeBD- 纤维素（cellulose）。因为淀粉、几丁质和纤维素等配基来源丰富，特别是 CeBD 融合蛋白可直接利用填充纤维素微球的色谱柱进行亲和纯化，故利用这些碳水化合物结合蛋白标签融合蛋白质的亲和色谱经济易得。

8.2.3.6　钙调素结合肽

钙调素（calmodulin, CaM）是一种广泛存在于真核生物中的钙离子（Ca^{2+}）结合蛋白，钙调素结合肽（calmodulin-binding peptide，CBP）是一类能够特异性结合钙调素的短肽序列，一般由 15 ～ 30 个氨基酸构成，富含碱性氨基酸和疏水性氨基酸。代表性 CBP 序列有 RRKWQKTGHAVRAIGRLSS、KKALRRQEAVDAL 和 RRKWQKTGHAVRAIGRLSS。在钙离子存在下，钙调素发生构象变化，暴露出疏水口袋，与 CBP 的疏水区域结合，同时 CBP 的碱性氨基酸残基与钙调素的酸性氨基酸残基发生静电相互作用。

CBP 与钙调素的亲和作用很强，解离常数在纳摩尔到微摩尔之间。与钙调素解离常数较大的 CBP 可作为融合标签，利用钙调素为亲和配基纯化融合蛋白质。

8.2.3.7 短肽标签与抗短肽抗体

前述的免疫亲和色谱具有极高的特异性，是蛋白质纯化的有力工具。但每个蛋白质都需要其自身的抗体制备色谱介质，通用性差且成本高。利用短肽标签制备其抗体，即可解决这些问题。常用的短肽标签（称作 Flag-Tag）为八肽序列 DYKDDDDK，抗 Flag 抗体高度特异性结合 Flag-Tag 融合蛋白质，用于目标蛋白质的免疫检测和纯化制备等。

因为 Flag-Tag 与其抗体的结合作用强，一般需用标签溶液进行竞争性洗脱融合蛋白质。在 Flag-Tag 与目标蛋白质之间引入蛋白酶识别序列，可进行标签的切割去除。

类似的短肽标签还有 HA-Tag，为九肽序列（YPYDVPDYA）；Myc-Tag，为十肽序列（EQKLISEEDL）；V5-Tag，为十四肽序列（GKPIPNPLLGLDST）。

8.3 亲和色谱介质的制备

亲和吸附作用是在特定配基的存在下实现的，因此，除少数特殊情况外，均需根据目标产物选择适当的亲和配基修饰固定相粒子，制备所需的亲和吸附介质。这里所说的少数特殊情况包括外源凝集素的亲和纯化。如上节所述，植物凝集素与糖具有亲和结合作用，因此，天然琼脂糖凝胶和葡聚糖凝胶可直接用作外源凝集素的亲和吸附介质。例如，Sephadex 凝胶是交联葡聚糖凝胶，而葡聚糖是葡萄糖以 α-1,6- 糖苷键连接而成的，可亲和吸附伴刀豆球蛋白 A（一种植物凝集素）；Sepharose 凝胶中含有半乳糖，在 Ca^{2+} 存在下可亲和吸附蛇毒凝集素。在利用亲和色谱技术纯化目标产物时，商品化的亲和吸附介质往往不能满足特殊目标产物的需要，有必要自制亲和吸附介质。因此，本小节介绍亲和配基的固定化方法。

8.3.1 亲和吸附剂及其制备方法

将亲和配基共价偶联在固体粒子的表面（孔内）即可制备亲和吸附剂，该固体粒子通常称为配基的载体（carrier/support）。因此，亲和吸附剂又称亲和载体（affinity carrier/affinity support）。作为载体的固体粒子应满足以下要求：

① 具有亲水性多孔结构，无非特异性吸附，比表面积大。

② 物理和化学稳定性高，有较高的机械强度，使用寿命长。

③ 含有可活化的反应基团，用于亲和配基的固定化。

④ 粒径均一的球形粒子。

可以看出，上述要求除第③条外，与凝胶过滤介质相同（见 7.3 节）。实际上，亲水性凝胶过滤介质表面含有大量可活化的羟基。因此，一般凝胶过滤介质均可作为亲和配基的载体制备亲和吸附剂。此外，还有许多商品化的活化载体，供各种配基的固定化。

商品化的亲和吸附介质种类有限，在实际应用中，特别是在科研工作中往往需要在实验室内利用凝胶过滤介质合成所需的亲和吸附介质。合成的方法很多，可根据凝胶和配基的反应活性基团的不同加以适当选择[40]。下面介绍几种常用的方法。

8.3.1.1 溴化腈活化法

溴化腈活化法可用于多糖凝胶的活化，被固定的活性基团为氨基（R—NH_2）。溴化腈（CNBr）对多糖类载体的活化在碱性（pH>10）条件下数分钟即可完成，之后的配基修饰亦需在碱性条件下进行，一般使用碳酸盐缓冲液。反应过程为

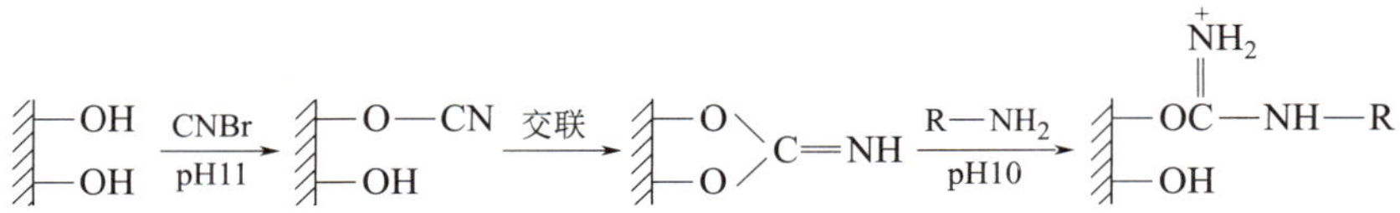

CNBr 为剧毒药品，上述操作需在通风橱中进行。CNBr 活化法适用于 R—NH_2 型配基的修饰，如蛋白质类配基。

8.3.1.2　环氧基活化法

环氧基活化法可用于多糖凝胶和表面为氨基的载体的活化，固定分子结构为 R—NH_2、R—OH 和 R—SH 的配基。常用的活化试剂为 1,4- 丁二醇 - 二缩水甘油醚（简称 BGE）和环氧氯丙烷（epichlorohydrin）。活化过程需在强碱条件下进行。以活化羟基为例，利用 BGE 或环氧氯丙烷活化反应过程为

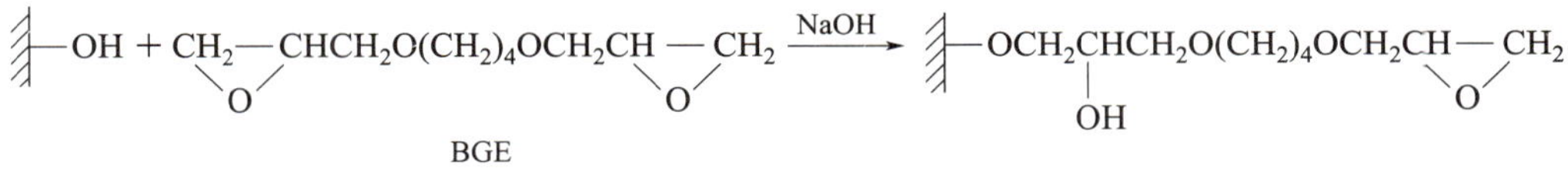

或

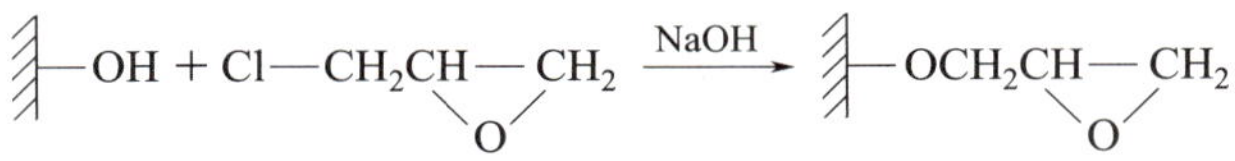

引入活性基团环氧基后，可采用下述直接法或间接法固定配基。

（1）直接固定化法　在碱性条件下，通过与上述固定的活性环氧基直接反应固定配基（R—OH、R—NH_2、R—SH）。

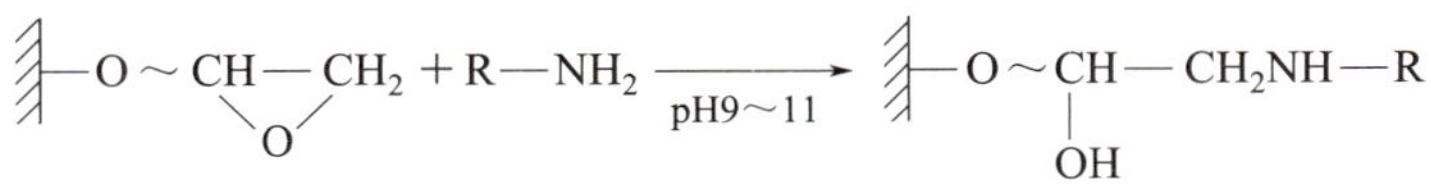

此反应速度较慢，所需固定化时间较长（10 ～ 48h）且固定化率较低。利用改良的间接法可提高反应速度和配基固定化率。

（2）间接固定化法　将环氧基进一步活化后，可使配基固定化反应更容易进行。通过环氧基的配基间接固定化方法很多，下面用化学反应式介绍几种常用的间接固定化法。

① 还原 - 氧化法　将环氧基还原成羟基后，再氧化成甲酰基（醛）。甲酰基与氨基的反应活性很高。

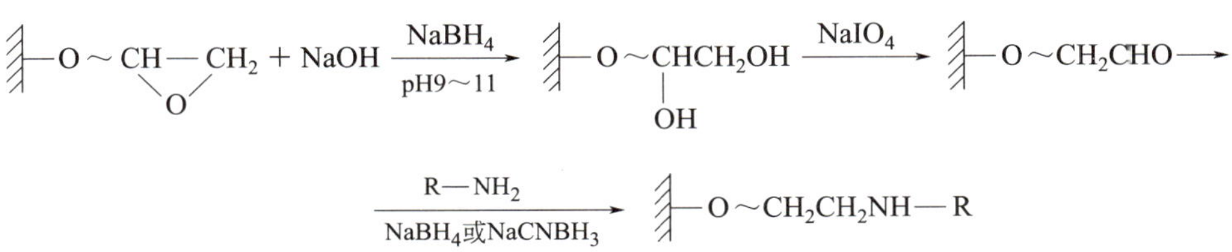

上述反应中，$NaBH_4$ 和 $NaCNBH_3$ 均为还原剂（前者的还原力更强），还原甲酰基与氨基反应形成的不稳定 Schiff 碱，将—CH=NR 转化为—CH_2NHR。

② 碳二亚胺法　先用浓氨水处理，转化成胺化基团后，加酸酐引入羧基，再用碳二亚胺为缩合剂偶

联配基 R—NH_2。常用的水溶性碳二亚胺为 1- 乙基 -3-(3- 二甲胺丙基) 碳二亚胺（EDC）。

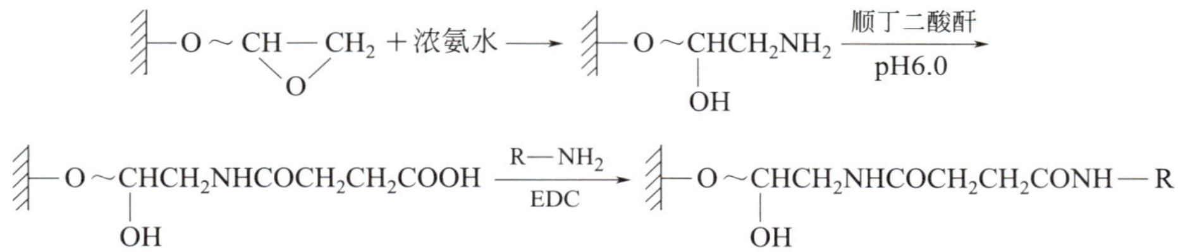

上述反应中，在转化成氨基后，可直接用碳二亚胺法偶联羧基配基（R—COOH）。

③ 戊二醛活化法　上述②中用浓氨水处理后得到的胺化载体用戊二醛醛基化后固定配基。

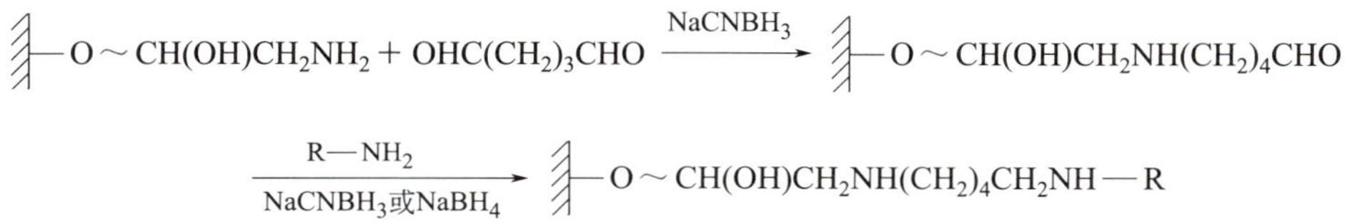

因为 $NaBH_4$ 不仅还原 Schiff 碱，而且还原甲酰基，故第一步反应不能用 $NaBH_4$，只能用 $NaCNBH_3$，后者只能还原 Schiff 碱。

8.3.1.3　硅胶的活化

活化硅胶常采用硅烷化试剂，如 γ- 氨丙基三甲（或乙）氧基硅烷和环氧基丙基三甲（或乙）氧基硅烷等，反应式分别为

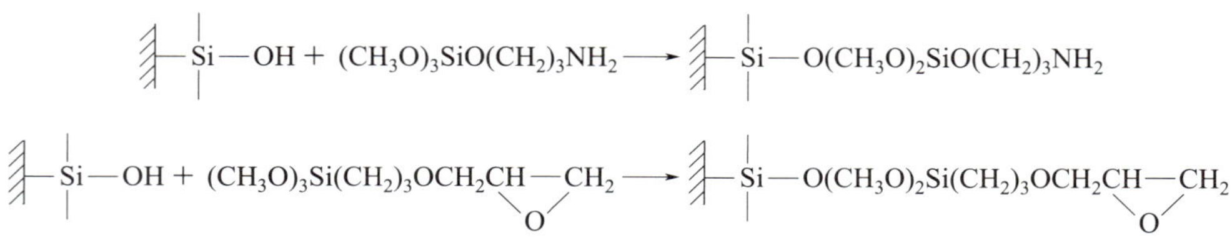

引入活性氨基或环氧基后，可利用上述相应方法固定配基。但需注意的是，硅胶在碱性溶液中不稳定，所以固定化反应不能在碱性条件下进行。在酸溶液中环氧基可发生二醇化反应。

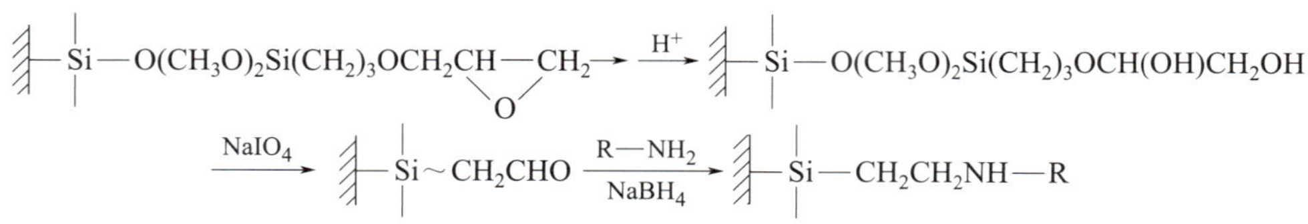

利用上述各种活化和固定化法得到的配基固定化密度与载体的性质、活化与固定化法以及配基的性质有关，并且受反应条件（温度、pH 值等）的影响。因此，对于特定配基，需选择适当的载体在适宜的条件下进行活化与固定化反应，以达到所需的固定化密度，提高亲和色谱操作中目标产物的吸附容量，降低非特异性吸附。

一般来说，目标产物的吸附容量随配基固定化密度的提高而增大。但是，当配基固定化密度过高时，配基之间会产生空间位阻（steric hindrance），影响配基与目标产物之间的结合，配基的有效利用率降低。因此，配基固定化密度也不宜过高，通常存在最佳密度值范围。

8.3.2 间隔臂的作用

当配基的分子量较小时，将其直接固定在载体上，由于载体的空间位阻，配基不能对生物大分子产生有效的亲和吸附作用，如图 8.8（a）所示。这时，需要在配基与载体之间连接一个“间隔臂”（spacer），以增大配基与载体之间的距离，使其与生物大分子发生有效的亲和结合，如图 8.8（b）所示。在上述配基固定化方法中，环氧基活化法中的双环氧化合物起间隔臂的作用。事实上，除 CNBr 活化法外，其它活化法都引入了不同的活性基团，这些活性基团如果有适当的长度，都可起到间隔臂的作用。利用 CNBr 活化法固定小分子配基时，一般需先引入 ω- 氨基己酸或 1,6- 二氨基己烷后再用相应的方法固定配基。

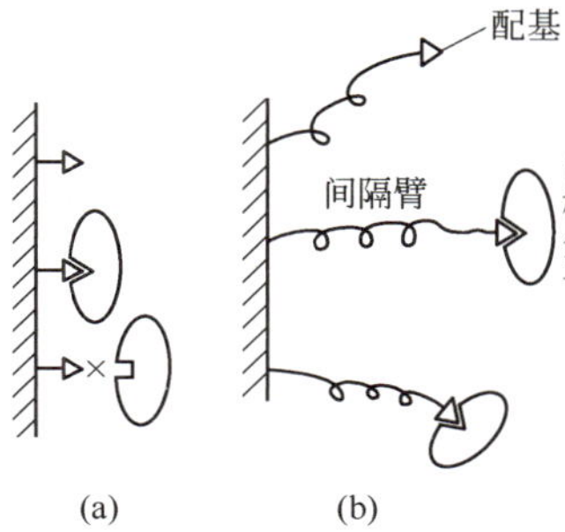

图 8.8 间隔臂的作用

引入间隔臂的长度是有一定限度的。若间隔臂分子链过长，配基与目标分子的亲和结合能力反而会下降。例如，研究表明[41]，间隔臂的长度对固定化核苷酸与脱氢酶和激酶的亲和结合能力影响很大。当间隔臂含有 6 ～ 8 个亚甲基（$—CH_2—$）时亲和吸附作用最大，当亚甲基数超过 8（长度 >1.0nm）时，亲和吸附作用下降。这可能是由于间隔臂过长容易弯曲，使配基与载体之间的距离缩短，或者不能有效地与酶的亲和结合部位接触，从而减弱了对酶的亲和作用。最佳间隔臂长度与亲和作用体系、介质表面结构和亲和配基的偶联方法等有关。

8.4 亲和吸附平衡

与其他类型的吸附相似，蛋白质等生物大分子的亲和吸附平衡基本上可用 Langmuir 或 Freundlich 等温式表达。在吸附浓度较低的范围内，吸附等温线近似为线形（详见 6.2 节）。

在 8.2.1.6 节已经介绍了色素配基。色素亲和吸附剂吸附蛋白质的机理比较复杂，对不同的蛋白质，色素配基的吸附作用机理不尽相同。色素配基中研究最多的是 Cibacron Blue 3GA，简称 CB。CB 作为一种生物模拟色素，具有特殊的化学结构（见前面的分子结构式），使其可以和多种蛋白质通过不同的机理进行结合。首先，CB 分子中的多个芳环使其具有一定的疏水性，可以和蛋白质的非极性表面发生疏水性相互作用；其次，CB 分子上的蓝色发色基团具有和 NAD^+ 和 $NADP^+$ 相类似的构象和尺寸，从而可以和许多核苷酸依赖酶（例如脱氢酶和激酶）在二核苷酸结合位点发生强烈的特异性结合；最后，因为 CB 分子上的三个芳环氢被带负电荷的磺酸基所取代，又使其具有阳离子交换基的性质，可以和蛋白质发生静电相互作用。系统的研究表明，CB 对大部分蛋白质的吸附作用不外乎静电吸附和疏水性吸附，但对不同的蛋白质，两者的作用大小不一。对于大部分蛋白质，色素亲和吸附容量均随离子强度增大而降低，即使是与色素分子带同种负电荷的血清白蛋白（因为带电符号相同，不存在静电吸附，只有疏水性吸附，而疏水性吸附应随离子强度增大而增大）。这表明还存在另一种作用，即色素配基与载体介质的吸附作用。在较高盐浓度下，色素分子和琼脂糖凝胶基质之间可发生强疏水作用，造成色素配基的“倒伏”[12,42]。配基的倒伏随盐浓度提高而增大，故可与蛋白质结合的有效配基数随盐浓度增大而减小，致使发生蛋白质吸附容量随盐浓度增大而降低的现象。

基于对色素 CB 与琼脂糖凝胶载体的疏水性吸附作用随盐浓度提高而增大的认识，Zhang 和 Sun[43-45] 提出用下式描述色素配基与载体表面之间的吸附平衡

$$L_v + \alpha c_S \Longleftrightarrow L_S \tag{8.4}$$

第8章

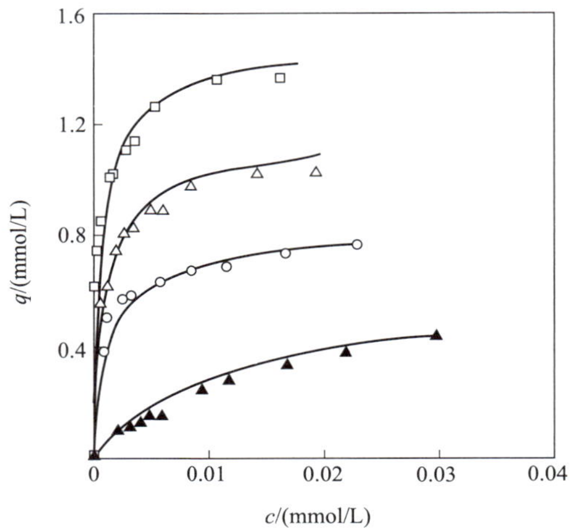

图 8.9 模型方程式（8.6）的计算值和实测 BSA 吸附等温线数据的比较

实验条件：□—L_t=19.0mmol/L，c_S=0.10mol/L；
△—L_t=12.1mmol/L，c_S=0.10mol/L；
○—L_t=7.01mmol/L，c_S=0.10mol/L；
▲—L_t=15.82mmol/L，c_S=0.50mol/L

式中，L_v 为未倒伏的配基浓度；L_S 为倒伏的配基浓度；c_S 为盐浓度；α 为盐作用系数（表示盐对色素配基倒伏作用影响的大小）。

上述关系的平衡常数为

$$K_S = \frac{L_S}{c_S^{\alpha} L_v} \tag{8.5}$$

结合空间质量作用模型（见 6.2.3 节）和蛋白质与 CB 的疏水性吸附，可推导如下吸附平衡方程

$$\frac{q}{c} = K\left(\frac{L_t - (n+\sigma+K_S c_S^{\alpha}\sigma)q}{1+K_S c_S^{\alpha}}\right)^n \tag{8.6}$$

式中，L_t 为色素配基的总浓度；K 为蛋白质与配基的亲和结合平衡常数；σ 为空间因子；n 为每个蛋白质分子结合的 CB 配基分子数，相当于离子交换吸附的空间质量作用模型方程式（6.34a）中的特征电荷。

式（8.6）表示的空间质量作用模型描述了蛋白质吸附容量随盐浓度增大而降低的现象。图 8.9 为利用独立测定的模型参数得到的模型计算值和实测 BSA 吸附平衡数据的比较[44]，两者吻合很好，说明模型方程具有预测性。该模型也可较好地描述双组分吸附平衡，并可扩展成描述既有疏水性吸附又有离子交换吸附的蛋白质吸附平衡模型[45]。

8.5 亲和色谱过程和应用

8.5.1 亲和色谱过程

流速是影响色谱柱效和分离速度的重要因素，这一点在第 7 章已着重阐述。提高流速虽可提高分离速度，但柱效降低，穿透曲线平缓，色谱柱的有效利用率降低。因此，任何色谱操作都要在适当的流速下进行，兼顾操作速度和柱效率的关系，在保证良好的色谱分离的前提下采用尽可能高的流速。另外，色谱固定相载体和色谱分离设备本身也有耐压能力限制。就固定相载体而言，软凝胶载体（如琼脂糖凝胶）等低强度载体容易受压变形，存在最大允许线速度。如图 8.10 所示，在一定操作压力以上，继续增大压力流速反而降低，并且最大允许线速度随柱径和柱高增大而降低。因此，在色谱放大设计和操作中需要特别注意这一问题。

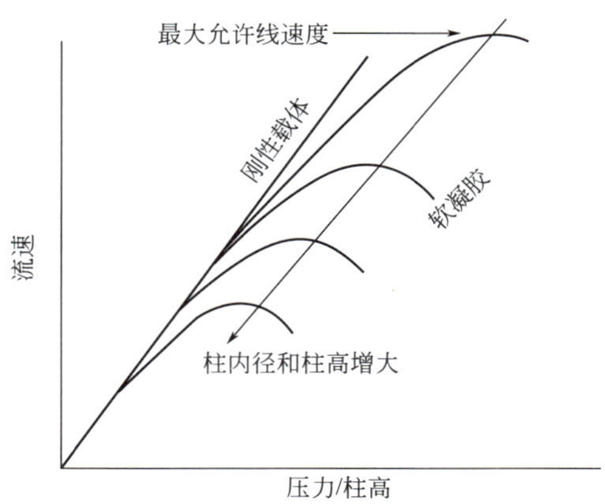

图 8.10 刚性和软凝胶固定相的色谱操作中流速与压力的关系

如图 8.2 所示，亲和色谱操作多采用断通式前端分析法（结合 - 洗脱色谱），当溶质在色谱柱出口发生穿透后（或接近穿透前）停止进料，逐次转入清洗、洗脱和亲和吸附剂的再生过程。下面就进料吸附、清洗和洗脱三个阶段分别阐述一般的操作原则。

8.5.1.1 进料吸附

亲和色谱操作中可能存在两种吸附作用，一种是基于亲和配基与目标分子之间特异性结合的亲和吸附，另一种是料液中的各种溶质（包括目标产物）的非特异性吸附。非特异性吸附产生于溶质与固定相介质和配基分子中某些部位的疏水性和静电相互作用。特异性吸附有很高的选择性，而非特异性吸附的选择性很低。吸附操作中首先要保证亲和吸附介质对目标产物有较高的亲和吸附作用和吸附容量，同时，杂质的非特异性吸附要控制在最低水平。配基与目标产物在特定物理环境下表现较高的亲和结合作用，不同亲和体系所要求的物理环境不同，但一般为中性 pH（pH6 ～ 8）。

因为生物料液中目标产物浓度很低，而杂质含量非常高，吸附过程中即使有少量杂质的非特异性吸附发生也会大大降低纯化效果。一般来说，杂质的非特异性吸附量与其浓度和性质、载体材料、配基固定化法以及流动相的离子强度、pH 值和操作温度等因素有关。例如，当配基或目标产物带有电荷，或者用溴化氢活化法修饰配基的同时引入带电基团时，在较低离子强度下，亲和吸附剂（包括已被吸附的目标产物）对杂质的静电作用较强，非特异性吸附量较大。另外，在离子强度较高的情况下，由于间隔臂上碳氢链的疏水性相互作用较强，也可能使非特异性吸附量增大。因此，为减小吸附操作中的非特异性吸附量，所用缓冲液的离子强度要适当，一般为 0.1 ～ 0.5mol/L，缓冲液的 pH 值应使配基和目标产物与杂质的静电作用较小。此外，要使用高纯度的配基制备亲和吸附介质，提高亲和吸附剂自身的质量。有时，为减小杂质以及目标产物的疏水性吸附，可在料液（以及后续的清洗液）中加入 0.1 ～ 5g/L 的表面活性剂（如 Tween 80、Triton X-100 等）。对于疏水性较大的蛋白质（如 t-PA），加入表面活性剂是提高目标产物纯度和回收率的有效手段 [46]。

8.5.1.2 清洗

清洗操作的目的是洗去色谱柱空隙中和吸附剂内部存在的杂质，包括空隙中及表面弱吸附的杂质。一般使用与吸附操作相同的缓冲液（pH 值和离子强度相同），必要时加入表面活性剂，以保证目标产物的吸附及杂质的脱附清除。由于溶质的吸附是可逆的，清洗过度会使目标产物的损失增多，特别是对于吸附结合常数较小的亲和体系。但是，若清洗不充分会使杂质部分保留，洗脱回收的目标产物纯度降低。因此，在清洗操作中应分析色谱流出液的组成变化情况，确定适宜的清洗操作时间。

8.5.1.3 洗脱

目标产物的洗脱方法有两种，即特异性洗脱（specific elution）和非特异性洗脱（non-specific elution）。

特异性洗脱利用含有与亲和配基或目标产物具有亲和结合作用的小分子化合物溶液为洗脱剂，通过与亲和配基或目标产物的竞争性结合，脱附目标产物。例如，赖氨酸和精氨酸都是 t-PA 的抑制剂，利用固定化赖氨酸为配基亲和分离 t-PA 时，可用精氨酸溶液进行洗脱 [46]；葡萄糖与凝聚素 Con A 具有亲和结合作用，利用 Con A 为配基的亲和色谱可用葡萄糖溶液洗脱。前述固定化金属离子亲和色谱操作中，利用咪唑溶液的洗脱方式也是一种特异性洗脱。特异性洗脱条件温和，有利于保护目标产物的生物活性。另外，由于仅特异性洗脱目标产物，对于特异性较低的亲和体系（例如，用三嗪类色素为配基时）或非特异性吸附较严重的物系，特异性洗脱法有利于提高目标产物的纯度。

非特异性洗脱通过调节洗脱液的 pH 值、离子强度、离子种类或温度等理化性质降低目标产物的亲和吸附作用。蛋白 A 亲和色谱利用 pH 2.5 ～ 3.0 的酸性缓冲液洗脱吸附的抗体，就是典型的非特异性洗脱。免疫亲和色谱的洗脱也是如此。图 8.11 是利用 BSA-Sepharose 4B 亲和色谱柱分离抗 BSA 血清中不同抗体组分的色谱结果[47]，通过逐次降低洗脱液的 pH 值，得到三个抗体组分洗脱峰。利用组分 1、组分 3 和全血清（含三个组分）修饰 Sepharose 4B，制备了三种抗体吸附剂。三种抗体吸附剂亲和吸附 BSA 的平衡容量与 pH 值之间的关系示于图 8.12[47]。虽然三种抗体吸附剂吸附 BSA 的行为不完全相同，但均在酸性和碱性 pH 值范围内吸附容量降低，表明利用酸性或碱性溶液是洗脱抗原或抗体的有效手段。图 8.13 是离子强度和盐种类对吸附容量的影响。可以看出，利用高浓度 SCN^- 也可降低抗原和抗体的结合作用。其它亲和体系，如酶 - 抑制剂、抗体 - 蛋白 A 等均具有类似的性质。利用这些亲和体系的亲和色谱洗脱操作多利用 pH=2 ～ 3 或 pH=10 ～ 12 的缓冲液。色素亲和色谱则利用高浓度盐溶液洗脱。离液离子（如 SCN^-、I^-）也是常用的洗脱剂组分。当亲和结合力很大、利用常规方法不能洗脱被吸附的目标产物时，可利用脲或盐酸胍等变性剂溶液使目标产物发生结构变化，失去与配基的亲和结合作用。但这些变性剂容易使目标产物或固定化配基发生失活或不可逆变性，需要慎重使用。

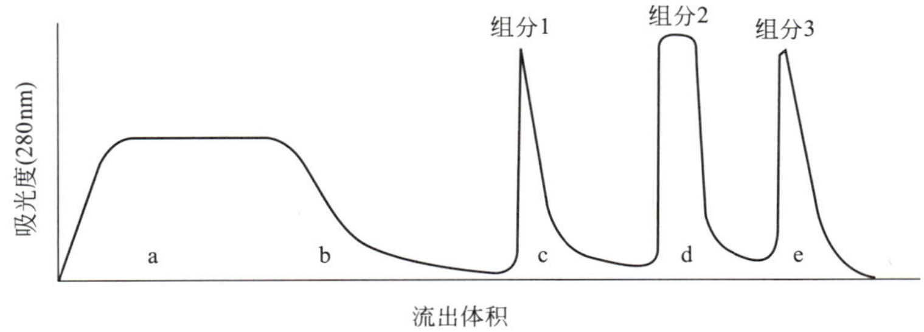

图 8.11 BSA-Sepharose 4B 亲和色谱柱分离抗 BSA 血清的抗体组分

a. 进料；b. 清洗：0.02mol/L 磷酸盐缓冲液，0.15 mol/L NaCl，pH=7.6（PBS）；
c. 洗脱 1：柠檬酸缓冲液，pH=3.8，离子强度 =0.3mol/L；
d. 洗脱 2：柠檬酸缓冲液，pH=2.3，离子强度 =0.3mol/L；
e. 洗脱 3：0.1mol/L 盐酸

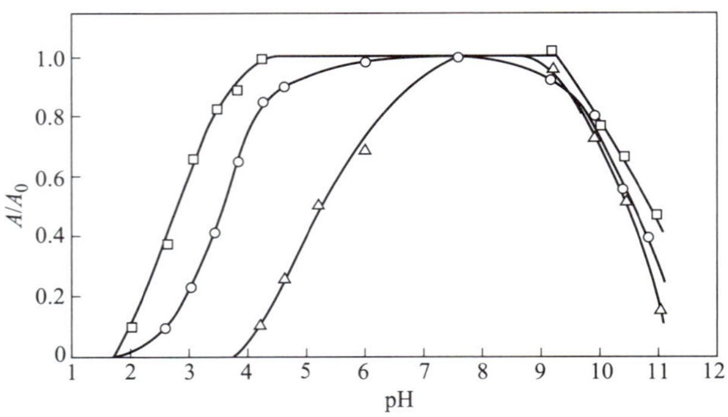

图 8.12 pH 值对抗体 -Sepharose 4B 吸附 BSA 量（A）的影响

25℃，离子强度 =0.3mol/L，BSA 质量浓度 =0.05g/L
○—全血清；△—组分 1；□—组分 3；
A_0 为 pH=7.6 时的吸附容量

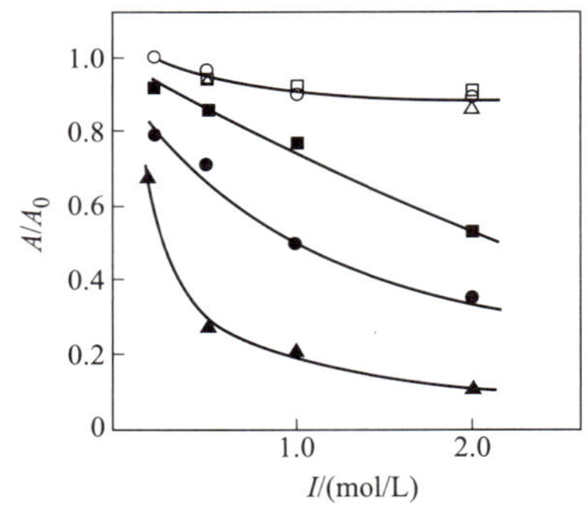

图 8.13 离子强度和盐种类对抗体吸附 BSA 容量的影响

25℃，pH=7.6，BSA 浓度 =0.05g/L
○，●—全血清；△，▲—组分 1；□，■—组分 3
○，△，□—NaCl；●，▲，■—NaSCN
A_0 是在离子强度为 0.21mol/L 的 NaCl 溶液中的吸附容量

8.5.2 应用举例

下面介绍利用几种亲和色谱分离蛋白质的实例，以加深对亲和色谱操作过程的理解。

8.5.2.1　酶的抑制剂为亲和配基——t-PA 的纯化

组织纤溶酶原激活剂（t-PA）是一种糖蛋白，具有激活纤溶酶原、促进血纤维蛋白溶解的作用，是治疗血栓等心脑血管疾病的蛋白质药物。t-PA 主要存在于动物心脏组织中，但含量很低，目前主要利用重组 DNA 动物细胞培养生产 t-PA。赖氨酸、精氨酸、氨基苄脒和纤维蛋白与 t-PA 具有亲和结合作用，常用作亲和色谱纯化 t-PA 的配基。图 8.14 是利用精氨酸 -Sepharose 4B 亲和色谱柱纯化猪心组织 t-PA 的结果[48]，原料为猪心丙酮粉经醋酸钾抽提、硫酸铵沉淀、纤维蛋白 -Sepharose 4B 亲和色谱和 Sephacyl S-300 凝胶过滤柱纯化后的活性部分。亲和吸附的 t-PA 用盐酸胍（GdmCl）为洗脱液梯度洗脱，回收斜线所示部分，t-PA 的活性提高近 7 倍，收率为 56%。

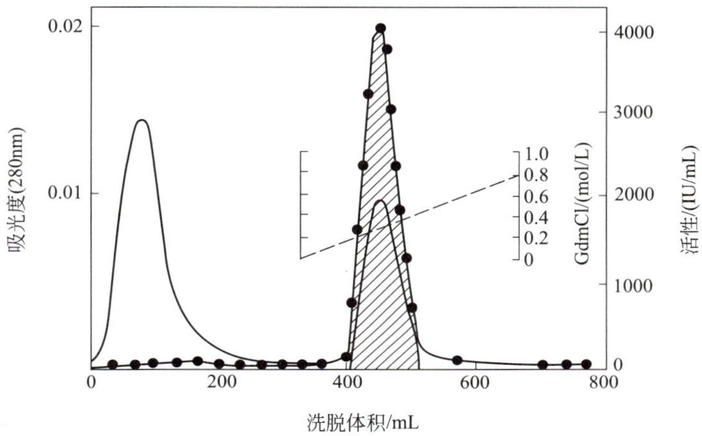

图 8.14　精氨酸 -Sepharose 4B 亲和色谱柱（ϕ25mm × 50mm）纯化 t-PA

——280nm 吸光度；●—t-PA 活性；

– – – –GdmCl（洗脱液）浓度梯度；斜线部分：收集的 t-PA 活性部分

8.5.2.2　免疫亲和色谱——干扰素的纯化

干扰素（interferon，IFN）是一类生理活性蛋白质，对癌症、肝炎等疾病具有特殊疗效。根据 IFN 蛋白质的一级结构（氨基酸的排列顺序）差别，IFN 主要分 α、β 和 γ 三种类型，可通过动物细胞培养、基因重组大肠杆菌或重组枯草杆菌发酵生产，目前有多种不同种类的 IFN 投入商业生产。由于三嗪类色素对 IFN 具有亲和结合作用，因此色素亲和色谱是纯化 IFN 的主要方法之一。固定化金属离子亲和色谱和免疫亲和色谱也可用于 IFN 的纯化。图 8.15 是利用单抗免疫亲和色谱法纯化源于大肠杆菌的重组人白细胞干扰素（rhIFN-α）的操作条件和结果[49]。以破碎细胞抽提液的硫酸铵沉淀活性部分为原料，经一步单抗免疫亲和色谱，rhIFN-α 的比活提高了 1150 倍，收率达 95%。

8.5.2.3　色素亲和色谱——脱氢酶的纯化

三嗪类色素配基的特点是化学稳定性高、价格便宜、适用范围广、亲和结合力适中、蛋白质结合容量大。因此，色素亲和色谱的操作成本低廉，有很高的实用价值。基于色素的蛋白质结合作用与盐浓度的关系，色素亲和色谱的吸附操作通常在低浓度盐溶液中进行，用相同的低浓度盐溶液清洗后，通过逐次或线性提高盐浓度的梯度洗脱法洗脱目标产物。当目标产物的亲和吸附较强时（增大盐浓度亦不能洗脱），可利用辅酶或色素溶液为特异性洗脱剂逐次或线性梯度洗脱。

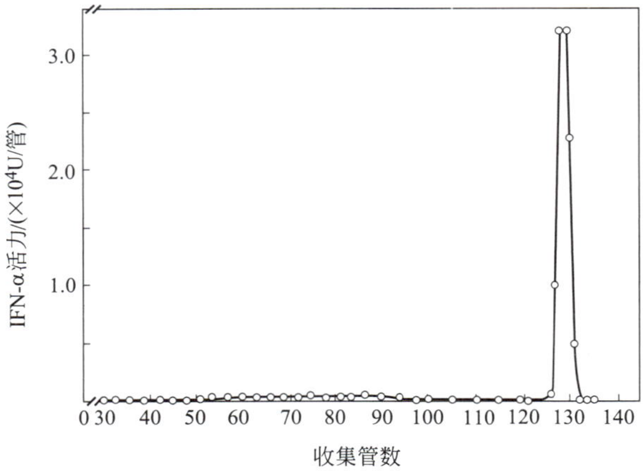

图 8.15 单抗免疫亲和色谱纯化 rhIFN-α

色谱柱：ϕ25mm×35mm

料液：700mL，总蛋白质 =37.1g（buffer A+0.1mol/L NaCl）

清洗液：30 ～ 80 管，buffer A=25mmol/L Tris-HCl+0.1g/L 硫代二甘醇 +10μmol/L 苯甲基磺酰氟，pH=7.5

81 ～ 116 管，buffer B=25mmol/L Tris-HCl+0.5mol/L NaCl+2g/L Triton X-100，pH=7.5

117 ～ 124 管，buffer C=0.15mol/L NaCl+1g/L Triton X-100

洗脱液：125 ～ 140 管，buffer D=0.2mol/L 醋酸 +0.1mol/L NaCl+1g/L Triton X-100，pH=2.5

收集的活性部分：127 ～ 131 管（30 mg 蛋白质）

图 8.16 为色素亲和色谱纯化脱氢酶的实例[5]。加入 3L 菌体细胞抽提液后，用低浓度盐溶液 A 清洗，除去未被吸附的杂蛋白质。之后，逐次用高浓度盐溶液 B 和辅酶 I 溶液 C 洗脱，分别获得了羟基酪酸脱氢酶（3-HDH）和苹果酸脱氢酶（MDH）活性峰。收集的 3-HDH 活性部分超滤浓缩至 200mL 后透析脱盐，再加入另一个色素亲和柱，继续进行纯化，结果示于图 8.17。经过两步色素亲和色谱纯化，3-HDH 比活提高 213 倍（第一步 34.4 倍，第二步 6.2 倍），最终收率为 78%（第一步为 99%）。

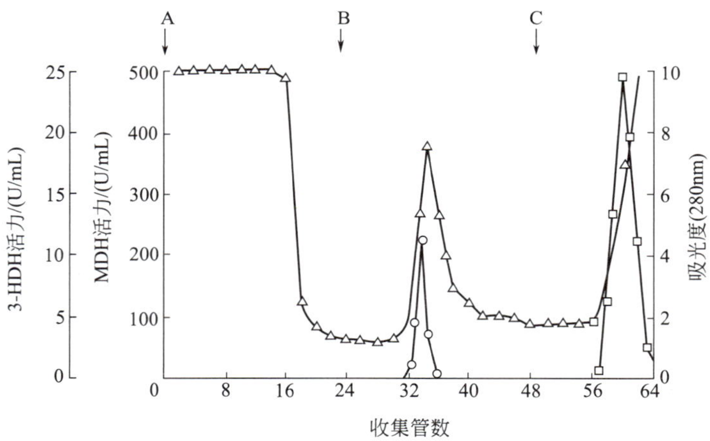

图 8.16 Procion Red H-3B-Sepharose 亲和色谱纯化脱氢酶

色谱柱：ϕ124mm×150mm（1.8L），箭头表示各溶液加入点，每管收集 200mL

A：10mmol/L 磷酸盐缓冲液，pH=7.5（5L）

B：A 液 +1.0mol/L KC1，pH=7.5（5L）

C：B 液 +2mmol/L NADH，pH=7.5（3L）

△—280nm 吸光度；○—3-HDH；□—MDH

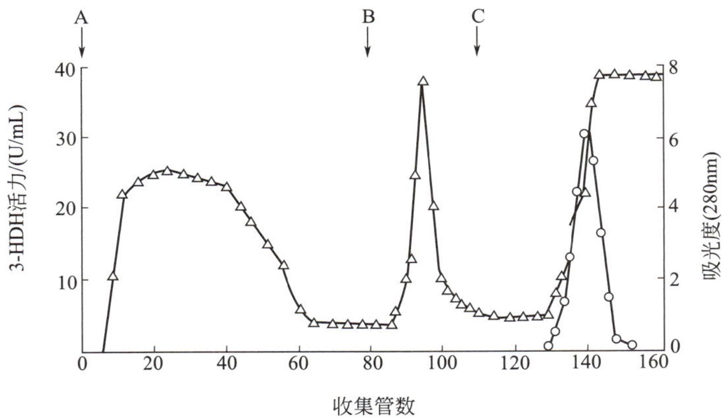

图 8.17 Procion Blue MX-4GD-Sepharose 亲和色谱纯化 3-HDH

色谱柱：ϕ90mm × 125mm（800mL），箭头表示各溶液加入点，每管收集 18mL

A、B 和 C 的溶液分别与图 8.16 相同

△—280nm 吸光度；○—3-HDH

8.5.2.4 固定化金属离子亲和色谱——淀粉酶抑制剂的纯化

固定化金属离子亲和色谱（IMAC）根据蛋白质表面与金属离子螯合的氨基酸残基（如咪唑基、巯基和吲哚基等）的含量和分布的差别分离纯化蛋白质，适用范围广，无毒副作用，吸附容量高。IMAC 的洗脱操作通常采用提高离子强度或降低 pH 值的逐次或线性梯度洗脱法。当蛋白质的亲和吸附作用很强，一般的方法难于洗脱时，可利用 EDTA 等螯合剂，将蛋白质和金属离子一起洗脱下来。

图 8.18 是利用 Cu-IDA-Sepharose CL-6B 亲和色谱纯化大麦抽提液中 α- 淀粉酶抑制剂（蛋白质）的流程图 [50]。分离系统由两个色谱柱构成，图中左侧色谱柱（ϕ252mm×200mm）填充 Cu-IDA-Sepharose CL-6B，用于吸附 α- 淀粉酶抑制剂；右侧色谱柱（ϕ252mm×100mm）填充 IDA-Sepharose CL-6B，用于捕获从左侧柱中漏出的 Cu^{2+}，以避免纯化产物的铜离子污染。Cu-IDA 柱的吸附容量为 250 L 抽提液，但为避免产品在清洗过程中流失，进料量远低于吸附容量，为 50L。用平衡液（0.05mol/L Tris-HCl，0.15mol/L NaCl，pH=7.5）清洗后，逐次用含 0.05mol/L 和 0.2mol/L 甘氨酸（Gly）的溶液洗脱，每次均洗脱至 280nm 下的吸光度值可忽略为止。最后用含 0.05mol/L EDTA 的 NaCl（0.5mol/L）溶液再生色谱柱。所得 IMAC 分离结果示于图 8.19[50]。大麦淀粉酶抑制剂含有 10 个组氨酸残基，与 Cu^{2+} 的结合作用高于其它杂蛋白质。因此，0.05mol/L 甘氨酸的洗脱峰中淀粉酶抑制剂仅占料液中的 2%，大部分为其它杂蛋白质；而 0.2mol/L 甘氨酸的洗脱峰中淀粉酶抑制剂含上柱前料液中活性的 90%，比活提高 8 倍。

图 8.19 所示的 IMAC 纯化过程中采用了弱酸性的甘氨酸溶液。先利用低浓度的甘氨酸清洗除去吸附较弱的杂蛋白质，再用较高浓度的甘氨酸洗脱目标蛋白质。在利用 IMAC 纯化聚组氨酸标签融合蛋白质的过程中，因为聚组氨酸标签的结合作用较强，一般利用咪唑溶液（100 ～ 500mmol/L）进行特异性洗脱融合蛋白质。

8.5.2.5 基因重组融合蛋白质的纯化

利用基因重组技术，人工克隆目标产物的基因，使其在大肠杆菌、酵母或动物培养细胞中得到表达，从而通过大规模菌体发酵或细胞培养生产特定目标产物已经相当普遍，绝大多数现代生物技术医药产品如抗体、干扰素（interferon）、白细胞介素（interleukin，IL）、集落刺激因子（colony-stimulating factor）、胰岛素（insulin）、t-PA、胰岛素样生长因子（insulin-like growth factor，IGF）和促红细胞生成素（erythropoietin，EPO）等均是基因重组技术的产物。8.2.3 节介绍的亲和标签融合是基因重组蛋白质产品表达和生产的重要方法，有利于目标产物的分离纯化。

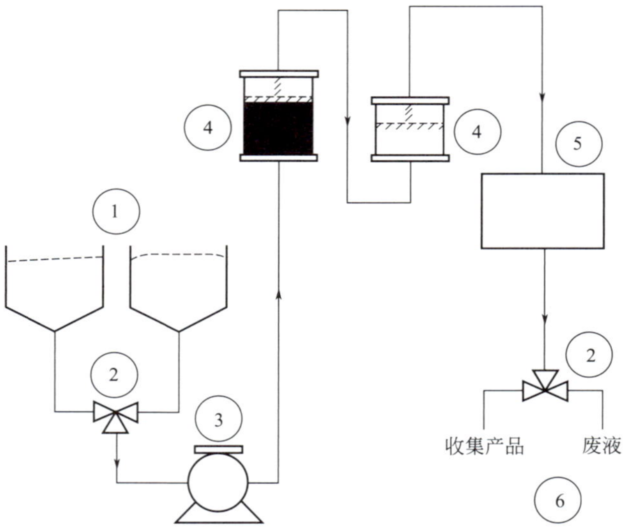

图 8.18 利用 Cu-IDA-Sepharose CL-6B 亲和色谱纯化大麦抽提液中α-淀粉酶抑制剂（蛋白质）的流程图

1—料液和缓冲液罐；2—三通阀；3—液泵；4—色谱柱；5—紫外检测器；6—部分收集器 / 废液罐

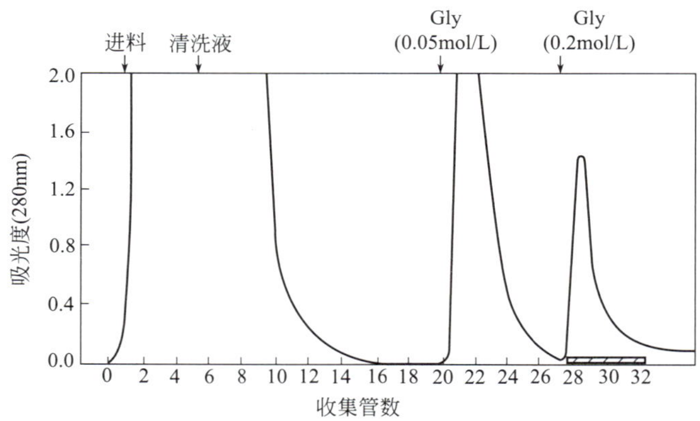

图 8.19 IMAC 分离结果

箭头表示各溶液加入点；斜线表示收集的活性产品部分

融合标签的早期代表性研究工作是 20 世纪 80 年代中后期 Uhlen 等开展的利用蛋白 A 或其 IgG 结合部位为亲和标签的各种融合蛋白[37,38]。如图 8.20 所示，利用 1000L 发酵罐培养基因重组大肠杆菌，表达生产 IGF-I 与 ZZ 标签的融合蛋白 ZZ-IGF-I，经离心和过滤除菌后，将培养上清液通入 IgG-Sepharose FF 亲和色谱柱，洗脱得到纯化的融合蛋白 ZZ-IGF-I［图 8.20（a）］；融合蛋白冻干后［图 8.20（b）］，加入到 2mol/L 的羟胺溶液中化学裂解（cleavage）融合部位［图 8.20（c）］；经过凝胶过滤色谱柱脱盐后［图 8.20（d）］，再用 IgG 亲和色谱柱吸附除去裂解的 IgG 结合部位（ZZ）和未裂解的 ZZ-IGF-I，可得到 IGF-I 纯品［图 8.20（e）］[38]。

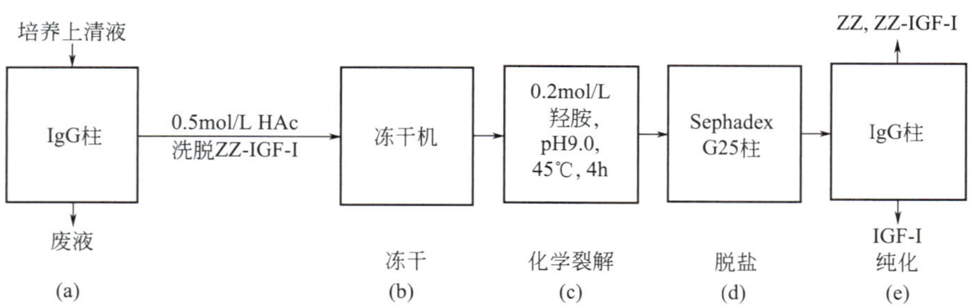

图 8.20 基因重组融合蛋白 IGF-I 的纯化过程

利用融合蛋白生产目标产物使分离纯化过程更简便。但利用融合蛋白表达目标产物会带来一些新的问题：①亲和标签除少数用化学水解法外，多数用蛋白酶水解法裂解除去，酶裂解法虽然选择性较高，但需在较高温度下进行，容易引起目标蛋白质的非特异性水解；②裂解后需附加色谱分离步骤除去蛋白酶，使纯化过程复杂化；③考虑蛋白酶需在裂解完成后除去，为方便纯化操作，一般蛋白酶的用量较小，易使裂解不完全；④由于大分子蛋白酶不能有效地与融合部位接触，许多融合蛋白很难在所希望的融合部位裂解。

针对上述问题，Walker 等[51]开发了利用融合蛋白酶裂解目标融合蛋白的方法，解决了裂解用酶的分离问题。利用分子量小（2×10^4）、低温下活性高、水解特异性极高的蛋白酶 3C 与不同的亲和标签融合，得到各种标签的融合蛋白酶 3C（记作 Tag-3C），Tag-3C 可有效地裂解其它融合蛋白的融合部位。因为 Tag-3C 融合有亲和标签，所以容易用相应的亲和色谱回收。图 8.21 是 Tag-3C 的三种利用方式。如果 Tag-3C 与目标融合蛋白含有相同的亲和标签（亲和标识物）[例如图 8.21（a）中的 GST-3C]，则 GST-3C 和目标融合蛋白均被吸附在亲和吸附剂（如谷胱甘肽 -Sepharose）。在亲和介质上 GST-3C 裂解融合蛋白，使目标蛋白质脱离亲和柱得到回收，而裂解下来的亲和标签（GST）和 GST-3C 仍吸附在亲和柱上。利用这种方法，仅经一步亲和色谱操作就可同时完成融合蛋白的裂解和纯化，得到纯化的目标产品。如果融合蛋白的裂解不能在色谱柱中进行，则可利用常规方法首先亲和纯化融合蛋白，然后向融合蛋白溶液中加入 Tag-3C [例如图 8.21（b）中的 His-3C]，裂解融合蛋白（His-PKCI）后，用 IMAC 吸附裂解下来的亲和标签 His 和 His-3C，纯化目标蛋白质 PKCI [图 8.21（b）]。

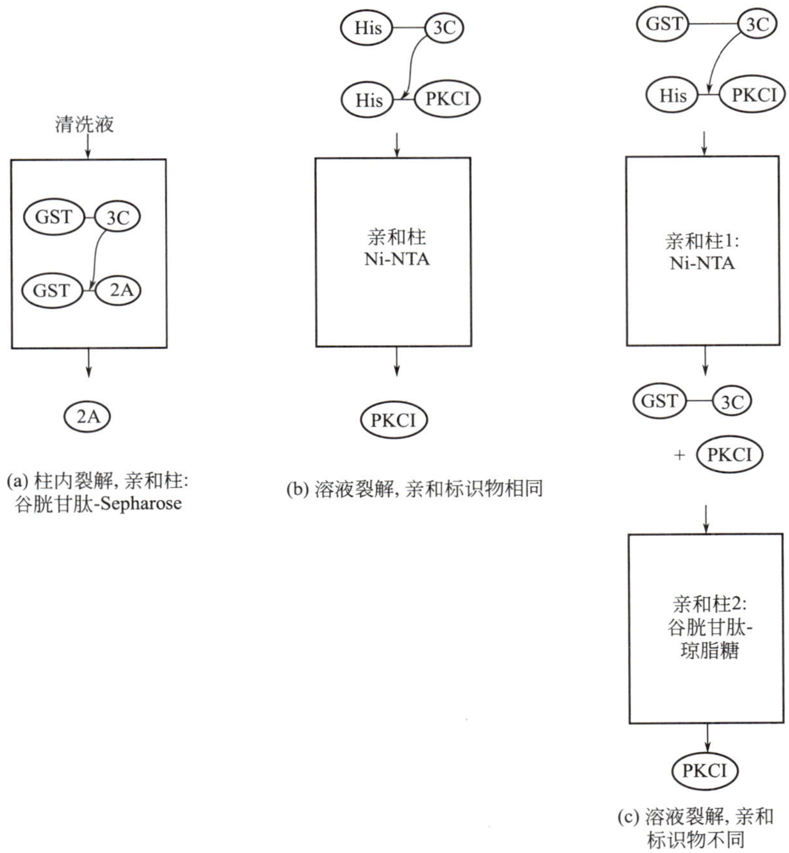

图 8.21　融合蛋白酶裂解融合蛋白的三种利用方式

His—六组氨酸肽链；
2A—目标蛋白质；
GST—谷胱甘肽 S- 转移酶（glutathione S-transferase）；
PKCI—蛋白激酶 c 抑制剂（inhibitor of protein kinase c）；
Ni-NTA—镍离子螯合腈三乙酸（nickel-nitrilotriacetic acid）

对于绝大多数融合蛋白酶与目标融合蛋白的亲和标签不同的情况，可利用不同的亲和色谱柱分别除去目标融合蛋白的标识物和融合蛋白酶。如图 8.21（c）所示，GST-3C 可裂解融合蛋白 His-PKCI，第一个 Ni^{2+} 螯合柱吸附裂解下来的组氨酸肽链，而第二个谷胱甘肽 - 琼脂糖柱吸附 GST-3C，最终得到纯化的目标产物 PKCI。

在众多亲和标签中，应用最多的是聚组氨酸六肽[52]，因为这种融合蛋白可用经济易得的 IMAC 分离纯化。

8.6 亲和膜色谱

8.6.1 原理和特点

亲和膜（affinity membrane）是亲和配基修饰的微滤膜。利用亲和膜吸附介质亲和纯化蛋白质，是固定床亲和色谱的变型，称作亲和膜色谱（membrane-based affinity chromatography）[53]。

传统的固定床型亲和色谱利用多糖凝胶或硅胶等多孔粒子为固定相，床层压降随流速线性增大。由于软凝胶类固定相粒子的机械强度较低，容易发生压密现象（受压变形），在较高压力下，流速随压力提高而下降（见图 8.10）。因此，利用软凝胶为固定相的色谱操作速度有限。利用刚性粒子（如硅胶）为固定相虽然可通过增大压力提高流速，但高压操作势必增大设备投资。因此，色谱柱一般采用径向放大的方式，以保证在不增大压力的前提下提高色谱柱的处理量。如果色谱柱的体积一定（即料液处理能力一定），降低柱高而增大柱径可在相同压降下提高流速（线速度不变），即提高色谱分离速度，因此“短粗”型亲和色谱柱有利于提高分离操作速度。为使色谱柱的分离速度达到可能的极限值，“理想”的色谱柱几何形状应该是柱高无限低（实际的极限情况下等于介质直径），柱径无限大。但是，实际的固定床不可能实现这一“理想”，而微滤膜可接近这一“理想”状态，如图 8.22 所示。 这就是利用微孔膜为亲和配基载体的原理。将一张微滤膜比喻为一个固定床，则膜厚即为床层高度。图 8.23 为亲和膜吸附原理，亲和配基固定在膜孔表面，流体在对流透过膜的过程中目标蛋白质与配基接触而被吸附。因此，亲和膜色谱也是一种流通色谱（见 7.11 节）。

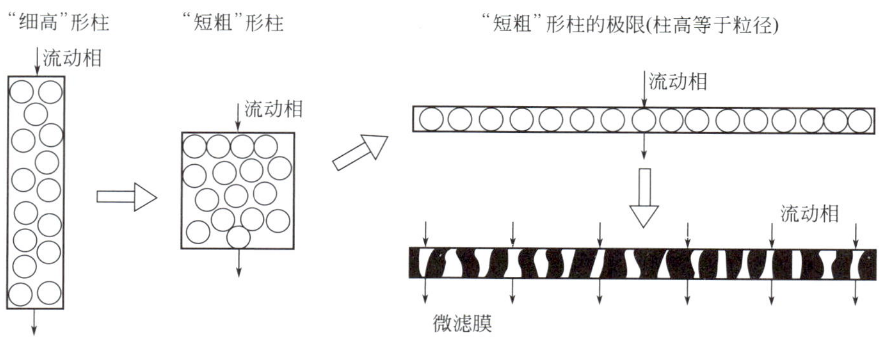

图 8.22 亲和膜概念的提出

利用多孔粒子为固定相的色谱操作中，溶质分子在粒子内的扩散为速度控制步骤。例如，利用 BSA 抗体修饰的 Sepharose 为介质吸附 BSA，基于二级反应动力学常数计算的吸附反应时间为 5s[54]，而内扩散所需的平均时间 t_D 用下式近似计算

$$t_D = \frac{L_D^2}{D} \tag{8.7}$$

式中，L_D 为扩散路径长；D 为溶质的扩散系数。

因为扩散路径（孔道）并非笔直，所以 L_D 大于粒子半径。即使设 L_D 与半径相等，BSA（$D=6\times10^{-7}cm^2/s$）在粒径为 100μm 的 Sepharose 介质中扩散所需平均时间为 $(50\times10^{-4})^2/(6\times10^{-7})$=41s，远大于吸附反应时间。所以，在固定床色谱操作中，除需考虑压降的限制外，还需保证溶质在多孔粒子内有足够的扩散时间，最大限度地提高配基的利用率。一般来说，溶质在色谱柱内的平均停留时间（$=V_0/Q$，V_0 和 Q 分别为柱空隙体积和流量）要远大于 t_D 值，才能获得较大的色谱吸附容量。因此，内扩散传质阻力也限制了固定床色谱的操作速度。为了在不影响配基利用率（吸附容量）的前提下提高分离操作速度，必须增大柱体积，这就意味着增加设备投资和操作成本（亲和吸附介质用量增大）。

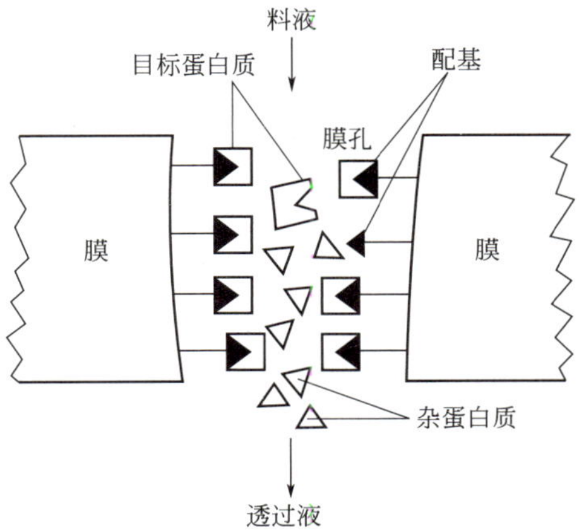

图 8.23　亲和膜吸附原理

在微滤操作中，流体以对流的形式透过滤膜，与配基接触，大大降低了传质阻力，从而可在不影响亲和结合作用的前提下最大限度地提高操作速度。Brandt 等 [53] 设计了一个体积为 0.773L 的中空纤维亲和膜设备，与利用 Sepharose 凝胶为固定相的固定床亲和色谱设备的比较结果列于表 8.3。可以看出，在相同流量（1.4L/min）的情况下，亲和膜设备的体积和配基用量仅分别为固定床色谱的 1/1384 和 1/1026。因此，利用亲和膜的纯化过程不仅设备投资低，而且配基用量小，对于利用昂贵配基（如抗体、蛋白 A 等）的分离体系无疑是非常有利的。

表 8.3　亲和膜与固定床亲和色谱的比较

项目	中空纤维膜	100μm Sepharose 固定床	项目	中空纤维膜	100μm Sepharose 固定床
流动相停留时间 /min	0.014	34.7	平均流量 /(L/min)	1.4	1.4
设备体积 /L	0.773	1070	配基用量 /g	1.9	1950

综上分析结果，可归纳亲和膜色谱的优点如下：

（1）无内扩散传质阻力，仅存在表面液膜传质阻力。由于传质阻力小，吸附速度快，达到吸附平衡所需时间短，配基利用率高。

（2）设备压降小，流速快，设备体积小，配基用量低。

（3）微孔膜介质种类多，价格便宜。

但是亲和膜吸附也存在一些缺点。从分离效率的角度，因膜的厚度（柱高）很小（一般为 10 ～ 100μm），理论板数很低，吸附和清洗效率低。因此，作为一种流通色谱方法，亲和膜色谱的分离效率低于第 7 章介绍的利用双分散孔介质的色谱。为解决这一问题，可以将多张平板膜叠加，提高柱高和柱效，但这样会增大操作压力。第 7 章提出的理想型“流通整体柱”（图 7.32）可看做是一种特殊“膜”材料，直通的微米级直线流通孔道可保证高流速下的低操作压力，同时孔壁骨架丰富的扩散孔可提供比一般微滤膜高很多的吸附容量，从而实现高流速、低压力和高容量分离纯化的目标。

除亲和膜外，用疏水性基团或离子交换基团修饰微滤膜可制备疏水性吸附膜或离子交换膜，用于溶质的吸附分离。疏水性吸附膜和离子交换膜的原理和特点与亲和膜相同，但分离的选择性不如亲和膜。

8.6.2 应用

20世纪80年代末期以后，亲和膜及其设备已陆续商品化。较早的亲和膜（包括离子交换膜）设备为螺旋卷式膜组件（美国 Cuno 公司产品，商品名为 Zeta affinity）[55]，膜材料为纤维素，修饰有乙烯基团，用于配基的固定化。在操作中流体沿径向透过膜组件，从中心管流出，在低于0.07MPa的操作压力下透过流速可达100～1000mL/min。利用固定化蛋白A的亲和膜组件吸附各种IgG的实验表明，每克膜材料可吸附7～19mg IgG，洗脱收率为91%～100%。另一种亲和膜设备为中空纤维型微滤膜（孔径0.5～1.0μm）组件。以蛋白A为配基的亲和膜设备纯化含血清培养液中的小鼠单抗的实验表明，利用含10mL膜材料的小型亲和膜设备可在15min内完成1.2L粗料液的纯化处理，单抗收率为97%，其中除去了95%的核酸和99.5%的牛血清白蛋白。基于 Sepracor 公司实验结果的计算表明，利用300美元的蛋白A可纯化8万美元的单抗。利用该纯化系统可将除菌、纯化和浓缩操作一步完成，分离速度可达到传统色谱法的100倍。

利用 Cibacron Blue F3G-A 修饰的微滤膜（膜厚210μm，孔径0.45μm，修饰密度为7μmol/mL）吸附葡萄糖-6-磷酸脱氢酶（G6PDH）的动力学实验结果示于图8.24[56]，其中平均停留时间为膜体积与料液透过流速之比。可以看出，当通过的料液中含有相当于膜吸附容量67%的G6PDH时，0.25s(压力=0.4MPa，线速度=5cm/min）的平均停留时间就足以使吸附达到饱和。当G6PDH含量达到膜吸附容量的130%时，所需的平均停留时间不超过1s，支持了亲和膜吸附速度快的结论。

图8.25为利用上述色素亲和膜纯化G6PDH的结果[56]，利用体积仅4.83mL的亲和膜在9min内即完成了0.6L料液的纯化处理，G6PDH收率达82%，比活提高27倍。该结果证明亲和膜色谱在高速操作条件下具有高效吸附能力，进一步证明亲和膜色谱极低的传质阻力。

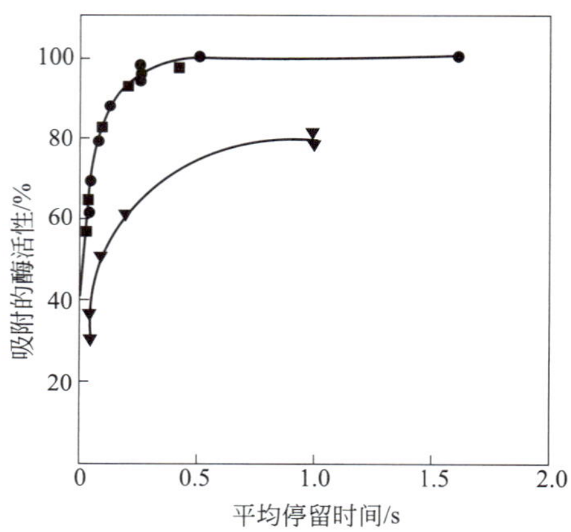

图8.24 色素亲和膜吸附G6PDH动力学

膜面积=3cm^2；料液中G6PDH纯度=1.2%

上样量：●，■—吸附容量的67%；▼—吸附容量的130%

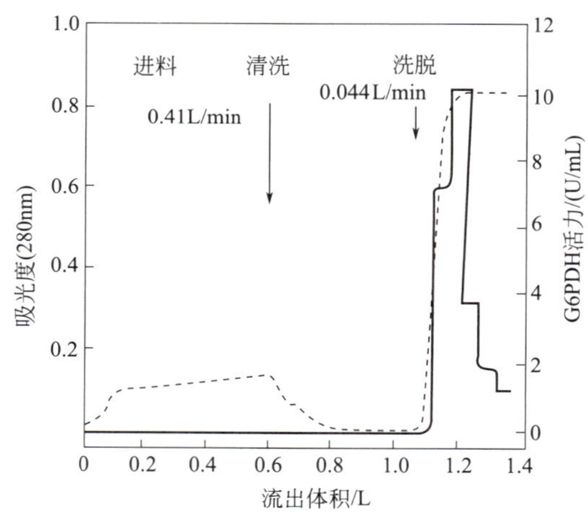

图8.25 0.6L纯度为1%的G6PDH料液的纯化

两张色素亲和膜重叠使用，每张膜面积为115cm^2

洗脱液：1mmol/L NADP + 200 g/L 乙二醇

-----280nm下吸光度；——G6PDH活性

习题

1. 在亲和分离操作中，如果亲和吸附的目标分子不能用提高离子强度的方式解离，可能哪种作用在亲和结合中占主导地位？此时应该采用哪些方法解离？

2. 固定化亲和配基和蛋白质的解离常数随配基固定化密度的增大如何变化？为什么？

3. 蛋白质的吸附密度随配基固定化密度的增大如何变化？为什么？

4. 根据肝素配基对蛋白质结合作用的影响因素，肝素的亲和色谱的吸附和洗脱操作条件应如何设定？

5. 固定化金属离子亲和色谱过程中，清洗阶段利用低浓度咪唑溶液去除的主要是哪类杂质？

6. 蛋白 A 色谱吸附抗体的洗脱通常采用酸性缓冲液（pH2.5 ～ 3.0）。根据这种洗脱操作条件，分析蛋白 A 色谱吸附抗体主要是基于哪种分子间相互作用？

7. GST 标签融合蛋白利用谷胱甘肽为配基的亲和色谱纯化，一般用还原型谷胱甘肽缓冲液进行竞争性洗脱。洗脱产品中的谷胱甘肽应该如何去除？

8. 亲和色谱的吸附操作中，若离子强度对亲和吸附基本无影响，配制的料液离子强度一般为 0.1 ～ 0.5mol/L，这是基于何种考虑？

9. 分析比较亲和色谱的特异性洗脱和非特异性洗脱的优缺点。

10. 亲和膜色谱传质阻力低的主要原因是什么？

11. 如果亲和膜色谱所用配基为目标蛋白质的单克隆抗体，很高的操作流速（或很短的停留时间）是否能够实现对目标蛋白质的高效纯化（纯度或收率均很高）？

12. 如果亲和膜色谱所用配基为固定化金属离子，很高的操作流速（或很短的停留时间）是否能够实现对目标蛋白质的高效纯化（纯度或收率均很高）？

参考文献

[1] Campbell D H, Luescher E, Lerman L S. Immunologic adsorbents. I. Isolation of antibody by means of a cellulose-protein antigen. Proc Natl Acad Sci USA, 1951, **37**: 575-578.

[2] Axen R, Porath J, Ernback S. Chemical coupling of peptides and proteins to polysaccharides by means of cyanogen halides. Nature, 1967, **214**: 1302-1304.

[3] Cuatrecasas P, Wilchek M, Anfinsen C B. Selective enzyme purification by affinity chromatography. Proc Natl Acad Sci USA, 1968, **61**: 636-643.

[4] 孙彦, 等. 酶工程原理和方法. 北京: 化学工业出版社, 2024.

[5] Scawen M D, Darbyshire J, Harvey M J, Atkinson T. The rapid purification of 3-hydroxybutyrate dehydrogenase and malate dehydrogenase on triazine dye affinity matrices. Biochem J, 1982, **203**: 609-705.

[6] Hamers-Casterman C, Atarhouch T, Muyldermans S, et al. Naturally occurring antibodies devoid of light chains. Nature, 1993, **363**: 446-448.

[7] Arbabi Ghahroudi M, Desmyter A, Wyns L, et al. Selection and identification of single domain antibody fragments from camel heavy-chain antibodies. FEBS Lett, 1997, **414**: 521-526.

[8] Arora S, Saxena V, Ayyar B V. Affinity chromatography:A versatile technique for antibody purification. Methods, 2017, **116**: 84-94.

[9] Ghose S, Hubbard B, Cramer S M. Binding capacity differences for antibodies and Fc-fusion proteins on protein A chromatographic materials. Biotechnol Bioeng, 2007, **96**: 768-779.

[10] Lebowitz J, Laskowski M Jr. Potentiometric measurement of protein-protein association constants. Soybean trypsin inhibitor-trypsin association. Biochemistry, 1962, **1**: 1044-1055.

[11] 孙彦, 徐晓燕, 王绍亭. 配基修饰脂质体的制备及亲和分离胰蛋白酶的研究. 化工学报, 1993, **44**: 359-365.

[12] Zhang S P, Sun Y. Further studies on the contribution of electrostatic and hydrophobic interactions to protein adsorption on dye-ligand adsorbents. Biotechnol Bioeng, 2001, **75**: 710-717.

[13] Zhang S P, Sun Y. Ionic strength dependence of protein adsorption to dye-ligand adsorbents. AIChE J, 2002, **48:** 178-186.

[14] Scopes R K. Strategies for enzyme isolation using dye-ligand and related adsorbents. J Chromatogr, 1986, **376**: 131-140.

[15] Porath J, Carsson J, Olsson I, Belfrage G. Metal chelate affinity chromatography, a new approach to protein purification. Nature, 1975, **258**: 598-599.

[16] Vijayalakshmi M A. Pseudobiospecific ligand affinity chromatography. Trends Biotechnol, 1989, **7**: 71-76.

[17] Perret G, Boschetti E. Aptamer affinity ligands in protein chromatography. Biochimie, 2018, **145**: 98e112.

[18] Schauperl M, Denny R A. AI-Based protein structure prediction in drug discovery: Impacts and challenges. J Chem Inform Modeling, 2022, **62**: 3142-3156.

[19] Abramson J, Adler J, Dunger J, et al. Accurate structure prediction of biomolecular interactions with AlphaFold 3. Nature, 2024, **630**: 493-500.

[20] Buller R, Damborsky J, Hilvert D, Bornscheuer U T. Structure prediction and computational protein design for efficient biocatalysts and bioactive proteins. Angew Chem Int Ed, 2025, **64**: e202421686.

[21] Smith G P. Filamentous fusion phage: novel expression vectors that display cloned antigens on the virion surface. Science, 1985, **228**: 1315-1317.

[22] Yu H, Dong X, Sun Y. An alternating elution strategy for screening high affinity peptides from a phage display peptide library. Biochem Eng J, 2004, **18**: 169-175.

[23] Krook M, Mosbach K, Ramström O. Novel peptides binding to the Fc-portion of immunoglobulins obtained from a combinatorial phage display peptide library. J Immunol Methods, 1998, **221**: 151-157.

[24] Delano W L, Ultsch M H, De A M, et al. Convergent solutions to binding at a protein-protein interface. Science, 2000, **287**: 1279-1283.

[25] Ma J, Dong X, Sun Y, Shi Q. Broad-spectrum affinity chromatography of SARS-CoV-2 and Omicron vaccines from ligand screening to purification. J Chromatogr A, 2025, **1743**: 465685.

[26] Wei Z, Chen M, Lu X, et al. A new advanced approach: Design and screening of affinity peptide ligands using computer simulation techniques. Curr Topics Medicin Chem, 2024, **24**: 667-685.

[27] Zhao W-W, Liu F-F, Shi Q-H, Dong X, Sun Y. Biomimetic design of affinity peptide ligands for human IgG based on protein A-IgG complex. Biochem Eng J, 2014, **88**: 1-11.

[28] Zhang L, Sun Y. Biomimetic design of platelet adhesion inhibitors to block integrin α2β1-collagen interactions: Ⅰ. Construction of an affinity binding model. Langmuir, 2014, **30**: 4725-4733.

[29] Zhang L, Zhang C, Sun Y. Biomimetic design of platelet adhesion inhibitors to block integrin α2β1-collagen interactions: Ⅱ. Inhibitor library, screening, and experimental validation. Langmuir, 2014, **30**: 4734-4742.

[30] Zhao W-W, Shi Q, Sun Y. FYWHCLDE-based affinity chromatography of IgG: Effect of ligand density and purifications of human IgG and monoclonal antibody. J Chromatogr A, 2014, 1355: **107**-114.

[31] Zhao W-W, Liu F-F, Shi Q-H, Sun Y. Octapeptide-based affinity chromatography of human IgG: Comparisons of three different ligands. J Chromatogr A, 2014, **1359**: 100-111.

[32] Li Y, Liu X, Dong X, Zhang L, Sun Y. Biomimetic design of affinity peptide ligand for capsomere of virus-like particle. Langmuir, 2014, **30**: 8500-8508.

[33] Cunningham J M, Koytiger G, Sorger P K, et al. Biophysical prediction of protein-peptide interactions and signaling networks using machine learning. Nature Methods, 2020, 17: 175-183.

[34] Kozlovskii I, Popov P. Spatiotemporal identification of druggable binding sites using deep learning. Comm Biol, 2020, 3: 618.

[35] Seo S, Lee J W. Applications of Big Data and AI-Driven Technologies in CADD (Computer-Aided Drug Design). Methods in Mol Biol, 2024, 2714: 295-305.

[36] Freitas A I, Domingues L, Aguiar T Q. Tag-mediated single-step purification and immobilization of recombinant proteins toward protein-engineered advanced materials. J Adv Res, 2022, **36**: 249-264.

[37] Nilsson B, Abrahmsen L, Uhlen M. Immobilization and purification of enzymes with staphylococcal protein A gene fusion vectors. EMBO J, 1985, **4**: 1075-1080.

[38] Moks T, Abrahmsen L, Oesterloef B, Josephson S, Oestling M, Enfors S O, Persson I, Nilsson B, Uhlen M. Large-scale affinity purification of human insulin-like growth factor I from culture medium of *Escherichia coli*. Bio/Techndogy, 1987, **5**: 379-382.
[39] Liu S, Wu X,Dong X, Shi Q, Sun Y. Coencapsulating anionic cofactor and silica nanoparticle-bound enzymes in cationic microgel for multienzyme cascade reaction with cofactor recycling. ACS Sustain Chem Eng, 2024, **12**: 6366-6375.
[40] Hermanson G T, Mallia A K, Smith P K. Immobilized Affinity Ligand Techniques. San Diego: Academic Press, 1992.
[41] Lowe C R, Harvey M J, Craven D B, Dean P D G. Parameters relevant to affinity chromatography on immobilized nucleotides. Biochem J, 1973, **133**: 499-506.
[42] Liu Y C, Stellwagen E. Accessibility and multivalency of immobilized Cibacron Blue F3GA. J Biol Chem, 1987, **262**: 583-588.
[43] Zhang S P，Sun Y. Steric mass-action model for dye-ligand affinity adsorption of protein. J Chromatogr A, 2002, **957**: 89-97.
[44] Zhang S P, Sun Y. A predictive model for salt effects on dye-ligand affinity adsorption equilibrium of protein. Ind Eng Chem Res, 2003, **42**: 1235-1242.
[45] Zhang S P，Sun Y. A model for the salt effect on adsorption equilibrium of basic protein to dye-ligand affinity adsorbent. Biotechnol Prog, 2004, **20**: 207-214.
[46] Dodd I, Jalalpour S, Southwick W, Newsome P, Browne M J, Robinson J H. Large scale, rapid purification of recombinant tissue-type plasminogen activator. FEBS Lett, 1986, **209**: 13-17.
[47] Sada E, Katoh S, Kiyokawa A, Kondo A. Characterization of fractionated polyclonal antibodies for immunoaffinity chromatography. Biotechnol Bioeng, 1988, **31**: 635-642.
[48] Wallen P, Bergsdorf N, Ranby M. Purification and identification of two structural variants of porcine tissue plasminogen activator by affinity adsorption on fibrin. Biochim Biophys Acta, 1982, **719**: 318-328.
[49] Staehelin T, Hobbs D S, Kung H, Lai C Y, Pestka S. Purification and characterization of recombinant human leukocyte interferon (IFLrA) with monoclonal antibodies. J Biol Chem, 1981, **256**: 9750-9754.
[50] Zawistowska U, Zawistowski J, Friesen A D. Application of immobilized metal affinity chromatography for large-scale purification of endogenous α-amylase inhibitor from barley kernels. Biotechnol Appl Biochem, 1992, **15**: 160-170.
[51] Walker P A, Leong L E, Ng P W, Tan S H, Waller S, Murphy D, Porter A G. Efficient and rapid affinity purification of proteins using recombinant fusion proteases. Bio/Technology, 1994, **12**: 601-605.
[52] Spalding B J. Downstream processing: key to slashing production costs 100 fold. Bio/Technology, 1991, **9**: 229-233, 235.
[53] Brandt S, Goffe R A, Kessler S B, O' Connor J L, Zale S E. Membrane-based affinity technology for commercial scale purifications. Bio/Technology, 1988, **6**: 779-782.
[54] Olson W C, Yarmush M L. Electrophoretic elution from monoclonal antibody immunoadsorbents: a theoretical and experimental investigation of controlling parameters. Biotechnol Prog, 1987, **3**: 177-188.
[55] Mandaro R M，Roy S, Hou K C. Filtration supports for affinity separtion. Bio/Technology, 1987, **5**: 928-932.
[56] Champluvier B, Kula M-R. Dye-ligand membrane as selective adsorbents for rapid purification of enzymes: A case study. Biotechnol Bioeng, 1992, **40**: 33-40.

第 9 章　电泳和电色谱

为什么学习电泳和电色谱?

电泳以电场为驱动力，是一种典型的外力驱动的差速分离方法。由于电泳速度与物质的带电荷数和尺寸（质量或分子量）有关，故电泳是一种分辨率最高的差速分离方法。电泳与凝胶结合构成凝胶电泳，分辨率更高（远高于普通的凝胶过滤色谱），操作更稳定。在连续凝胶中易于构建 pH 梯度，为在电场中实现等电点聚焦创造了条件；不仅如此，在溶质发生逆向运动的色谱 - 电场耦合装置中，溶质在其运动方向相反的界面处聚集，构成了流场和电场共同作用下的独特聚焦形式，这种逆向作用色谱电泳有利于提高电场驱动分离过程的分辨率和处理能力。将电泳和色谱相结合的形式多样，在电泳、电渗流和压力流共同存在下的电色谱或色谱电泳方法多种多样，可以实现复杂体系的分离和连续分离操作。

电场驱动的分离过程丰富多彩且在分辨率方面占有优势，但电泳和电色谱的最大问题是能耗和焦耳热的产生。从技术层面，焦耳热不仅成为制约过程放大的核心因素，伴生气泡和热对流对分离操作的影响也不容忽视。

学习目标

- 掌握电泳和电渗流发生的原理及其动力学理论。
- 理解毛细管电泳及毛细管电色谱柱效远高于一般高效液相色谱的原理。
- 通过“等电点聚焦”和“逆向作用色谱电泳”方法的学习，结合第 7 章介绍的“色谱聚焦”，深入理解发生聚焦现象的必要条件。
- 了解各种连续电泳和电色谱设备、分离原理和特点。

电泳（electrophoresis）是荷电溶质（电解质）或粒子在电场作用下发生定向泳动的现象。电泳分离是利用荷电溶质在电场中泳动速度的差别进行分离的方法。因此，在表象上电泳与色谱技术相似，都是差速分离方法，只是产生溶质移动速度差的原理不同：色谱是一种浓差驱动传质的平衡分离法，而电泳是外力（电场）作用下的差速分离法。

电泳与色谱原理相结合可以派生多种复合分离方法，如电泳色谱（electrophoretic chromatography）和电色谱（electrochromatography）。电泳色谱将溶质的电动迁移和色谱分离作用相结合，而电色谱则利用电渗（electroosmosis）作用驱动流动相流动，分离作用主要源于溶质在色谱固定相和流动相间的分配（包括各种吸附和分子筛作用）平衡特性。在多数情况下二者并无严格区分，均称作电色谱。电色谱的操作模式很多，在制备型电色谱过程中，除电渗流（electroosmotic flow，EOF）驱动流动相外，更主要的是压力驱动流动相，而电渗和电泳起辅助分离的作用，提高分离速度和分辨率[1]。

早在 20 世纪初期，电泳法就已经用于蛋白质的分离，但直至 20 世纪 70 年代，电泳法多应用于分析目的。20 世纪 70 年代以后，各种分析和制备型电泳及电色谱分离技术发展很快，特别是 20 世纪 90 年代以后毛细管电泳和电色谱技术和理论获得了空前的发展，成为高速分析和微量分离制备的重要工具[2,3]。

电泳和电色谱分离设备和操作模式多种多样，应用范围广泛。但由于电子流动产生的大量焦耳热，解决设备的温度控制问题成为电泳和电色谱设备放大的难点[4]。本章简介电泳和电渗流基础理论，重点介绍各种电泳和电色谱分离方法的原理和特点。

9.1 基础理论

9.1.1 电泳速度

9.1.1.1 自由溶液中的电泳速度

荷电溶质在电场中所受的静电引力 f 与溶质的荷电荷数 Z 和电场强度 E 成正比，即

$$f = EZe \tag{9.1}$$

式中，e 为电子电量（$=1.6\times10^{-19}$C）。

根据 Stokes 定律，运动的球形溶质在溶液中所受的黏性阻力 f' 为

$$f' = 6\pi r\eta v_e \tag{9.2}$$

式中，η 为溶液黏度；r 为球形溶质的半径；v_e 为溶质的运动速度。

当电场力和黏性阻力达到平衡时，即 $f = f'$ 时，荷电溶质恒速泳动，从式（9.1）和式（9.2）得恒速电泳速度为

$$v_e = \frac{eZE}{6\pi r\eta} \tag{9.3}$$

或

$$v_e = u_0 E \tag{9.4}$$

其中

$$u_0 = \frac{eZ}{6\pi r\eta} \tag{9.5}$$

称为电解质溶质的迁移率（mobility），是单位电场强度下的电泳速度。

实际上，根据 Gouy-Chapman 的分散双电层理论，在带电溶质（或粒子）表面附近存在距离表面由高到低的反离子浓度分布，形成分散双电层结构（图 1.4），而整个系统呈电中性。在双电层区域，粒子表面附近的电位分布如图 1.5 所示。若表面电位 φ_0 较小，电位沿远离粒子表面方向的变化可用式（1.7）表示，双电层厚度所处位置的电位为 $\varphi=\varphi_0 e^{-1}$，称作 ξ 电位。双电层厚度 κ^{-1} 可用 Debye-Hückel 方程式（1.8）计算。在电场作用下，粒子将与厚度为 κ^{-1} 表面层一起泳动。所以，泳动的带电粒子的实际电位值为 ξ（$=\varphi_0 e^{-1}$），而非 φ_0。因此，考虑到双电层中电位分布情况，带电粒子的迁移率为

$$u_0=\frac{eZf(\kappa r)}{6\pi r\eta(1+\kappa r)} \tag{9.6}$$

式中，κr 为粒子半径 r 与双电层厚度的比值；$f(\kappa r)$ 为 Henry 形状校正因子。

当粒子半径远小于双电层厚度时，$\kappa r=0$，$f(\kappa r)=1$，迁移率可用式（9.5）表达；当粒子半径很大时，双电层厚度可以忽略不计，$f(\kappa r)=1.5$，式（9.6）可改写为

$$u_0=\frac{eZ}{4\pi r^2\kappa\eta} \tag{9.7}$$

上述讨论是针对仅存在单一电解质组分的情况。当溶液中存在多种组分时，组分之间相互作用，影响泳动速度。但多组分之间相互作用的情况尚不清楚，难以定量描述，上述各基本方程式广泛应用于电泳速度的推算和电泳分离过程的分析。

9.1.1.2 凝胶中的电泳速度

凝胶电泳是常用的分析手段，也可用于蛋白质等生物物质的微量制备分离。凝胶电泳的优点是可避免或减小因对流或热扩散引起的分离度降低，并且凝胶本身具有分子筛的作用，有利于提高电泳分离度。常用的凝胶载体主要是聚丙烯酰胺凝胶，此外还有琼脂糖凝胶和淀粉等。琼脂糖和淀粉在电场作用下易电离带负电荷，使溶剂（水）等带正电荷，在电场中向阴极移动（即发生电渗流），造成凝胶电泳分离度降低。

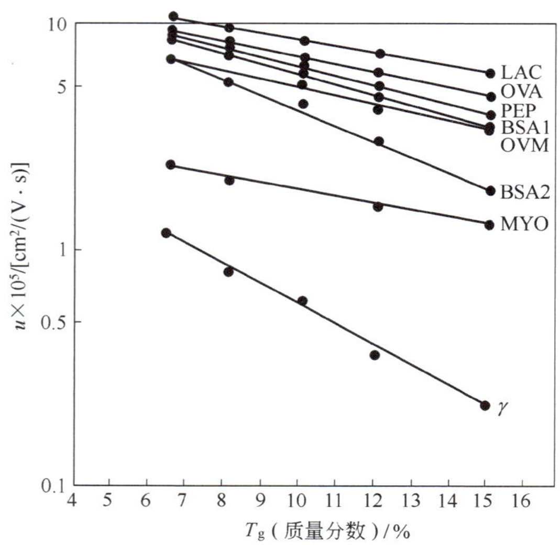

图 9.1 迁移率与丙烯酰胺单体质量分数的关系（Ferguson plot）

pH=8.83，c_g=1%（质量分数）

LAC—β-乳球蛋白；OVA—卵白蛋白；OVM—类卵黏蛋白；PEP—胃蛋白酶；MYO—肌红蛋白；BSA1—BSA 单体；BSA2—BSA 二聚体；γ—牛 γ-球蛋白

聚丙烯酰胺凝胶由丙烯酰胺单体和交联剂 *N,N'*-亚甲基双丙烯酰胺（*N,N'*-methylene bisacrylamide，Bis）在催化剂和引发剂的作用下共聚调制。凝胶的浓度一般用下式表达

$$T_g=\frac{a+b}{m}\times100\% \tag{9.8a}$$

$$c_g=\frac{b}{a+b}\times100\% \tag{9.8b}$$

式中，a 为丙烯酰胺单体质量，g；b 为交联剂单体质量，g；m 为缓冲液质量，g。

研究表明，当交联剂质量分数 c_g 一定时，聚丙烯酰胺凝胶电泳迁移率 u 的对数与单体质量分数 T_g（%）之间呈直线关系，称为 Ferguson 线图，如图 9.1 所示[5]，即

$$\lg u=\lg u_0-K_r T_g \tag{9.9}$$

式中，u_0 为外插到 T_g=0 时的迁移率；K_r 为与交联剂浓度 c_g 有关的凝胶延迟系数（retardation coefficient）。

外插值 u_0 为所用缓冲溶液中的自由电泳迁移率。利用式（9.9）可预测根据蛋白质的荷电性质以及分子大小和形状等产生的凝胶分子筛效应进行电泳分离的特性。

9.1.2　电渗流

电渗流是荷电固体表面诱导的双电层中反离子在电场作用下发生定向泳动引起的。如图 1.4 所示，在荷电粒子或固体介质表面存在与其离子符号相反的过剩反离子浓度分布，构成双电层结构。若固体介质静止不动，则在电场的作用下，分散层中的反离子（图 1.4 的正电荷）向阴极泳动，并带动其周围的溶剂（水）化层一起泳动。同时，在摩擦力的作用下，泳动的离子及其水化层将带动主体溶液一起移动，从而形成电渗流。电渗流速度可用下式计算

$$v_0 = \frac{\varepsilon \xi_{\mathrm{w}} E}{\mu_{\mathrm{L}}} \tag{9.10}$$

式中，ξ_{w} 为固体表面的 ξ 电位；μ_{L} 为溶液黏度。

式（9.10）是计算空管毛细管中电渗流速度的公式[2,3]。在填充固体介质（如凝胶介质和吸附剂）的固定床中，电渗流是由介质表面的荷电特性引起的，平均电渗流速度为[3]

$$v_{\mathrm{p}} = \frac{\varepsilon \xi_{\mathrm{p}} E}{\mu_{\mathrm{L}}} \frac{\sigma_{\mathrm{p}}}{\sigma_0} \tag{9.11}$$

式中，ξ_{p} 为填充介质表面的 ξ 电位；σ_{p} 为填充柱的电导率；σ_0 为溶液（流动相）的电导率。

在压力驱动流体流动的色谱过程中，流速与粒径和操作压力的关系可用 Kozeny-Carman 方程表示

$$u = \frac{\varepsilon_{\mathrm{c}}^2 d_{\mathrm{p}}^2 \Delta p}{180(1-\varepsilon_{\mathrm{c}})^2 \mu_{\mathrm{L}} L} \tag{9.12}$$

在一定操作流速下，色谱操作压力与粒径的平方成反比，即操作压力随介质粒径降低而显著增大。但是，从上述电渗流速度计算公式可以看出，电渗流驱动的电色谱过程中，流速与操作压力无关，即电渗流不会引起色谱柱压力的增大。同时，电渗流速度与固定相粒径无关。因此，电渗流驱动的电色谱可使用比 HPLC 更小的固定相粒子（1.5 ～ 5μm）。

9.2　凝胶电泳

9.2.1　凝胶电泳

凝胶电泳（gel electrophoresis）是区带电泳分离方法，主要利用凝胶的分子筛作用使分子大小不同的电解质得到分离。在凝胶电泳过程中，分子量大的溶质受凝胶阻滞作用大，电泳速度慢，而分子量小的溶质的电泳速度快。经过一定时间的电泳后，根据溶质分子量的不同，凝胶中会形成含有不同溶质的区带，实现溶质之间的相互分离。

生化实验室中常用的板式凝胶电泳装置的处理量很小，不适于分离制备。以制备为目的的凝胶电泳多采用圆柱形凝胶柱，电泳分离后将凝胶切成圆片，就可分别溶解回收各个纯化的组分。但这种操作过于繁琐，回收率也不高，并且容易引起蛋白质变性。采用图9.2所示的连续洗脱法较为方便易行。如图9.2所示，当溶质泳动到凝胶末端时，通入洗脱液分别回收各个组分。这种方法不仅操作简便，凝胶还可重

复使用。但缺点是回收的溶质经过洗脱液的稀释，浓度很低。

凝胶电泳使用的凝胶种类和浓度根据待分离料液中溶质的分子量而异。例如，7.5%（质量分数）的聚丙烯酰胺凝胶孔径较小，适用于分子量为 10^4 ～ 10^6 的溶质的分级分离；3.5%（质量分数）的聚丙烯酰胺凝胶孔径较大，适用于分子量为 10^6 ～ 5×10^6 的溶质的分级分离；分子量更大的溶质需采用孔径更大的凝胶，如聚丙烯酰胺与琼脂糖的混合凝胶，或纯琼脂糖凝胶。核酸的分离通常采用 0.5% ～ 1%（质量分数）的琼脂糖凝胶。

9.2.2 不连续凝胶电泳

前述凝胶电泳的凝胶柱中凝胶浓度和 pH 值均一，是最基本的凝胶电泳法。为了提高凝胶电泳的分离性能，可采用不连续凝胶电泳法（discontinuous gel electrophoresis）。如图 9.3 所示，不连续凝胶电泳的凝胶层由浓度不同的两层凝胶组成，上层凝胶浓度较低（丙烯酰胺质量分数为 T_g=2% ～ 3%），孔径较大，凝胶对溶质的泳动无阻滞作用，溶质在此层得到浓缩；下层凝胶浓度较高（T_g=5% ～ 25%），各个组分根据其在凝胶中迁移率的差别得到分离。一般上层凝胶称为浓缩层，下层凝胶称为分离层。在上层凝胶中溶质以等速电泳的形式泳动，得到浓缩。下面首先介绍等速电泳（isotachophoresis，ITP）的原理和特点。

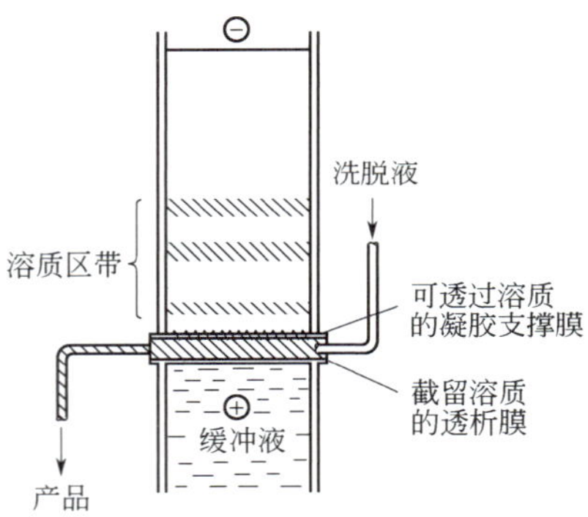

图 9.2 柱式凝胶电泳装置和操作

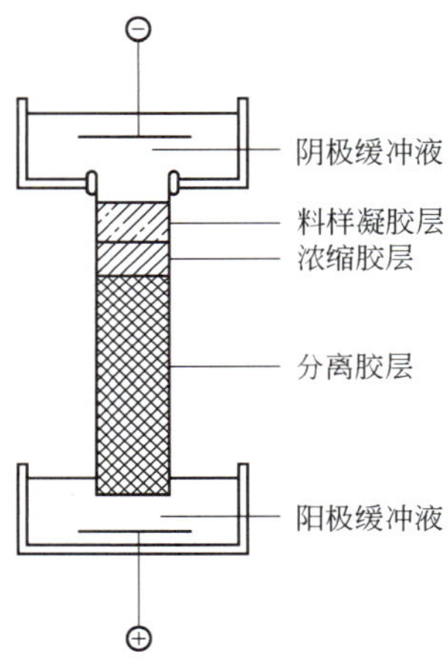

图 9.3 不连续凝胶电泳

9.2.2.1 浓缩层内的等速电泳

以阴离子型溶质的等速电泳为例介绍等速电泳的原理。在上层凝胶层中，以迁移率最大的阴离子为前导离子（leading ion）（一般为强电解质离子，如 Cl^-），迁移率最小的阴离子为末尾离子（terminating ion）（一般为弱电解质离子，如甘氨酸），以共同的阳离子为反离子（counterion）。电泳开始时，将含有目标蛋白质的料液加入前导电解质和末尾电解质之间，此时的状态如图 9.4（a）所示，设定的料液区 pH 值高于前导离子区的 pH 值。由于电泳场中溶质的泳动速度受溶质（如蛋白质）的解离度和迁移率的影响，解离度又取决于 pH 值，所以，当前导离子的浓度和反离子浓度（即前导电解质浓度）一定时，由于 pH 值不变，其泳动速度为一定值，而末尾离子在开始泳动后根据其所处位置的 pH 值所产生的解离度和离子迁移率将向阳极（带负电荷）或阴极（带正电荷）移动。料液中泳动速度最大的组分（如组分 A）首先进入前导离子区，但由于设定的前导离子区 pH 值较低，溶质的解离度减小，泳动速度减慢（对于蛋白质，如果前导离子区 pH 值低于其等电点，则该蛋白质带正电荷，向阴极移动)。因此，组分 A 又被排挤出前导离子区，从而在前导离子区和混合料液区的交界处组分 A 的浓度增加，并且为了与反离子保持电中性，该交界处的 pH 值降低。在此 pH 值范围内，其他组分不能与组分 A 以相同的速度泳动而拖后。随着时间的推移，所有的溶质都开始形成独自的区带，显示与其区带内的弱酸离子和反离子浓度相应的 pH 值。这样，当其它溶质少量混入时，由于混入的溶质在该区带内的 pH 值下的泳动速度和形成该区带的溶质的泳动速度不同，被排出该区带。因此，达到稳态时，各个区带中的溶质与前导离子相连接，以相同的速度向前泳动，达到等速电泳状态，形成等速电泳列［图 9.4（b）］。可以看出，等速电泳列与等速置换色谱列（见 7.9 节）相似。

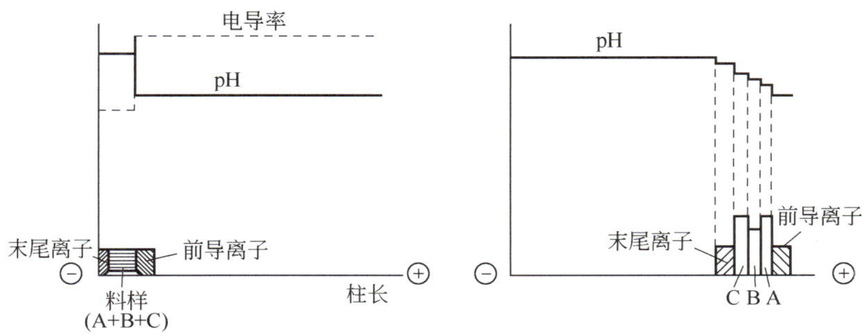

图 9.4　等速电泳原理

达到等速电泳状态后，各个区带中溶质的浓度不再改变，即可进入下层分离凝胶进行进一步的分离。因此，浓缩层具有使泳动达到等速状态的长度即可，这一点也与置换色谱相同。

根据等速电泳原理可知其具有如下特点：

（1）各个组分间形成相互连接的独自区带，显示各自与反离子相应的 pH 值。当某区带中的溶质因扩散作用少量进入其前面或后面的其它区带时，因泳动速度改变，又会返回到自己的区带中。因此，等速电泳可有效抑制扩散引起的区带分散现象。

（2）提高前导电解质浓度，溶液的缓冲容量增大，可提高溶质的浓缩率。

（3）采用适当的低分子两性电解质，在目标蛋白质前后作间隔物，可使目标蛋白质与其它蛋白质完全分离，得到高度纯化。

等速电泳作为独立的电泳法主要用于成分分析，在物质的分离回收方面应用极少。这主要是由于每个区带互相连接，回收困难。使用小分子间隔物虽然能解决这个问题，但价格便宜，并且适合于用作间隔物的电解质很难找到。此外，电泳装置的散热也是难于解决的工程设计问题。

等速电泳并不限于在凝胶介质中，也可在自由溶液中进行（如毛细管等速电泳）。

9.2.2.2　分离操作及其特性

如图 9.3 所示，不连续凝胶层的上部和下部分别使用 pH 值不同的缓冲液。在分离蛋白质时，上部缓冲液需根据待分离蛋白质的等电点（pI）选定。例如，如果蛋白质的 pI 小于 8 ～ 9.5，可采用 pH=8.3 的甘氨酸 -Tris-HCl 缓冲液。料液用 pH=8.3 的甘氨酸 -Tris 缓冲液调配，浓缩层用 pH=6.8 的缓冲液平衡。此时，Cl^- 为前导离子，阴离子甘氨酸为末尾离子，Tris 为反离子。料液中的蛋白质夹在前导离子和末尾离子之间在浓缩层内泳动，最后达到等速电泳状态进入下层分离胶。在下层分离胶中，蛋白质受到高浓度凝胶的分子筛作用，不能继续保持等速电泳，被末尾离子甘氨酸超过，因而在分离区带前面显示甘氨酸区带的 pH 值，蛋白质之间根据荷电量和分子大小，进行一般的区带凝胶电泳，得到分离。

9.3 等电点聚焦

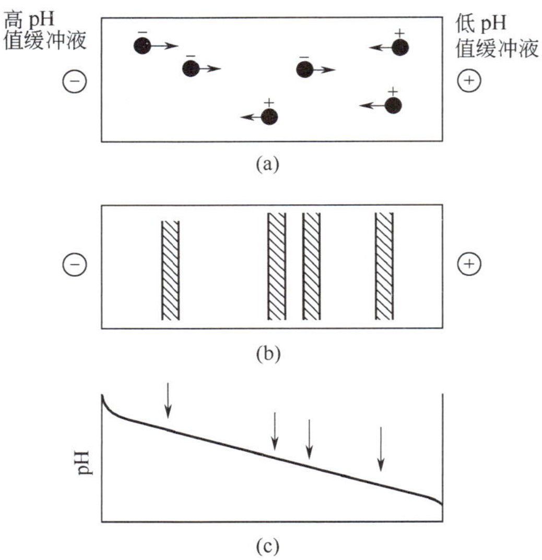

图 9.5 等电点聚焦的原理

（a）蛋白质的泳动；（b）电泳结束后，蛋白质到达各自的等电点区域；（c）电泳槽中的 pH 梯度，箭头表示各组分对应的等电点

一般的区带电泳利用溶质迁移率的差别进行分离，而等电点聚焦（isoelectric focusing, IEF）利用蛋白质和氨基酸等两性电解质具有等电点，在等电点的 pH 值下呈电中性，不发生泳动的特点进行电泳分离。在电泳设备中首先调配连续的 pH 梯度，然后使蛋白质在电场作用下泳动到等于各自等电点的 pH 值区域，从而形成具有不同等电点的蛋白质区带[6]。图 9.5 为等电点聚焦原理示意图。

作为一种聚焦分离技术，IEF 操作的关键是调配稳定的连续 pH 梯度。一般采用氨基酸混合物或聚氨基羧酸的缓冲溶液调配 pH 梯度，前者的生物相容性好，但形成的 pH 梯度稳定性较差；后者的聚合物含有许多正负电荷，并且与蛋白质的等电点范围相同，缓冲能力强，pH 梯度较稳定，称为载体两性电解质（carrier ampholyte）。商品化的载体两性电解质是数千种组分的混合物，各个组分具有不同的等电点。因此，在电场作用下，载体两性电解质与蛋白质相似，泳动到其等电点的 pH 值区域，分布到整个电泳槽或电泳柱中，形成稳定的 pH 梯度。pH 梯度的范围取决于载体两性电解质的组成，即其自身的等电点范围。一般载体两性电解质产品有三种 pH 梯度范围，如 pH=4 ～ 6、pH=8 ～ 10 和 pH=9 ～ 11 等。也有某些产品的 pH 值范围较宽，在 pH=3 ～ 10 之间。

9.4 二维电泳

二维电泳（two-dimensional electrophoresis）同时利用分子尺寸和等电点这两种性质的差别进行蛋白质等生物大分子的分离，即将普通凝胶电泳和 IEF 相结合，使溶质在二维平面上得到分离。二维电泳的原理如图 9.6 所示，在凝胶电泳槽的 y 方向上凝胶具有浓度分布（逐渐增大），而在 x 方向上首先调配 pH 梯度（例如，利用 IPG 或载体两性电解质），使溶质分子以等电点聚焦的形式泳动到其等电点处。然后将适当 pH 值的缓冲液渗透到凝胶中（以取代形成 pH 梯度的载体两性电解质），在 y 方向上加电场使溶质再次泳动。此时溶质之间的泳动速度受荷电量及分子量的影响，直至泳动到被高浓度凝胶所阻滞，相互之间得到进一步的分离。电泳结束后将凝胶切成小块，分别回收各个组分。

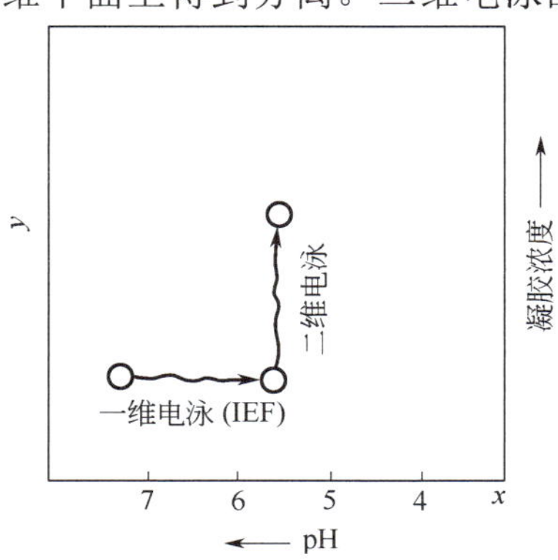

图 9.6 二维电泳的原理

二维电泳可分离等电点差小于 0.01 个 pH 单位的蛋白质，分离度极高。但与普通 IEF 一样，二维电泳的处理量也很小，适用于分离微

量的高纯度目标产物。由于二维电泳在整个凝胶平面上分离混合物中的各个组分，可处理含有大量组分的原料液，因而成为蛋白质组学研究的重要工具[7,8]。

9.5 逆向作用色谱电泳

逆向作用色谱电泳简称 CACE（counteracting chromatographic electrophoresis），是 O'Farrell[9] 发明的色谱分离与电泳作用相结合的蛋白质聚焦分离技术。CACE 的分离原理示于图 9.7。利用填充两层具有不同排阻极限的凝胶过滤介质的色谱柱为电泳场，并使溶质的电泳速度方向与流动相的流向相反。上层凝胶介质的排阻极限小（孔径小，如 BioGel P-10），下层凝胶介质的排阻极限大（孔径大，如 BioGel A-50m）。由于在上层凝胶介质中溶质的分配系数小于下层凝胶介质，故溶质在上层凝胶柱的色谱速度（$R_{F,T}$）大于下层（$R_{F,B}$），而在两层凝胶中的电泳速度（R_E）相同。通过调整电压（电场强度）使 $R_{F,T}>-R_E>R_{F,B}$，则在上层凝胶柱中，目标溶质移动的净速度（$R_{N,T}=R_{F,T}-R_E$）与下层中的净速度（$R_{N,B}=R_{F,B}-R_E$）的方向相反。当 $R_{N,T}=-R_{N,B}$ 时，目标溶质在两层凝胶柱的交界处所受的作用力达到动态平衡，从而积聚在界面处，产生界面聚焦现象，实现目标溶质的浓缩。由于其它溶质的电泳迁移率以及在上下凝胶柱的色谱速度与目标溶质不同，不能在同一界面聚焦，从而实现目标溶质的浓缩和纯化。

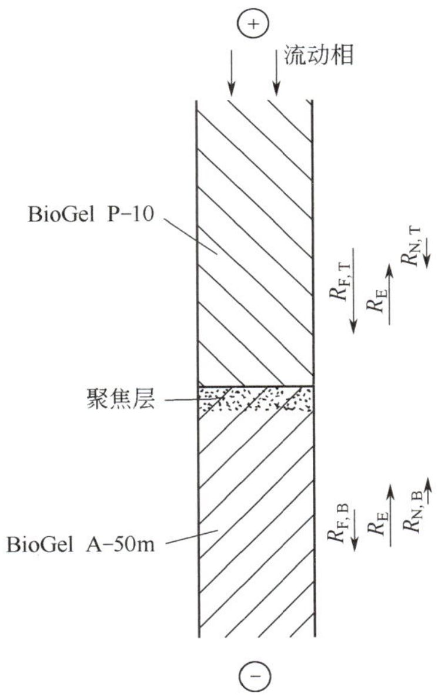

图 9.7 CACE 分离原理（双层凝胶）

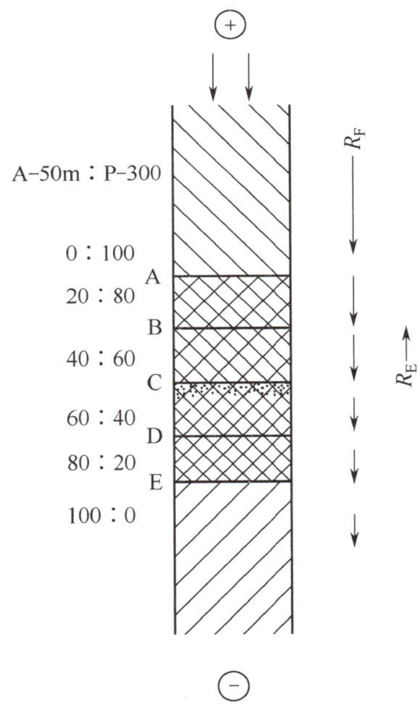

图 9.8 多层凝胶的 CACE 柱（各层中溶质的色谱速度从上到下依次递减）

O'Farrell[10] 利用长 500mm、内径 7mm 的玻璃柱制成 CACE 柱，研究了铁蛋白（ferritin）的聚焦浓缩。当电压为 600V、流速为 0.17mL/min 时，10mg 铁蛋白聚焦在界面处，区带宽仅约 2mm，即聚焦浓度超过 100mg/mL，说明 CACE 有很高的处理能力。同时，在铁蛋白的界面聚焦条件下，血红蛋白、肌红蛋白和细胞色素 C 等蛋白质不能达到动态平衡而流出 CACE 柱，说明 CACE 有很高的分辨率。

O'Farrell 还用多层凝胶柱研究了 CACE 的分离特性。如图 9.8 所示，将 BioGel A-50m 和 P-300 以不同比例混合，制备了多层凝胶柱。在各层凝胶中肌红蛋白的电泳速度基本相同，而上层凝胶（P-300）中的色谱速度是下层（A-50m）的 2 倍。如果按凝胶的混合比例（见图 9.8）计算，各层凝胶中的色谱速度用上层中的色谱速度无量纲化，自上而下应分别为 1、0.9、0.8、0.7、0.6 和 0.5。肌红蛋白的聚焦实验表明，用聚焦在上层界面（界面 A）时的电压无量纲化，聚焦在界面 B、C、D 和 E 的电压分别为 0.9、0.79、0.7 和 0.61，与利用色谱速度预测的结果基本一致。铁蛋白、血红蛋白、肌红蛋白和细胞色素 C 四种蛋白质的聚焦实验表明，在一定流速下，通过调节电压可使每种蛋白质聚焦在任一界面处，而无两种蛋白质同时聚焦在同一界面现象。另外，电压降低 4% 即可使肌红蛋白从界面 B 漂移到下一个界面 C。这些结果进一步证明了 CACE 的高分辨率特性。

CACE 利用色谱速度的梯度变化实现溶质在电场中的聚焦，集色谱柱容量大和电泳分辨率高的特点于一体，可用于间歇和连续分离过程 [11]，具有很大应用潜力。

必须指出，CACE 并不仅限于利用不同的凝胶过滤介质实现色谱速度的梯度变化，也可利用其它色谱介质（如离子交换、疏水作用等），或利用其它作用力和方法实现溶质移动速度的梯度变化。例如 [12]，梯度改变柱的直径可实现流动相流速即色谱速度的梯度变化；利用密度梯度可实现沉降速度的梯度变化；利用磁场代替电场可进行逆向作用色谱磁泳（counteracting chromatographic magnetophoresis）等。

CACE 过程的理论和实验研究均取得了令人满意的结果 [11-14]。但需要指出的是，尽管 CACE 具有分辨率高、容量大的优点，由于蛋白质的电泳迁移率较低，为提高电泳速度，必须在高电压下操作，产生的焦耳（Joule）热量高。因此，为便于设备冷却，所用柱径很细，在一定程度上影响了 CACE 的分离能力。

9.6 毛细管电泳和电色谱

9.6.1 分离装置

毛细管电泳（capillary electrophoresis，CE）和毛细管电色谱（capillary electrochromatography，CEC）均利用毛细管为电泳装置 [15-17]。毛细管电泳是基于电泳的差速分离方法；毛细管电色谱是电渗流驱动（有时也结合压力驱动）的色谱分离方法，电泳在分离过程中也会发挥一定的作用。

毛细管材料主要有熔融石英、聚乙烯和聚四氟乙烯等，其中以石英毛细管的传热性最佳，应用最多。石英毛细管外壁涂有聚酰亚胺层，以提高毛细管弹性，防止脆裂。通常毛细管内径为 20 ～ 200μm，长度为 30 ～ 100cm，壁厚约 200μm。毛细管内可填充凝胶或色谱介质（内部填充长度可达 50cm），也可采用内壁涂层或化学修饰改性的空管。前者称为填充毛细管（packed capillary），后者称为空管毛细管（open tubular capillary）。由于电泳和电渗流速度与填充颗粒直径无关，故可采用 1.5 ～ 5μm 的固定相粒子，提高色谱分离效率。图 9.9 为毛细管电泳（电色谱）装置示意图 [2]。

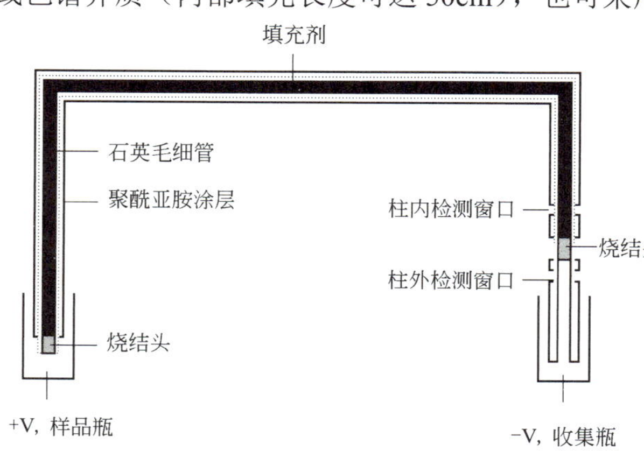

图 9.9 毛细管电泳（电色谱）装置示意图

9.6.2 分离原理和特点

在电场中，毛细管内的电解质溶质因其荷电性质而发生电泳；同时，在水溶液中，石英毛细管内表面的硅羟基解离而带负电荷，诱导管内产生电渗流。毛细管内的电泳和电渗流如图 9.10 所示。在电泳过程中，溶质的移动速度是电渗流和电泳的综合结果，用下式表示

$$v_s = v + v_e \tag{9.13}$$

式中，v_s 为溶质的移动速度；v 为电渗流速度；v_e 为溶质的电泳速度。

在图 9.10 中，中性溶质的电泳速度 v_e=0，阴离子的电泳速度 v_{e-}<0，而阳离子的电泳速度 v_{e+}>0，但一般电泳速度比电渗流速度小一个数量级，故溶质均向阴极移动，不同溶质因电泳迁移率的差别得到分离。

电色谱的毛细管内填充固定相粒子，或管内壁经化学修饰键合功能基团[16,17]。固定相粒子或内壁功能基团对溶质具有吸附作用，从而在电渗流的驱动下产生色谱分离效果。各种色谱保留机制（如离子交换、反相色谱、亲和色谱等）均可用于毛细管电色谱。另外，可用于毛细管电色谱的固定相介质种类多样，功能齐全。因此，与毛细管电泳相比，毛细管电色谱的应用范围更广、操作弹性更大，不仅可分离荷电溶质，还可分离中性溶质。

毛细管电泳和电色谱具有如下特点。

（1）电泳管道微细，比表面积大，散热速度快，操作电场强度可达 100 ～ 300V/cm，故电泳（电渗）速度快，分离时间短。

（2）如图 9.11（a）所示，电渗流驱动的管内流速分布接近平推流（表面双电层内流速为 0），从而降低流速分布不均引起的色谱峰分散现象［图 9.11（b）］。因此，与普通高效液相色谱相比，毛细管电泳和电色谱的分离精度更高，理论板数一般为 10^5 ～ $10^6 m^{-1}$，有些可达 $10^7 m^{-1}$。

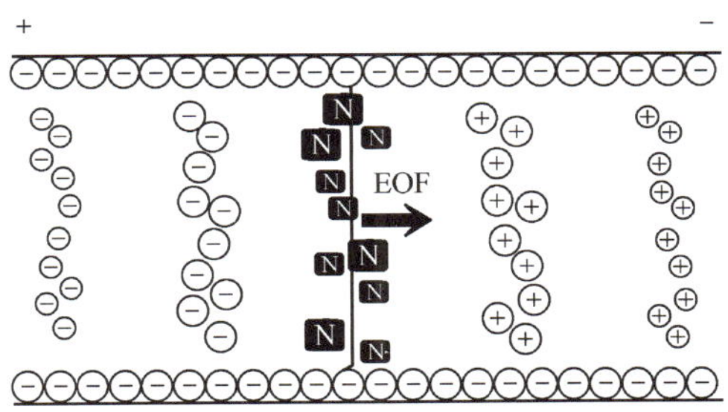

图 9.10　毛细管内的电泳和电渗流（EOF）

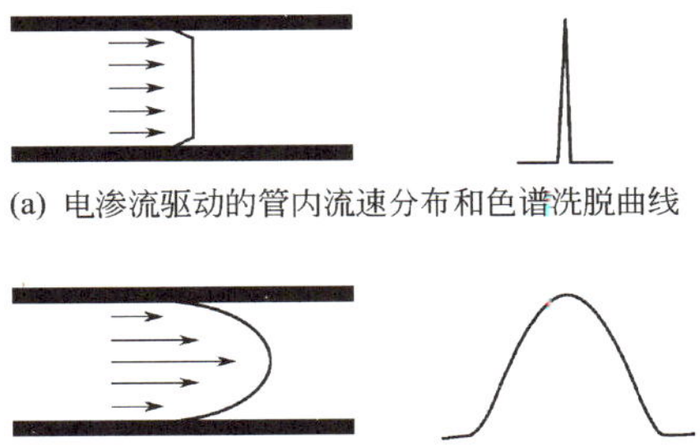

(a) 电渗流驱动的管内流速分布和色谱洗脱曲线

(b) 压力驱动的管内流速分布和色谱洗脱曲线

图 9.11　电渗流和压力驱动的毛细管内流速分布和色谱洗脱曲线

因此，如果选择适当的操作条件，毛细管电泳可分离迁移率相差很小的溶质混合物。

（3）分析样品量仅 1 ～ 50nL，所需流动相（载液）体积小于 1mL，是理想的微分离分析技术。

（4）毛细管电泳和电色谱操作模式多样，应用范围广泛，可应用于小到无机离子，大到细胞的各种溶质的分离分析。

但是，从分离制备的角度考虑，因为毛细管电泳的处理量很小，仅能用于微量制备，供科学研究。

9.7　连续电泳和电色谱

利用电泳操作大量纯化蛋白质等溶质的混合物时，需要使用较大规模的电泳设备，电泳操作中会产生大量的焦耳热能，若不能进行有效的冷却处理，会使区带之间发生混合，甚至产物变性，严重影响分

离效率和产品质量。如果利用连续自由流电泳（continuous free-flow electrophoresis），可一定程度缓解对设备冷却的需求，并可提高分离速度，易于实现过程的自动化。因此，研究者们提出了多种连续电泳和电色谱分离方法。

9.7.1 连续自由流电泳

图 9.12 为 Hannig 最早提出的连续自由流电泳分离装置示意图 [18]。在两张塑料板之间制成厚度为 0.5 ～ 0.8mm 的电泳液膜槽，缓冲液从上到下平行流过电泳槽，料液从装置中某一点连续送入。在垂直电场的作用下（电场方向与缓冲液流向垂直），溶质依其荷电量在槽内泳动得到分离，在下部的各个收集口中收集流出的各个组分。

图 9.12 所示的装置是连续电泳分离的最基本原型。在此原理的基础上，相继提出了各种类型的连续电泳装置，以提高分离性能。

Hannig 提出的连续自由流电泳适合于多种蛋白质混合物的分离，但其最大的问题是焦耳热及浓度梯度的产生使槽内的对流状态加强。为抑制对流现象的发生，一般槽厚很小，只能适用于少量料液的分离。

利用多孔膜将电泳槽分隔成多个相互分离的通道，即构成多通道连续自由流电泳 [4,19]，如图 9.13 所示。由于使用了多个多孔膜将电泳槽分成若干小池，可很大程度地抑制对流的影响，提高分离效率和料液的处理量。

图 9.13 中用隔膜隔开的五个小电泳池中，中央的池中输入料液，其他池中通入缓冲液。在电场作用下，蛋白质根据其荷电状态，电泳透过多孔膜，在出口处各种蛋白质被分别排出，得到分离。操作中，要选择合适的缓冲液（pH 值）使蛋白质具有适当的泳动速度，并适当调整流速使蛋白质具有适当的停留时间，以便提高分离效率。

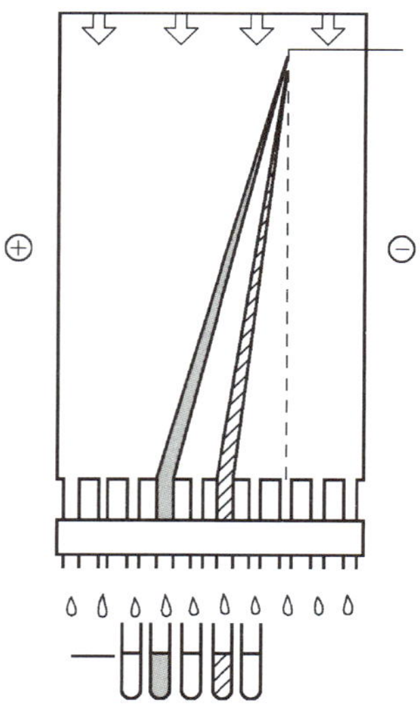

图 9.12 Hannig 型连续自由流电泳

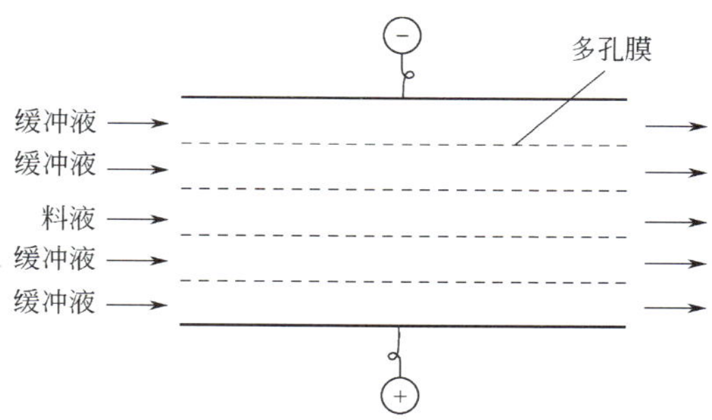

图 9.13 利用多孔膜的连续自由流电泳

9.7.2 多通道连续等电点聚焦

利用多孔膜的连续等电点聚焦（continuous isoelectric focusing）[20] 与上述利用多孔膜的连续自由流电

泳的不同之处是，每个用多孔膜隔开的小电泳池中通入 pH 值不同的缓冲液。如图 9.14 所示，通入的缓冲液 pH 值由阳极向阴极逐次升高。当蛋白质的等电点高于溶液的 pH 值时，由于带正电荷，向阴极泳动，反之则向阳极泳动，最终在 pH 值等于其等电点的小电泳池中净电荷为零，不再泳动，从而使等电点不同的蛋白质得到分离。

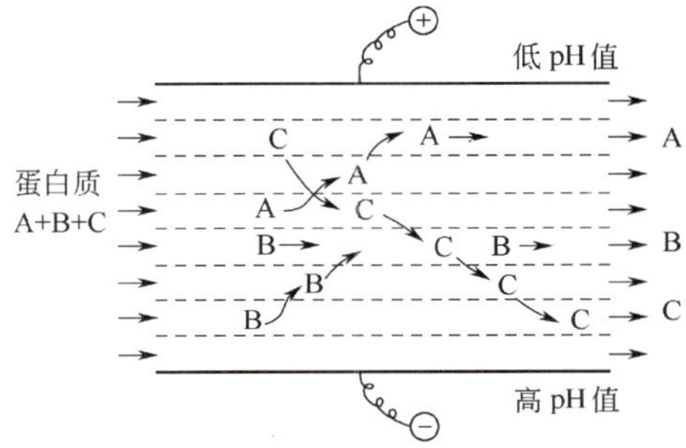

图 9.14　利用多孔膜的连续等电点聚焦

蛋白质 A、B、C 的等电点：$pI_A < pI_B < pI_C$

9.7.3　旋转环形柱连续电泳 / 电色谱

利用轴对称旋转的环形固定床可进行连续环形色谱（continuous annular chromatography）操作。环形固定床以一定的速度旋转，料液和洗脱液分别在固定的位置连续加入，料液中的溶质依各自在固定相上分配系数的不同以不同的速度向下移动，从而在环形固定床内形成连续的螺旋状区带。该螺旋状区带以料液入口为起点，在柱底不同于入口圆周角的位置得到洗脱。在柱底的圆周方向上分别回收洗脱展开的溶质，即可连续获得分离的各个组分。

旋转环形柱连续电泳（continuous rotating annular electrophoresis，CRAE）操作原理与 Hannig 型连续自由流电泳相同，同时借鉴了连续环形色谱的原理。如图 9.15 所示 [21]，环形柱以一定的转速旋转，电场方向与缓冲液的流向相同，溶质在电场的作用下依各自的电泳迁移率以不同的速度向下移动，在柱底的圆周方向上得到分离。CRAE 环形柱内也可填充色谱介质，在电泳之外耦合色谱的分离作用。

9.7.4　旋转圆筒柱连续电色谱

旋转圆筒柱连续电色谱（continuous rotating annular electrochromatography）如图 9.16 所示 [22]，该连续电色谱与旋转环形柱连续电泳的不同之处是：①旋转的圆环柱较厚，环形面积约占总截面积 90%，相当于圆筒；②筒内充填色谱介质（如凝胶过滤介质）；③电场方向与旋转圆筒的半径方向相同，溶质不仅

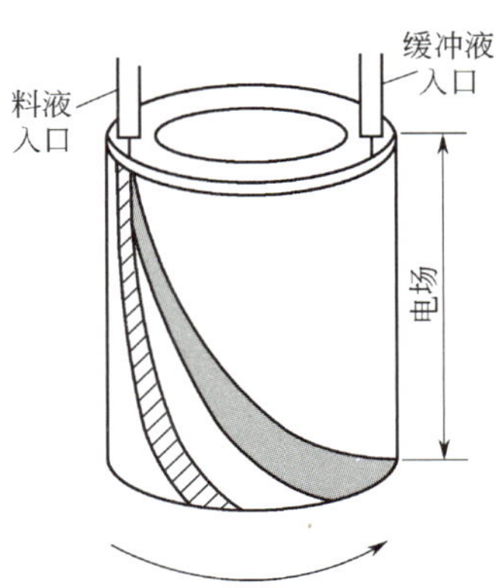

图 9.15　旋转环形柱连续电泳

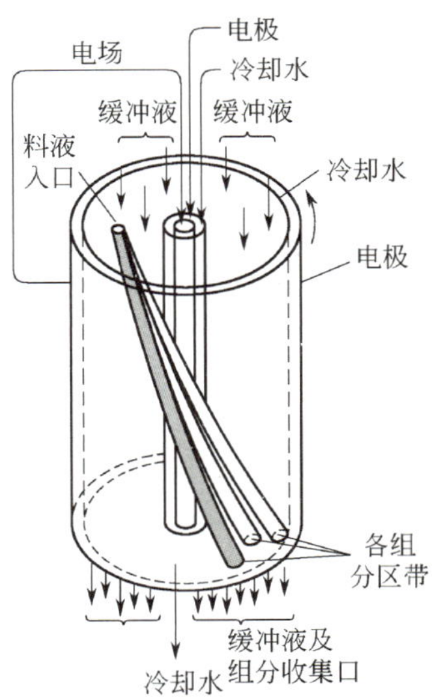

图 9.16　旋转圆筒柱连续电色谱

根据分配特性的不同在圆周方向上得到色谱分离，而且根据电泳迁移率的差别在半径方向上得到电泳分离。因此，这种连续电色谱可实现二维分离，分辨率更高。但是，由于环形柱较厚，通电后产生焦耳热的及时除去是分离过程成功的关键。与此相比，图 9.15 所示的环形电泳装置在放大时环形厚度可以很薄，冷却问题容易解决。

习题

1. 凝胶电泳分离球形蛋白质 A 和 B，电场强度为 2V/cm，电泳场的 pH 值恒定，为 7.8，凝胶质量分数为 T_g=7.5%，对 A 和 B 的延迟系数均为 0.02，A 和 B 的分子半径分别为 2.5nm 和 3.0nm，在 pH=7.8 的缓冲液中的荷电荷数分别为 4 和 2。设 A 和 B 的混合溶液在凝胶柱上的加样量为 3mm。若忽略分子扩散对区带宽度的影响，缓冲液的物性按纯水计算，试计算使 A 和 B 完全分离所需的时间和凝胶柱长度。
2. 阐述等速电泳的浓缩作用原理。
3. 分析讨论色谱聚焦（见第 7 章）和等电点聚焦、色谱聚焦和逆向作用色谱电泳以及等电点聚焦和逆向作用色谱电泳这三组聚焦分离方法的相同点和差别。
4. 大规模电泳或电色谱分离设备需克服的主要问题是什么？
5. 利用多孔膜分隔电泳槽构建多通道连续自由流电泳或连续多通道等电点聚焦，膜在抑制对流的同时，可能会带来哪些问题？

参考文献

[1] Kelm C, Ladisch M. New system for preparative Electrochromatography of proteins. Biotechnol Bioeng, 2000, **70**: 72-81.

[2] Robson M M, Gikalo M G, Myers P, Euerby M R, Bartle K D. Capillary electrochromatography: A review. J Micro Sep, 1997, **9**: 357-372.

[3] Rathore A S, Horváth Cs. Capillary electrochromatography: theories on electroosmotic flow in porous media. J Chromatogr A, 1997, **781**: 185-195.

[4] Kelm C, Ladisch M. Model for temperature profiles in large diameter electrochromatography columns. AIChE J, 2003, **49**: 402-410.

[5] Morris CJOR//Peeters H (ed). Protides of the Biological Fluids: vol. 14. Amsterdam: Elsevier, 1966: 543.

[6] Evans L L, Burns M A. Solute focusing techniques for bioseparation. Bio/Technology, 1995, **13**: 46-52.

[7] Giavalisco P, Nordhoff E, Lehrach H, Gobom J, Klose J. Extraction of proteins from plant tissues for two-dimensional electrophoresis analysis. Electrophoresis, 2003, 24: 207-216.

[8] Dowsey A W, Dunn M J, Yang G-Z. The role of bioinformatics in two-dimensional gel electrophoresis. Proteomics, 2003, 3: 1567-1596.

[9] O'Farrell P H. US Patent 4290855. 1981.

[10] O'Farrell P H. Separation techniques based on the opposition of two counteracting forces to produce a dynamic equilibrium. Science, 1985, **227**: 1586-1589.

[11] Ivory C F, Gobie W A. Continuous counteracting chromatographic electrophoresis. Biotechnol Prog, 1990, **6**: 21-32.

[12] McCoy B J. Counteracting chromatographic electrophoresis and related imposed-gradient separation processes. AIChE J, 1986, **32**: 1570-1573.

[13] Hunter J B. An isotachophoretic model of counteracting chromatographic electrophoresis (CACE). Sep Sci Technol, 1988, **23**: 913.

[14] Locke B R, Carbonell R G. A theoretical and experimental study of counteracting chromatographic electrophoresis. Sep Pur Methods, 1989, **18**: 1-64.

[15] Fu H, Huang X, Jin W, Zou H. The separation of biomolecules using capillary electrochromatography. Curr Opin Biotechnol, 2003, **14**: 96-100.

[16] Xu L, Sun Y. Protein separation by open tubular capillary electrochromatography employing a capillary coated with phenylalanine functionalized tentacle-type polymer under both cathodic and anodic electroosmotic flows. Journal of Chromatography A, 2008, **1183**: 129-134.

[17] Xu L, Dong X-Y, Sun Y. Electroosmotic pump-assisted capillary electrophoresis of proteins. Journal of Chromatography A, 2009, **1216**: 6071-6076.

[18] Hannig K//Norris N R, Ribbons D W (ed). Methods in Microbiology. London: Academic Press, 1971: 512-548.

[19] Azuma H, Furusaki S, Miyauchi T. Continuous liquid-phase separation of enzymes and proteins by means of electrophoresis. Kagaku Kogaku Ronbunshu, 1979, **5**:136-142.

[20] Furusaki S, Kikuchi T. Continuous separation of proteins by isoelectric focusing. Membrane, 1983, **8**: 243-248.

[21] Yoshisato R A, Korndorf L M, Carmichael G R, Datta R. Performance analysis of a continuous rotating annular electrophoresis column. Sep Sci Technol, 1986, **21**: 727-753.

[22] Scott C D. Continuous electrochromatography using a rotating annular system. Sep Sci Technol, 1986, **21**: 905-917.

第 10 章　蛋白质折叠复性

为什么学习蛋白质折叠复性？

根据蛋白质折叠过程的动力学特性，蛋白质体外复性的基本出发点都是设法抑制聚集体的生成，引导复性过程向正确折叠的方向发展，实现高浓度蛋白质的高收率复性。从蛋白质药物大规模生产的角度考虑，除应保证较高的复性收率外，整个复性过程还应满足：①复性方法和设备易于规模放大。②操作简便，易于实现自动化控制。③复性过程富有弹性，可应用于各种蛋白质的复性。④生产能力大，速度快，环境友好，成本低廉等要求。

本章介绍的各种复性方法中，最简单同时也容易满足上述要求的复性方法莫过于直接稀释复性。如果通过调节变性剂以及氧化还原剂浓度就可获得满意的复性效果（包括较高的复性浓度和收率），则不必尝试其他手段。如果希望进一步提高复性浓度或复性收率，可尝试流加复性或试验其他添加剂的效果。当直接稀释和流加复性均不能获得满意的效果时，可考虑尝试色谱复性。对于融合聚组氨酸标签的重组蛋白质，固定化金属离子色谱应是优先考虑的对象。但是复性过程中不可避免地会产生蛋白质聚集体和沉淀，造成色谱柱的堵塞、操作压力骤升，这是色谱复性操作中必须注意的问题。

复杂的蛋白质结构和众多的影响因素决定了包涵体分离纯化和蛋白质复性技术的多元化。针对具体的目标蛋白质，应选择合适的复性路线并进行有针对性的条件优化、反应器设计和放大研究，实现高浓度目标蛋白质的高收率复性。同时，复性技术和路线应与后续的分离纯化过程相匹配，满足整个生产过程收率高、成本低的要求。荷电微球介质对促进同电荷蛋白质复性作用的发现，有望为蛋白质复性技术的发展注入新的活力，广泛应用于包涵体蛋白质的复性。

学习目标

- 熟悉蛋白质折叠的 Anfinsen 法则和蛋白质折叠的定向受控热力学特征（存在固有的折叠路径）。
- 了解包涵体的提取分离和纯化方法和蛋白质复性流程，掌握简单稀释复性和流加复性操作方法。
- 理解肽链聚集是影响蛋白质复性收率的关键因素，抑制蛋白质聚集是蛋白质复性操作的主要目标，变性剂浓度对蛋白质折叠和聚集的影响及其调控的重要性。
- 了解各种添加剂（含变性剂）及色谱介质在蛋白质复性中的作用，理解色谱复性的优点和需要注意的问题。
- 理解同电荷介质抑制肽链聚集、促进蛋白质复性的机理和影响因素。

重组 DNA 技术的发展和蛋白质表达系统的丰富多样性为利用微生物大规模生产蛋白质药物和生物技术产品开辟了广阔的空间。但是，重组蛋白质的高表达常常导致其在胞内发生错误折叠（misfolding）和聚集（aggregation），形成被称为包涵体（inclusion body）的聚集体。包涵体主要由蛋白质构成，其中大部分是基因表达产物。这些基因表达产物的一级结构是正确的，并含有部分正确的二级结构，但立体结构是错误的，所以没有生物活性。因此，对于以包涵体形式表达的蛋白质，需要在分离回收包涵体后，溶解包涵体使其肽链伸展（unfolding），然后在合适的溶液环境下使目标蛋白质恢复天然构型和生物活性。这一过程称为体外（*in vitro*）蛋白质再折叠（refolding）或蛋白质复性（renaturation）。

胞内重组蛋白质包涵体的沉积可能是“天堂”，也可能是“地狱”。至于是天堂还是地狱，主要取决于沉积的包涵体蛋白质是否容易复性。对于那些难于复性的蛋白质，包涵体的形成意味着表达系统的失败，必须着力于胞内可溶性蛋白质表达的研究，避免包涵体的形成；对于那些可以体外复性的包涵体蛋白质，蛋白质包涵体的形成可以使后续的分离纯化过程变得更简单。即使如此，蛋白质复性绝非易事，特别是在高浓度下的蛋白质复性。本章在简介蛋白质结构和折叠途径的基础上，讲解包涵体形成机理、性质和纯化方法，进而重点阐述蛋白质复性的主要方法。

10.1　蛋白质分子结构与折叠

10.1.1　蛋白质分子结构

蛋白质主要构成成分是氨基酸。天然氨基酸通过肽键连接形成多肽链，构成蛋白质的基本化学结构。肽键连接氨基酸形成的化学结构（肽链）无任何蛋白质活性，而只有当肽链折叠（folding）形成固有的高级空间构象时才能展现生物活性或功能，称之为蛋白质。因此，体内新生肽的表达呈现的是蛋白质的肽链，称为蛋白质的一级结构（primary structure）。一级结构需要进行复杂的折叠（部分还需要亚基组装）才能形成三级（乃至四级）空间结构，展现生物活性。一种蛋白质存在固有的一级结构和三级结构（tertiary structure），但在这两个结构之间则存在多种由氢键构成的二级结构（secondary structure）。

最早鉴定的二级结构为 α 螺旋（α-helix）。由酰胺（N—H）提供氢原子，与位于其后的第 4 个氨基酸的羰基（C═O）氧原子形成氢键，氢键距离（N···O）为 0.29nm。天然蛋白质的螺旋主要是右手型 α 螺旋，每个螺旋周期是 3.6 个氨基酸残基，螺旋中两个氨基酸间距 0.15nm，故螺距约 0.54nm。

蛋白质的另一种主要二级结构为 β 折叠，又称为 β 片层（β-sheet）。β 折叠相当于拉伸的 α 螺旋，也是通过酰胺和羰基间氢键所构成，是最伸展的主链构象。

蛋白质分子中存在许多 180 度的肽链回折，这种二级结构称为 β 转角（β-turn）或 β 弯曲（β-bend）。β 转角的第一个氨基酸残基的 C═O 与第 4 个氨基酸残基的 N—H 形成氢键。β 转角为非重复结构，改变肽链的方向，连接 α 螺旋和 / 或 β 折叠等其他二级结构。

除上述三种二级结构外，其他肽链以无规则的松散结构形式存在，称为无规则卷曲（random coil）或自由回转。无规则卷曲在蛋白质结构中占有重要地位，很多酶的活性位点就处在无规则卷曲结构中，并对蛋白质稳定性产生重要影响。有些蛋白质仅由无规则卷曲结构构成。

10.1.2　蛋白质折叠

体内蛋白质折叠（protein folding）是生命科学和生物物理研究的重要课题，对理解生命的起源和进化具有重要意义。Anfinsen 的研究表明[1,2]，蛋白质折叠是一个热力学驱动的自发过程，所有蛋白质折叠所需的能量和信息均蕴藏在其一级结构中，不需要任何外界能量或信息输入即可完成。换言之，蛋白质的一级结构决定了其三级结构。Anfinsen 的“自组装热力学假说”（也称 Anfinsen 法则）已得到很多体外实验所证实，是包涵体蛋白质体外复性的理论基础。

那么，能量驱动的蛋白质折叠途径如何？作为生物大分子，即使很小的蛋白质分子中也存在无数种可能的构象（conformation），在肽链折叠形成其固有的蛋白质空间结构的过程中，如果通过随机搜索或尝试每种构象后才能找到正确的空间结构，需要亿万年的时间[3]。实际上蛋白质折叠速度极快，在微妙到毫秒的时间尺度上即可完成正确折叠。这样的快速度表明，蛋白质折叠是一个定向受控的热力学驱动过程，折叠过程仅选择无数种可能途径中有限的一条或数条折叠路径（folding pathway）。

不同蛋白质具有不同的折叠路径，这些折叠路径之间是否存在统一的折叠机制？针对不同蛋白质的折叠开展研究，研究者提出了多种折叠模型[3]。

① 框架模型（framework model）：该模型假设蛋白质的局部构象依赖于局部的氨基酸序列，在折叠的起始阶段首先形成相对稳定的二级结构（α 螺旋、β 折叠、β 转角等）框架，之后二级结构间通过疏水性相互作用和静电相互作用等发生框架间拼接和组合，肽链逐渐紧缩，产生三级结构。这个模型认为即使是一个小分子的蛋白质也可以一部分一部分地进行折叠，其间形成的亚结构域是折叠中间体的重要结构。

② 疏水塌缩模型（hydrophobic collapse model）：该模型与上述框架模型相反，强调疏水性相互作用力在折叠过程中起决定性作用。即首先通过非特异性的疏水性相互作用发生疏水性塌缩，形成类三级结构，之后再通过氢键逐步形成二级结构。

③ 成核 - 缩聚模型（nucleation-condensation model）：该模型是上述两种模型的结合，认为肽链中的某些区域首先形成类二级结构的“折叠核”，之后以这些“核”为核心，整个肽链通过各种相互作用继续折叠缩聚，最终获得天然构象。

蛋白质种类繁多，不同的蛋白质的折叠路径不同，有些蛋白质的折叠可能符合上述三种模型中的一种，有些则可能是某种其他形式。

蛋白质结构的测定方法主要有 X 射线晶体学（X-ray crystallography）、核磁共振（nuclear magnetic resonance spectrometry）和冷冻电镜（cryo-electron microscopy）等方法。传统的计算机模拟主要有同源建模和分子动力学模拟等方法[4]。近年来人工智能技术在蛋白质结构预测精度和速度方面均取得长足进步[5,6]，远胜于传统的计算方法，成为蛋白质结构预测的主要手段。

10.2 包涵体

10.2.1 包涵体的形成

Anfinsen 法则指出，蛋白质的立体结构信息完全蕴藏在一级结构中，即氨基酸顺序决定了蛋白质的立体结构。因此，理论上蛋白质折叠成天然活性态是自发完成的。但是，伸展的肽链折叠成立体结构的过程受其周围环境的影响，分子间的相互作用影响分子内的折叠。生物体内的环境（pH、离子强度、氧化还原势等）适于蛋白质的折叠，并且生物体内存在完善的辅助蛋白质折叠和防止蛋白质聚集的各种分子伴侣（molecular chaperones）、折叠酶（foldase）和二硫键异构酶（disulfide isomerase）。这些条件确保生物内蛋白质的正确折叠。一旦环境改变或辅助系统发生问题，生物体内亦容易发生蛋白质的错误折叠和聚集，从而产生疾病。

对于外源基因表达产物，宿主内一般不具备完善的辅助折叠系统，加之表达环境的不适，容易形成蛋白质错误折叠和聚集，形成包涵体。分析表明，包涵体内除表达产物外，还含有微量的质粒、rRNA 和 RNA 聚合酶，说明包涵体在表达产物翻译后立即就形成了。同时，包涵体内的表达产物具有部分二级结构[7]。因此，包涵体的形成机理尚不完全清楚，一般认为包涵体的形成是部分折叠的中间态（intermediates）之间疏水性相互作用的结果，主要原因是蛋白质本身具有易于聚集沉淀的性质，或表达产物周围的物理环境（如温度、离子组成）不适或缺少某些折叠辅助因子（如分子伴侣）的作用。一般来说，分子量大和疏水性氨基酸含量高的蛋白质易于形成包涵体。分子量大的蛋白质因折叠构成较复杂，容易发生错误折叠和分子间相互作用而产生聚集；包涵体的形成主要是分子间的疏水性相互作用导致的，故疏水性氨基酸含量高的蛋白质的分子间疏水性作用强，容易发生自聚。

外源重组蛋白质包涵体主要在以大肠杆菌为宿主的原核细胞表达系统中形成，在酵母细胞和其他真核细胞的表达系统中也会出现过表达（over expression）的蛋白质包涵体。不仅如此，在过表达的情况下，内源蛋白质也可沉积成包涵体[8]。这些现象证实，在大多数情况下，包涵体的形成是蛋白质过量表达的结果，而与表达系统无关。即无论采用何种表达系统（宿主或质粒），过表达的情况下都可形成包涵体。但如上所述，过表达情况下，包涵体形成的量或与可溶性表达产物的比例及其分子量、疏水性（疏水性氨基酸含量）和二硫键含量等内在性质有关。

蛋白质折叠和聚集过程复杂，存在正确折叠（on-pathway folding）、错误折叠（misfolding 或 off-path way folding）和聚集。特别是错误折叠和聚集过程路径复杂，难以准确描述。一般来说，错误折叠最终会导致聚集，因此，用“聚集”概括错误折叠和聚集过程，从而将蛋白质的折叠复性和包涵体（聚集体）的形成简化为图 10.1 所示的正确折叠与聚集的竞争反应动力学过程。

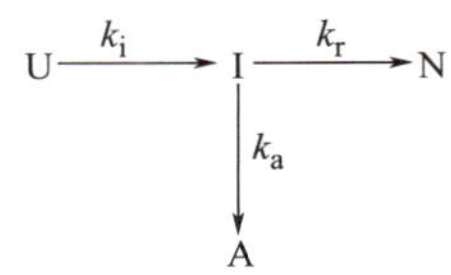

图 10.1 简化的蛋白质折叠动力学模型

U—伸展肽链（unfolded peptide）；I—折叠中间态；N—天然活性态；A—聚集体（包涵体）

k_i、k_r 和 k_a 分别为中间体生成速率常数、折叠速率常数和聚集体生成速率常数

图 10.1 中，活性产物 N 的形成为分子内折叠反应，折叠速率与浓度成正比；聚集体 A 的形成反应在分子间发生，反应速率与浓度的高次方成正比，即反应级数 $\geqslant 2$。因此，如果新生肽折叠成天然活性蛋白质的速度缓慢，新生肽浓度增加和中间态的疏水性相互作用就可能导致包涵体的形成。

上述分析表明，包涵体的形成是不可预测的，取决于系统的表达速度和浓度。但也有例外，即当含有二硫键的蛋白质在细菌的胞液中表达时，由于胞液为还原性，巯基间不能被氧化形成二硫键而导致错误折叠。在此情况下，基本可以断定会形成包涵体。

由于外源基因表达产物在原核细胞中易于形成包涵体，许多蛋白质药物的生产依赖于蛋白质复性技术的提高。此外，蛋白质在体内的错误折叠和聚集还与许多重要疾病（如阿尔茨海默病、疯牛病、帕金森症等）直接相关。因此，蛋白质折叠理论也是生命科学和生物医学领域的重要研究课题。

10.2.2 包涵体的性质

包涵体为高密度蛋白质聚集体，密度约 1.3g/mL，颗粒尺寸约 0.1～1.0μm，有些达 3μm，随表达产物和表达系统而异[9]。包涵体通常位于细胞质（cytoplasm）中，而一些分泌性蛋白质可能在外周胞质（periplasm）中形成。较大的包涵体可在相差显微镜下观察到，呈现深色的点，所以包涵体又称光折射体（refractile body）。包涵体对蛋白酶解不敏感，但在包涵体中常可检测到少量降解产物。包涵体的主要成分为基因表达产物，占包涵体的 50% 以上。其他构成成分因表达系统而异，包括磷脂、微量的质粒、rRNA 和 RNA 聚合酶，更多的是黏附于包涵体颗粒的外膜蛋白质。外膜蛋白质并非包涵体的构成成分，而是提取包涵体时的不溶性物质，大部分可用表面活性剂反复清洗除去。在适宜的包涵体提取和纯化条件下，目标产物纯度可达 90% 以上。

根据包涵体的形成机制和性质，可归纳包涵体表达具有如下优势：①包涵体蛋白质主要在以大肠杆菌为宿主细胞的原核细胞表达系统中形成，而大肠杆菌生长速度快，易于高密度培养，有利于大规模生产目标蛋白质；②包涵体是在过表达的情况下形成的，因此一般包涵体蛋白质的表达量都很高；③包涵体富含目的基因表达产物，有利于后续的分离纯化；④沉积于包涵体内的目标蛋白质不易被蛋白酶水解，可与蛋白酶共表达；⑤对于那些对宿主细胞有毒害作用或杀伤作用的目的基因表达产物，因为包涵体没有活性，以包涵体形式表达是最可取的生产途径。因此，如能有效地进行蛋白质的体外复性，就可充分发挥包涵体蛋白质表达系统的优势。如图 10.1 所示，蛋白质折叠复性过程伴随聚集体的生成，因此，抑制聚集体的生成是蛋白质复性研究的关键问题。在聚集体得到有效抑制的前提下，才可能提高蛋白质复性收率，特别是在高浓度下的复性收率。

10.2.3 包涵体的胞内抑制

有些蛋白质很难进行体外复性，特别是分子量较大、结构复杂和含有较多二硫键的蛋白质。因此，在蛋白质体外复性研究的同时，生物学家试图通过各种方法抑制包涵体的生成，提高可溶性蛋白质的表达量。根据上述包涵体的形成机理，可以采用各种方法抑制胞内包涵体的形成。例如，①降低细胞培养温度，减缓蛋白质的表达速度和降低表达量；②将目标蛋白质与分子伴侣蛋白、折叠酶（foldase）和二硫键异构酶（disulfide isomerase）共表达，弥补外源蛋白质表达过程中缺乏的辅助因子；③使用非代谢性碳源降低代谢速度和蛋白质表达量；④将目标蛋白质与亲水性蛋白质融合表达，常用的融合蛋白质有谷胱甘肽 S- 转移酶（glutathione S-transferase）、麦芽糖结合蛋白（maltose-binding protein）和硫氧还蛋白（thioredoxin）。上述方法在一些蛋白质表达中被证明是有效的，可增加可溶性蛋白质的表达量。但利用这些方法表达的蛋白质通常仍有部分或大部分以包涵体的形式存在，并且整体表达量较低。

10.2.4 包涵体的纯化和溶解

10.2.4.1 包涵体的分离纯化

蛋白质复性过程包括包涵体分离纯化、包涵体溶解（变性 / 还原蛋白质肽链）以及蛋白质复性等步骤。包涵体的分离从细胞破碎开始。细胞破碎通常采用机械破碎、化学裂解和酶解（见 2.2 节）等方法或它们的联合作用。包涵体为致密的蛋白质凝聚体，密度较大，低速离心便可沉淀，与细胞碎片和可溶性产物分离。因此，机械破碎后进行离心沉降是最常用的包涵体分离手段。高强度的机械破碎可降低细胞碎片的颗粒尺寸，有利于包涵体的离心分离[10]。除离心分离外，膜分离（洗滤）也是常用的包涵体分离回收方法[9]。

如图 10.1 所示，蛋白质复性是分子内折叠和分子间聚集反应的竞争动力学过程。因此，为提高蛋白质复性收率，必须抑制聚集体的生成，促进复性反应向正确折叠的方向进行。研究表明，在质粒 DNA、脂多糖和其他蛋白质存在下，蛋白质的聚集体生成速率增大，复性收率降低[11]。而纯化的变性 / 还原蛋白质的复性收率可以得到大幅度提高[12]。因此，包涵体纯度对复性收率影响显著，为实现较高的蛋白质复性收率，必须进行包涵体的纯化。包涵体的纯化过程因表达系统和表达产物而异，没有通用的最佳方案[13-15]。因此，对于特定的表达系统和表达产物，需根据具体情况进行过程开发实验，确定适宜的纯化方案。

经常采用的包涵体分离纯化过程包括差速离心和反复洗涤步骤，最大程度地清除难以去除的膜蛋白质。可参考的一般过程如下（路线Ⅰ）：

① 细胞破碎。为提高下一步的离心分离效率，需进行高强度的破碎（利用高压匀浆破碎时需反复操作多次）。

② 离心沉降回收包涵体。在较高的离心机转数（离心力）下除去可溶性组分和沉降速度较小的细胞碎片，回收沉降的粗包涵体。

③ 粗包涵体的洗涤。向粗包涵体中加入螯合剂 EDTA 和低浓度变性剂（如 1 ～ 4mol/L 尿素，或 1 ～ 2mol/L 盐酸胍），或表面活性剂（如 1 ～ 20g/L Triton X-100），溶解吸附在包涵体表面的磷脂和膜蛋白质。同时加入一定浓度的蔗糖，提高包涵体悬浮液的密度。

④ 离心沉降回收包涵体。在较低的转数下离心分离，回收沉降的包涵体。

⑤ 根据需要，可重复上述步骤③和④，直至达到满意的包涵体纯度。

细胞破碎可采用机械破碎和酶解相结合的方法，以提高破碎效率。包涵体纯化过程中也可利用核酸水解酶，提高核酸去除率[10,15]。

10.2.4.2 包涵体的溶解

获得适当纯度的包涵体后，需溶解包涵体，使目标蛋白质肽链伸展，为进一步的复性创造条件。通常利用高浓度的强变性剂溶解包涵体，如 6 ～ 8mol/L 盐酸胍（guanidinium chloride，GdmCl）或 8mol/L 尿素（urea），也可利用硫氰酸盐（thiocyanate）或表面活性剂（如十二烷基磺酸钠、十六烷基三甲基氯化铵等）。对于含有二硫键（disulfide bond）的蛋白质，还需加入还原剂解离错配的二硫键。常用的还原剂有 1 ～ 100mmol/L 的二硫苏糖醇（dithiothreitol，DTT）、1 ～ 200mmol/L 的 β- 巯基乙醇（β-mercaptoethanol）和半胱氨酸（cysteine）等。有时还需要加入螯合剂（如 2 mmol/L EDTA），以清除重金属离子（具有氧化作用）。

溶解的包涵体蛋白质中仍会存在一些杂质，如蛋白质、核酸和细胞膜组分等。为提高复性收率，在复性前可对变性 / 还原的蛋白质进一步纯化。主要纯化方法有凝胶过滤色谱、离子交换色谱、反相色谱和固定化金属离子色谱等。纯化操作中使用的流动相需保证蛋白质处于变性 / 还原状态。若保存变性蛋白质，可将蛋白质交换到酸性溶液中（如 100g/L 醋酸或 5 ～ 10mmol/L 盐酸），并冷冻干燥。复性前用变性剂重新溶解干粉，就可进行蛋白质复性操作。

10.3 蛋白质复性

变性蛋白质溶解在高浓度变性剂中，降低变性剂浓度至非变性浓度范围即可引发蛋白质折叠复性。对于含有二硫键的蛋白质，其复性过程称为氧化复性（oxidative protein refolding），需要添加氧化剂和还原剂，调节复性液的氧化还原环境，促进正确二硫键的形成。常用的氧化 / 还原剂有氧化型谷胱甘肽（oxidized glutathione，GSSG）/ 还原型谷胱甘肽（reduced glutathione，GSH），胱氨酸（cystine）/ 半胱氨酸（cysteine），或在金属离子（如 Cu^{2+}）存在下的空气氧化。氧化复性通常在弱碱性（pH=7.5 ～ 10.5）缓冲液中进行，在此 pH 值条件下有利于硫醇阴离子（thiolate anion）的形成，促进二硫键的形成和交换。

蛋白质折叠过程复杂多变，其详细折叠途径和过程机理尚需深入研究。一般认为，疏水性作用在蛋白质折叠过程中发挥主要作用。由于体内蛋白质处于水相环境中，蛋白质分子中的疏水性基团具有包埋蛋白质立体结构内部的趋势，因此，蛋白质结构可以看作亲水 / 疏水作用平衡的结果。10.1.2 节介绍了三种蛋白质折叠模型，即框架模型、疏水塌缩模型和成核 - 缩聚模型，框架模型和疏水塌缩模型是两类途径不同的模型，成核 - 缩聚模型是这两个模型的集成。这些模型都强调了疏水性相互作用在蛋白质三级结构上所占的突出地位。但是，疏水性作用是否为蛋白质折叠的决定性因素还有待证实，上述假说也不能解释所有蛋白质的折叠过程。

为便于过程分析，蛋白质复性过程常用图 10.1 所示的简化动力学模型表示[16,17]。即变性蛋白质的伸展肽链 U 首先折叠成折叠中间态 I，该中间态可进一步折叠复性到天然活性态 N；同时，中间态分子间的非特异性相互作用（主要是疏水性作用）导致分子多聚体甚至沉淀的形成。从该动力学模型可明显看出，蛋白质复性的主要挑战就是创造适宜的复性条件，最大程度地抑制聚集体的生成，提高复性收率。现有的主要复性方法包括稀释复性、添加剂辅助复性、分子伴侣或人工分子伴侣辅助复性、反胶团的应用、色谱柱复性等。

10.3.1 稀释复性

稀释复性是最简单和最常用的传统复性方法，但根据具体操作模式又分为直接稀释复性、透析复性（或洗滤复性）和流加复性等。

直接稀释复性即将变性蛋白质溶液直接稀释到适宜的复性缓冲液（refolding buffer）中。如图 10.1 所示，当变性剂浓度降低后，伸展肽链 U 迅速折叠成具有丰富的二级结构（α 螺旋和 β 结构）和部分三级结构的中间态 I。该过程非常迅速，通常在几毫秒内完成。因此，I 的生成可认为瞬间完成（即 $k_i \to \infty$），图 10.1 可进一步简化为从中间态 I 折叠成天然活性态 N 和生成聚集体 **A** 的平行反应，反应速率常数分别为 k_r 和 k_a。折叠反应在分子内发生，为 1 级反应过程；聚集体的生成为分子间反应，为 2 级或 2 级以上反应过程。复性反应动力学方程为[18]

$$\frac{dI}{dt} = -k_r I - k_a I^n \tag{10.1}$$

$$\frac{dN}{dt} = k_r I \tag{10.2}$$

直接稀释复性的初始条件为

$$t = 0，\ I = U_0，\ N = 0 \tag{10.3}$$

式中，I 为折叠中间态浓度；N 为天然蛋白质浓度；U_0 为伸展肽链（变性蛋白质）的初始浓度；t 为复性操作时间；n 为聚集体生成反应级数。

在溶菌酶的氧化复性中，聚集体生成反应可用 3 级反应动力学描述，即 n=3，式 (10.1) ～式（10.3）的分析解为

$$\frac{N}{U_0} = \varphi\{\tan^{-1}[(1+\varphi^2)\exp(2k_r t) - 1]^{0.5} - \tan^{-1}\varphi\} \tag{10.4}$$

其中

$$\varphi = \left(\frac{k_r}{k_a U_0^2}\right)^{1/2} \tag{10.5}$$

当 $t \to \infty$ 时，最终复性收率为

$$y = \varphi\left(\frac{\pi}{2} - \tan^{-1}\varphi\right) \times 100\% \tag{10.6}$$

如图 10.2 所示，模型方程式（10.4）可以模拟不同初始变性溶菌酶浓度下的复性动力学曲线，证明该 3 级聚集体生成反应动力学模型适用于溶菌酶复性过程。同时，从图 10.2 可以看出，蛋白质复性收率随浓度提高而降低，间接反映了聚集体生成速率随浓度提高而增大。在稀释复性过程中，若复性系统的混合不利，会造成局部蛋白质浓度过高，复性收率下降。例如，在相同的蛋白质浓度下，通常会观察到复性收率随稀释倍数增大（即变性蛋白质浓度增大）而下降的现象[19]。因此，复性反应器的设计（反应器结构、搅拌桨结构和搅拌速度等）对复性收率具有显著影响[20]。

对于含有二硫键的蛋白质，氧化还原剂浓度对复性收率影响显著。研究表明，利用谷胱甘肽为氧化还原剂氧化复性溶菌酶，在 GSH/GSSG 为 1 ～ 3，总浓度为 6 ～ 16 mmol/L[21] 的范围内，k_r 与 k_a 的比值较大，即式（10.5）表示的 φ 值较大，溶菌酶的复性收率较高［式（10.6）］。但该复性条件并不一定适用于其他蛋白质，仅供优化复性条件的参考依据。一般来说，不同蛋白质的最佳复性条件也不同，并且同一种蛋白质在不同浓度下的最佳条件也不完全相同。这也是蛋白质复性的特点和难点之一。

若部分折叠的蛋白质相互聚集形成较大的聚集体，会产生蛋白质沉淀现象。沉淀的蛋白质聚集体浓度常用 450nm 或 600nm 可见光的吸光度（溶液浊度）测定。如图 10.3 所示[21]，随变性蛋白质浓度提高，复性收率下降，而溶液浊度增大，说明聚集体的生成量随蛋白质浓度提高而增大。在发生明显沉淀的复性条件下，沉淀中会夹带复性的活性蛋白质，上述简化的复性模型不能正确描述复性过程（模型计算的收率大于实测值），需建立更完备的复性动力学模型[22,23]。

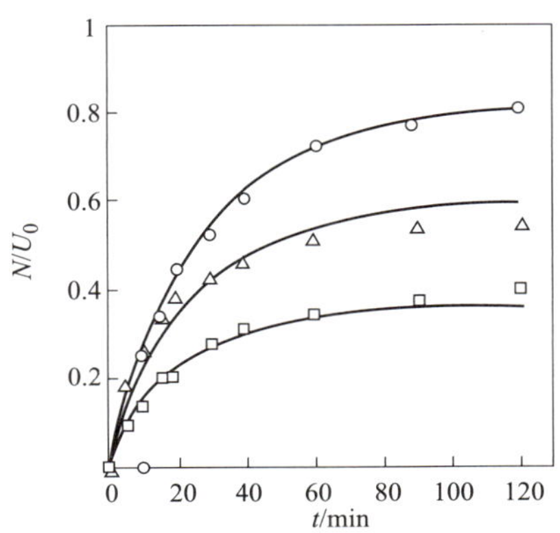

图 10.2　溶菌酶的稀释复性动力学

盐酸胍浓度：1.0mol/L；GSH/GSSG=4mmol/L/0.4mmol/L

变性溶菌酶浓度（U_0）：○—0.5mg/mL；△—1.0mg/mL；□—2.0mg/mL

实线为式（10.4）的拟合曲线［k_r=0.035min^{-1}，k_a=0.108mL^2/（mg^2 · min）］

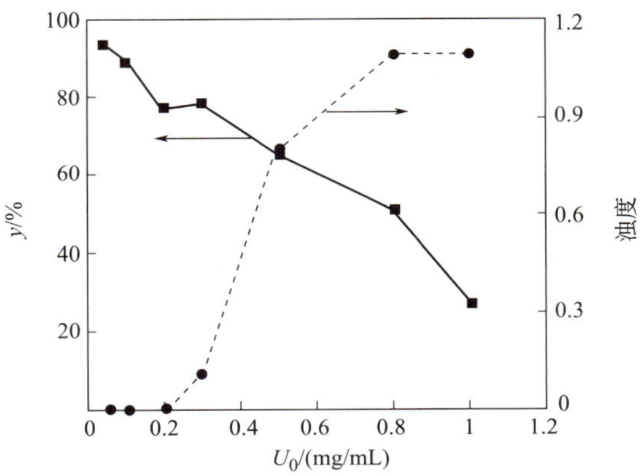

图 10.3　溶菌酶浓度对复性收率和浊度的影响

复性条件：0.5mol/L 盐酸胍，5mmol/L GSSG，2mmol/L DTT，1mmol/L EDTA，50mmol/L Tris，pH=8，22℃；复性时间：3h

上述实验结果表明，聚集体的生成速率与蛋白质浓度的高次方成正比，浓度越高，聚集体生成速度越快，复性收率越低。所以，降低蛋白质浓度有利于获得较高的复性收率。因此，为提高复性收率，通常需在较低的浓度下进行蛋白质复性操作，有时蛋白质浓度需低于 0.01mg/mL。但是，降低蛋白质浓度势必会增大复性液的体积，给后续的分离纯化增加困难。如何实现高浓度下的高收率复性就成为蛋白质复性研究的重要课题。

针对此问题，Rudolph 等[24]提出了向复性液中脉冲加入变性蛋白质溶液的稀释复性方法（pulsed renaturation method），即将变性蛋白质分多批次加入复性液中，或采用连续流加到复性液中的流加复性方法（fed-batch refolding）[25,26]。由于在流加变性蛋白质的同时复性液中蛋白质发生折叠复性，使变性蛋白质（折叠中间体）浓度始终保持在较低的水平，最终可在较高的蛋白质浓度下获得较高复性收率[27]。在溶菌酶的流加复性中，在 5 ～ 10mg/mL 的终浓度下，复性收率可达到 80% 以上[25,26]。

除利用复性缓冲液直接稀释复性外，也可用膜透析和超滤的方法降低变性剂浓度和调节复性液的氧化还原环境。透析为浓差驱动的扩散传质过程，速度较慢，不适用于大规模复性操作。与透析相比，洗滤操作速度较快。由于变性蛋白质或其中间体的疏水性较高，透析或洗滤过程中容易发生膜对蛋白质的吸附，故需采用高亲水性膜材料。

10.3.2 辅助因子的作用

由于聚集体的形成是导致复性收率降低的主要原因，在控制复性液的 pH 值、温度和氧化还原剂浓度等参数同时，研究者努力尝试在稀释复性中添加各种小分子溶质，以抑制聚集体的生成。具有提高复性收率的溶质称作辅助因子（folding aid）或稀释添加剂（dilution additive）。利用辅助因子的稀释复性方法又称稀释添加复性。

许多小分子溶质具有促进蛋白质复性的作用（表 10.1）[10,13,15,28-32]，最常用的是低浓度的变性剂（盐酸胍和尿素），其他辅助因子有精氨酸、甘油、聚乙二醇、各种表面活性剂以及丙酮和乙酰胺等有机小分子溶质。添加剂辅助蛋白质复性的机理尚不完全清楚，但一般认为主要有以下两种作用：①稳定天然态蛋白质的结构，降低错误折叠蛋白质的稳定性；② 提高折叠中间态或伸展肽链的溶解度（稳定性）。不同添加剂的作用机理不同。甘油的作用是稳定天然态蛋白质结构，提高其热力学稳定性，促进折叠反应的进行；低浓度变性剂、聚乙二醇和表面活性剂等其他大部分添加剂的作用是提高折叠中间态或伸展肽链的溶解度，抑制聚集体的生成。低浓度变性剂（如盐酸胍）可诱导酸变性蛋白质二级结构的生成，稳定复性过程中的熔球态中间体。

表 10.1 具有辅助蛋白质复性作用的稀释添加剂

低浓度变性剂：	乙酰葡萄糖胺（*N*-acetyl glucosamine）
盐酸胍（0.5 ～ 2mol/L）	醇类：
尿素（1 ～ 4mol/L）	甘油（glycerol）
L- 精氨酸（0.5 ～ 1mol/L）	正戊醇（*n*-pentanol）
表面活性剂：	正己醇（*n*-hexanol）
聚乙二醇（polyethylene glycol，M_r3550）	环己醇（cyclohexanol）
Triton X-100	其他有机小分子化合物：
十二烷基磺酸钠（SDS）	三羟甲基氨基甲烷（Tris）
十六烷基三甲基溴化铵（CTAB）	丙酮（acetone）
月桂醇麦芽糖苷（lauryl maltoside）	乙酰胺（acetamide）
Tween	肌氨酸（sarcosine）
磷脂（phospholipids）	硫脲（thiourea）
糖类：	硫化甜菜碱（sulfobetaines）
蔗糖	无机盐：
葡萄糖（glucose）	$(NH_4)_2SO_4$, LiCl, NaCl, Na_2SO_4, K_2SO_4
β- 环糊精（*β*-cyclodextrin，*β*-CD）	

蛋白质折叠复性过程复杂多变，利用稀释添加剂需注意如下问题：

① 添加剂辅助蛋白质复性的作用具有选择性，即一种添加剂可能对某种蛋白质复性具有辅助作用，而对其他蛋白质复性无作用，甚至起反作用[31]。例如，聚乙二醇可辅助碳酸脱水酶（carbonic anhydrase B）复性，但对溶菌酶复性无影响。

② 对于那些稳定折叠中间态或伸展肽链的添加剂，添加剂的辅助作用在一定的浓度范围内有效，即存在最佳浓度或浓度范围[17,32]。在较低的浓度下添加剂的辅助作用不明显，而在较高的浓度下复性收率亦降低。这是由于这类添加剂在抑制聚集体生成的同时，也会抑制蛋白质的折叠复性，造成折叠速率和聚集体生成速率均随浓度提高而下降。如图 10.4 所示，利用式（10.4）计算的速率常数 k_r 和 k_a 均随盐酸胍浓度提高而下降，但 k_r 与 k_a 的比值即式（10.5）表示的 φ 值随盐酸胍浓度增大，复性收率也随盐酸胍浓度提高［式（10.6)］。若继续提高盐酸胍浓度至变性浓度范围时，蛋白质的折叠和分子间聚集作用被完全抑制，不能发生复性现象。一般变性剂浓度对复性速率常数的影响可用下式表示[16,26]

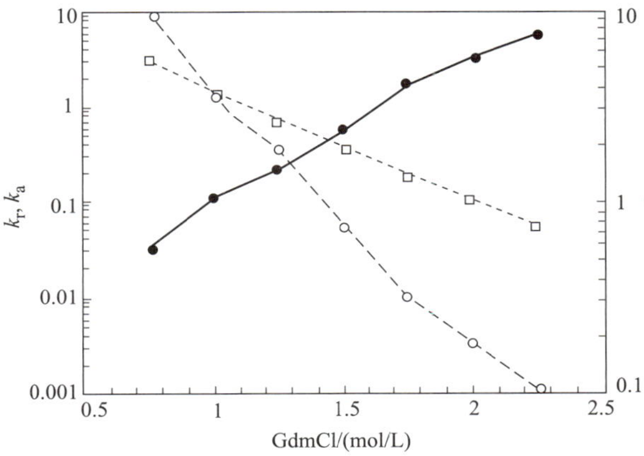

图 10.4　盐酸胍浓度对速率常数和 φ 的影响

□—k_r(h^{-1})；○—k_a [mL^2/($g^2 \cdot h$)]；●—φ

复性条件：1mg/mL 溶菌酶，5mmol/L GSSG，2mmol/L DTT，1mmol/L EDTA，50mmol/L Tris，pH=8，22℃

$$k_r = a_r(1+G)^{b_r} \tag{10.7}$$

$$k_a = a_a(1+G)^{b_a} \tag{10.8}$$

式中，a_r、b_r、a_a 和 b_a 为常数，$b_a<b_r<0$。

③ 添加剂的最佳浓度或浓度范围与蛋白质种类和浓度有关。即不同蛋白质复性所需的添加剂浓度不同，并且随蛋白质浓度的提高，所需添加剂浓度也会提高。因此，一般添加剂的辅助作用在较低的蛋白质浓度下有效，在较高的蛋白质浓度下由于分子间聚集的趋势强烈，添加剂的作用不明显。

④ 在生理环境下，低浓度蛋白质的折叠可在数分钟内完成，一般不超过 60min。但是，大部分添加剂在抑制聚集体生成的同时，也会抑制蛋白质的折叠复性，造成折叠速率降低。因此，在这类添加剂的存在下，由于复性速率较低，需要较长的复性时间（5 ～ 40h）才能获得较高的复性收率。因此，利用添加剂提高复性收率常需以延长复性操作时间为代价。

⑤ 在包涵体蛋白质的复性中，若利用盐酸胍或尿素溶解包涵体，应首先考虑通过调节盐酸胍或尿素的浓度来获得满意的复性效果。只有在复性效果不佳的情况下才考虑其他添加剂。

⑥ 在后续的分离过程中表面活性剂类添加剂的去除是必须考虑的问题。表面活性剂与蛋白质结合作用较强，长时间作用还会引起蛋白质变性，需要及时除去。离子型表面活性剂可用离子交换色谱去除。

10.3.3　分子伴侣和人工分子伴侣

生物学家深入研究了一类称为分子伴侣（molecular chaperone）的热休克蛋白质（heat shock protein，HSP），发现其在体内和体外都具有抑制蛋白质伸展肽链错误折叠和聚集、促进肽链折叠成天然活性肽的作用。目前已鉴定的分子伴侣蛋白质有数十种，其中研究最多的是源于大肠杆菌的 Chaperonin 家族 GroEL 和 GroES。GroEL 是由 14 个分子量约 5.7×10^4 的相同亚基形成的双层饼状蛋白质，而 GroES 是由

7 个分子量约 1.0×10^4 的相同亚基形成的单层饼状蛋白质。在蛋白质折叠过程中，GroEL 结合伸展的肽链或折叠的中间态，并在腺苷三磷酸（ATP）和 GroES 的存在下，水解 ATP 释放蛋白质和能量，促进蛋白质的折叠复性。GroEL 或 GroEL/ES 在体外促进蛋白质复性的作用已被许多研究所证实。但是分子伴侣本身为蛋白质，应用成本较高；另外，在通常的操作条件下分子伴侣仅对低浓度蛋白质复性的辅助效果较好。采用固定化分子伴侣或其肽片段可解决其重复使用问题，并可用色谱柱进行较高浓度的蛋白质复性[33-35]。

模拟天然分子伴侣的辅助作用，研究者开发了人工分子伴侣（artificial chaperone）复性系统。典型的人工分子伴侣系统为表面活性剂（如 CTAB）/ 环糊精（CD）[36]。该方法首先利用表面活性剂分子捕获变性蛋白质，完全抑制蛋白质的折叠和分子间疏水作用，然后添加环糊精（或线形糊精、环状淀粉）。环糊精的内腔疏水，对表面活性剂具有吸附作用，从而将伸展肽链表面的表面活性剂分子快速剥离，引发蛋白质的折叠。这种方法操作简单方便，添加剂成本低廉，复性效率较高。

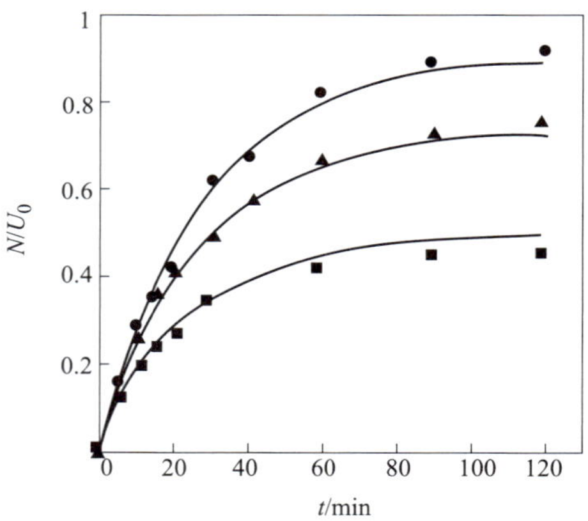

图 10.5 人工分子伴侣辅助溶菌酶复性动力学

盐酸胍浓度：1.0mol/L；GSH/GSSG=4mmol/L/0.4mmol/L
变性溶菌酶浓度（U_0）：●—0.5mg/mL；
▲—1.0mg/mL；■—2.0mg/mL
实线为式（10.4）的拟合曲线 [k_r=0.034min^{-1}，
k_a= 0.048mL^2/（mg^2 · min）]

人工分子伴侣辅助蛋白质复性过程也可用表观复性动力学模型方程式（10.4）描述。如图 10.5 所示，与上述简单稀释复性相比（图 10.2），在人工分子伴侣存在下复性速率常数基本相同，而聚集体生成速率常数下降了约 50%，表明人工分子伴侣系统通过抑制聚集体的生成速率促进了蛋白质复性收率的提高。另外，在一定盐酸胍浓度范围内（<1.2mol/L），人工分子伴侣系统与盐酸胍可协同作用辅助蛋白质复性（即二者的作用具有加成性）[17]，共同作用可实现高浓度（1 ～ 2mg/mL）蛋白质的高收率复性。

10.3.4 复性色谱

复性色谱（refolding chromatography）即利用色谱柱辅助蛋白质复性的方法，也称柱上复性（on-column refolding）或色谱复性（chromatographic refolding）[37]。复性色谱有多种形式，包括凝胶过滤色谱（尺寸排阻色谱）、变性蛋白质吸附色谱和固定化辅助因子色谱等。通常色谱柱不仅辅助蛋白质复性，还可发挥一定的分离作用，回收变性剂。

10.3.4.1 凝胶过滤色谱

凝胶过滤色谱是最简单的一种复性色谱方法，其在辅助蛋白质复性方面的作用主要基于凝胶介质对复性过程中不同尺寸的分子或聚集体的排阻作用[19, 38]。在色谱柱中，凝胶颗粒内部和凝胶颗粒间隙具有尺寸大小不同的孔隙（空隙）。不同形态的变性蛋白质因体积大小或与凝胶介质、辅助因子等作用力的差异在固定相和流动相之间进行动态分配。变性蛋白质或聚集体的分子体积较大，随流动相（复性液）在凝胶间的空隙体积内移动；部分折叠或完全折叠的蛋白质则可进入凝胶孔内，移动速度较慢；变性剂由于分子量小，可进入大部分凝胶孔的内部，移动速度最慢。凝胶介质的网络结构阻滞蛋白质分子间的相互作用，可抑制分子间相互作用导致的分子聚集体的生成，同时实现蛋白质复性和变性剂分离。

利用凝胶过滤色谱可对较高初始浓度的变性蛋白质复性，进料蛋白质（变性溶菌酶）浓度可达 80mg/mL[19]。

但色谱过程中蛋白质逐渐稀释，最终的洗脱浓度很低。在利用 Sephacryl S-100 介质的凝胶过滤色谱复性过程中，进料浓度为 10.6mg/mL 时复性收率最高，达到 83%，但回收的复性蛋白质浓度仅 0.18mg/mL[19]。这样的复性结果利用直接稀释复性很容易达到，甚至在 1 ～ 5mg/mL 的高浓度下也可达到 80% ～ 100% 的复性收率[16]。Middelberg 等[39] 在溶菌酶复性研究中也发现，在较低蛋白质浓度下，凝胶过滤色谱仅比直接稀释复性略高，而在较高浓度下凝胶过滤色谱无任何优势。但仅凭溶菌酶的复性结果不能完全否定凝胶过滤色谱辅助复性的有效性。利用凝胶过滤色谱辅助复性的关键点，一是要发挥色谱的分离能力，二是要考察其对包涵体蛋白质的真正复性效果。

与上述稀释复性类似，利用凝胶过滤色谱辅助蛋白质复性过程中，柱内和料液（变性蛋白质）性质（如变性剂浓度、添加剂、pH 值、氧化还原剂）是影响复性的重要因素。单纯利用凝胶过滤色谱方法进行蛋白质复性时，复性液（流动相）需含有适当浓度变性剂（如 1mol/L 盐酸胍或 2mol/L 尿素）。但由于流动相黏度随变性剂浓度升高而增大，含有高浓度变性剂的复性缓冲液中溶质组分扩散进入凝胶颗粒内部的速度下降，变性蛋白质的保留时间降低，不能得到充分复性。为充分抑制复性过程中聚集体的生成，Su 等提出了尿素梯度凝胶过滤色谱复性方法[40]，即在色谱柱入口端预先调配尿素浓度线性降低的梯度，色谱复性过程中变性蛋白质经历的环境中变性剂浓度逐渐降低，有利于提高蛋白质复性收率。Dong 等[41] 提出了人工分子伴侣系统（CTAB/β-CD）与凝胶过滤色谱耦合作用辅助蛋白质复性的方法（图 10.6）。该方法首先用含有 16 mmol/L β-CD 和 1mol/L GdmCl 的复性缓冲液 A 平衡色谱柱（159mL Sephacryl S-100 凝胶柱），取适量变性蛋白质溶液与含有 CTAB 和 GdmCl 的缓冲液 B 混合，室温静置 10min 后，再以一定流速注入混合器与复性缓冲液 A 混合，注入色谱柱。变性蛋白质 /CTAB 复合物与复性缓冲液 A 的流速比为 1∶3。上样完毕后，继续用缓冲液 A 淋洗色谱柱。在色谱柱中，β-CD 将 CTAB 从变性蛋白质表面剥离，启动蛋白质复性。与单纯的凝胶过滤色谱相比，该方法的操作流速可提高 2 ～ 5 倍。该方法还可用于蛋白质的连续复性，即在上述操作中连续输入变性蛋白质 /CTAB 复合物与复性缓冲液 A。Middelberg 等[39] 采用环形色谱（annular chromatography）装置实现了溶菌酶的连续复性，在蛋白质浓度大于 1mg/mL 的浓度下获得了 72% 的复性收率。

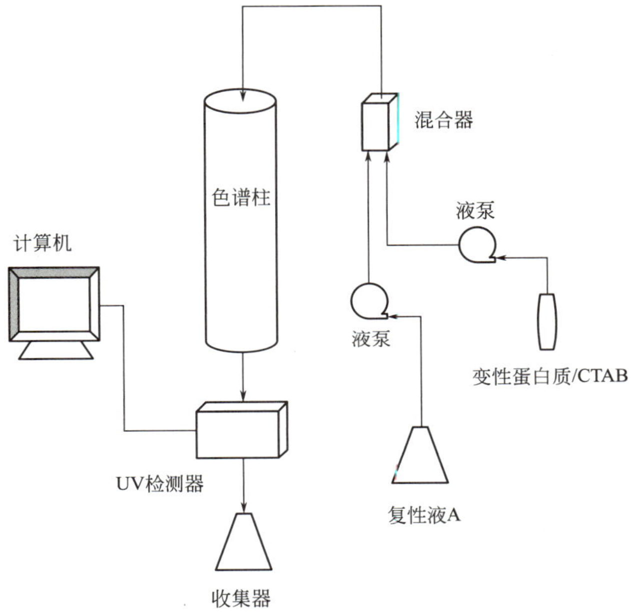

图 10.6 人工分子伴侣系统与凝胶过滤色谱耦合作用辅助蛋白质复性

10.3.4.2 变性蛋白质吸附色谱

利用色谱介质对变性蛋白质的结合作用可以将蛋白质固定在介质表面，使蛋白质分子间彼此分隔，抑制分子间相互作用。这类复性色谱可称做变性蛋白质吸附色谱。疏水性相互作用色谱、离子交换色谱和亲和色谱等均可用于蛋白质复性。与凝胶过滤色谱相比，吸附色谱的分辨率较高，不仅可以分离变性剂，还可分离蛋白质。

在疏水性相互作用色谱的蛋白质复性过程中[42]，变性蛋白质与疏水性介质的吸附作用较变性剂高，使之与变性剂分离，并在吸附—脱附—吸附的动态过程中发生折叠复性，同时与其他蛋白质分离。在重

组人 γ - 干扰素的复性中，一步色谱复性使产品纯度达到了 85%，活性收率是稀释复性的 2 ～ 3 倍。

离子交换色谱可吸附尿素溶解的变性蛋白质，辅助蛋白质复性和分离 [43]。在利用离子交换色谱辅助蛋白质复性和分离时，若变性蛋白质溶液的 pH 值或离子强度不适于蛋白质的吸附和复性，需首先利用透析等方法调节料液 pH 值和离子强度，除去不利于复性的溶质。Su 等 [44,45] 提出了脲和 pH 双梯度离子交换色谱复性方法，可有效提高蛋白质的氧化复性效率。

亲和色谱通过与蛋白质特定区域结合来选择性吸附蛋白质，可保证蛋白质的主体部分游离于固定相表面，有利于蛋白质分子的折叠。例如，融合 6 个精氨酸肽片段的 α- 葡萄糖苷酶可通过精氨酸肽片段吸附在离子交换剂表面，在优化的操作条件（离子强度、pH 值、温度、介质材料和助溶剂）下，实现高浓度（5mg/mL）蛋白质复性 [46]。固定化金属离子色谱是亲和色谱之一，融合聚组氨酸标签的基因工程蛋白质可用固定化金属离子色谱复性。Dong 等 [47,48] 利用固定化 Ni^{2+} 色谱复性了以包涵体形式表达的绿色荧光蛋白，在 0.6mg/mL 的回收产品浓度下，复性收率可达 60%（质量收率为 80%，故总收率为 48%），并且复性产品达到电泳纯。在相同的浓度下，简单稀释的复性收率仅达到 14%，利用人工分子伴侣仅达到 26%。因此，固定化金属离子色谱是聚组氨酸标签融合蛋白质复性和纯化的有效手段。利用其他亲和色谱形式，如抗原 - 抗体、酶 - 抑制剂（或底物）的亲和作用，也可进行蛋白质的亲和色谱复性。

吸附色谱复性的操作条件需要严格的优化和控制，保证蛋白质的吸附、复性和分离。因此，通常在稀释复性中采用的复性液不一定适用于吸附色谱复性。

10.3.4.3 固定化辅助因子色谱

固定化辅助因子色谱是指将某些对蛋白质复性有辅助作用的溶质分子固定在凝胶介质表面，用该固定化凝胶介质辅助蛋白质复性的方法。固定化辅助因子色谱可认为是普通凝胶过滤色谱或吸附的延伸，故兼有凝胶过滤色谱和辅助因子对促进蛋白质复性的作用。

前述的固定化分子伴侣色谱 [33-35] 是一类典型的固定化辅助因子色谱。Fershet 等 [34] 将三种分子伴侣（mini-GroEL、DsbA 和 PPIase）固定于琼脂糖凝胶，对难于复性的蝎毒肽 Cn5，复性收率达 87%，生物活性达 100%。三种辅助因子中，mini-GroEL 为 GroEL 的功能域，具有抑制蛋白质聚集的作用；DsbA 催化二硫键的氧化和交换，促进正确二硫键的形成；而肽基脯氨酸顺反异构酶 PPIase（peptidyl-prolyl isomerase）催化肽基脯氨酰基连接的顺反异构化。

在上述的人工分子伴侣系统中，将 β- 环糊精交联制成高分子微球，可进行固相人工分子伴侣辅助蛋白质复性。Nagamune 等 [49] 利用 β- 环糊精微球为固相的膨胀床色谱复性 α- 葡萄糖苷酶，使复性收率提高 5 倍以上（与稀释复性相比）。在复性过程中 β- 环糊精微球吸附表面活性剂（CTAB）使其从蛋白质表面剥离，复性产物不含表面活性剂和环糊精，有利于进一步分离纯化。固相吸附的 CTAB 可用水洗脱除去，容易重复使用。但由于扩散传质阻力的影响，固相环糊精剥离 CTAB 的速度较慢，因此，该系统并非对所有蛋白质的复性都有效。

氧化 / 还原剂也是复性辅助因子。将氧化 / 还原剂固定在微球表面，创造接近二硫键异构酶的氧化还原电位，可促进正确二硫键的形成，提高蛋白质复性速度和收率 [50]。

10.3.5 反胶团溶解复性

蛋白质复性是分子内折叠和分子间聚集的竞争动力学过程。在“无限稀释”的条件下，不存在分子间相互作用，蛋白质复性过程被限制在折叠复性的方向（但可能也会发生错误折叠），获得高收率复性。

低浓度的稀释复性正是基于这样的原理。利用反胶团溶解变性蛋白质，可将变性蛋白质分子彼此分隔开来，阻止分子间相互作用，提高复性收率。Hatton 等利用阴离子表面活性剂 AOT 的反胶团萃取变性溶菌酶，清洗除去反胶团中的变性剂后，反胶团溶解的蛋白质完全复性[51]。但该方法存在的问题是变性剂抑制蛋白质在反胶团相的溶解，故萃取率很低。以后，研究者相继提出利用反胶团萃取固体变性蛋白质的方法[52]和利用非离子型表面活性剂反胶团的复性方案[53-55]，有可能改善反胶团溶解率（或溶解量）低、反萃取不完全、蛋白质与表面活性剂相互作用发生沉淀等问题。

10.3.6　荷电介质促进同电荷蛋白质复性

Sun 等研究发现，向复性液中添加与蛋白质带有相同电荷的离子交换介质可以大幅度提高蛋白质的复性收率[56]。例如，添加带正电荷的 Q Sepharose FF，可使带正电荷的溶菌酶在 4mg/mL 的高浓度下复性收率接近 100%；利用添加带负电荷的 SP Sepharose FF，可使带负电荷的牛血清白蛋白在 2mg/mL 的高浓度下复性收率达到 80% 以上。这些结果与不加介质相比，复性收率均提高一倍以上。系统的研究表明，荷电介质的作用随粒子表面电荷密度增大而显著增大[57,58]，即利用高电荷密度的介质，在很少粒子添加的情况下（如 0.02g/mL）就可达到充分的促进复性作用。荷电介质对同电荷折叠蛋白质（中间体）的静电排斥作用有效抑制了折叠中间体的聚集，提高了复性收率。分析认为，荷电表面的静电排斥作用导致折叠中间体分子在介质表面附近产生定向排列，增大了蛋白质分子间的静电斥力，有效地抑制了折叠中间体的聚集。

荷电微球介质促进同电荷蛋白质复性的方法具有诸多优点：易于实现高浓度蛋白质的高收率复性；易于产品分离回收；荷电微球介质容易回收和反复利用；离子交换介质可吸附与其带有相反电荷的杂质，因此可同时实现目标蛋白质复性和纯化。

习题

1. 基于蛋白质折叠的基础理论，请回答下列问题：
（1）阐述蛋白质的伸展肽链能够折叠成天然活性结构的理论基础。
（2）体外折叠复性过程中，往往活性结构的收率很低。为什么？
（3）体内蛋白质的折叠效率很高，为什么？
2. 利用色谱包涵体纯化操作中，使用的流动相需保证蛋白质处于变性 / 还原状态。这是出于何种考虑？
3. 若保存变性蛋白质，可将蛋白质交换到酸性溶液中，并冷冻干燥。这是出于何种考虑？
4. 请回答下列关于蛋白质体外复性的基本问题：
（1）从蛋白质自身的性质考虑，哪些因素影响蛋白质的体外复性收率？
（2）不同蛋白质的体外折叠复性收率为什么不同？
（3）蛋白质在体内完成折叠所需要的时间很短，通常为微秒数量级或更短。但在体外复性中，一般所需操作时间很长（分钟级乃至小时级）。为什么？
5. 在相同的复性蛋白质浓度下，复性收率一般随稀释倍数增大（即变性蛋白质浓度增大）而降低。分析原因并讨论改善的方案。
6. 包涵体蛋白质的复性操作中，可通过优化变性剂浓度提高复性收率。请分析提高变性剂浓度对复性过程的影响。
7. 蛋白质氧化复性过程中需要加入氧化剂和还原剂（如氧化型和还原型谷胱甘肽）。通常还原剂的浓度要大于氧化剂。为什么？

8. 分析归纳影响蛋白质复性的主要环境因素。

9. 关于蛋白质折叠助剂的作用，请回答下述问题:

（1）蛋白质折叠复性助剂有哪几类？

（2）各自的作用机理是什么（如何提高蛋白质复性收率）？

（3）哪类助剂应用更多，效果更明显？

（4）使用蛋白质折叠复性助剂时，需要注意哪些问题？

10. 关于反胶团辅助复性，解答如下问题:

（1）反胶团辅助复性的优势何在？

（2）反胶团辅助复性的难点有哪些？

（3）解决反胶团辅助复性的上述难点，可能有哪些途径？

11. 利用各种色谱柱可进行蛋白质复性，请解答如下问题:

（1）凝胶过滤、离子交换和疏水性相互作用色谱促进蛋白质复性的机理。

（2）分析色谱柱辅助蛋白质复性的优点和缺点。

（3）比较分析离子交换色谱和金属螯合亲和色谱辅助复性的优缺点。

12. 为提高某包涵体蛋白质的复性效率（即在较高浓度下获得较高的复性收率），需要设计一个合理的实验方案。请回答如下问题:

（1）比较简单稀释复性和流加（变性蛋白质溶液）复性方法的优缺点。

（2）若选择简单稀释复性，可采用哪些复性缓冲液配方或组合，以提高复性收率？

（3）稀释复性中，需要注意复性液的搅拌混合，为什么？

（4）复性操作中，应注意优化哪些复性条件？

13. 研究发现，荷电粒子或高分子量的聚电解质分子（统称荷电表面）在离子强度较低的溶液环境中能够促进净电荷符号相同的蛋白质（即同电荷蛋白质）的复性，即提高复性收率。结合该方法的研究进展，请解答如下问题:

（1）荷电表面存在下同电荷蛋白质复性收率提高的直接原因是什么？

（2）如何解释上述结果的（物理作用）机理？

（3）基于此机理，影响复性收率的因素有哪些？

（4）基于这些影响因素的认识，应如何优化复性操作条件？

参考文献

[1] Haber E, Anfinsen C B. Regeneration of enzyme activity by air oxidation of reduced subtilisin-modified ribonuclease. J Biol Chem, 1961, **236**: 422-424.

[2] Anfinsen C B. Principles that govern the folding of protein chains. Science, 1973, **181**: 223-230.

[3] Daggett V, Fersht A R. Is there a unifying mechanism for protein folding?. Trends in Biochem Sci, 2003, **28**: 18-25.

[4] 孙彦, 等. 酶工程原理和方法. 北京: 化学工业出版社, 2024.

[5] Abramson J, Adler J, Dunger J, et al. Accurate structure prediction of biomolecular interactions with AlphaFold 3. Nature, 2024, **630**: 493-500.

[6] Buller R, Damborsky J, Hilvert D, Bornscheuer U T. Structure prediction and computational protein design for efficient biocatalysts and bioactive proteins. Angew Chem Int Ed, 2025, **64**: e202421686.

[7] Kane J F, Hartley D L. Formation of recombinant protein inclusion bodies in *Escherichia coli*. Trends Biotechnol, 1988, **6**: 95-101.

[8] Gribskov M, Burgess R R. Overexpression and purification of the sigma subunit of *Escherichia coli* RNA polymerase. Gene, 1991, **9**: 825-829.

[9] Baneyx F. Recombinant protein expression in *Escherichia coli*. Curr Opin Biotechnol, 1999, **10**: 411-421.

[10] Middelberg A P J. Preparative protein refolding. Trends Biotechnol, 2002, **20**: 437-443.

[11] Maachupalli-Reddy J, Kelley B D, De Bernardez Clark E. Effect of inclusion body contaminants on the oxidative renaturation of hen egg white lysozyme. Biotechnol Prog, **1997**, **13**: 144-150.

[12] Tran-Moseman A, Schauer N, De Bernardez Clark E. Renaturation of *Escherichia coli*-derived recombinant human macrophage colony-stimulating factor. Protein Expr Purif, 1999, **16**: 181-189.

[13] De Bernardez Clark E. Refolding of recombinant proteins. Curr Opin Biotechnol, 1998, **9**: 157-163.

[14] De Bernardez Clark E. Protein refolding for industrial processes. Curr Opin Biotechnol, 2001, **12**: 202-207.

[15] De Bernardez Clark E, Schwarz E, Rudolph R. Inhibition of aggregation side reactions during *in vitro* protein folding. Methods Enzymol, 1999, **309**: 217-236.

[16] Hevehan D L, De Bernardez Clark E. Oxidative renaturation of lysozyme at high concentrations. Biotechnol Bioeng, 1997, **54**: 221-230.

[17] Dong X Y, Shi J H, Sun Y. Cooperative effect of the artificial chaperones and guanidinium chloride on lysozyme renaturation at high concentrations. Biotechnol Prog, 2002, **18**: 663-665.

[18] Dong X Y, Wang Y B, Liu X G, Sun Y. Kinetic model of lysozyme renaturation with the molecular chaperone GroEL. Biotechnol Lett, 2001, **23**: 1165-1169.

[19] Batas B, Chandhuri J B. Protein refolding at high concentration using size-exclusion chromatography. Biotechnol Bioeng, 1996, **50**: 16-23.

[20] Buswell A M, Ebtinger M, Vertés A A, Middelberg A P J. Effect of operating variables on the yield of recombinant trypsinogen for a pulse-fed dilution-refolding reactor. Biotechnol Bioeng, 2002, **77**: 435-444.

[21] De Bernardez Clark E, Hevehan D L, Szela S, Maachupalli-Reddy J. Oxidative renaturation of hen egg-white lysozyme: Folding vs aggregation. Biotechnol Prog, 1998, **14**: 47-54.

[22] Buswell A M, Middelberg A P J. Critical analysis of lysozyme refolding kinetics. Biotechnol Prog, 2002, **18**: 470-475.

[23] Buswell A M, Middelberg A P J. A new scheme for lysozyme refolding and aggregation. Biotechnol Bioeng, 2003, **83**: 567-577.

[24] Rudolph R, Fischer S. Process for obtaining renatured proteins. US Patent 4933434.1990.

[25] Katoh S, Katoh Y. Continuous refolding of lysozyme with fed-batch addition of denatured protein solution. Process Biochem, 2000, **35**: 1119-1124.

[26] Dong X Y, Shi G Q, Li W, Li L, Sun Y. Modeling and simulation of fed-batch protein refolding process. Biotechnol Prog, 2004, **20**: 1213-1219.

[27] Kotlarski N, O'Neill B K, Francis G L, Middelberg A P J. Design analysis for refolding monomeric protein. AIChE J, 1997, **43**: 2123-2132.

[28] Buchner J, Rudolph R. Renaturation, purification and characterization of recombinant Fab fragments produced in *Escherichia coli*. Bio/Technology, 1991, **9**: 157-162.

[29] Rariy R V, Klibanov A M. Correct protein folding in glycerol. Proc Natl Acad Sci USA, 1997, **94**: 13520-13523.

[30] Cleland J L, Builder S E, Swartz J R, Winkler M, Chang J Y, Wang D I C. Polyethylene glycol enhanced protein refolding. Bio/Technology, 1992, **10**: 1013-1019.

[31] Yasuda M, Murakami Y, Sowa A, Ogino H, Ishikawa H. Effect of additives on refolding of a denatured protein. Biotechnol Prog, 1998, **14**: 601-606.

[32] Dong X Y, Huang Y, Sun Y. Refolding kinetics of denatured-reduced lysozyme in the presence of folding aids. J Biotechnol, 2004, **114**: 135-142.

[33] Altamirand M M, Golbik R, Zahn R, Buckle A M, Fersht A R. Refolding chromatography with immobilized mini-chaperones. Proc Natl Acad Sci USA, 1997, **94**: 3576-3578.

[34] Altamirand M M, Garcia C, Possan L D, Fersht A R. Oxidative refolding chromatography: folding of the scorpion toxin Cn5.

Nat Biotechnol, 1999, **17**: 187-191.

[35] Dong X Y, Yang H, Sun Y. Lysozyme refolding with immobilized GroEL column chromatography. J Chromatogr A, 2000, **878**: 197-204.

[36] Rozema D, Gellman S H. Artificial chaperone-assisted refolding of denatured-reduced lysozyme: modulation of the competition between renaturation and aggregation. Biochemistry, 1996, **35**: 15760-15771.

[37] Jungbauer A, Kaar W. Current status of technical protein refolding. J Biotechnol, 2007, 128: 587-596.

[38] Batas B, Jones H R, Chaudhuri J B. Studies on the hydrodynamic volume changes that occur during refolding of lysozyme using size-exclusion chromatography. J Chromatogr A, 1997, **766**: 109-119.

[39] Lanckriet H, Middelberg A P J. Continuous chromatographic protein refolding. J Chromatogr A, 2004, **1022**: 103-113.

[40] Gu Z, Su Z, Janson J-Ch. Urea gradient size-exclusion chromatography enhanced the yield of lysozyme refolding. J Chromatogr A, 2001, **918**: 311-318.

[41] Dong X Y, Wang Y, Shi J H, Sun Y. Size exclusion chromatography incorporating with artificial chaperone system enhanced lysozyme renaturation. Enzyme Microb Technol, 2002, **30**: 792-797.

[42] 耿信笃, 张养军, 申烨华, 马凤. 生物大分子的色谱分离和纯化//刘国诠主编. 生物工程下游技术. 2版. 北京: 化学工业出版社, 2003: 127-137.

[43] Suttnar J, Dyr J E, Hamšíková E, Novák J, Vonka N V. Procedure for refolding and purification of recombinant proteins from inclusion bodies using a strong anion exchanger. J Chromatogr B, 1994, **656**: 123-126.

[44] Li M, Zhang G F, Su Z G. Dual gradient ion-exchange chromatography improved refolding yield of lysozyme. J Chromatogr A, 2002, **959**: 113-120.

[45] Li M, Su Z G, Janson J C. In vitro protein refolding by chromatographic procedures. Protein Exp Purif, 2004, 33: 1-10.

[46] Stempfer G, Höll-Neugebauer B, Rudolph R. Improved refolding of an immobilized fusion protein. Nat Biotechnol, 1996, **14**: 329-334.

[47] Dong X Y, Chen L J, Sun Y. Refolding and purification of histidine-tagged protein by artificial chaperone-assisted metal affinity chromatography. J Chromatogr A, 2009, **1216**: 5207-5213.

[48] Dong X Y, Chen L J, Sun Y. Effect of operating conditions on the refolding of his-tagged enhanced green fluorescent protein by artificial chaperone-assisted metal affinity chromatography. Biochem Eng J, 2009, **48**: 65-70.

[49] Mannen T, Yamaguchi S, Honda J, Sugimoto S, Nagamune T. Expanded bed protein refolding using solid-phase artificial chaperone. J Biosci Bioeng, 2001, **91**: 403-408.

[50] Woycechowsky K J, Hook B A, Raines R T. Catalysis of protein folding by an immobilized small molecule dithiol. Biotechnol Prog, 2003, **19**: 1307-1314.

[51] Hagen A J, Hatton T A, Wang D I C. Protein refolding in reversed micelles. Biotechnol Bioeng, 1990, **35**: 955-965.

[52] Hashimoto Y, Ono T, Goto M, Hatton T A. Protein refolding by reversed micelles utilizing solid-liquid extraction technique. Biotechnol Bioeng, 1998, **57**: 620-623.

[53] Sakono M, Muaruyama T, Kamiya N, Goto M. Refolding of denatured carbonic anhydrase B by reversed micelles formulated with nonionic surfactant. Biochem Eng J, 2004, **19**: 217-220.

[54] Wu X Y, Liu Y, Dong X Y, Sun Y. Protein refolding mediated by reversed micelles of Cibacron Blue F-3GA modified nonionic surfactant. Biotechnol Prog, 2006, **22:** 499-504.

[55] Dong X Y, Wu X Y, Liu Y, Sun Y. Refolding of denatured lysozyme assisted by artificial chaperones in reverse micelles. Biochem Eng J, 2006, **31:** 92-95.

[56] Wang G Z, Dong X Y, Sun Y. Ion-exchange resins greatly facilitate refolding of like-charged proteins at high concentrations. Biotechnol Bioeng, 2011, **108**: 1068-1077.

[57] Yu L L, Dong X Y, Sun Y. Ion-exchange resins facilitate like-charged protein refolding: Effect of porous solid phase properties. J Chromatogr A, 2012, **1225**: 168-173.

[58] Yang C Y, Yu L L, Dong X Y, Sun Y. Mono-sized microspheres modified with poly(ethylenimine) facilitate the refolding of like-charged lysozyme. React Funct Polym, 2012, **72**: 889-896.

第 11 章　结晶

为什么学习结晶？

本章系统介绍了结晶原理、晶体成核与生长动力学、结晶过程设计理论、结晶器和结晶操作特性。作为新相生成的扩散传质过程，晶体产品存在粒径分布，给结晶过程分析和设计增加了难度。这是结晶过程不同于其他扩散分离过程的显著特点。

作为生物分离技术，结晶主要用于氨基酸、有机酸和抗生素等小分子物质的纯化。蛋白质结晶速度慢，结晶条件难于把握。因此，除少数小分子蛋白质（如胰岛素）外，蛋白质药物的生产很少用结晶技术。但是，获取高质量的单晶是蛋白质结构分析的关键步骤。不同蛋白质结晶的溶液条件不同，需要通过大量实验来确定。生物分子均为弱电解质，分子状态和性质与溶液 pH 密切相关。因此，生物物质结晶操作中 pH 是最主要的操作参数。

除小分子物质的分离纯化外，光学拆分是结晶应用的重要领域。由于利用手性试剂或手性固定相的液相色谱法分离光学活性物质的分辨率有限，并且不易规模放大，利用光学活性体晶种或光学拆分剂的结晶技术具有很大发展潜力。

学习目标

- 掌握过饱和溶液与介稳区稳定存在的原理以及不稳区晶核大量发生的原理，理解介稳区对结晶操作的重要性。
- 了解晶体成核和生长动力学理论，理解 ΔL 定律在结晶生长速率测定和结晶器设计中的重要作用。
- 了解主要结晶器的结构、结晶操作特性和在生物分离过程中的应用。

结晶（cystallization）是从液相或气相生成形状一定、分子（或原子、离子）有规则排列的晶体（crystal）的现象。结晶可以从液相或气相中生成，但工业结晶操作主要以液体原料为对象。结晶是新相生成的过程，是利用溶质之间溶解度的差别进行分离纯化的一种扩散分离操作，这一点与沉淀的生成原理一致。但两者的区别在于，结晶是内部结构的质点元（原子、分子、离子）做三维有序规则排列、形状一定的固体粒子，而沉淀则是无规则排列的、无定形粒子。结晶的形成需在严密控制的操作条件下进行，因此，结晶的纯度远高于沉淀。

结晶是一种历史悠久的分离技术，5000 年前中国人的祖先已开始利用结晶原理制造食盐。《天工开物》记载了海水盐和冰糖等晶体生成方法，其中冰糖的制作过程记述如下 [1]：“造冰糖者将洋糖煎化，蛋青澄去浮滓，候视火色。将新青竹破成篾片，寸斩撒入其中。经过一宵，即成天然冰块。造狮、象、人物等，质料精粗由人。”目前结晶技术广泛应用于化学工业，在氨基酸、有机酸和抗生素等生物产物的生产过程中也已成为重要的分离纯化手段。可以认为，大多数固体产品都是以结晶的形式出售的，因此，在产品的制造过程中一般都要利用结晶技术。

结晶理论是通过无机盐的结晶现象研究发展起来的，但其基本原理也适用于生物产物的结晶。但生物产物结晶的研究历史较短，基础数据的积累较少，目前仍是重要的研究课题。本章从结晶的基本原理入手，介绍结晶的形成（成核）和生长动力学，结晶器及其设计理论基础和结晶操作概况。有关结晶过程和结晶器设计等详细内容可参考专著 [2,3]。

11.1 结晶原理

11.1.1 溶解度

向恒温溶剂（如水）中加入溶解性固体溶质，溶质在溶剂中发生溶解现象，溶剂中溶质的浓度不断上升。如果固体溶质的加入量与溶剂相比足够多，一定时间后，溶剂中溶质的浓度不再升高，而此时尚有固体溶质存在，即溶质在固液之间达到平衡状态。此时溶液中的溶质浓度称为该溶质的溶解度（solubility）或饱和浓度（saturated concentration），该溶液称为该溶质的饱和溶液（saturated solution）。溶解度（饱和浓度）的单位有多种，在结晶操作中常用单位质量（或体积）溶剂中溶质的质量表示（如 g/100g 水）。溶解度是温度的函数，因此，溶质在特定溶剂中的溶解度常用温度 - 溶解度曲线表示，该曲线又称饱和曲线。图 11.1 为部分物质在水中的温度 - 溶解度曲线 [4]。大多数物质的溶解度随温度的升高显著增大，也有一些物质的溶解度对温度的变化不敏感，少数物质（如螺旋霉素）的溶解度随温度升高而显著下降。此外，溶剂的组成（例如，有机溶剂与水的比例、其它组分、pH 值和离子强度等）对溶解度亦有显著影响。因此，调节 pH 值、离子强度和有机溶剂或水的浓度是氨基酸、抗生素等生物产物结晶操作的重要手段。在物性不同的溶剂中溶质的温度 - 溶解度曲线是结晶操作设计的基础。

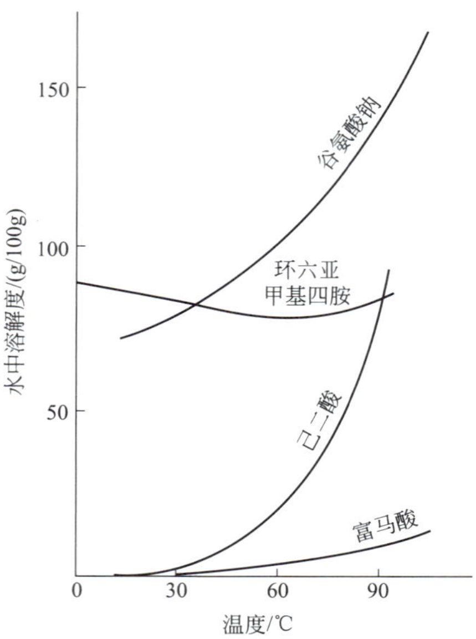

图 11.1 部分物质的温度 - 溶解度曲线（饱和曲线）

11.1.2 过饱和溶液与介稳区

上述溶解度是指大颗粒晶体溶质的饱和浓度。但是，从热力学理论可知，与微小液滴的饱和蒸气压高于正常液体的饱和蒸气压等现象的原理一样，微小晶体的溶解度高于普遍大颗粒晶体的溶解度。这一现象可用下述热力学公式表达

$$\ln\frac{c}{c_s}=\frac{2\sigma V_m}{RTr_c} \tag{11.1}$$

式中，c_s 为普遍晶体的溶解度；c 为半径为 r_c 的球形微小晶体的溶解度；σ 为结晶界面张力；V_m 为晶体的摩尔体积；R 为摩尔气体常数；T 为热力学温度。

从式（11.1）可知，微小晶体的半径越小，溶解度越大。这一热力学现象已被许多实验结果所证实。例如，粒径为 0.3μm 的 Ag_2CrO_4 晶体比普遍晶体的溶解度高 10%，粒径为 0.1μm 的 $BaSO_4$ 晶体比普遍晶体的溶解度高 80%。

由此可见，对于一个浓度低于溶解度的不饱和溶液，可通过蒸发或冷却（降温）使之浓度达到并超过相应温度下的溶解度（图 11.2）。设此时的溶质浓度为 $c>c_s$，根据式（11.1）可知，此时即使有微小晶体析出，如果晶体半径 $r'<r_c$，则此微小晶体的溶解度 $c'>c$，即该微小晶体会自动溶解。换句话说，虽然此时溶质的浓度对普通晶体是过饱和的（$c>c_s$），但对于半径为 r'（$<r_c$）的微小晶体仍是不饱和的。设过饱和度为

$$\alpha=\frac{c}{c_s} \tag{11.2}$$

α 又称过饱和系数（或过饱和度比）。根据式（11.1），用过饱和系数表示与过饱和溶液呈相平衡的微小晶体半径为

$$r_c=\frac{2\sigma V_m}{RT\ln\alpha} \tag{11.3}$$

r_c 即为此过饱和度下的临界晶体半径。$r<r_c$ 的晶体溶解度大于 c，自动溶解；$r>r_c$ 的晶体溶解度小于 c，自动生长。因此，纯净的过饱和溶液可维持在一定的过饱和度范围内无结晶析出。但是，如果向其中加入颗粒半径大于 r_c 的晶体，晶体就会自动生长，直至到其半径与溶质浓度之间符合式（11.1）为止。这种在一定过饱和度范围内维持无结晶析出的状态称为介稳状态或亚稳状态。

由于 r_c 随 α 的增大而降低，当 α 足够大时，r_c 已非常微小，此时溶质分子（原子、离子）会合的概率又大大增加，极易形成半径大于 r_c 的微小晶体。因此，当 α 超过某一特定值时，过饱和溶液中就会自发形成大量晶核，这种现象称为成核（nucleation）。这一特定浓度值与温度之间的关系表示在图 11.2 即为超溶解度曲线（曲线 3），或称第二超溶解度曲线。第二超溶解度曲线与溶解度曲线之间的区域称为介稳区或亚稳区（metastable zone），第二超溶解度曲线以上的区域能够自发成核，称为不稳区（liable zone）。在介稳区又存在一定的过饱和浓度，在该浓度以下极难自发形成结晶，这一浓度与温度之间的关系表示在图 11.2 即为第一超溶解度曲线。因此介稳区又分两部分，即第一超溶解度曲线与溶解度曲线之间的第一介稳区和第二超溶解度曲线与第一超溶解度曲线之间的第二介稳区。

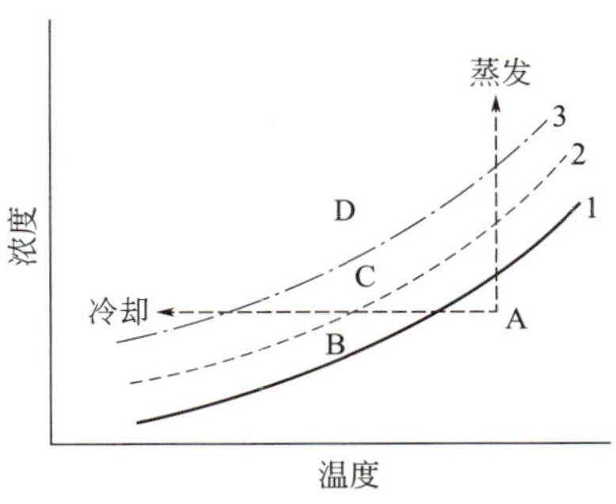

图 11.2 过饱和与超溶解度曲线

A—稳定区；B—第一介稳区；
C—第二介稳区；D—不稳区
1—溶解度曲线；2—第一超溶解度曲线；
3—第二超溶解度曲线

必须指出，第一和第二超溶解度曲线并非严格的热力学平衡曲线。除热力学因素［式（11.1）］外，还受实验条件的影响，如搅拌强度、冷

却或蒸发速度以及溶液纯度等。

在图 11.2 所示的各个区域内的结晶现象可归纳如下：

A—稳定区，即不饱和区。在此区域内即使有晶体存在也会自动溶解。

B—第一介稳区，即第一过饱和区。在此区域内不会自发成核，当加入结晶颗粒时，结晶会生长，但不会产生新晶核。这种加入的结晶颗粒称为晶种（seed crystals）。

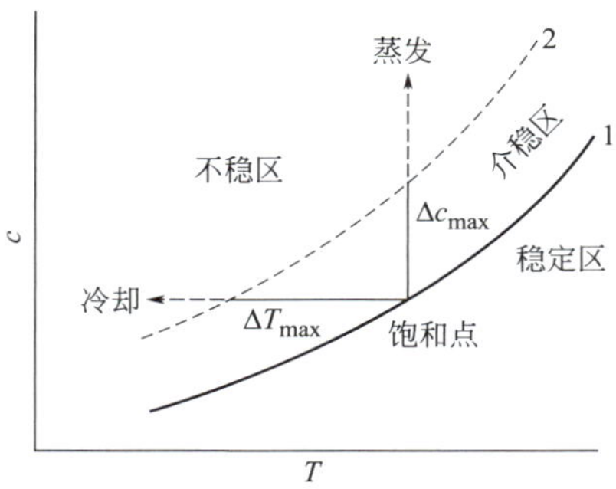

图 11.3 介稳区的宽度

1—溶解度曲线；2—超溶解度曲线

C—第二介稳区，即第二过饱和区，在此区域内也不会自发成核，但加入晶种后，在结晶生长的同时会有新晶核产生。

D—不稳区，是自发成核区域，瞬时出现大量微小晶核，发生晶核泛滥。

由于在不稳区内自发成核，造成晶核泛滥，形成大量微小结晶，产品质量难于控制，并且结晶的过滤或离心回收困难。因此，工业结晶操作均在介稳区内进行，其中主要是第一介稳区。这样，介稳区的宽度数据对工业结晶操作的设计尤为重要。介稳区的宽度常用图 11.3 所示的最大过饱和浓度 Δc_{max} 或最大过饱和温度（过冷温度）ΔT_{max} 表示，两者的关系为

$$\Delta c_{max} = \frac{dc_s}{dT} \Delta T_{max} \tag{11.4}$$

介稳区宽度的测定常常是结晶操作设计的第一步。其方法通常是在一定搅拌速度下缓慢冷却或蒸发不饱和溶液，在过饱和区域内检测晶核出现的过饱和温度或浓度。

11.1.3 成核

从式（11.3）可知，在一定的过饱和度下存在临界晶体半径 r_c，半径大于 r_c 的晶体生长，而半径小于 r_c 的晶体溶解消失。理论上通常将半径为 r_c 的结晶微粒定义为晶核（crystal nuclei），而将半径小于 r_c 的结晶微粒称为胚种（embryos）。从热力学的角度，结晶操作中晶核不会消失，而是不断生长。但在实际的过饱和溶液中，由于晶核之间相互会合，实际上晶核数是不断减少的。因此，从实用的角度，通常利用数微米以上结晶的生长速度的实测结果和数微米至数十微米范围内结晶的粒度分布数据外插到粒径为零，将所得的粒数密度值称为晶核密度，此时的晶核是粒径为零的假想晶核。所以，晶核在不同情况下具有不同的定义，使用时应注意加以区分。此外，晶核的产生根据成核机理不同分为初级成核（primary nucleation）和二次成核（secondary nucleation），其中初级成核又分为均相成核（homogeneous nucleation）和非均相成核（heterogeneous nucleation）。

11.1.3.1 初级成核

初级成核是过饱和溶液中的自发成核现象。从式（11.1）可知，r_c 越少越容易自发成核。因此，初级成核在图 11.2 所示的不稳区内发生，其发生机理是胚种及溶质分子相互碰撞的结果。由于结晶是新相形成的过程，需要一定的能量，以形成稳定的相界面。这部分能量由两部分组成：一部分是晶体表面过剩自由能，设晶体为球形，半径为 r，则表面过剩自由能为 $4\pi r^2\sigma$；另一部分是体积过剩自由能，即晶体中的溶质与溶液中的溶质自由能的差，用晶体体积与单位体积的自由能差（ΔG_v）之积表示，为（4/3）$\pi r^3 \Delta G_v$。因此，成核过程的自由能变化为

$$\Delta G = 4\pi r^2\sigma + \frac{4}{3}\pi r^3 \Delta G_V \tag{11.5}$$

式（11.5）右侧第一项为正值，而第二项为负值。所以在 ΔG 与 r 的关系图上存在 ΔG 的最大值。如图 11.4 所示，使 ΔG 最大的晶体半径就是式（11.3）的临界半径 r_c，晶体半径大于或小于 r_c 时，晶体将生长（r 值增大）或溶解（r 值减小），使 ΔG 值降低。令 $\mathrm{d}\Delta G / \mathrm{d}r = 0$，可得

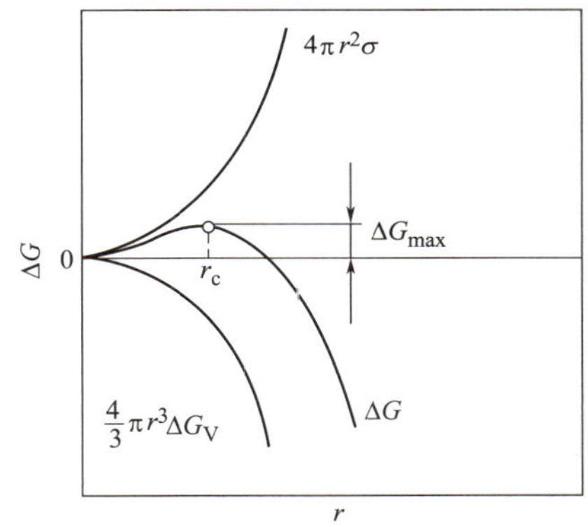

图 11.4　成核过程中自由能的变化

$$r_c = -\frac{2\sigma}{\Delta G_V} \tag{11.6}$$

或

$$\Delta G_V = -\frac{2\sigma}{r_c} \tag{11.7}$$

将式（11.7）代入式（11.5）得

$$\Delta G = 4\pi\sigma\left(r^2 - \frac{2r^3}{3r_c}\right) \tag{11.8}$$

式（11.8）是成核过程中 ΔG 与晶体半径之间的关系式。而将 r=r_c 代入式（11.8）得 ΔG 的最大值为

$$\Delta G_{max} = \frac{4}{3}\pi\sigma r_c^2 \tag{11.9}$$

将式（11.3）代入上式得

$$\Delta G_{max} = \Delta E = \frac{16\pi V_m^2 \sigma^3}{3(RT\ln\alpha)^2} \tag{11.10}$$

式（11.10）表示的 ΔE 是双组分溶液中球形结晶均相成核所需的活化能。如果溶液中除溶质和溶剂外，还存在一种半径为 r' 的球形微粒，成核在此球形微粒上发生，所需的活化能为

$$\Delta E' = \frac{16\pi V_m^2 \sigma_{12}^3}{3(RT\ln\alpha)^2} + 4\pi(r')^2(\sigma_{23} - \sigma_{13}) - \frac{4\pi RT\ln\alpha (r')^3}{3V_m} \tag{11.11}$$

式中，σ_{12}、σ_{23} 和 σ_{13} 分别为溶液与结晶、结晶与球形微粒和溶液与球形微粒的相间界面张力。

式（11.11）表示的 $\Delta E'$ 为非均相成核所需的活化能。根据 Arrhenius 方程，均相和非均相初级成核速率分别为

$$B_p = Z\exp\left(-\frac{\Delta E}{RT}\right) \tag{11.12a}$$

$$B_p' = Z'\exp\left(-\frac{\Delta E'}{RT}\right) \tag{11.12b}$$

式中，Z 和 Z' 为频率因子；B_p 和 B_p' 分别为均相和非均相初级成核速率。

从式（11.11）可以看出，在半径为 r' 的球形微粒存在下，根据界面张力 σ_{13} 和 σ_{23} 数值的相对大小，$\Delta E'$ 可能小于 ΔE，即非均相初级成核速率 B_p' 大于均相初级成核速率 B_p。换言之，非均相初级成核与均相初级成核相比，可以在较低的过饱和度下发生。

式（11.12a）和式（11.12b）是从热力学理论推导的初级成核速率方程，使用并不方便，特别是对于非均相初级成核的情况。因为在实际结晶操作中很难做到溶液的绝对纯净，所以通常的初级成核多为非均相初级成核。初级成核速率常用简单的经验公式表达

$$B_p = k_p \Delta c^p \tag{11.13}$$

式中，k_p 和 p 为常数，而

$$\Delta c = c - c_s \tag{11.14}$$

为绝对过饱和度，是过饱度的另一种表达方式。式（11.13）表明初级成核速率与过饱和度 Δc 的 p 次幂成正比。

11.1.3.2 二次成核

在过饱和度较小的介稳区内不能发生初级成核。但如果向介稳态过饱和溶液中加入晶种，就会有新的晶核产生。这种成核现象称为二次成核。工业结晶操作均在晶种的存在下进行，因此，工业结晶的成核现象通常为二次成核。二次成核的机理尚不十分清楚，但一般认为，在有晶体存在的悬浮液中，附着在晶体上的微小晶体或会合分子受到流体流动的剪切作用，以及晶体之间的相互碰撞和晶体与器壁的相互碰撞而脱离晶体，形成新的晶核。由于这些脱离的微小结晶或会合分子必须大于相应过饱和度下的热力学临界半径 r_c 才能形成晶核，继续生长，因此，二次成核速率是过饱和度的函数。同时，微小晶体或会合分子脱离晶体受结晶器内流体力学性质和晶体悬浮密度的影响。因此，结晶器内的二次成核速率可用下述经验式表达

$$B_s = k_s \Delta c^l M^m P^n \tag{11.15}$$

式中，B_s 为二次成核速率，$m^{-3} \cdot s^{-1}$；k_s 为二次成核速率常数，是温度的函数；M 为结晶悬浮密度，kg/m^3；P 为表示结晶器内搅拌强度的量（搅拌转数，1/s；或线速度，m/s）；l、m、n 为常数，是操作条件的函数。

此外，二次成核速率还与晶体的表面状态有关。因此，实验测量二次成核速率时，所用晶种需在相同过饱和度的溶液中浸泡较长时间后使用。

实际结晶过程的成核速率是上述初级成核和二次成核速率之和，但初级成核速率相对很小，可以忽略不计。所以，成核速率 B 为

$$B = B_s = k_s \Delta c^l M^m P^n \tag{11.16}$$

当外部输入能量（搅拌、流速）相对稳定时，式（11.16）可简化为

$$B = k \Delta c^l M^m \tag{11.17}$$

式中，k 为稳定操作条件下的成核速率常数。

11.2 结晶的生长

11.2.1 生长速率

结晶生长（crystal growth）是以浓差为推动力的扩散传质和晶体表面反应（晶格排列）的二步串联过程，结晶附近的溶质浓度分布如图 11.5 所示。扩散和表面结晶过程的速率可分别用下述方程式表达

$$\left(\frac{dw}{dt}\right)_D = k_D A(c - c_i) \tag{11.18}$$

$$\left(\frac{\mathrm{d}w}{\mathrm{d}t}\right)_{\mathrm{R}} = k_{\mathrm{R}} A(c_{\mathrm{i}} - c_{\mathrm{s}})^i \tag{11.19}$$

式中，A 为结晶面积，m²；w 为结晶质量，kg；t 为时间，s；c 为母液溶质浓度，kg/m³；c_{i} 为晶体表面溶质浓度，kg/m³；c_{s} 为饱和浓度，kg/m³；i 为幂指数；D、R 分别表示扩散和表面反应的下标；k_{D}、k_{R} 分别为扩散和表面结晶速率常数。

在拟稳态条件下，上述两式的左端相等，结晶的生长速率为

$$\frac{\mathrm{d}w}{\mathrm{d}t} = k_0 A(c - c_{\mathrm{s}})^j \tag{11.20}$$

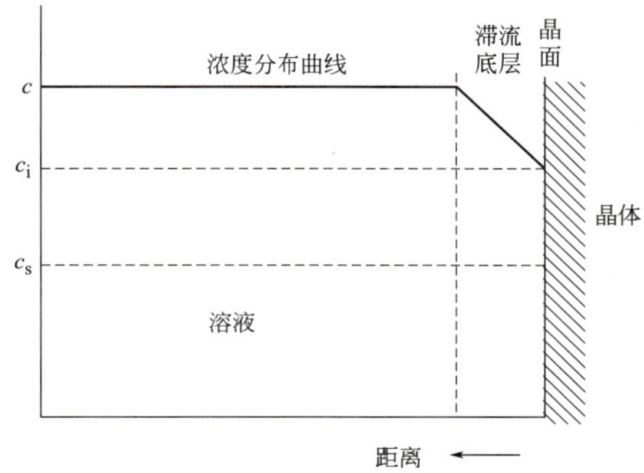

图 11.5　结晶附近的溶质浓度分布

式中，k_0 为综合生长速率常数；j 为幂指数。

当过饱和度较低时，式（11.19）和式（11.20）中的幂指数 $i=j=1$，则有

$$\frac{\mathrm{d}w}{\mathrm{d}t} = k_0 A(c - c_{\mathrm{s}}) \tag{11.20a}$$

其中

$$\frac{1}{k_0} = \frac{1}{k_{\mathrm{D}}} + \frac{1}{k_{\mathrm{R}}} \tag{11.21}$$

考虑结晶器内的结晶生长速率，式（11.18）～式（11.20）中的 w 和 A 可分别用晶浆浓度 M（kg/m³，即结晶悬浮密度）和结晶比表面积 a（m⁻¹）代替。以式（11.20a）为例，则有

$$\frac{\mathrm{d}M}{\mathrm{d}t} = k_0 a(c - c_{\mathrm{s}}) \tag{11.20b}$$

扩散速率常数 k_{D} 是流速（u）的函数，因此，k_0 也是流速的函数，流速越高，k_0 值越大。在不同的流速下测定 k_0 值，然后外插到流速无限大（$1/u=0$），此时 $1/k_{\mathrm{D}}=0$，就可求出表面结晶速率常数 k_{R} 值。即在流速很高时，扩散的影响可忽略不计，结晶生长为表面反应速率控制，$k_0 = k_{\mathrm{R}}$。这样求得的 k_{R} 值虽然不能严格反映表面结晶现象，但此 k_{R} 值对工业结晶过程的设计是有效的。表面结晶速率是温度的函数，温度越高，k_{R} 值越大。通过不同操作温度下的动力学实验可测定并回归 k_{R} 与温度之间的经验关联式，用于结晶过程的设计。

11.2.2　ΔL 定律

式（11.20）含有晶体表面积 A，而 A 在结晶生长过程中是不断改变的。因此，上述结晶生长速率方程使用很不方便。如果假定结晶生长过程中几何形状保持不变，即晶体在各个方向上的生长速率相同，保持几何相似性，则可用正方体的边长表示任何晶体的特性晶体长度（characteristic crystal length）[4]，即

$$l = \frac{6w_{\mathrm{c}}}{\rho_{\mathrm{c}} A_{\mathrm{c}}} \tag{11.22}$$

式中，ρ_{c} 为晶体密度；w_{c} 为单晶重；A_{c} 为单晶表面积。

如果晶体是边长为 s 的正方体，则 $w_{\mathrm{c}} = \rho_{\mathrm{c}} s^3$，$A_{\mathrm{c}} = 5s^2$，代入式（11.22）有 $l=s$，即正方体的特性长度等于其边长。对于任何形状的晶体，其质量和表面积与特性长度 l 之间的关系为

$$w_{\mathrm{c}} = \rho_{\mathrm{c}} \varphi_{\mathrm{V}} l^3 \tag{11.23}$$

$$A_c = 6\varphi_A l^2 \tag{11.24}$$

式中，φ_V 和 φ_A 分别为晶体的体积和表面积形状因子。对于正方体晶体，$\varphi_V = \varphi_A = 1$。

将式（11.23）和式（11.24）代入式（11.20）得

$$\frac{d}{dt}(\rho_c \varphi_V l^3) = 6\varphi_A l^2 k_0 (c - c_s)^j$$

或

$$\frac{dl}{dt} = \frac{2\varphi_A}{\rho_c \varphi_V} k_0 (c - c_s)^j \tag{11.25}$$

所以

$$\frac{dl}{dt} = G = k_G (c - c_s)^j \tag{11.25a}$$

$$k_G = \frac{2\varphi_A}{\rho_c \varphi_V} k_0 \tag{11.26}$$

式中，G 为结晶的线性生长速率；k_G 为线性生长速率常数。

如果 j=1，则

$$G = k_G (c - c_s) \tag{11.25b}$$

式（11.25b）表明，在同一溶液中（$c - c_s$ 值一定），对于几何形状相似的晶体，其线性生长速率与晶体粒径无关，这就是 ΔL 定律。在混合均匀的结晶器中 ΔL 定律已为许多实验结果所证实，适用于大多数结晶系统。因此，ΔL 定律广泛应用于结晶生长速率的测定和结晶器的设计。

11.3 结晶器和结晶操作

11.3.1 结晶器

工业结晶设备主要分冷却式和蒸发式两种，后者又根据蒸发操作压力分常压蒸发式和真空蒸发式。因真空蒸发效率较高，所以蒸发式结晶器以真空蒸发为主。特定目标产物的结晶具体选用何种类型的结晶器主要根据目标产物的溶解度曲线而定。如果目标产物的溶解度随温度升高而显著增大，则可采用冷却结晶器或蒸发结晶器，否则只能选用蒸发结晶器。冷却和蒸发结晶器根据设备的结构形式又分许多种，本章各选择性介绍一种常用的结晶器类型及其特点。

11.3.1.1 冷却结晶器

图 11.6 和图 11.7 是冷却式搅拌槽结晶器的基本结构，其中图 11.6 为夹套冷却式，图 11.7 为外部循环冷却式，此外还有槽内蛇管冷却式。搅拌槽结晶器结构简单，设备造价低。夹套冷却式结晶器的冷却比表面积较小，结晶速度较低，不适于大规模结晶操作。另外，因为结晶器壁的温度最低，溶液过饱和度最大，所以器壁上容易形成晶垢，影响传热效率。为消除晶垢的影响，槽内常设有除晶垢装置。外部循环冷却式结晶器通过外部热交换器冷却，由于强制循环，溶液高速流过热交换器表面，通过热交换器的溶液温差较小，热交换器表面不易形成晶垢，交换效率较高，可较长时间连续运转。

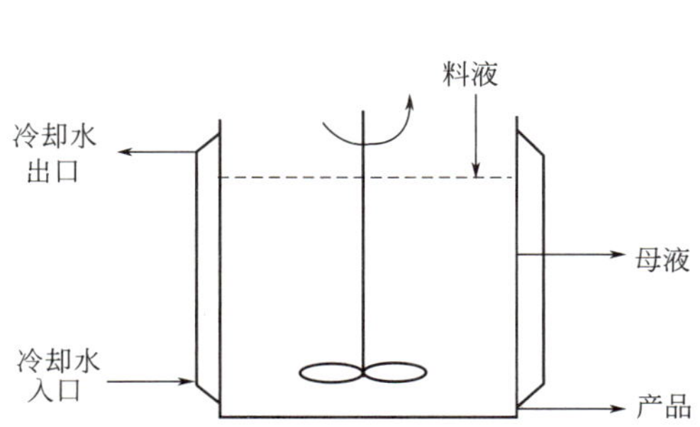

图 11.6　夹套冷却式搅拌槽结晶器

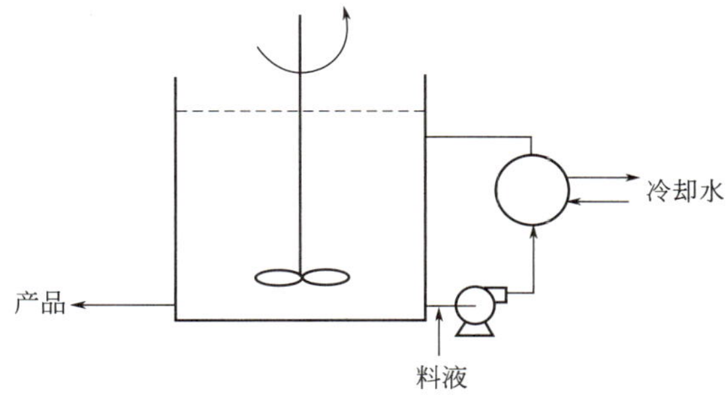

图 11.7　外部循环冷却式搅拌槽结晶器

11.3.1.2　蒸发结晶器

蒸发结晶器由结晶器主体、蒸发室和外部加热器构成。图 11.8 是一种常用蒸发结晶器，称作 Krystal-Oslo 型常压蒸发结晶器 [2]。溶液经外部循环加热后送入蒸发室蒸发浓缩，达到过饱和状态，通过中心导管下降到结晶生长槽中。在结晶生长槽中，流体向上流动的同时结晶不断生长，大颗粒结晶发生沉降，从底部排出产品晶浆。因此，Krystal-Oslo 结晶器也具备结晶分级能力。

将蒸发室与真空泵相连，可进行真空绝热蒸发。与常压蒸发结晶器相比，真空蒸发结晶器不设加热设备，进料为预热的溶液，蒸发室中发生绝热蒸发。因此，在蒸发浓缩的同时，溶液温度下降，操作效率更高。此外，为使结晶槽内处于常压状态，便于结晶产品的排出和澄清母液的溢流在常压下进行，真空蒸发结晶器设有大气腿（barometric leg）。大气腿的长度应大于蒸发室液面与结晶槽液面位差和流动摩擦压降之和，即

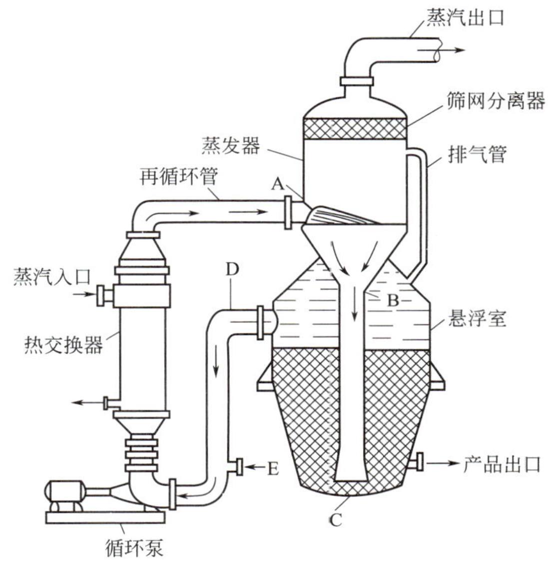

图 11.8　Krystal-Oslo 结晶器

A—闪蒸区入口；B—介稳区入口；C—床层区入口；
D—循环流出口；E—结晶料液入口

$$\Delta h=\frac{p}{\rho_1}+\Delta h_f \tag{11.27}$$

式中，Δh_f 为由蒸发室流经大气腿及结晶槽的总阻力，m；p 为大气压，kg/m^2；ρ_1 为晶浆密度，kg/m^3；Δh 为蒸发室和结晶槽的液面位差，m。

11.3.2　结晶操作特性

结晶是在过饱和溶液中生成新相的过程，涉及固液相平衡，影响结晶操作和产品质量的因素很多。目前的结晶过程理论还不能完全考虑各种因素的影响，定量描述结晶现象。针对特定的目标产物及其存在的物系，需要通过充分的实验确定合适的结晶操作条件，在满足结晶产品质量要求的前提下，最大限度地提高结晶生产速度，降低过程成本。一般在设计结晶操作前，必须首先解决如下问题。

11.3.2.1 过饱和度

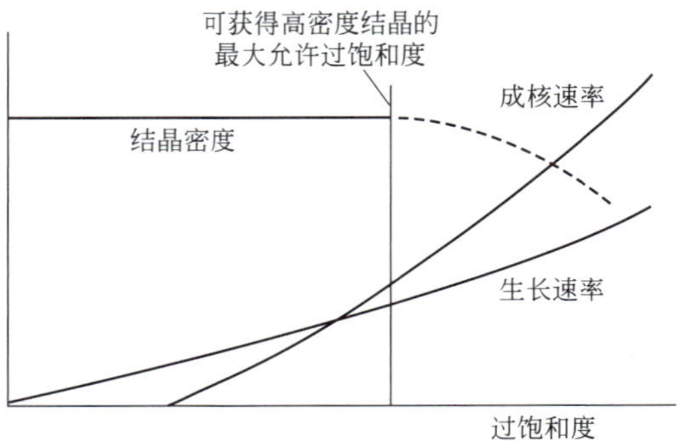

图 11.9 过饱和度与成核速率、生长速率和结晶密度的关系

根据结晶动力学理论，增大溶液过饱和度可提高成核速率和生长速率，单纯从结晶生产速度的角度考虑是有利的。但过饱和度过大又会出现如下问题：①成核速率过快，产生大量微小晶体，结晶难以长大；②结晶生长速率过快，容易在晶体表面产生液泡，影响结晶质量；③结晶器壁容易产生晶垢，给结晶操作带来困难。因此，过饱和度与结晶生长速率、成核速率和结晶密度（质量）之间存在图 11.9 所示的关系，即存在最大过饱和度，可保证在较高成核和生长速率的同时，不影响结晶的密度。所以结晶操作应以此最大过饱和度为限度，在不易产生晶垢的过饱和度下进行。

11.3.2.2 温度

许多物质根据操作温度的不同，生成的晶形和结晶水会发生改变，因此，结晶操作温度一般控制在较小的温度范围内。冷却结晶时，如果降温速度过快，溶液很快达到较高的过饱和度，生成大量微小晶体，影响结晶产品的质量。因此，操作温度的降低不宜过快，最好控制在饱和温度与过饱和温度线之间。蒸发结晶时，根据溶液依数性原理，由于沸点上升，蒸发室内温度（沸点）较高。如果蒸发速度过快，则溶液的过饱度较大，生成微小晶体，附着在结晶表面，影响结晶产品的质量。因此，蒸发速度应与结晶生长速率相适应，保持溶液的过饱和度一定。为消除蒸发室沸点上升造成的过饱和度过大，工业结晶操作常采用真空绝热蒸发，不设外部循环加热装置，蒸发室内温度较低，可防止过饱和度的剧烈变化。

11.3.2.3 搅拌与混合

增大搅拌速度可提高成核和生长速率，但搅拌速度过快会造成晶体的剪切破碎，影响结晶产品质量。为获得较好的混合状态，同时避免结晶的破碎，可采用气提式混合方式，或利用直径或叶片较大的搅拌桨，降低桨的转速。

11.3.2.4 溶剂与 pH 值

结晶操作采用的溶剂和 pH 值应使目标溶质的溶解度较低，以提高结晶的收率。但所用溶剂和 pH 值对晶形有影响。例如，普鲁卡因青霉素在水溶液中的结晶为方形晶体，而在醋酸丁酯中的结晶为长棒状。因此，在设计结晶操作前需实验确定使结晶晶形较好的溶剂和 pH 值。

11.3.2.5 晶种

工业结晶的晶种分两种情况：①通过蒸发或降温使溶液的过饱和度进入不稳区，自发成核一定数量后，稀释溶液使过饱和度降至介稳区，这部分晶核即成为结晶的晶种；②向处于介稳区的过饱和溶液中添加事先准备好的颗粒均匀的晶种。生物产物的结晶操作主要采用第二种方法。特别是对于溶液黏度较高的物系，晶核很难产生，而在高过饱和度下，一旦产生晶核，就会同时出现大量晶核，容易发生聚晶现象，产品质量不易控制。因此，高黏度物系必须采用在介稳区内添加晶种的操作方法。

11.3.2.6 晶浆浓度

晶浆浓度越高，单位体积结晶器中结晶表面积越大，即固液接触比表面积越大，结晶生长速率越快，有利于提高结晶生产速度。但是，晶浆浓度过高时，悬浮液的流动性差，混合操作困难。因此晶浆浓度应在操作条件允许的范围内取最大值。在间歇操作中，晶种的添加量应根据最终结晶产品的大小，满足晶浆浓度最大的高效生产要求。

11.3.2.7 循环流速

采用图 11.8 的外部循环式结晶器时，循环流速的设定要合理。循环流速对结晶操作的影响主要体现在以下几个方面：①提高循环流速有利于消除设备内的过饱和度分布，使设备内的结晶成核速率及生长速率分布均匀；②提高循环流速可增大固液表面传质系数，提高结晶生长速率；③外部循环系统中设有换热设备时，提高循环流速有利于提高换热效率，抑制换热器表面晶垢的生成；④循环流速过高会造成结晶的磨损破碎，因此，循环流速应在无结晶磨损破碎的范围内取较大的值。此外，如果结晶器具备结晶分级功能（图 11.8），循环流速也不宜过高，应保证分级功能的正常发挥。即，此时循环流速除考虑结晶磨损破碎的因素外，还应保证结晶器的分级功能，在满足这两种要求的前提下取较大的值。

11.3.2.8 结晶系统的晶垢

结晶操作中常伴有结晶器壁及循环系统中产生晶垢的现象，严重影响结晶过程效率。一般可采用下述方法防止晶垢的产生或除去已产生的晶垢：①器壁内表面采用有机涂料，尽量保持壁面光滑，可防止在器壁上的二次成核现象的发生；②提高结晶系统中各个部位的流体流速，并使流速分布均匀，消除低流速区；③若外循环液体为过饱和溶液，应使其中含有悬浮的晶种；④采用夹套保温方式防止壁面附近过饱和度过高；⑤增设晶垢铲除装置，或定期添加溶剂溶解产生的晶垢；⑥蒸发结晶器的蒸发室壁面极易产生晶垢，可采用喷淋溶剂的方式溶解晶垢。

11.3.2.9 共存杂质的影响

结晶的对象一般是多组分物系，目的是选择性结晶目标产物。如果共存杂质的浓度较低，一般对目标产物的结晶无明显影响。但如果在结晶操作中杂质含量不断升高（如采用蒸发式结晶操作时），杂质的积累会严重影响目标产物结晶的纯度。另外，杂质对结晶过程的影响还表现在以下几个方面：①改变目标产物的溶解度，从而使在相同目标产物浓度下的过饱和度改变，直接影响结晶成核速率和生长速率。②杂质在目标产物结晶表面的吸附等作用导致结晶体各晶面生长速率的不同，从而改变结晶的晶习（crystal habit），即晶体的外部形态。能够改变结晶晶习的物质称为晶习修改剂或媒晶剂。③如果杂质进入晶体的晶格中，会影响目标产物结晶的理化性质（如导电性、催化反应活性）以及生物活性（如抗生素的药效）。因此，结晶操作中需要控制杂质的含量，往往在结晶系统中增设除杂质设备，如在外部循环系统中增设离子交换柱等分离设备，或者设废液排放口，连续排放部分溶液，降低结晶器中积累杂质的浓度。

11.3.2.10 晶习修改剂

晶习修改剂可改变结晶行为，包括晶体外部形态（晶习）、粒度分布和促进生长速率等。因此，为促进生长速率或获得某种希望出现的晶习，可向结晶系统添加晶习修改剂。晶习修改剂的作用通常在一定浓度以上发生，具体浓度因结晶物系而异。一般认为晶习修改剂的作用机理有两种[2]：①不参与目标溶质的结晶，只是集中在晶体表面附近，可能导致晶体表面层发生变化，从而影响结晶行为；②不但存在于母液，而且被吸附于晶体表面，进入晶格，目标溶质与晶格连接前，必须首先替换晶面上的杂质，从而影响晶面生长速率，导致晶习的改变。

11.3.3 应用

11.3.3.1 抗生素

工业结晶技术广泛应用于抗生素的纯化精制。因为抗生素品种很多，性质各不相同，所以，抗生素的结晶根据产品的种类不同采用各种不同的结晶操作方法。下面仅以产量最高的青霉素 G 为例介绍结晶在抗生素纯化精制中的应用[5]。

青霉素 G 的澄清发酵液（pH=3.0）经乙酸丁酯萃取、水溶液（pH≈7.0）反萃取和乙酸丁酯二次萃取后，向乙酸丁酯萃取液中加入醋酸钾的乙醇溶液，即生成青霉素 G 钾盐。因青霉素 G 钾盐在乙酸丁酯中溶解度很小，故从乙酸丁酯溶液中结晶析出。控制适当的操作温度、搅拌速度以及青霉素 G 的初始浓度，可得到粒度均匀、纯度达 90% 以上的青霉素 G 钾盐结晶。将青霉素 G 钾盐溶于氢氧化钾溶液中，调节 pH 值至中性，加无水乙醇，进行真空共沸蒸馏操作，可获得纯度更高的结晶产品。在上述操作中，用醋酸钠代替醋酸钾，即可得到青霉素 G 钠盐。

另一种青霉素 G 产品是青霉素 G 的普鲁卡因盐，其在水中的溶解度较小。向青霉素 G 钾盐的磷酸缓冲液中加入盐酸普鲁卡因溶液，冷却至 3 ～ 5℃，生成的普鲁卡因青霉素 G 就可结晶析出。

11.3.3.2 氨基酸

氨基酸是两性电解质，在等电点附近溶解度最小。因此，等电点结晶法是分离纯化氨基酸的主要单元操作。例如，谷氨酸（glutamic acid，Glu）是目前生产量最大的氨基酸，等电点为 pH3.22。其发酵液可不经除菌处理，直接加盐酸调节 pH 值至 3.0 ～ 3.2，同时冷却至 0 ～ 5℃，即可回收 70% 以上的谷氨酸。若发酵液经除菌预处理，获得的谷氨酸结晶纯度更高。谷氨酸结晶母液中残留的谷氨酸可用离子交换法回收，或蒸发浓缩后再次结晶回收。

谷氨酸结晶晶形有 α 型和 β 型两种，其中 β 型为针状或粉状，晶粒微细，纯度低，不易回收；而 α 型为斜方六面晶体，纯度高、密度大、易回收，是理想的晶形。等电点结晶操作条件对谷氨酸结晶有重要影响，为获得 α 型结晶必须严格控制操作条件，如加盐酸速度、降温速度和结晶温度等[6]。

赖氨酸（lysine，Lys）的产量仅次于谷氨酸，其发酵液加盐酸调节 pH 值至 4 ～ 5 后，真空蒸发浓缩，降温到 4 ～ 10℃，可获得赖氨酸结晶，其中 Lys-HCl 质量分数为 97% ～ 98%。

11.3.3.3 反应 - 结晶

反应 - 结晶耦合操作有利于简化过程工艺，提高目标产物转化率，降低生产过程成本。耦合结晶操作的生物反应过程特别适用于底物或产物的水溶性较低的物系，生物转化过程如下：

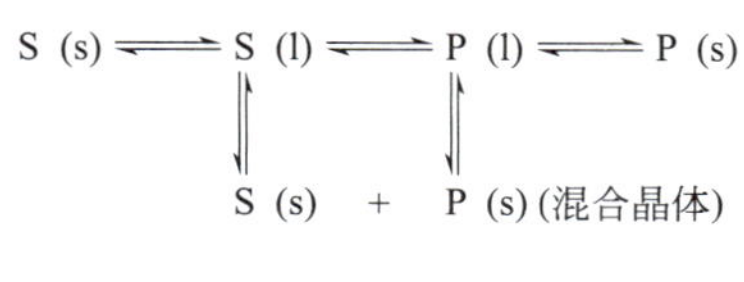

其中，S 和 P 分别表示底物和产物；s 和 l 分别表示固态和液态。底物和产物是否形成混合晶体与物系有关。一般来说，反应 - 结晶耦合过程具有如下优点：①消除可逆生物反应平衡转化率的限制，提高转化率；②产物以高浓度的结晶形式存在，有利于提高反应器的使用效率；③产物容易回收。

反应 - 结晶耦合过程已有许多工业化应用实例。在生物产物方面，甾类、有机酸、氨基酸的生物反应 - 结晶耦合过程研究多见诸报道。图 11.10 是利用固定化 *Pseudomonas dacunhae* 从 *l*- 天冬氨酸（*l*-aspartic acid）生物转化生产 *l*- 丙氨酸（*l*-alanine）的反应 - 结晶操作工艺流程图 [7]。该流程由反应器、结晶槽和换热器构成，底物 *l*- 天冬氨酸粉末悬浮于 10℃的结晶槽中，其过滤液加热后送入 37℃的反应器内，反应产物 *l*- 丙氨酸及未转化的 *l*- 天冬氨酸循环返回结晶槽。由于结晶槽温度低，*l*- 丙氨酸达到过饱和后即结晶析出，而 *l*- 天冬氨酸不断溶解，溶解液送入反应器中进行生物转化，直到 *l*- 天冬氨酸反应完全为止。图 11.11 为 *l*- 丙氨酸和 *l*- 天冬氨酸的溶解度曲线 [7]。可以看出，在反应温度（37℃）下 *l*- 丙氨酸溶解度比结晶槽温度（10℃）下的溶解度高 0.5mol/L，因此，如果控制停留时间（循环速度）使 *l*- 丙氨酸在反应器内的生成量低于 0.5mol/L，反应器内就不会有 *l*- 丙氨酸析出，可保证固定化粒子不会因结晶析出而受到破坏。成本核算结果表明，利用该反应 - 结晶耦合系统生产 *l*- 丙氨酸的成本比传统方法降低 20%。

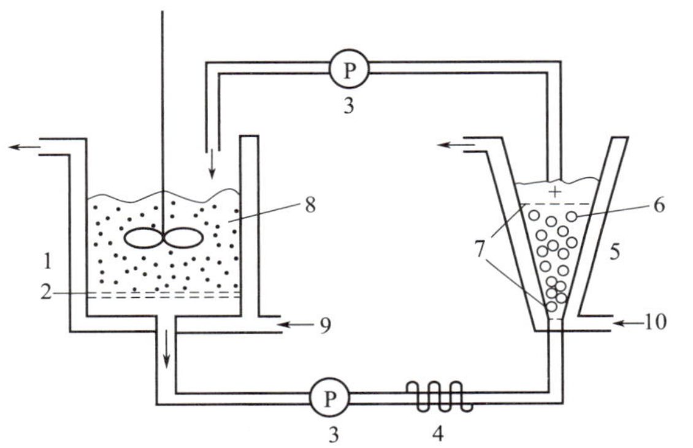

图 11.10　利用固定在细胞的生物反应 - 结晶耦合操作流程

1—结晶槽；2—过滤器；3—蠕动泵；4—换热器；5—生物反应器；6—固定化细胞；7—尼龙网；8—底物或产物悬浮液；9—控温水（10℃）；10—控温水（37℃）

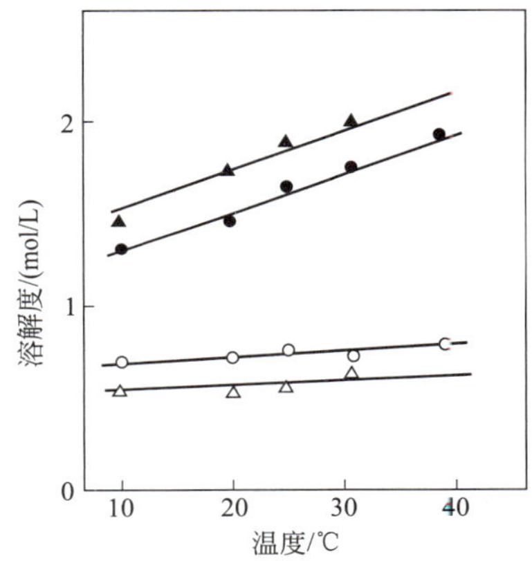

图 11.11　温度对 *l*- 丙氨酸和 *l*- 天冬氨酸溶解度的影响

l- 丙氨酸：▲—0.443mol/L 氨水中；●—0.665mol/L 氨水中
l- 天冬氨酸：△—0.443mol/L 氨水中；○—0.665mol/L 氨水中

11.3.3.4　光学拆分

化学法合成的生物活性物质（如氨基酸）——外消旋异构体（racemic isomers）的混合物，其中只有一种异构体具有生物活性，称为光学活性体。例如，化学合成的氨基酸中 *d*- 和 *l*- 氨基酸各占 50%，其中仅 *l*- 氨基酸具有生物活性。为获得具有生物活性的光学活性物质，需要对旋光异构体进行光学拆分。工业上常用的光学拆分法有利用消旋酶的不对称反应消旋法和结晶法。其中结晶法有下述两种。

（1）优先结晶法　向旋光异构体的过饱和溶液中添加光学活性体的晶种，诱导光学活性体结晶的生长，从而达到光学拆分的目的。优先结晶法的拆分收率较低，一般为 *dl* 体总量的 10% 左右。另外，光学活性体结晶必须在另一种旋光异构体的自发成核（初级成核）前从溶液中分离回收，因此操作稳定性较差，操作条件必须严格控制。

（2）复合体结晶法　向旋光异构体溶液中加入特定物质，该物质与 *d*- 和 *l*- 体分别反应形成复合物，利用复合物溶解度的差别进行 *d*- 或 *l*- 体复合物的结晶分离，达到光学拆分的目的。这里所用的特定物质

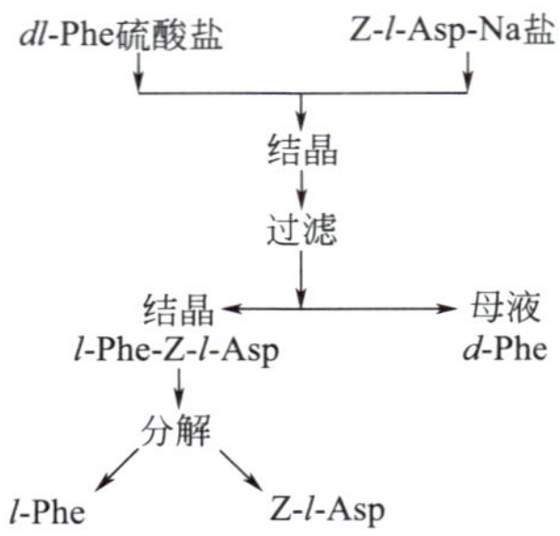

图 11.12 *dl*- 苯丙氨酸复合物的结晶法光学拆分

一般称光学拆分剂。利用 *N*- 苄氧碳酰天冬氨酸钠盐（*N*-benzyloxylcarbonyl Asp-Na，简称 Z-Asp-Na）为光学拆分剂可进行苯丙氨酸、缬氨酸和亮氨酸的 *dl* 拆分，图 11.12 为 *dl*- 苯丙氨酸（phenylalanine，Phe）的光学拆分过程图。*l*-Phe 与 Z-*l*-Asp 的复合物 *l*-Phe-Z-*l*-Asp 的溶解度较低，从溶液中结晶析出。过滤回收结晶，分解复合物，即得到 *l*-Phe。母液中的 *d*-Phe 经消旋反应，生成的 *dl*- 苯丙氨酸可重新用于光学拆分。

如果在 *dl*- 氨基酸光学拆分的同时进行 *d*- 氨基酸的消旋反应，可大大提高 *l*- 氨基酸结晶的纯度和收率，并可进行连续化操作。例如，*N*- 酰基氨基酸的乙酸溶液在无水乙酸的存在下加热即可发生消旋反应。利用这一性质，将 150g 酰基 -*dl*- 亮氨酸（Ac-*dl*-Leu）溶于 100 mL 乙酸 / 无水乙酸（体积比为 10：1）溶液中，制成过饱和溶液，在 100℃下加入 6g Ac-*l*-Leu 晶种，然后以 10℃ /h 的速度冷却，6h 后温度降至 40℃。降温过程中，在 Ac-*l*-Leu 优先结晶的同时，Ac-*d*-Leu 发生消旋反应，生成 Ac-*l*-Leu。因此，最终 Ac-*l*-Leu 结晶达 105g，收率为 70%。

习题

1. 试阐述第一和第二超溶解度曲线的物理意义。
2. 试分析第一和第二超溶解度曲线的影响因素。
3. 为什么工业结晶操作主要在第一介稳区进行？
4. 如果没有合适的晶种进行工业结晶操作，应如何制造晶种？
5. 在过饱和度过大的不稳区进行结晶操作时容易产生哪些问题？

参考文献

[1] (明)宋应星. 天工开物. 潘吉星 译注. 上海: 上海古籍出版社, 2016: 69-70.

[2] 王静康. 化学工程手册: 结晶. 北京: 化学工业出版社, 1996.

[3] Mullin J W. Crystallization. Rev. ed. London: Butterworths, 1993.

[4] Belter P A, Cussler E L, Hu W-S. Bioseparations: Downstream Processing for Biotechnology. New York: John Wiley & Sons Inc, 1988: 275-298.

[5] 邬竹彦, 等. 抗生素生产工艺学. 北京: 化学工业出版社, 1982: 319.

[6] 张克旭. 氨基酸生产工艺学. 北京: 中国轻工业出版社, 1992: 210-228.

[7] Takamatsu S, Ryu D D Y. Recirculating bioreactor-separator system for simultaneous biotransformation and recovery of product: immobilized L-aspartate β-decarboxylase reactor system. Biotechnol Bioeng, 1988, **32**: 184-191.

第 12 章　干燥

为什么学习干燥？

由于生物产物具有不同于一般化工产品的特殊性质和用途，在生物产物的干燥过程中必须注意以下两个问题：①生物产物多为热敏性物质，而干燥是涉及热量传递的扩散分离过程，所以在干燥过程中必须严格控制操作温度和操作时间，要根据特定产物的热敏性，采用不使该物质热分解、着色、失活和变性的操作温度，并在最短的时间内完成干燥处理；②干燥操作必须在洁净的环境中进行，防止干燥过程中以及干燥前后的微生物污染。因此，针对具体产品，选择何种干燥方法（设备）取决于产品的性质和生产规模。对于蛋白质等热敏性非常高的生物大分子，特别是蛋白质医药产品，主要利用冷冻干燥法；产量较大的工业酶类蛋白质，则可使用喷雾干燥法；很多抗生素的热敏性也较高，需要控制好操作温度和时间；氨基酸和有机酸等小分子产物的热敏性相对较低，可选范围较大，主要取决于生产规模和产品用途（防菌要求的程度）。盘架干燥器和冷冻干燥器等热传导式干燥设备的生产规模较小，其他对流干燥设备的生产规模相对较大。

学习目标

- 掌握干燥动力学理论（传导干燥和对流干燥）及干燥过程湿热载体（湿空气）和物料中水分对干燥速度的影响。
- 了解主要的干燥器类型和应用范围。

干燥（drying）是利用热能除去目标产物的浓缩悬浮液或结晶（沉淀）产品中湿分（水分或有机溶剂）的单元操作，通常是产物成品化前的最后下游加工过程。因此，干燥的质量直接影响产品的质量和价值。

本章介绍干燥的一般原理、干燥过程以及可用于生物产物干燥的干燥器工作原理和特点。有关干燥过程的热量与质量衡算理论和干燥器的设计计算方法及生物制品的干燥等内容可参考本章文献[1-3]。

12.1 干燥速度

生物产物中的湿分多为水分，也有少数为有机溶剂的情况，例如，青霉素 G 钾盐的结晶经丁醇洗涤、乙酯顶洗后的干燥即为除去结晶中的乙酸乙酯。为方便起见，本章仅以除去水分的干燥操作为对象。以有机溶剂为湿分的物料干燥与除水干燥原理相同，但应注意控制操作温度在有机溶剂的燃点以下。

干燥操作通过向湿物料提供热能促使水分蒸发，蒸发的水汽由气流带走或真空泵抽出，从而达到物料减湿进而干燥的目的。因此，干燥是传热和传质的复合过程，传热推动力是温度差，而传质推动力是物料表面的饱和蒸气压与气流（通常为空气）中水汽分压之差。根据向湿物料传热的方式不同，干燥可分为传导干燥、对流干燥、辐射干燥和介电加热干燥，或者是两种以上传热方式联合作用的结果。工业上的干燥操作主要为传导干燥和对流干燥，因此本节主要介绍这两种干燥操作方式。

12.1.1 传导干燥

载热体（如空气、水蒸气、烟道气等）不与湿物料直接接触，而是通过导热介质（如不锈钢）以传导的方式传给湿物料。因此，传导干燥又称间接加热干燥。图 12.1 为传导干燥过程的温度分布、水汽分压分布和物料中含水量分布状态模型图。其中 T_0、T_1、T_i 和 T_a 分别为传导介质与水蒸气（载热体）接触面的温度、物料与传导介质接触面的温度、物料表面温度和空气（载湿体）温度，p_i 和 p 分别为 T_i 温度下水的饱和蒸气压和空气中水汽的分压。图 12.1 中虚线表示传热和传质滞流表层（假设二者厚度相等）。根据傅里叶导热定律，如果各层温度分布为线性，拟稳状态下的传热通量 q（W/m²）为

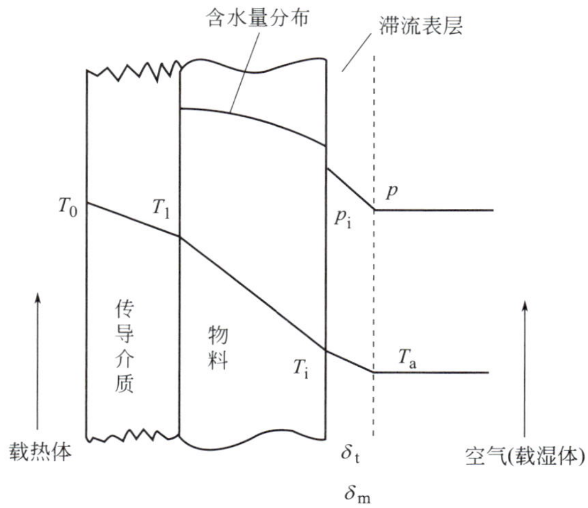

图 12.1 传导干燥过程的传热与传质

$$
\begin{aligned}
q &= \frac{\lambda_1}{l_1}(T_0 - T_1) \\
&= \frac{\lambda_2}{l_2}(T_1 - T_i) \\
&= \frac{\lambda_a}{\delta_t}(T_i - T_a)
\end{aligned}
\tag{12.1}
$$

式中，λ_1、λ_2、λ_a 分别为传导介质、湿物料和空气的热导率，W/（m·K）；l_1、l_2 分别为传导介质和物料层厚度，m；δ_t 为传热边界层厚度，m。

设
$$\alpha = \frac{\lambda_a}{\delta_t}$$

则式（12.1）的最后一项等式变为

$$q = \alpha(T_i - T_a) \tag{12.2}$$

因为空气与物料表面之间为对流传热，故 α 称为传热膜系数［W/（$m^2 \cdot K$）］，是空气流速的函数，也与物料的表面状态有关。

同理，根据滞流底层（有效膜）传质理论，传质（干燥）通量 J［kmol/（$m^2 \cdot s$）］为

$$J = \frac{D_a}{\delta_m}(c_s - c) = k_a(c_s - c) \tag{12.3}$$

式中，D_a 为水汽扩散系数，m^2/s；δ_m 为传质滞流底层厚度，m；k_a 为传质系数，m/s；c_s、c 分别为物料表面和空气中水汽浓度，$kmol/m^3$。

设空气为理想气体，则

$$c_s = \frac{p_i}{RT} \tag{12.4a}$$

$$c = \frac{p}{RT} \tag{12.4b}$$

所以，式（12.3）可改写为

$$J = \frac{k_a}{RT}(p_i - p) \tag{12.3a}$$

显然，若 $p_i > p$，则水汽被空气带走，物料减湿；若 $p_i < p$，则物料从空气中吸收水分，物料增湿。

12.1.2　对流干燥

对流干燥过程中载热体以对流方式与湿物料颗粒（或液滴）直接接触，向湿物料对流传热，故对流干燥又称直接加热干燥。对流干燥的载热体同时又是载湿体。图 12.2 为球形粒子对流干燥过程中某一时刻的温度分布、水汽分布及物料中水含量分布状态模型图。对流干燥过程的传质通量亦用式（12.3）或式（12.3a）表示，而传热通量为

$$q = \alpha(T_a - T_i) \tag{12.5}$$

因此，对载湿体而言，传热方向与传导干燥相反［见式（12.2）］。

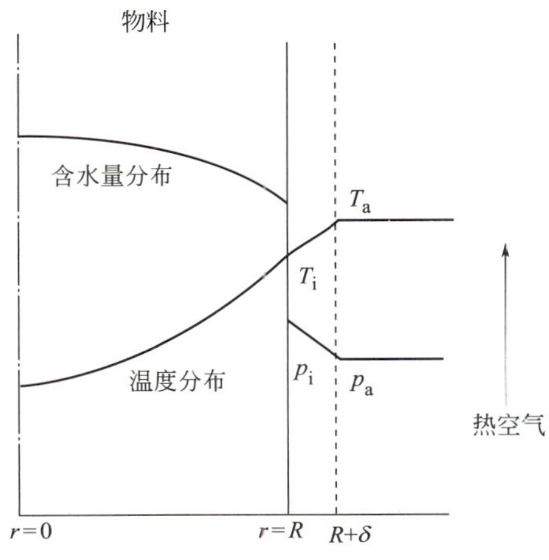

图 12.2　对流干燥过程的传热与传质

除传导干燥和对流干燥外，还有热能以电磁波的形式向湿物料传递的辐射干燥，利用高频电场的交变作用加热湿物料的介电加热干燥。后两种干燥方法能耗较大，操作费用较高，但具有干燥产品均匀洁净的特点。特别是介电加热干燥，湿物料在高频电场作用下被均匀加热，并且随着加热的进行，物料内部含水量较表面高，介电常数大，吸收的热能多，使物料内部温度比表面高，即温度梯度与水分浓度梯度的方向相同，促进了内部水分向外扩散传质，干燥时间可大大缩短。辐射干燥主要用于表面积大而薄的物料，如塑料、布匹、木材和油漆制品等。介电加热干燥主要用于食品工业。

12.2 湿空气和物料中水分的性质

根据上节介绍的各种干燥方式可知，传导干燥的载湿体为空气，对流干燥的载湿体又是载热体，除少数情况利用烟道气外，多数情况亦采用热空气。由于这两种干燥方式的传质推动力均为水汽压差［见式（12.3a）］，所以了解作为载湿体的空气和物料中水分的性质是干燥过程设计计算的基础。

12.2.1 湿空气的性质

地球上的大气是空气和水汽的混合物，因此称为湿空气。湿空气作为载湿体，初始水汽含量决定了其载湿的能力。湿空气中的水汽含量称为湿度（humidity），其定义为湿空气中水汽的质量与湿空气中干空气的质量之比，即

$$H=\frac{n_{w}M_{w}}{n_{g}M_{g}} \tag{12.6}$$

式中，M_w 和 M_g 分别为水汽和空气的分子量；n_w 和 n_g 分别为水汽及空气的物质的量，mol。

设湿空气的总压为 p_t，水汽分压为 p，则干空气的分压为 p_t-p。根据分压定律（混合气体各组分的摩尔比等于分压之比），并设空气的分子量为 29，则式（12.6）变为

$$H=\frac{18p}{29(p_{t}-p)} \tag{12.7}$$

所以，当总压一定时，湿度是水汽分压的函数。

若空气中的水汽分压为同温度下的饱和蒸气压 p_s，则湿空气呈饱和状态，此时的空气湿度称为饱和湿度，用 H_s 表示

$$H_{s}=\frac{18p_{s}}{29(p_{t}-p_{s})} \tag{12.8}$$

当空气湿度达到饱和湿度值时，不再有载湿能力。

天气预报中常用“湿度”一词。此湿度并非式（12.6）或式（12.7）定义的湿度，而是水汽分压与饱和蒸气压之比，称为相对湿度（relative humidity），用百分数的形式表示

$$\varphi=\frac{p}{p_{s}}\times100\% \tag{12.9}$$

若 $\varphi=100\%$，则 $p=p_s$，表示空气中的水汽已达饱和，即达到该温度下的最高值。φ 值越小，距离饱和湿度越远，表示湿空气吸收水汽的能力越强，即载湿能力越大。因此，湿度 H 表示的是水汽含量的绝对值，不能直接反映空气的载湿能力，而相对湿度 φ 才能直接反映空气的载湿能力。

空气的另一重要性质是湿球温度（wet bulb temperature）。在湿空气中用普通温度计测得的温度是湿空气的真实温度，称为干球温度（dry bulb temperature）。若用湿纱布包裹普通酒精温度计的感温球，即制成湿球温度计。当湿空气高速度（>5m/s）通过湿纱布表面时，如果空气的相对湿度小于 100%，由于湿纱布中水分的蒸发需要潜热，使水温下降。水温的下降使湿空气与纱布表面之间产生温差，向湿纱布传热。当温度下降到一定程度，

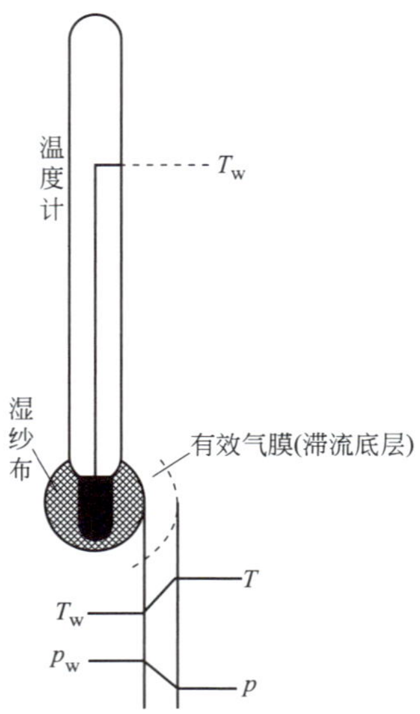

图 12.3 测定湿球温度的原理

T_w—湿球温度；T—干球温度；p_w—温度为 T_w 时水的饱和蒸气压；p—空气中水汽分压

传热速率与水分蒸发所需的传热速率相等时，达到平衡状态（图 12.3），温度不再下降。此时湿球温度计的读数即为湿球温度（T_w）。因此，不饱和湿空气的湿球温度小于干球温度（真实温度），空气的相对湿度越小，即空气越干燥，湿球温度越低。所以，空气的湿球温度是衡量其湿度的另一尺度，可用于测定空气湿度。

12.2.2　物料中的水分

水分以各种不同的形式存在于固体物料中。例如，以吸附的形式存在于物料粗糙表面的吸附水分、多孔性物料孔隙中所含的毛细管水分以及渗入物料细胞内的溶胀水分等。各种形式水的蒸气压如下。

（1）表面吸附水分　表面吸附水分与相同温度下纯水的饱和蒸气压相同。

（2）非结合水　若水能润湿物料表面，在物料孔隙中呈凹形液面，则蒸气压下降，较主体水的蒸气压低。但是，如果孔隙较大，蒸气压下降的程度很小，水分容易受毛细管引力移动到物料表面。因此，较大孔隙中的水分和吸附水分一样，与相同温度下纯水的饱和蒸气压相同，容易蒸发，称为非结合水（unbound water）。表面吸附水分亦属于非结合水。

（3）结合水　如果孔隙很小，孔隙中水的蒸气压下降明显；另外，细胞内的溶胀水分中因含有可溶性溶质，根据溶液依数性原理，蒸气压下降。所以，存在于很小毛细管中的水分和胞内水分的蒸气压较相同温度下纯水的饱和蒸气压低，较难蒸发，称为结合水（bound water）。结合水比非结合水较难干燥除去。

如将湿物料与温度和湿度一定的空气相接触，物料将根据其初始含水量（kg 水 /kg 绝干物料）的多少，排出或吸附水分，直至物料表面所产生的水蒸气压与空气中的水汽分压相等。此时物料中的水分与空气达到平衡状态，物料中的含水量不再改变。物料和与其相接触的空气达到相平衡状态时的含水量称为该物料的平衡含水量，又称平衡水分。显然，一定温度下物料的平衡含水量和与其相接触的空气湿度有关：空气湿度越高，平衡含水量越大（图 12.4）。图 12.4 中 X^* 表示平衡含水量（平衡水分）。如果物料的初始含水量高于平衡含水量，则与湿空气达到平衡状态时所失去的水分称为自由水分。例如，图 12.4 中物料的初始含水量为 0.3kg 水 /kg 绝干物料，空气的相对湿度为 64%，当物料与空气达到平衡状态时，物料含水量降至 0.1kg 水 /kg 绝干物料，失去的自由水分为 0.2kg 水 /kg 绝干物料。

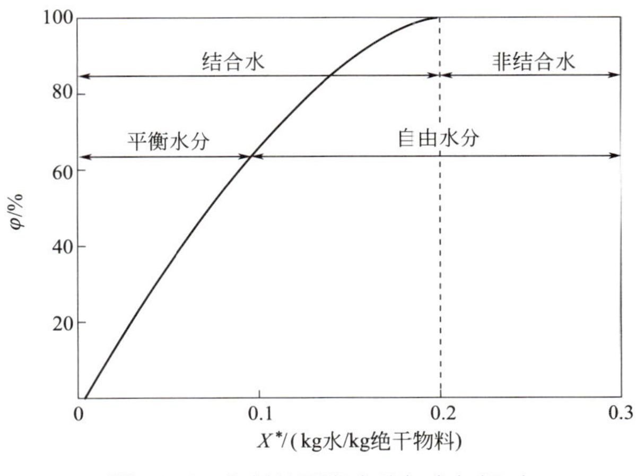

图 12.4　物料的平衡水分与空气相对湿度的关系（温度一定）

由于结合水的蒸气压低于相同温度下纯水的饱和蒸气压，所以，如果湿空气的相对湿度为 $\varphi=100\%$，即水汽分压等于相同温度下纯水的饱和蒸气压时，结合水就不能蒸发。因此，图 12.4 中 $\varphi=100\%$ 时的平衡水分即为该物料的结合水分，高于结合水分的部分为非结合水分。温度一定时结合水分是物料的性质所决定的，而平衡水分与其所接触的湿空气的状态（相对湿度）有关。吸水性物料（如烟叶）的结合水分较高，不易干燥；而非吸水性物料（如黄沙）的结合水分较低，易于干燥。

12.3 干燥过程

掌握湿空气和物料中水分的性质，可以确定湿物料能够达到的干燥程度，即能够除去的水分量、除去这些水分所需的热量以及作为载湿体的空气量，但不能确定干燥速度。确定干燥速度需将传热与传质动力学相结合，这就是本节将要解决的问题。但是，由于干燥方式很多，各种干燥方式又有许多不同的操作形式，难以逐一介绍。所以，本节仅以盘架传导干燥（tray conduction drying）和球形粒子对流干燥为例，简略介绍干燥速度的计算方法。

12.3.1 盘架传导干燥

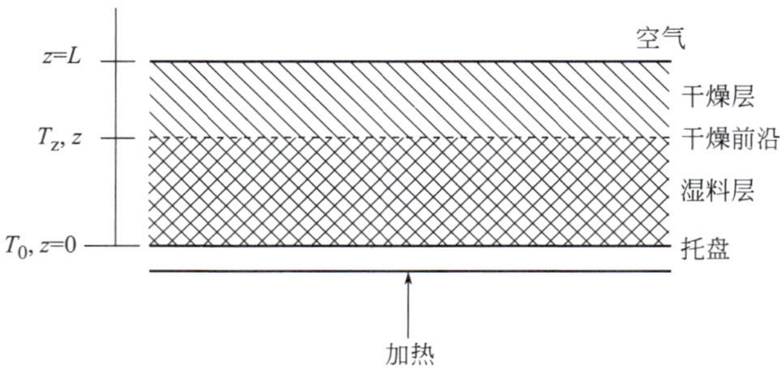

图 12.5 盘架传导干燥过程模型图

将湿物料均匀分布于盘架之上，从盘架下面向湿物料传导加热，水分从湿物料外表面蒸发。现对干燥过程做如下假设（图 12.5）。

① 与盘架接触的物料表面温度恒定，为 T_0。

② 物料厚度为 L，干燥从与空气接触的外表面开始，当物料的某一层干燥完全后（即含水量达到平衡水分时），其下一层的物料才开始干燥，即干燥层逐渐向内推移，直至全部干燥完全为止。显然，这一假设与乳状液膜滴内化学反应的渐进模型相似。

③ 干燥层与湿料层界面处（即干燥前沿）温度恒定，为 T_z。

④ 通过盘架的传热量全部用于水分的蒸发。

⑤ 水汽透过干燥层的速度很快，即过程为传热速度控制。

根据上述假设，可得干燥前沿的传热通量为

$$q=\frac{\lambda}{z}(T_0-T_z) \tag{12.10}$$

式中，λ 为湿物料的有效热导率；z 为湿物料内表面与干燥前沿的距离。

设湿物料的体积含水量为 ρ_w（kg/m³，不包括平衡水分），水的汽化潜热为 γ，则传热速度与水的汽化所需热的速度相等，即

$$qA=\gamma\rho_w A\left(-\frac{dz}{dt}\right) \tag{12.11}$$

式中，A 为物料层截面积。

将式（12.10）和式（12.11）合并，得到

$$\frac{\lambda}{z}(T_0-T_z)=-\gamma\rho_w\frac{dz}{dt} \tag{12.12}$$

因为，t=0 时 $z=L$，在此边界条件下积分式（12.12），得到

$$z^2=L^2-\frac{2\lambda(T_0-T_z)}{\gamma\rho_w}t \tag{12.13}$$

z=0 时，干燥进行完全，所需的干燥时间为 t_d，则

$$t_d = \frac{\gamma \rho_w L^2}{2\lambda(T_0 - T_z)} \tag{12.14}$$

注意式（12.14）中 t_d 与物料层厚度 L 的平方成正比，即厚度提高到 2 倍，所需干燥时间增大到 4 倍。

式（12.14）是在许多假设条件下推导的，与实际传导干燥过程有一定距离。例如，①实际干燥过程中干燥层内存在温度分布；② T_z 随时间改变；③水汽的扩散可能影响干燥速度等。但式（12.14）有助于对传导干燥过程的理解，可作为设计托盘式传导干燥设备的基础。

12.3.2　对流干燥

对流干燥过程中物料颗粒或液滴与温度一定的热空气对流接触，当物料温度上升到与热空气相对应的湿球温度后，热空气向物料的传热量与物料中水分汽化所需的潜热相等，物料温度不再上升，水分以恒速汽化。当物料的含水量降至一定量以后，物料表面的吸附水分及较大孔隙中的水分汽化殆尽，细孔内的扩散成为干燥速率控制步骤，干燥速率降低，物料温度上升，直至达到物料的平衡水分为止。图 12.6 表示对流干燥过程中物料含水量及温度变化情况。其中Ⅰ为预热阶段，物料温度上升；Ⅱ为恒速干燥（constant rate drying）阶段，物料温度不变；Ⅲ为降速干燥（falling rate drying）阶段，温度再次上升。各阶段的干燥速率与含水量的关系示于图 12.7，其中干燥速率开始下降时的物料含水量称为临界含水量，用 X_c 表示。一般预热阶段时间很短，计算时可不予考虑。下面分别考察恒速和降速干燥阶段。

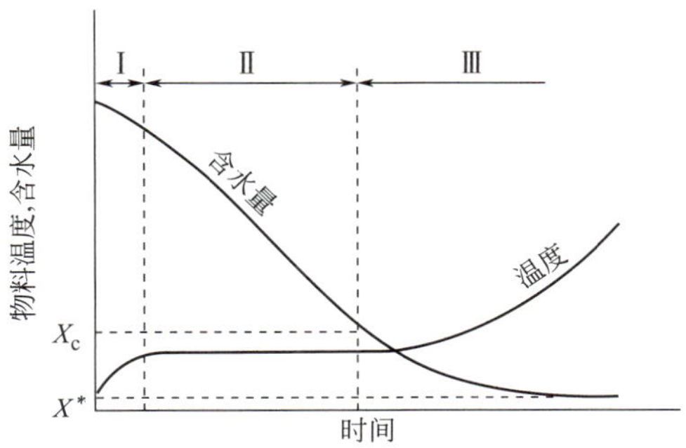

图 12.6　对流干燥过程中物料含水量和温度的变化

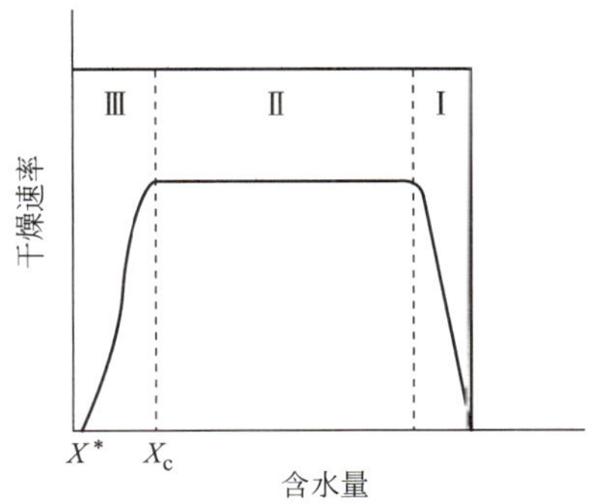

图 12.7　干燥速率曲线

12.3.2.1　恒速干燥阶段

恒速干燥过程中物料温度等于温度和湿度一定的热空气的湿球温度，故传热通量为

$$q = \frac{dQ}{Adt} = \alpha(T - T_w) \tag{12.15}$$

传质速率用物料表面和热空气的湿度差表示，传质通量为

$$J = -\frac{dW}{Adt} = k_H(H_w - H) \tag{12.16}$$

式中，Q 为由热空气传给物料的热量，kJ；t 为时间，s；A 为传热和传质面积，即物料的表面积，m^2；T 为热空气温度，K；T_w 为物料表面温度，等于热空气的湿球温度，K；W 为物料中的水分，kg；H_w 为温度为 T_w 时空气的饱和湿度，kg/kg 干空气；H 为热空气的湿度，kg/kg 干空气；k_H 为以湿度差（H_w−H）为推动力的传质系数。

设干燥操作条件保持恒定，即热空气温度 T、湿度 H 和流速均保持不变，则 α、k_H、T 和 H 均为定值。所以，式（12.15）和式（12.16）表示的传热和传质通量均保持恒定。由于空气传给物料的显热等于水分汽化的潜热，所以

$$\mathrm{d}Q = \gamma_w(-\mathrm{d}W) \tag{12.17}$$

式中，γ_w 是温度为 T_w 时水的汽化潜热，kJ/kg。

将式（12.15）、式（12.16）与式（12.17）结合，得到

$$-\frac{\mathrm{d}W}{A\mathrm{d}t} = \frac{\mathrm{d}Q}{\gamma_w A\mathrm{d}t} = k_H(H_w - H) = \frac{\alpha}{\gamma_w}(T - T_w) \tag{12.18}$$

下面考虑直径为 d 的物料颗粒或液滴的干燥。设物料含水量为 X（kg/kg 干物料），干物料密度为 ρ_s（kg/m^3），则对于单一粒子

$$\mathrm{d}W = \mathrm{d}\left(\frac{\pi}{6}d^3\rho_s X\right) = \frac{\pi}{6}d^3\rho_s\mathrm{d}X$$

$$A = \pi d^2$$

所以

$$-\frac{\mathrm{d}W}{A\mathrm{d}t} = -\frac{\rho_s d}{6}\frac{\mathrm{d}X}{\mathrm{d}t} \tag{12.19}$$

将式（12.19）代入式（12.18），整理得

$$-\frac{\mathrm{d}X}{\mathrm{d}t} = \frac{6\alpha}{\gamma_w\rho_s d}(T - T_w) \tag{12.20}$$

在恒速干燥阶段，式（12.20）的初始条件为

$$t=0,\quad X=X_0 \tag{12.20a}$$

$$t=t_c,\quad X=X_c \tag{12.20b}$$

式中，X_0 为初始含水量，kg/kg 干物料；X_c 为临界含水量，kg/kg 干物料；t_c 为含水量达到 X_c 所需干燥时间，s。

积分式（12.20），得到

$$t_c = \frac{\gamma_w\rho_s d}{6\alpha(T - T_w)}(X_0 - X_c) \tag{12.21}$$

t_c 即为恒速干燥阶段的操作时间。在恒定操作条件下容易测定恒定干燥速率和 X_c 值，进而利用式（12.18）计算传热膜系数 α 后，即可利用式（12.21）计算不同操作温度或含水量不同的湿物料的恒速干燥时间。另外，α 是流速的函数，可用已有的无量纲经验关联式计算。

12.3.2.2　降速干燥阶段

物料含水量降至临界含水量 X_c 以下后，物料中所含水分主要存在于物料内部的孔隙中，水分向物料表面的扩散成为干燥速率控制步骤，即水分的扩散速率小于物料表面可能达到的汽化速率，使物料表面温度逐渐上升，向物料的传热速率逐渐下降［见式（12.15）］，造成干燥速率（汽化速率）不断下降。假设干燥速率随含水量 X 线性下降，则

$$-\frac{\mathrm{d}W}{A\mathrm{d}t} = k_X(X - X^*) \tag{12.22}$$

式中，k_X 为干燥速率下降系数，是Ⅲ段干燥速率曲线的斜率。

将式（12.19）代入式（12.22），得

$$-\frac{d\rho_s}{6}\frac{\mathrm{d}X}{\mathrm{d}t}=k_X(X-X^*) \tag{12.23}$$

设干燥结束时物料的含水量为 X_d，所需时间为 t_d。因为，$t=t_c$ 时 $X=X_c$，所以，积分式（12.23）得到

$$t_d-t_c=\frac{\rho_s d}{6k_X}\ln\frac{X_c-X^*}{X_d-X^*} \tag{12.24}$$

t_d-t_c 即为降速干燥阶段的时间，t_d 为整个干燥过程所需时间。将式（12.21）代入式（12.24）得到

$$t_d=\frac{\gamma_w\rho_s d}{6\alpha(T-T_w)}(X_0-X_c)+\frac{\rho_s d}{6k_X}\ln\frac{X_c-X^*}{X_d-X^*} \tag{12.25}$$

注意，若 $X_d=X^*$，则 $t\to\infty$，说明平衡水分是物料的干燥极限，实际干燥产品中含水量高于平衡水分，根据对物料的干燥要求而定。

12.4 干燥设备及其应用

工业用干燥设备种类很多，特别是生物产物的干燥，依产物的性质、存在形式（溶液或固体）和含水量采用各种不同的干燥方式和干燥设备。由于生物产物多为热敏性物质，干燥操作多在低压（真空）、低温下进行。本节主要介绍生物产物干燥过程常用的干燥器。

12.4.1 盘架干燥器

盘架干燥器（tray dryer）是外壁绝热的厢形干燥设备，故又称为厢式干燥器（chamber dryer）。图 12.8 为盘架干燥器外形图和内部剖面图的一部分。湿物料置于盘架之上，用热水或低压蒸汽加热盘架，向物料传热。用真空泵保持厢内处于低压状态，可使物料在较低温度下快速干燥。低压（真空）盘架干燥器可用于抗生素、氨基酸和酶等生物产物的干燥，使用时应注意根据产物的性质，在适当的压力和温度下操作，保护产品的生物活性。

盘架干燥多为间歇操作，劳动强度大，处理量小。

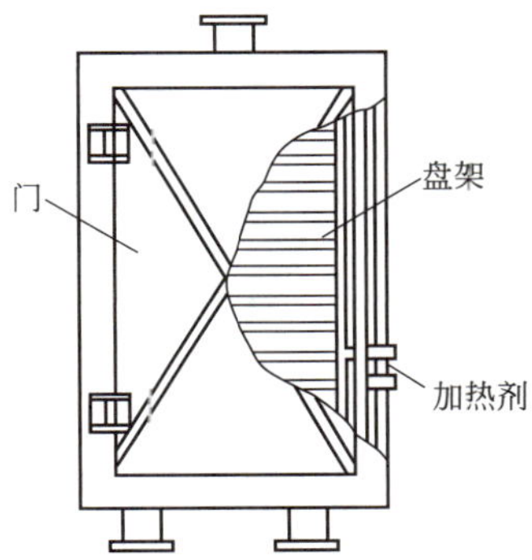

图 12.8 盘架干燥器

12.4.2 冷冻干燥器

冷冻干燥器（freeze dryer）也是一种厢式干燥设备。将湿物料冷冻至冰点以下，干燥器内处于高度真空状态，水分由固态冰升华变为水汽而除去。冷冻干燥主要用于热敏性非常强的生物物质，如蛋白质类生理活性物质、抗生素、果蔬等。基因工程蛋白质药物主要用真空冷冻干燥。

12.4.3 传送带式干燥器

传送带式干燥器（belt dryer）也是一种热传导式干燥设备，可在常压或真空下操作。图 12.9 为传送

带式真空干燥器的示意图，液体原料连续加到传送带上，在传送带运行过程中得到干燥。与盘架干燥器相比，传送带式干燥器可连续化操作，设备密闭性好，不易受微生物污染，可用于氨基酸、维生素、抗生素、糖和酶类的干燥。

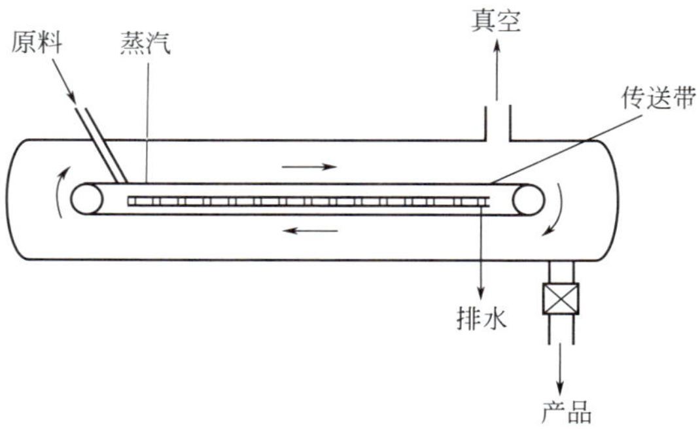

图 12.9 传送带式真空干燥器

12.4.4 转筒干燥器

转筒干燥器（tumble dryer）是一种热空气与物料颗粒直接接触的对流干燥设备，图 12.10 为转筒干燥器的一种。转筒与水平面略呈倾斜角度，原料从转筒较高的一端加入，随转筒的转动向较低的一端运行。筒内壁装有抄板（见图 12.10 右侧），可将物料颗粒抄起和洒下，促进物料与热空气的接触。图中热空气与物料并流，干燥产品出口端空气温度降低，适合于热敏性产物的干燥。如果产物的耐热性较高，可采用逆流通气操作方式，提高干燥速度，降低产品的含水量。转筒干燥器可用于糖类的干燥。

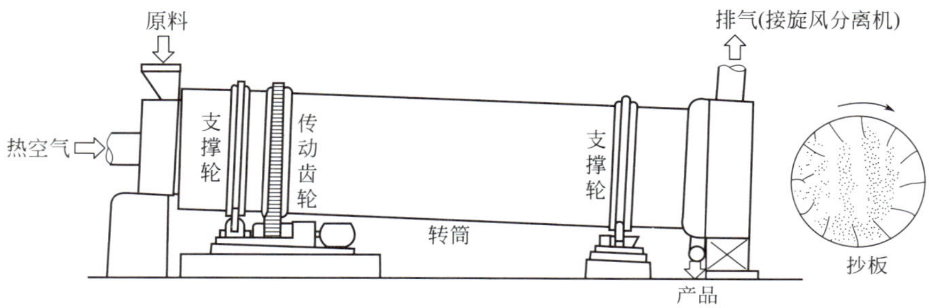

图 12.10 转筒干燥器

12.4.5 气流干燥器

气流干燥器（flash dryer）主要由预热器、细长的干燥管和旋风分离器构成。预热的热空气高速（20 ～ 40m/s）流过干燥管，颗粒状物料悬浮于热气流中，在气流输送过程中得到干燥，在干燥管出口处用旋风分离器回收干燥产品。由于气流流速很高，粒径很小的颗粒回收困难。所以，气流干燥器的干燥物料颗粒一般不小于 50μm，通常为 50 ～ 300μm，这样既能保证干燥速度快、时间短，又能使产品的旋风分离回收比较容易。气流干燥器处理量大，干燥速度快，可用于淀粉、葡萄糖、氨基酸和抗生素等物质的干燥。

12.4.6 流化床干燥器

流化床干燥（fluized-bed drying）又称沸腾干燥，热气流速度介于物料颗粒的临界流化速度和带出速度（终端速度）之间，物料颗粒在干燥器内呈流化状态，气流带出的少量细粉用旋风分离器回收。流化床干燥器分为单层流化床干燥器和多层流化床干燥器，工业上多采用多层流化床干燥器，有利于提高热效率和降低干燥产品质量。流化床干燥器的处理量大，可用于氨基酸和抗生素的干燥。

12.4.7　喷雾干燥器

喷雾干燥器（spray dryer）适用于溶液或悬浮液的干燥。原料通过喷雾器形成雾滴分散于热气流中，雾滴直径可达 100μm 以下。因此干燥比表面积大，干燥速度快，一般干燥时间在 10s 以下。干燥产品落到干燥器底部回收，气流带出的部分用旋风分离器回收。由于喷雾干燥速度快、时间短，所以适用于热敏性物料的干燥。淀粉酶、果胶酶、抗生素、氨基酸、血浆和酵母等生物产物可利用喷雾干燥法干燥。

习题

1. 冷冻干燥胆固醇氧化酶溶液，酶浓度为 10mg/mL，冷冻溶液密度为 1.0g/mL，厚度为 1.0cm，热导率为 0.16W/（m·K），操作温差为 20℃，水的升华热为 2950kJ/kg，试计算所需干燥时间。

2. 喷雾干燥淀粉酶悬浮液，已知悬浮液密度为 1.2g/mL，干燥产品密度为 0.8g/mL，悬浮液固含率为 0.45g/g，临界含水量为 0.1g/g，平衡含水量为 0.01g/g，干燥目标为 0.04g/g（均为湿基），干燥速率下降系数为 0.3kg/（m^2·s），初始雾滴直径为 0.3mm，干燥器的进出口温度分别为 90℃和 60℃，对流传热膜系数为 12kW/（m^2·K），雾滴温度为 18℃，水的汽化潜热为 2450kJ/kg。试计算所需干燥时间。其中空气温度用进出口的平均值，雾滴颗粒直径用干燥前后的平均值。

参考文献

[1] 姚玉英. 化工原理: 下册. 修订版. 天津: 天津科学技术出版社, 2011: 245-310.
[2] 柴诚敬, 贾绍义. 化工原理: 下册. 4版. 北京: 高等教育出版社, 2023: 252-320.
[3] 刘军, 彭润玲. 真空冷冻干燥. 北京: 化学工业出版社, 2021.

附录

附录 1　专业术语索引

E

F

G

H

J

K

L

M

N

P

Q

R

S

T

W

X

Y

Z

其他

附录 2 部分章节习题答案